普通高等教育材料科学
与工程专业系列教材

第2版

材料表面工程技术

吕　迎　李俊刚　吴明忠　编著
李慕勤　主审

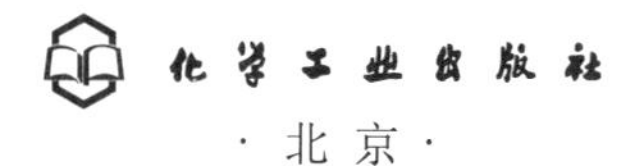

化学工业出版社
·北京·

内容简介

本书系统地阐述了表面工程技术的基础理论，各种实用表面工程技术的基本原理、特点、工艺和应用，以及表面分析和性能检测技术的种类与方法。书中重点介绍了表面工程技术的基础理论、喷涂技术、堆焊与金属增材制造技术、电镀和化学镀技术、金属转化膜技术、气相沉积技术、高能束表面改性技术、热扩渗技术、涂装技术、表面微细加工技术以及其他表面工程技术，并对金属增材制造技术、纳米压印技术、自组装膜技术、复合表面工程技术等表面工程技术的最新成果和发展趋势进行了必要的说明。

本书涉及多学科领域，内容丰富，知识面广，既可供从事表面工程技术研究与应用的科研人员、工程技术人员参考，又可作为高等院校相关专业的本科生和硕士研究生的教材。

图书在版编目（CIP）数据

材料表面工程技术/吕迎，李俊刚，吴明忠编著. 2版. —北京：化学工业出版社，2024.11. —ISBN 978-7-122-46615-0

Ⅰ. TG17

中国国家版本馆 CIP 数据核字第 20245ZE035 号

责任编辑：刘丽宏　　　　文字编辑：赵　越
责任校对：宋　夏　　　　装帧设计：刘丽华

出版发行：化学工业出版社
（北京市东城区青年湖南街 13 号　邮政编码 100011）
印　　装：河北延风印务有限公司
787mm×1092mm　1/16　印张 19　字数 468 千字
2025 年 2 月北京第 2 版第 1 次印刷

购书咨询：010-64518888　　售后服务：010-64518899
网　　址：http：//www.cip.com.cn
凡购买本书，如有缺损质量问题，本社销售中心负责调换。

定　　价：68.00 元

前 言

表面工程技术作为材料科学与工程的前沿，是高新技术发展的支撑学科之一，对推动传统产业的技术进步、促进产业结构调整发挥着重要作用。表面工程技术涉及知识和技术密集型产业，具有学科的综合性、手段的多样性、潜在的创新性、很强的实用性和巨大的增效性，在机械、材料、冶金、化工、航天、军工、生物等领域得到了广泛的应用。

《材料表面工程技术》自2010年出版以来，深受读者欢迎。由于该书已经出版十多年，在这期间表面工程技术得到飞速发展，出现了很多新工艺和新方法，所以我们对第1版内容进行了修订。

本次再版在第1版的基础上，根据近十多年来表面工程技术的发展情况，对原有内容进行整合、补充和完善，删除了部分陈旧和过时内容，更新了原有表面工程技术的应用和发展趋势，并增加了一些表面工程领域的新技术和新方法。例如，热喷涂技术中增补了低压和超低压等离子喷涂、液相等离子喷涂；热扩渗技术中增补了辉光离子渗氮和活性屏离子渗氮；表面微细加工技术中新增了纳米压印技术和生物芯片技术；将特种表面工程技术修改为其他表面工程技术，删除了粘涂技术，新增了自组装膜技术和复合表面工程技术；对堆焊技术进行了大幅度修订，增加了双丝三电弧堆焊和摩擦堆焊技术；新增了金属增材制造技术原理、工艺及研究进展，并将金属增材制造技术与原堆焊技术合并为一章；表面分析与性能检测技术中增加了场发射扫描电子显微镜、激光共聚焦显微镜、红外光谱、拉曼光谱、电化学腐蚀等检测技术。

本书修订的具体章节分工如下：第1章、第4章～第6章、第8章由吕迎修订；第2章、第3章、第7章和第14章由李俊刚修订；第9章～第13章由吴明忠修订。全书由李慕勤主审。感谢庄明辉、马振以及部分研究生对本书修订工作的支持与帮助。

鉴于编者水平有限，书中难免有疏漏和不当之处，敬请读者批评指正。

编著者

第 1 版前言

表面工程技术是由多学科相互交叉与融合而形成的通用性工程技术，它涉及到材料科学、物理、化学、机械、电子和生物等多个领域。表面工程技术以最经济和最有效的方法在基体材料表面制备涂镀层或薄膜，或通过对材料的表面改性，赋予材料一种全新的表面。表面工程技术在节约能源和资源、延长产品使用寿命、装饰美化环境、开发新型材料等方面发挥着越来越突出的作用，该技术在 20 世纪 80 年代就已成为世界十项关键技术之一。近些年来，许多高新技术逐渐渗透到表面工程技术领域，促进了表面工程技术的飞速发展，新工艺、新方法层出不穷，目前已达数百种之多。

本书是作者在多年科学研究的基础上，容纳了学院部分教师和研究生的科研成果，并参阅了大量相关书籍和文献资料编写而成的。本书以理论为指导，以技术应用为目标，在内容上力求做到系统性、实用性和先进性。本书在简要地阐述表面工程技术的基础理论和预处理工艺的基础上，重点介绍了各种实用表面工程技术的基本原理、特点、工艺和应用，并在相关章节中介绍了学科最新成果和发展趋势，此外，还增加了对微弧氧化、冷喷涂、纳米涂层制备等技术的介绍。最后，本书还扼要介绍了一些表面分析与检测技术。本书涉及多学科领域，内容丰富，知识面广，既可作为从事表面工程技术研究与应用的科研人员、工程技术人员的参考资料，又可作为高等院校相关专业的本科生和研究生的教材。

本书共 14 章，由佳木斯大学的李慕勤、李俊刚、吕迎和吴明忠编写。其中第 1 章～第 3 章、第 7 章和第 14 章由李俊刚编写；第 4 章和第 5 章由李慕勤、吕迎编写；第 6 章、第 8 章和第 12 章由吕迎编写；第 9 章～第 11 章、第 13 章由吴明忠编写。全书由李慕勤和李俊刚负责统稿。

本书在编写过程中参考了许多书籍和文献资料，在此，对本书中被引用文献资料的作者们表示衷心的感谢。同时，也感谢佳木斯大学的王军、荣守范、程汉池及部分博士生、硕士研究生对本书编写工作的大力支持与帮助。

由于表面工程技术种类繁多，应用广泛，限于本书的篇幅及编者的水平，书中不当之处难免，敬请读者批评指正。

编者

目录

第1章 绪 论

众所周知，所有物体都不可避免地与环境相接触，而与环境真正接触的是物体表面。如各种机械设备和零部件，它们在使用过程中会发生腐蚀、磨损、氧化、侵蚀等，首先会使机件表面发生破坏，进而引起整个机件的失效，造成了巨大的经济损失。据统计，世界钢产量的1/10由于腐蚀而损失，机电产品制造和使用中大约1/3的能源直接消耗于摩擦磨损。因此，提高产品的性能就需要从延缓和控制其表面失效着手，这一点已被很多专家和学者充分认识，进而推动了表面工程学科的形成和迅速发展。

表面工程是改善机械零件、电子电气元件等基体材料表面性能的一门学科。它是将材料表面与基体一起作为一个系统进行设计，利用各种物理、化学或机械等方法和技术，使材料表面获得具有与基体不同性能的系统工程。表面工程既可对材料表面改性，制备各种性能的涂层、镀层、渗层等覆盖层，成倍地延长机件的寿命，又可对废旧机件进行修复，还可用来制备新材料。目前表面工程已成为绿色再制造工程的关键技术之一。

1.1 表面工程学科体系与技术分类

1.1.1 表面工程学科体系

表面工程是由多个学科交叉、综合发展起来的新兴学科。它以“表面”为研究核心，在相关学科理论的基础上，根据零件表面的失效机制，以应用各种表面工程技术及其复合为特色，逐步形成了与其他学科密切相关的表面工程基础理论。表面工程学科体系的内涵包括：表面工程基础理论、表面工程技术、表面加工技术、表面检测技术和表面工程技术设计，如图1-1所示。

表面工程基础理论主要研究固体表面的基本规律，其研究成果包括比较成熟的腐蚀与防护理论、表面摩擦与磨损理论，以及正在不断充实的表面失效理论和表面（界面）结合与复合理论等。其中，表面（界面）结合与复合理论是表面工程基础理论的重要支柱之一，它是发展新型表面工程技术、研究涂层性能、开拓其应用的理论基础。

表面工程技术是表面工程学科的核心和实质。它是改变和控制零件表面性能的技能、工艺、手段及方法，是电镀和化学镀技术、热喷涂技术、堆焊技术、转化膜技术、热扩渗技术、物理及化学气相沉积等技术群的总称。表面工程学的重要特色之一是发展复合表面工程技术，即综合运用两种或多种表面工程技术，达到1＋1＞2的功效；复合表面工程技术通过多种工艺或技术的协同效应，克服了单一表面工程技术存在的局限性，解决了一系列高新技术发展中特殊的工程技术问题。

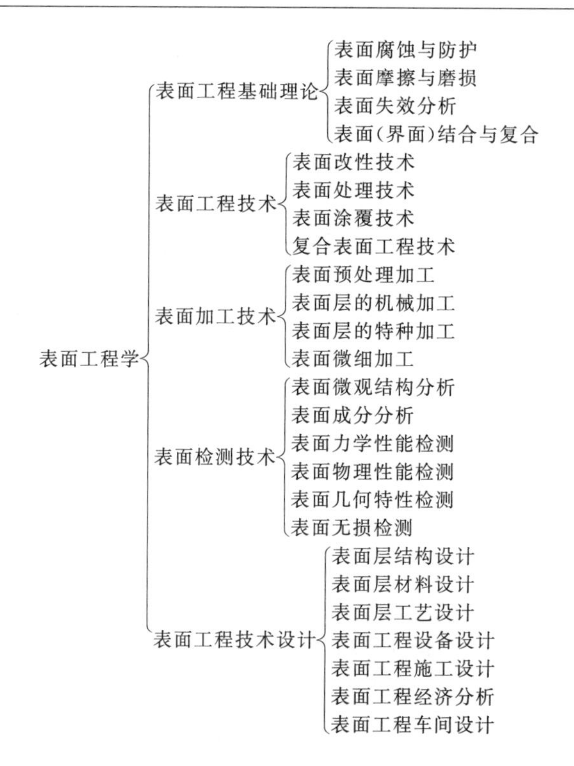

图 1-1　表面工程学科体系的内涵

表面加工技术也是表面工程的一个重要组成部分。表面层往往具有高硬、高强、高韧等特性，普通的加工方法难以胜任，必须采用特殊的加工方法，如使用超硬工具加工、电解磨削、激光加工等。此外，表面微细加工技术已经成为制作大规模集成电路和微细图案必不可少的加工手段，在电子工业尤其是微电子技术中占有特殊地位。

表面检测技术包含的内容很广，有表面成分分析、组织结构分析、表面物理及化学性能检测、表面力学性能检测、表面几何特性检测等，属于质量检测及控制方面的技术。

为了更有效地发挥表面工程的应用效果，在确定采用某种表面工程技术之前，要进行科学的表面工程技术设计。在进行技术设计之前，首先要了解对加工或修复零件的性能要求或零件失效分析的结果，如磨损、腐蚀失效分析；再针对上述要求依据工矿条件进行表面工程技术的设计，包括表面层材料、结构和工艺的设计，表面工程施工、设备、车间的设计及经济分析等。表面工程的技术设计体系如图 1-2 所示。

1.1.2　表面工程技术的分类

表面工程技术简称表面技术，它是运用各种物理、化学或机械的方法，改变基体表面的形态、化学成分、组织结构或应力状态而使其具有某种特殊性能，从而满足特定的使用要求。

表面工程技术的种类很多，应用范围各异。目前国内外还没有统一的分类方法，从不同角度进行归纳，就会有不同的分类。

(1) 按学科特点分类

① 表面改性技术　利用热处理、离子处理和化学处理等方法，改变基体表面的化学成分和性能的技术。这类表面工程技术包括热扩渗（化学热处理）、离子注入、转化膜等。由

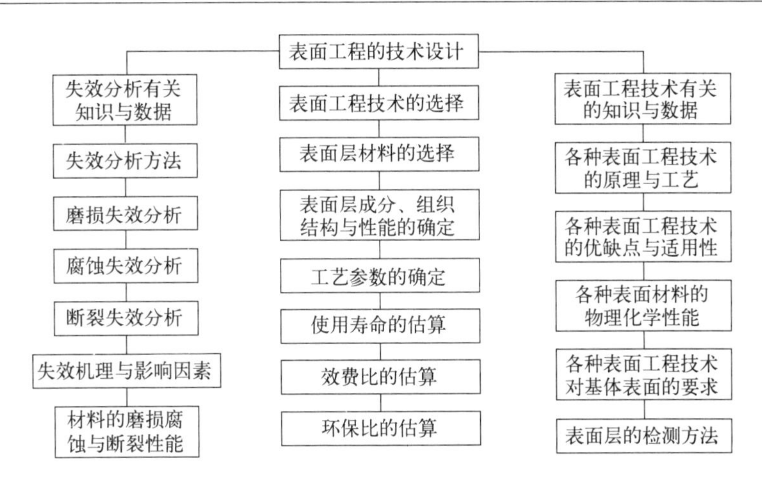

图 1-2　表面工程的技术设计体系

于转化膜是基体的化学成分参与反应形成新的膜层，因此可归入表面改性技术中。

② 表面处理技术　不改变基体材料的化学成分，只通过改变基体表面的组织、结构及应力，来改善表面性能，且不附加膜层。这类表面工程技术包括表面淬火、喷丸强化以及新发展的表面纳米化加工技术等。

③ 表面涂覆技术　在基体表面上形成一种膜层以改善表面性能。涂覆层的化学成分、结构及应力可以和基体材料完全不同。与表面改性和表面处理相比，表面涂覆受到的约束条件少，且技术类型和材料的选择范围广，因此表面涂覆技术种类非常多，应用最为广泛。这类技术主要包括喷涂、堆焊、电镀、化学镀、气相沉积、熔覆、热浸镀、粘涂、涂装等。其中，每一种表面工程技术又有许多分支。

（2）按工艺特点分类

① 堆焊　包括氧-乙炔火焰堆焊、手工电弧堆焊、气体保护堆焊、等离子堆焊、埋弧堆焊、摩擦堆焊等。

② 喷涂　包括火焰喷涂、电弧喷涂、等离子喷涂、爆炸喷涂、超音速喷涂、冷喷涂等。

③ 电镀　包括单金属电镀、合金电镀、复合电镀、电刷镀、非晶态电镀等。

④ 转化膜　包括化学氧化、阳极氧化、微弧氧化、磷化、铬酸盐钝化等。

⑤ 气相沉积　分为化学气相沉积和物理气相沉积。

⑥ 高能束改性　包括激光束改性、电子束改性和离子束改性。

⑦ 热扩渗　包括固体渗、液体渗、气体渗和离子渗。

⑧ 涂装　包括普通涂装、静电涂装、电泳涂装、粉末涂装等。

⑨ 熔覆　包括氧-乙炔火焰熔覆、激光熔覆、电子束熔覆、等离子熔覆、感应熔覆、复合熔覆等。

1.2 表面工程技术的应用

1.2.1 表面工程技术的作用

表面工程技术的作用就是制备出优于本体材料性能的表面覆盖层，赋予工件表面耐蚀性、耐磨性及获得电、磁、光、声、热等功能。表 1-1 列出了表面工程技术赋予材料表面的主要性能。

表面工程技术最突出的技术特点是无需改变整体材质，就能获得本体材料所不具备的某些特殊性能。不同表面工程技术所获得的表面覆盖层厚度一般从几十微米到几毫米，仅占工件整体厚度的几百分之一到几十分之一，却使工件具有了比本体材料更优异的性能。

表1-1　表面工程技术赋予材料表面的主要性能

性能	主要内容
耐蚀性	防锈性、耐各种水质腐蚀性、抗酸碱盐腐蚀性、耐候性、耐药品性等
耐磨性	抗磨粒磨损、抗粘着磨损、抗疲劳磨损、抗腐蚀磨损、抗冲蚀磨损等
电学特性	导电性、绝缘性、超导性、半导体特性、电阻特性等
磁学特性	磁化性、电磁屏蔽性、磁记录等
光学特性	发光性、反射性、增透性、选择吸收性、反光性等
声学特性	声反射、声吸收、声表面波等
热学特性	导热性、热障性、高温氧化性、高温软化性、高温蠕变性、抗热冲击性等
装饰性	着色性、染色性、光泽性、可修饰性等
转换功能	光-电、热-电、光-热、力-热、力-电、磁-光等转换功能
可加工性	精密加工性、可修补性、可焊接性、冷作硬化性等
力学性能	耐疲劳性、表面硬化、粗化、多孔性等

1.2.2　表面工程技术的意义

表面工程技术的应用使基体材料表面具有原来没有的性能，这就大幅度地拓宽了材料的应用领域，充分发挥了材料的潜力，对促进国民经济的发展具有十分重要的意义。

第一，表面工程技术是保证产品质量的基础工艺技术。采用各种表面工程技术可使产品表面获得成分和组织可控的金属、合金、陶瓷、有机物等多种保护涂层，满足不同工况服役与装饰外观的要求，显著提高产品的使用寿命、可靠性与市场竞争能力。如使用环境比较恶劣的海洋平台、露天矿开采、冶金石化生产设备，采用长效复合保护，可在5～10年的使用期内不产生锈蚀；机械行业大量使用的刀具、模具、泵类、轴类、阀门，经过表面强化后，使用寿命普遍提高3～5倍；航空发动机大约有2800多个零件采用热喷涂技术，覆盖材料达40余种。

第二，表面工程技术是节能、节材和挽回经济损失的有效手段。采用有效的表面防护手段，至少可减少腐蚀损失15%～35%，减少磨损损失1/3左右。此外，由于表面覆盖层很薄，往往用极少的材料进行表面涂覆和改性就能明显提高耐蚀、耐磨等性能，这对节约贵重材料、降低制造成本具有重要意义。此外，表面工程技术大量用于修复领域，有时可变废为宝，有时可解决燃眉之急。在船舶、电力、机械甚至军事装备等行业，广泛应用电刷镀、热喷涂、堆焊、粘接涂层等表面技术，来修复一些局部损伤的机器零件，取得了良好的经济效益。如用电刷镀修复的坦克零件，耐磨性是原产品的4倍；采用热喷涂处理运输船尾轴套，以及用表面粘接高温材料修复船用柴油机排烟管等。

第三，表面工程技术在制备新型材料方面具有特殊的优势。例如，非晶态金属或合金具有优异的耐蚀性、耐磨性、高导磁性、高强韧性、低膨胀性等，采用气相沉积、电镀、热喷涂、激光表面改性等技术都可以获得非晶态薄膜或特种性能涂层；在超导材料研究方面，日本已开发了用激光制备高性能超导材料的技术，可制成超导带材料，此外可采用热喷涂技术来制备超导涂层。

第四，表面工程技术是微电子技术发展的基础技术。以化学气相沉积、物理气相沉积、光刻技术和离子注入为代表的表面薄膜沉积技术和表面微细加工技术是制作大规模集成电路、光导纤维和集成光路、太阳能薄膜电池等元器件的基础，并不断推动着微电子工业向小型化、自动化、低成本的方向发展。

1.2.3 表面工程技术的应用

表面工程技术以其高度的实用性以及优质、高效、低耗等特点，在制造业和维修业中占领了日益增长的市场，其应用已经遍布各行各业，可以说几乎有表面的地方就离不开表面工程技术。表面工程技术可以用于耐蚀、耐磨、修复、强化和装饰等方面，也可以用于电、磁、光、声、热、化学和生物等方面；所使用的基体材料可以是金属材料，也可以是无机非金属材料、有机高分子材料及复合材料。

(1) 在改善和美化人们生活中的应用 生活中，人类的衣食住行、学习、娱乐、旅游、医疗、饰品、工艺品无不越来越得益于表面工程的成就。衣料的美观、保暖、手感、抗静电，食品的色泽、保鲜、储存、包装，新型建材和房屋装修都是将表面工程技术作为重要的技术源泉；汽车的美观、节油、低噪声离不开渗透在零部件、摩擦副、活化剂、传感器、电子仪表中的表面工程技术的新成果；此外，保护视力的镜片、比天然品更美的镀膜饰品、不粘性厨房用具、钟表及家用电器表面防护层等都得益于表面工程技术的应用。可以说，人们生活在一个由于表面工程技术的发展而变得越来越美好的环境中。

(2) 在保护、优化环境中的应用 表面工程技术在保护、优化环境方面正起着越来越重要的作用。无论是环境监测和评估，还是环境控制和改善，都将用到表面工程技术所能提供的一切最新成就。

① 净化大气 随着人类经济活动的加剧和生产的发展，大量的CO_2、NO_2和SO_2等有害气体被排入大气中，导致全球温室效应和酸雨降临，严重地破坏了地球环境。采用化学气相沉积和溶胶-凝胶等技术制成的催化剂载体，可有效地治理被污染的大气。

② 净化水质 过滤的膜材是重要的水质净化材料，可进行水的化学提纯、水质软化、海水淡化和污水处理等。这种过滤膜可采用化学气相沉积、阳极氧化和溶胶-凝胶等表面工程技术来制备。

③ 吸附杂质 采用表面工程技术制成的吸附剂，可使空气、水、溶液中的有害成分被吸附，还可去湿、除臭。例如，氨基甲酸乙酰泡沫上涂覆铁粉，经烧结后成为除臭剂，普遍用于冰箱、厨房、厕所、汽车内。

④ 活化功能 远红外光具有活化空气和水的功能。人们已经在水的净化器装置中涂覆上远红外的陶瓷涂层，使水具有活化作用，有利于人的饮水健康。

⑤ 绿色能源 在能源短缺与环境污染愈发严重的今天，大力推广绿色能源备受关注，诸如光伏发电、磁流体发电、风能发电和海浪发电等。例如，宁夏中宁汉能850MW超大型光伏电站项目分为一期和二期工程，采用单晶硅光伏电池组件和单轴追日架，已于2022年建成并投产。2023年投入运行，年发电量17亿千瓦时左右。表面工程技术是开发绿色能源的基础技术之一，许多绿色能源装置中都应用了气相沉积镀膜和涂覆等技术。

⑥ 优化环境 表面工程技术在人类控制自然、优化环境中起很大的作用。例如，人们正在积极研究能调光、调温的“智慧窗”，即通过在玻璃表面涂覆或镀膜等方法，采用智能控制系统使窗户按人的意愿来调节光的透过率和光照温度。

(3) 在结构材料中的应用　在工程领域中，结构材料主要用于制造船舶、机车、桥梁等结构部件，以及机械制造中的工具、模具及其他零部件等。在满足其力学性能的前提下，在许多场合又同时要求构件兼具良好的耐腐蚀性和装饰性。表面工程技术在这方面起着防护、耐磨、强化、装饰等重要作用。

① 表面防护　表面防护主要指材料表面防止化学腐蚀和电化学腐蚀等的能力。采用表面工程技术能显著提高结构件的防护能力。例如，应用电弧喷涂锌涂层保护的桥梁、建筑构架等的防腐蚀效果可达到20年；在石化工业中，大量的石油储罐表面通过热喷涂铝，可使其防腐年限达到15年以上；新型防腐涂料用于地下管道和行驶车辆，可使防腐寿命达到10年。

② 耐磨性　耐磨性是指材料在一定摩擦条件下抵抗磨损的能力。它与材料特性以及载荷、速度、温度等磨损条件有关。利用热喷涂、堆焊、电刷镀和电镀等表面技术，在材料表面形成镍基、钴基、铁基、金属陶瓷等覆层，可有效地提高材料或制件的耐磨性。如冶金工业中的轧辊，全国每年钢铁系统报废的轧辊约6万吨，经济损失在9亿元以上，通过堆焊、热喷涂耐磨涂层，可大大延长轧辊的寿命。在机械工业中，表面工程技术的用途更为宽广，一些大型的轴类、电机转子普遍喷涂上铁基和镍基合金来提高耐磨性；一些机械密封环喷涂的WC-Co涂层，其耐磨效果十分显著。

③ 表面强化　表面强化的含义广泛，这里主要指通过各种表面强化处理来提高材料表面抵御除腐蚀和磨损之外的环境作用的能力。例如疲劳破坏，它也是从材料表面开始的。通过表面处理，如喷丸、滚压和激光表面处理等可以显著提高材料的疲劳强度。又如许多制品要求表面强度和硬度高，而心部韧性好，通过合理选择材料和进行渗碳、渗氮等表面强化处理，就能满足这个要求。

④ 表面装饰　材料的表面装饰要求具有光亮、色泽、花纹和仿照等功能。合理地选择电镀、化学镀、氧化等表面技术，可以获得镜面镀层、全光亮镀层、亚光镀层、缎状镀层，不同色彩的镀层，各种平面、立体花纹镀层，仿贵金属、仿古和仿大理石镀层等。这些镀层不仅外表美观、绚丽多彩，而且还可以起到防护作用，其应用十分广泛。

(4) 在功能材料和元器件中的应用　功能材料主要指具有优良的物理、化学和生物等功能，以及一些电、磁、光、声等互相转换功能，而被用于非结构目的的高技术材料。在航空航天、电子、电器、信息、国防等领域，功能材料常用来制造各种装备中具有独特性能的核心部件。

材料的功能特性与其表面的成分、组织结构等密切相关，因此通过表面工程技术可以制备或改进一系列功能材料及其元器件。近年来，表面制备技术有了很大的发展，不仅能够严格控制材料表面的成分和结构，还能进行高精度的微细加工，使许多电子元器件实现了小型化、薄膜化和一体化。表面工程技术在功能材料中的应用举例如下。

① 电学特性　利用电镀、化学镀、气相沉积、离子注入等技术可制备具有电学特性的功能薄膜及其元器件。例如，现今用于液晶显示器、太阳能电池、手机和学习机的导电膜，具有各种电阻特性的碳膜、金属膜电阻材料，聚合绝缘镀层和热离子发电元件的电绝缘涂层，开关银、铜触点的低接触电阻膜，以及波导管和约瑟夫逊器件等元器件。

② 磁学特性　通过气相沉积技术和涂装等表面工程技术制备出磁记录介质、磁带、磁泡材料、电磁屏蔽材料、薄膜磁阻元件等。

③ 光学特性　利用电镀、化学镀、转化膜、涂装、气相沉积等方法，能够获得具有反

光、光选择吸收、增透性、光致发光、感光等特性的薄膜材料，可以用于高速公路警示板的反射膜、显像管和显微镜的防炫膜、光通信用光学薄膜和投影薄膜、透过可见光的透明隔热膜、太阳能选择吸收膜、光致发光膜和光致变色薄膜等。

④ 声学特性　现代化战争中，要求飞机、火炮等武器装备都具有相当高的隐蔽性。利用涂装、气相沉积等表面工程技术，可以制备吸波涂层、红外隐身涂层、降低雷达波反射系数的纳米复合雷达隐身涂层，声反射和声吸收涂层，以及声表面波器件等。

⑤ 热学特性　计算机、建筑、军事工业等需要各种具有特殊热学性能的材料和元器件。常采用磁控溅射、涂装等方法，制备电脑显卡显存散热片上的导热膜，散热器、加热器、绝缘器等的绝缘导热膜，高层建筑用的热反射镀膜幕墙玻璃，在航天、轻工、建筑、空调中得到应用的蓄热式热交换器、蓄热型热泵，太阳能动力装置中具有耐热性和蓄热性的集热板，以及耐热涂层、吸热涂层和保温涂层等。

⑥ 生物学特性　具有一定的生物相容性和物理化学性质的生物医学材料，已经受到人们的高度重视。利用等离子喷涂、气相沉积、离子注入等方法形成的医用涂层，可在保持基体材料特性的基础上，提高基体表面的生物学性质、耐磨性、耐蚀性和绝缘性等，阻隔基材离子向周围组织溶出扩散，起到改善人体机能的作用。例如，在金属材料上制备生物陶瓷涂层，提高材料的生物活性，用作人造关节、人造牙等医用植入体。将磁性涂层涂覆在人体的一定穴位上，有治疗疼痛、高血压等功能。

⑦ 各种转换功能　采用表面工程技术可获得具有光-电、热-电、光-热、力-热、磁-光等转换功能的器件。例如，能进行光电转换的薄膜太阳能电池、含有有机化合物涂层的电致发光器件、能进行电热转换的薄膜加热器、具有选择性吸收涂层的太阳能光热转换器等。

(5) 在再制造工程中的应用

① 再制造工程的内涵　再制造是在维修工程和表面工程的基础上发展起来的对废旧产品实施高技术修复和改造的产业。再制造工程是以产品全寿命周期论为指导，以实现废旧产品的性能提升为目标，以优质、高效、节能、节材、环保为准则，以先进技术和产业化生产为手段，来修复、改造废旧产品的一系列技术措施或工程活动的总称。再制造产品既可以是设备、系统、设施，也可以是其零部件；既包括硬件，也包括软件。再制造的重要特征是：再制造后的产品质量和性能达到或超过新品，成本只是新产品的50%，节能60%、节材70%，减排80%，对环境的不良影响显著降低，可有力地促进资源节约型、环境友好型社会的建设。因此，可简单概括为“两型社会”和“五六七八”。

图1-3为再制造在产品全寿命周期中的位置示意图。从产品寿命周期分析看，以往的产品经历了设计、制造、使用、维修至报废。报废后，一部分是将可再生的材料进行回收，一部分将不可回收的材料进行环保处理。维修在这一过程中主要是针对在使用过程中因磨损或腐蚀等原因而不能正常使用的零件的修复；而再制造是在整个产品报废后，对报废产品进行分类、检测，再利用最先进的技术手段通过再制造形成新的产品。再制造工程是一种从部件中获得最高价值的合算方法，通常可以获得更高性能的再制造产品。

② 再制造工程的效益和特色　再制造的节能效益体现可用一些实例说明。例如，再制造技术国家重点实验室在自动化专机上应用电刷镀技术再制造发动机连杆，镀层厚度0.15mm，一次刷镀4～6件，耗材是零件本体重量的2%，费用是该零件新品价格的1/10；采用自动化高速电弧喷涂技术再制造发动机曲轴箱轴承座，涂层厚度0.6mm，单件喷涂时间由手工操作1.5h缩短为20min，耗材小于箱体重量的0.5%，费用小于箱体价格的1/10。

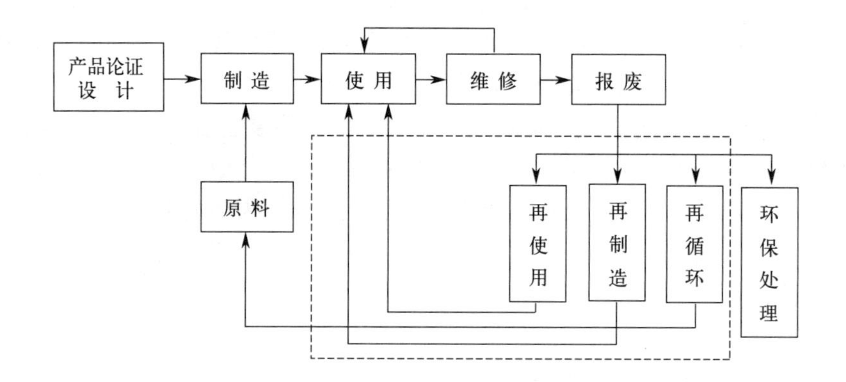

图 1-3　再制造在产品全寿命周期的位置

再制造的环保效益体现在：废旧产品的零部件因被直接用作再制造的毛坯而不是回炉冶炼获得钢锭，这就避免了回炉时对能量的消耗和对环境造成的二次污染；避免了由钢锭到新零件的二次制造时对能源的再次消耗和对环境的再度污染。废旧产品因可以再制造，一方面提高了产品的绿色度，另一方面避免了成为固体垃圾而造成环境污染。

（6）在研究开发新型材料中的应用　新型材料又称先进材料，通常是指具有优异性能的材料，是高新技术重要的组成部分和必要的物质基础。应用表面工程技术可制备金刚石膜、超导膜、纳米材料、亚稳态材料、复合材料及梯度功能材料等许多新型材料，为今后新技术的发展奠定了物质基础。

1.3　表面工程技术的发展趋势

现代工业的迅速发展，要求机电产品能在高温、高压、高速、高度自动化和恶劣的工况条件下长期稳定运转，对机件表面的耐高温、耐腐蚀、耐磨损、抗疲劳、防辐射等性能要求日益苛刻。随着人们环保意识的增强，如何改善材料的表面性能，延长产品的使用寿命，节约资源，提高生产率，减少环境污染等对表面工程技术提出了挑战。因此，在21世纪，表面工程技术的改进、复合和创新会更加迅速，应用会更为广泛。其发展趋势概括为以下七个方面。

（1）传统表面工程技术的创新　传统的表面工程技术随着科学技术的进步而不断创新。例如，在喷涂方面，已研究出高速悬浮火焰喷涂、高速电弧喷涂、大功率多电极等离子喷涂、液相等离子喷涂、超低压等离子喷涂等新工艺。在堆焊方面，开发出了摩擦堆焊、三弧双丝电弧堆焊、冷金属过渡堆焊、钨极-熔化极间接电弧堆焊等新工艺。金属增材制造方面，经过30多年发展，已经研发出粉末床熔融、定向能量沉积、金属熔融三维直写、黏结剂喷射成形、液体金属挤出成形等多种金属增材制造工艺。在粘接技术方面开发了高性能环保型粘接技术、纳米胶粘接技术、微胶囊技术。在离子注入方面，继强流氮离子注入之后又研究出强流金属离子注入和等离子体浸没注入技术。在解决产品的表面技术选择问题时，这些新兴表面技术与传统表面技术相互补充，拓展了表面工程技术的应用领域。

（2）复合表面工程技术的研究　在单一表面工程技术发展的同时，复合表面工程技术的研究和应用已取得了重大进展。如等离子喷涂与物理气相沉积复合、激光预处理与镀铬复合、化学热处理与电镀复合、喷丸强化与离子注入复合、表面强化与固体润滑层复合、表面纳米化加工与渗氮复合等。伴随着复合表面工程技术的发展，梯度涂层技术也获得较大发展，以适应不同覆层之间的性能过渡。

(3) 发展纳米表面工程　纳米微粒指尺寸在 1～100nm 的超微细粒子，即所说的纳米材料。纳米微粒具有表面效应、小尺寸效应和量子尺寸效应，并产生奇异的力学、电学、磁学、光学、热学和化学等特性。2000 年，徐滨士等人首先提出“纳米表面工程”的概念，标志着表面工程进入新的发展阶段。纳米表面工程是指充分利用纳米材料的优异特性提升和改善传统的表面工程，通过特定方法使材料表面纳米化、纳米结构化或功能化，从而使材料表面性能提高或赋予其全新功能的系统工程。支撑纳米表面工程的关键技术主要包括：纳米热喷涂技术、纳米电刷镀技术、纳米减摩自修复添加剂技术、金属材料表面自身纳米化、纳米表面粘接技术、纳米涂装、纳米薄膜气相沉积等几项先进技术，这些技术也是再制造的关键技术之一。目前向涂层中加入特殊性能的纳米材料得到性能优异的涂层以及采用表面处理方法获得纳米材料是两个重要的发展方向。

虽然纳米表面工程已得到初步发展，但由于纳米技术的制约，仍有许多问题亟待解决，如纳米材料的设计化制备、添加、分散，纳米结构的设计化组装和纳米薄膜的定向生长等，纳米表面工程离成熟化、产业化还有很大差距。但随着纳米科技的不断发展，纳米表面工程的学科内涵会不断完善，会有更先进的表面工程技术应用于实践。

(4) 向智能互联的方向推进　随着我国高端制造业的发展，工业产品在不断创新，对表面工程技术的要求也越来越高。表面工程技术行业要适应高端制造业的发展，与时俱进地推进工业互联网、智能制造的升级，从而实现表面工程技术的生产过程管控、品质保证、数据回溯、安全环保、职业健康；同时基于行业建设发展趋势，从整体规划、数字化生产线、配套体系、车间级管控等方面对表面工程技术的智能制造落地给出解决方案。

以自动化程度最高的汽车行业为例，汽车涂装车间应以自动化为基础，以数字化为手段，借助新一代信息通信技术，通过工业软件、生产管理系统、智能技术和装备的集成，逐步发展为高效率、低成本、高质量的智能化车间。未来的涂装车间应能够适应个性化定制、柔性化生产需求，并可借助虚拟仿真软件实现虚拟生产，利用互联网、云计算、大数据实现质量预测、设备预测性维修以及与设备供应商之间的协同生产、远程维护等智能服务。

(5) 大力发展再制造工程　再制造工程属绿色先进制造技术，是对先进制造技术的补充和发展。报废产品的再制造是产品全寿命周期管理的延伸和创新，是实现循环经济“减量化、再利用、资源化”的重要途径。在再制造技术层面，与国外相比，中国的再制造技术具有鲜明的特色。国外再制造主要采用换件修理法或尺寸修理法。前者指将损伤零件整体更换为新品零件，后者指将失配的零件表面尺寸加工修复到可以配合的范围，但存在着再制造件资源利用率较低、零件互换性不高等问题。而中国采用了先进的表面工程技术作为再制造的关键支撑技术，相继开发了性能更优异的纳米表面工程技术、自动化表面工程技术、增材再制造成型技术等，形成了以“尺寸恢复”和“性能提升”为特色的再制造成型模式。

“中国制造 2025”提出要坚持创新驱动、智能转型、绿色发展。中国特色的再制造作为绿色制造的创新实践，必将向着“优质、高效、智能”方向发展。在高端装备领域，针对航空发动机叶片、燃气轮机转子、盾构机、大型机床等大型装备及零部件，开展绿色再制造设计，加快研发高端再制造技术和装备，进一步提升再制造产品的综合性能。在国家大力提倡发展清洁能源，深化能源结构改革的背景下，深入挖掘再制造在风力发电设备、电动汽车等新能源领域的应用潜力。通过与人工智能、大数据、物联网、5G等新兴技术的深度融合，实现自动化产业升级，从技术体系到全产业链全方位提升再制造智能化水平。

(6) 研究开发新型功能涂层 表面工程技术大量的任务是使零件和构件表面延缓腐蚀、减小磨损和延长疲劳寿命。随着工业的发展，在治理这三种失效形式之外，对许多特殊的表面功能提出了要求。例如舰船上甲板需要有防滑涂层，军队官兵需要防激光致盲的镀膜眼镜，现代装备需要有隐身涂层，太阳能取暖和发电设备中需要高效的吸热涂层和光电转换涂层，录音机中需要有磁记录镀膜，不粘锅中需要有氟树脂涂层，智能调光玻璃层之间需要有调光膜等。对生物医学材料进行表面改性，可获得优异的生物涂层，也成为生物医学材料领域研究的热点。此外，隔热涂层、导电涂层、减振涂层、降噪涂层、催化涂层等也有广泛的用途。在制备这些功能涂层方面，表面工程技术也可大显身手。

(7) 向绿色环保方向发展 从宏观上讲，表面工程技术对节能、节材、环境保护有重大效能。但对具体的技术，如涂装、电镀、热扩渗等技术均有“三废”的排放问题。随着环境保护意识的日益加强，开发节能减排、绿色环保的技术，促进表面工程行业的健康可持续发展，成为表面工程技术的重要发展方向。可以采用一些具体的实施方法，例如：

① 建立表面工程技术项目的环境负荷数据库，为开发生态环境技术提供重要基础；

② 深入研究表面工程技术的产品全寿命周期设计，以此为指导，采用优质、高效、节能、节材的技术，并大力推进再循环和再制造工程；

③ 尽量采用环保低耗的生产技术取代污染高耗生产技术，如采用激光熔覆、气相沉积等技术替代传统的电镀硬铬等；

④ 加强“三废”处理，尽量采用无氰、无毒或低毒原料，如涂装时尽量采用水性涂料、粉末涂料、高固体分涂料等环保涂料，电镀和钝化处理过程中尽可能用三价铬等低污染物取代六价铬高污染物。

参考文献

[1] 徐滨士，朱绍华，等．表面工程的理论与技术．2版．北京：国防工业出版社，2010.
[2] 宣天鹏．材料表面功能镀覆层及其应用．北京：机械工业出版社，2008.
[3] 徐滨士，刘世参．表面工程．北京：化学工业出版社，2000.
[4] 戴达煌，周克崧，袁镇海．现代材料表面技术科学．北京：冶金工业出版社，2004.
[5] 钱苗根，姚寿山，张少宗．现代表面技术．2版．北京：机械工业出版社，2019.
[6] 曾晓雁，吴懿平．表面工程学．2版．北京：机械工业出版社，2016.
[7] 赵文轸．材料表面工程导论．西安：西安交通大学出版社，1998.
[8] 董允，张延森，林晓娉．现代表面工程技术．北京：机械工业出版社，2005.
[9] 徐人平．工业设计工程基础．北京：机械工业出版社，2003.
[10] 徐滨士．纳米表面工程．北京：化学工业出版社，2004.
[11] 陈光华，邓金祥．纳米薄膜技术与应用．北京：化学工业出版社，2004.
[12] 丁秉钧．纳米材料．北京：机械工业出版社，2011.
[13] 刘宣勇．生物医用钛材料及其表面改性．北京：化学工业出版社，2009.
[14] 师昌绪，徐滨士，张平，等．21世纪表面工程的发展趋势．中国表面工程，2001 (1)：2-7.
[15] 徐滨士，马世宁，梁秀兵，等．表面工程的进展．金属热处理，2002，27 (7)：1-7.
[16] 徐滨士，马世宁，刘世参，等．表面工程技术的发展和应用．物理，1999，28 (8)：494-499.
[17] 王豫，刘红艳，潘留国．现代表面工程的形成和发展．热处理，2000 (4)：7-12.
[18] 徐滨士．再制造工程与纳米表面工程．上海金属，2008，30 (1)：1-7.

[19] 闻立时，黄荣芳．先进表面工程技术发展前沿．真空，2004，41（5）：1-6.
[20] 田伟，王铀，王典亮．纳米表面工程的研究进展及展望．热加工工艺，2006（6）：52-55.
[21] 徐滨士，刘世参，王海斗．二十一世纪的纳米表面工程．机械制造与自动化，2005，34（3）：1-4.
[22] 徐滨士．再制造工程与自动化表面工程技术．金属热处理，2008，33（1）：9-14.
[23] 徐滨士．维修工程的新方向——再制造工程在中国的发展（一）．中国设备工程，2009（3）：17-19.
[24] 徐滨士．维修工程的新方向——再制造工程在中国的发展（二）．中国设备工程，2009（4）：29-32.
[25] 徐滨士．工程机械再制造及其关键技术．工程机械，2009，40（8）：1-6.
[26] 张伟，徐滨士，张纾，等．再制造研究应用现状及发展策略．装甲兵工程学院学报，2009，23（5）：1-5.
[27] 秦真波，吴忠，胡文彬．表面工程技术的应用及其研究现状．中国有色金属学报，2019，29（9）：2192-2216.
[28] 于泽淼，李文刚，郭鑫，等．涂装车间自动化、数字化、智能化新技术．汽车工艺与材料，2020（12）：25-28.
[29] 唐琦军，任凯，谢秋元，等．我国发动机再制造现状及发展趋势研究．农业工程与装备，2021，48（6）：35-39.
[30] 黄惠，周继禹，何亚鹏，等．表面工程原理与技术．北京：冶金工业出版社，2022.
[31] 王利，孙黎，杨洁，等．汽车用钢板性能评价与轻量化．北京：机械工业出版社，2022.
[32] 王海斗，张文宇，宋巍．再制造二十年足迹及发展趋势．机械工程学报，2023，59（20）：80-95.

第2章 表面工程技术的基础理论

固体是一种重要的物质结构形态，其表面和内部具有不同的性能。人们对固体表面进行大量的研究，形成了一个新的科学领域——表面科学，它包括表面分析技术、表面物理和表面化学三个分支。表面科学是当前世界上最活跃的学科之一，是表面工程技术的理论基础。

腐蚀、磨损和疲劳破坏等都是固体表面材料的流失过程，要实现对它们的控制，首先要了解材料表面流失时发生的物理和化学过程，即材料表面的结构、状态与特性问题。因此，本章介绍固体材料表面的一些物理、化学基础理论，为正确选择与运用表面工程技术作好理论准备。

2.1 固体材料的表面特性

固体材料分为晶体和非晶体两类。晶体中的原子在三维空间内呈周期性规则重复排列，而非晶体内部原子的排列是无序的，如玻璃、木材、棉花等。工程材料中，大部分材料属于晶体，如金属、陶瓷和许多高分子材料，因此本节主要介绍晶体的表面特性。

一般地，将固体-气体或固体-液体的分界面称为表面；固体材料中成分、结构不同的两相之间的界面称为相界；多晶材料内部成分、结构相同而取向不同晶粒之间的界面称为晶界或亚晶界。

2.1.1 固体的表面能

固体表面的原子和内部原子所处的环境不同。内部的任一原子处于其他原子的包围中，周围原子对它的作用力对称分布，因此它处于均匀的力场中，总合力为零，即处于能量最低的状态；而表面原子却不同，它与气相（或液相）接触，气相分子对表面原子的作用力可忽略不计，因此表面原子处于不均匀的力场之中，所以其能量大大提高，高出的能量称为表面能。表面能的存在使得材料表面易于吸附其他物质。

2.1.2 固体的表面结构

表面工程技术研究的对象是固体材料的表面。固体材料的表面分为三类：理想表面、清洁表面和实际表面。

(1) 理想表面结构 理想表面是一种理论上结构完整的二维点阵平面。它可以想象成将一块无限大的晶体，从中间剖开，将其分成两部分后所形成的表面，并认为半无限晶体中的原子位置和结构的周期性与原来的无限晶体完全一样，如图 2-1 所示。但这种理想表面在自然界中是不存在的，因为它忽略了晶体内部周期性势场在晶体表面中断造成的影响，忽略了表面原子热运动引起的缺陷和扩散现象，以及表面外环境的作用等。理想表面是人们最早对表面的理解，可以把它作为研究其他类型表面的一个基础。

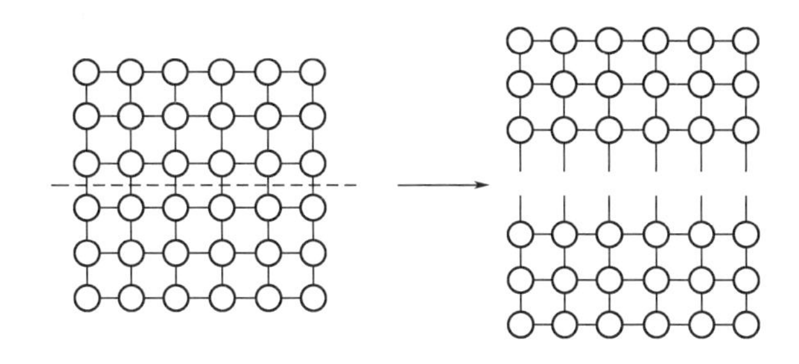

图 2-1　理想表面形成的示意图

(2) 清洁表面结构

① 清洁表面结构及其特点　清洁表面是指经过特殊处理后，保持在超高真空条件下，使外来污染少到不能用一般表面分析方法探测到的表面。获得清洁表面的方法有超高真空中解理、离子轰击、高温加热法和分子束外延等。清洁表面是客观存在的，但这种表面的清洁程度与具体的清洁工艺及真空度有关。实际上，即使在 $10^{-6}\sim10^{-9}$Pa 真空度下，清洁表面仍会吸附外来原子薄层。

由于晶体表面原子的周期性排列突然中断，形成了附加的表面能。而表面原子排列总是趋于能量最低的稳定状态。达到这个稳定态的方式有两种：一是自行调整，表面原子排列情况与内部明显不同；二是依靠表面的成分偏析和表面对外来原子或分子的吸附，以及这两者的相互作用而趋向稳定态，因而使表面组分与内部不同。几种清洁表面的结构如图 2-2 所示。

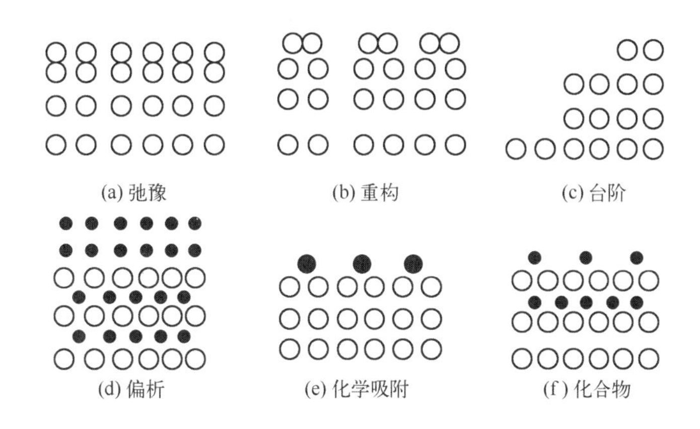

图 2-2　几种清洁表面结构示意图

a. 弛豫　表面原子的周期性突然破坏，表面上的原子会发生相对于正常位置的上、下位移来降低体系能量，表面上原子的这种位移称为弛豫。

b. 重构　指平行于基底的表面上，原子的平移对称性与体内显著不同，原子位置做了较大幅度的调整，这种表面结构称为重构。

c. 台阶 表面不是原子级的平坦，表面原子可以形成台阶结构。

d. 偏析 表面原子是从内部扩散迁移出的外来原子。

e. 化学吸附 外来原子（超高真空条件下主要是气体）吸附于表面并形成化学键。

f. 化合物 外来原子进入表面，并与原子键合形成化合物。

由此来看，晶体表面的成分和结构与材料内部不同，大约要经过4～6个原子层之后才与体内基本相似。所以晶体表面实际上只有几个原子层范围。另外，晶体表面最外一层也不是一个原子级的平整表面，因为这样的熵值较小，尽管原子排列做了调整，但是自由能仍较高，所以清洁表面必然存在多种表面缺陷。

② 表面晶体结构模型 描述表面晶体结构的物理模型很多，其中最著名的是单晶体表面的TLK模型，即认为晶体表面的微观结构以平台（Terrace）-台阶（Ledge）-扭折（Kink）为主要特征，如图2-3所示。从TLK模型看出，晶体表面除了平台、台阶、扭折外，还存在着许多缺陷，如吸附原子、空位、位错露头和晶界痕迹等，它们对于固体材料的表面状态和表面形成过程都有影响。

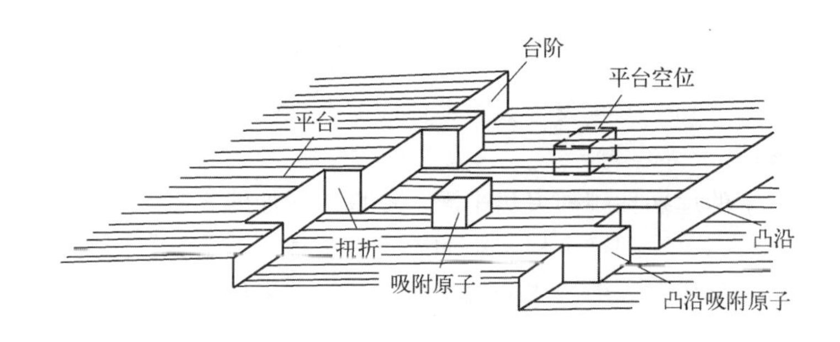

图2-3 单晶体表面原子结构的TLK模型

根据表面自由能最小的原则，平台面和台阶一般都为低指数晶面，如（111）、（110）、（100）等。通常平台面上的原子配位数比体内少，而台阶上原子的配位数又比平台面少，扭折处原子的配位数则更少，故这些特殊位置的原子的价键具有不同程度的不饱和性。所以，台阶和扭折处容易成为晶体的生长点、优先吸附位置、催化反应活性中心和腐蚀反应起点。

由于表面的特殊环境，其原子的活动能力远大于体内，形成点缺陷的激活能又小，故在表面上的热力学平衡的点缺陷浓度远大于体内，最为常见的是吸附原子或偏析原子。所以平台面、台阶和扭折处常有吸附原子或分子，台面上还会有原子空位。

晶体表面还有一种常见缺陷是位错。根据位错的守恒性，位错只能终止在晶体表面或晶界上，因此，位错往往在表面露头。由于位错造成其周围点阵畸变，位错附近原子的平均能量往往高于其他区域的能量，故易被杂质原子取代。若是螺型位错的露头，则会在表面形成一个台阶。

图2-3所示的表面原子结构图对理解表面工程技术的许多物理过程很重要。例如，气相沉积和电镀时，原子的沉积过程一般都是在晶体表面的扭折或台阶处率先形核，再通过扩散逐渐长大的，因为这样所需的热力学驱动力最小。晶体表面各种缺陷浓度的高低，也直接影响表面扩散速度和物理、化学吸附过程的进行。

(3) 实际表面结构　实际表面是指暴露在未加控制的大气环境中的固体表面，或者经过一定加工处理（切割、研磨、抛光、清洗等），保持在常温和常压（也可能在低真空或高温）下的表面。这种表面可能是单晶或多晶，也可能是粉体或非晶体。这是在日常工作和生产中经常遇到的表面，又称真实表面。

与清洁表面相比较，实际表面具有下列重要特点。

① 表面粗糙度　任何固体的表面都不是绝对光滑平整的，即使经过精密加工的实际材料表面，在显微镜下观察也是凹凸不平的，还可能存在着微裂纹、空洞等缺陷。图 2-4 所示为不同加工方法的材料表面轮廓形貌。

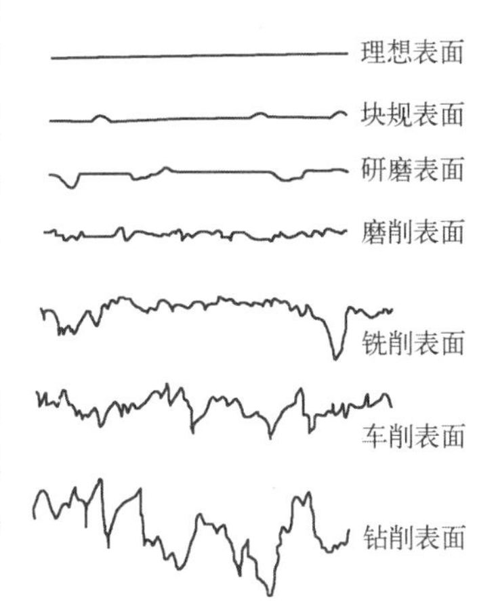

图 2-4　不同加工方法形成的材料表面轮廓曲线

工程上常用表面粗糙度来评价表面的平整度。表面粗糙度是指加工表面上具有的较小间距的峰和谷所组成的微观几何形状特性，主要是加工过程中刀具与工件表面间的摩擦、切屑分离工件表面层材料的塑性变形、工艺系统的高频振动以及刀尖轮廓痕迹等原因形成。

表面粗糙度对材料的许多性能都有显著的影响。控制这种微观几何形状误差，对于实现零件配合的可靠性和稳定性，减小摩擦与磨损，提高接触刚度和疲劳强度，降低振动与噪声等有重要作用。

② 贝尔比层　固体材料经切削加工后，在几微米或者十几微米的表层中可能发生组织结构的剧烈变化。例如金属在研磨时，由于表面的不平整，接触处实际上是“点”，其温度可以远高于表面的平均温度，但是由于作用时间短，而金属导热性又好，所以摩擦后该区域迅速冷却下来，原子来不及回到平衡位置，造成一定程度的晶格畸变，深度可达几十微米。这种晶格畸变是随深度变化的，而在最外的约 5～10nm 厚度可能会形成一种非晶态层，称为贝尔比（Beilby）层，其成分为金属和它的氧化物，而性能与体内明显不同。

贝尔比层具有较高的耐磨性和耐蚀性，这在机械制造时可以利用。但是在其他许多场合，贝尔比层是有害的，例如在硅片上进行外延、氧化和扩散之前要用腐蚀法除掉贝尔比层，因为它会引发位错、层错等缺陷而严重影响器件的性能。

③ 残余应力　固体材料在加工变形中外力所做的功，除大部分转化为热能外，还有大约小于 10%的功以畸变能的形式储存在变形材料的内部。储存能在变形材料中的具体表现即为残余应力，它是一种内应力。特别是许多表面加工处理由于表心变形不一致，也会在材料表层产生很大的残余应力。此外，材料受热不均匀或各部分热胀系数不同，在温度变化时也会在材料内部产生热应力。因此，残余应力普遍存在于经各种加工、处理后的材料之中。

残余应力对材料的许多性能和各种反应过程可能会产生很大的影响，有利也有弊。材料在受载时，内应力将与外应力一起发生作用。如果内应力方向和外应力相反，就会抵消一部分外应力，从而起到有益的作用；如果方向相同则互相叠加，则起坏作用。许多表面工程技术就是利用这个原理，如喷丸、液压表面形变强化处理通过在材料表层产生的残余压应力，来显著提高零件的疲劳强度，降低零件的疲劳缺口敏感度。

2.1.3　固体表面的吸附现象

吸附是固体表面最重要的特征之一。由于固体表面上原子或分子的力场是不饱和的，就有吸引其他物质分子的能力，从而使环境介质在固体表面上的浓度大于体相中的浓度，这种现象称为吸附。吸附可使固体表面能降低，是自发过程。在表面工程技术中，许多工艺都是通过基体和气体或液体表面的接触作用而实现的，因此了解固体表面对于气体和液体的吸附规律是非常重要的。

(1) 固体对气体的吸附　固体表面对气体的吸附可以分为物理吸附和化学吸附两类。

① 物理吸附　物理吸附是固体与气体原子之间靠范德华力作用而结合的吸附。范德华力存在于任何两个分子之间，所以任何固体对任何气体或其他原子都有这类吸附作用，即吸附无选择性，只是吸附的程度随气体或其他原子的性质不同而有所差异。物理吸附的吸附热较小。物理吸附层可看作是蒸气冷凝时形成的液膜，其吸附热数量级与液化热相近，一般小于40kJ/mol。但物理吸附层不稳定，容易脱附（解吸），对表面结构和性能的影响则较小。同时，物理吸附不需要活化能，并且具有较快的吸附速度。

② 化学吸附　固体与气体原子之间是靠化学键作用而结合的吸附。化学吸附来源于剩余的不饱和键力。吸附时表面与被吸附分子间发生了电子交换，电子或多或少地被两者所共有，其实质上是形成了化合物，即发生了强键结合。显然，并非任何分子（或原子）间都可以发生化学吸附，吸附有选择性，必须能在两者之间形成强键。化学吸附的吸附热数量级与化学反应热相近，一般在80～400kJ/mol之间，明显大于物理吸附热。化学吸附比较稳定，不易脱附，而且发生在特定的固-气体系中，吸附需要活化能，吸附速度较慢。气体原子在基体上往往通过化学作用来形成覆盖层，或者形成置换式或间隙式合金型结构，对表面结构和性能影响大。

物理吸附和化学吸附两者的区别见表2-1。

表2-1　物理吸附与化学吸附的区别

吸附性质	物理吸附	化学吸附
吸附力	范德华力，弱	化学键力，强
吸附热	小，接近液化热(1～40kJ/mol)	大，接近反应热(80～400kJ/mol)
吸附选择性	无，任何固-气体系	有，特定的固-气体系
吸附温度	低温	较高温度
吸附速率	快，不需活化能	慢，需活化能
可逆性	可逆，容易吸附	不可逆，不易吸附
吸附层数	单分子层或多分子层	仅单分子层
吸附层结构	基本同吸附质分子结构	形成新的化合态

虽然物理吸附和化学吸附有明显的区别，但二者并不是孤立的、截然分开的，对同一固体表面常常既有物理吸附，又有化学吸附。而且，气体先进行物理吸附再发生化学吸附要比先解离再发生化学吸附容易得多。

常见气体对大多数金属而言，其吸附强度大致可按下列顺序排列：

$O_2 > C_2H_2 > C_2H_4 > CO > H_2 > CO_2 > N_2$

固体表面对气体的吸附在表面工程技术中的作用非常重要。例如，气相沉积时薄膜的形核首先通过固体表面对气体分子或原子的吸附来进行。类似现象在热扩渗工艺的气体渗碳、渗氮等工艺中也存在。

(2) 固体表面对液体的吸附　固体表面对液体分子同样有吸附作用。一般是通过液体对固体表面的润湿与铺展来实现的。

① 润湿作用　润湿是指液体对固体表面浸润、附着的能力。润湿是生活和生产中经常碰到的现象，例如，水滴在洁净的玻璃片上，会展开成一薄层；滴在涂有蜡的玻璃片上，则成为球形。前者称为能润湿，后者称为不能润湿。

能被水润湿的固体叫亲水性固体，如玻璃、氧化物、石英等；不能被水润湿的固体叫憎水性固体，如石蜡、石墨、硫黄等。但通过表面活性物质在固体表面上的吸附，可以改变固体表面的特性，使不能被润湿变为能被润湿，这类表面活性剂称为润湿剂。

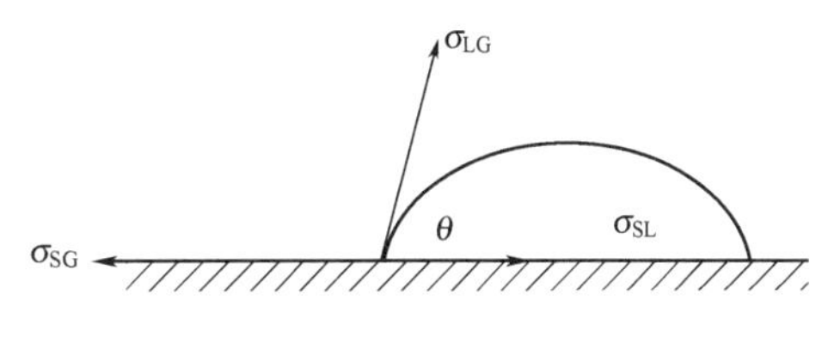

图 2-5　固体的润湿性与润湿角

液体对固体的润湿能力常用润湿角 θ 来衡量。润湿角 θ 指气、液、固三相接触达到平衡时，接触点上液面的切线与固-液界面之间的夹角。根据 θ 的大小，就可以判断固体能否被液体润湿及润湿的程度，如图 2-5 所示。

当 $\theta<90°$时，称为润湿。θ 越小，润湿性越好，液体越容易在固体表面展开。

当 $\theta>90°$时，称为不润湿。θ 越大，润湿性越不好，液体越不易铺展开，易收缩为球状。

当 $\theta=0°$和 $\theta=180°$时，则相应地称为完全润湿和完全不润湿。

润湿角与界面张力密切相关，其关系一般服从下面的 Young 方程：

$$\sigma_{SG}=\sigma_{SL}+\sigma_{LG}\cos\theta \quad 或 \quad \cos\theta=(\sigma_{SG}-\sigma_{SL})/\sigma_{LG} \tag{2-1}$$

式中，σ_{SG} 是固-气的界面张力；σ_{SL} 是固-液的界面张力；σ_{LG} 是液-气的界面张力。

由式(2-1) 所示的 Young 方程看出，通过增大固-气界面张力 σ_{SG}、降低固-液界面张力 σ_{SL} 和液-气界面张力 σ_{LG} 能够有效地提高润湿性，促进固体对液体的吸附。

② 铺展系数　在温度、压力一定，无外力作用下时，若液滴能自行在固体表面上展开形成一层液膜，则认为液体可以在固体表面铺展润湿。液体在固体表面上的展开能力常用铺展系数 S 的大小来表示，其公式为：

$$S_{L/S}=\sigma_{SG}-\sigma_{SL}-\sigma_{LG}=\sigma_{LG}(\cos\theta-1) \tag{2-2}$$

当 $S_{L/S}\geqslant0$ 时，液体在固体表面会自动铺展，S 值越大，铺展越容易。当 $S_{L/S}<0$ 时，液体在固体表面上不铺展，S 负值越大，铺展越难。当润湿角 $\theta=0°$时，$S_{L/S}=0$，液体在固体表面能自动展开。当 $S_{L/S}>0$ 时，意味着 $\sigma_{SG}-\sigma_{SL}>\sigma_{LG}$，此时 Young 方程已不适用，或者说润湿角已不存在。因此，铺展是润湿的最高标准，极限情况下，可得到一个分子层厚度的铺展膜层。

以上所述的表面润湿都是以理想的平滑表面为基础的。当固体表面粗糙度为 i 时，上述各公式必须修正，式(2-2) 应该修正为：

$$S_{L/S}=\sigma_{LG}(i\cos\theta-1) \tag{2-3}$$

由式(2-3) 可见，粗糙表面的铺展系数远大于光滑表面。也就是说，在光滑表面上不能自发铺展的液体，在粗糙表面上可能自发铺展。这更说明了表面预处理工艺和表面工程技术实施前的材料表面状态对表面覆盖层的质量影响很大。

③ 润湿理论的应用　润湿理论在工程技术尤其是表面工程技术中应用很广泛。例如，在生产上可以通过改变三个相界面上的σ值来调整润湿角，若加入一种使σ_{SL}和σ_{LG}减小的表面活性物质，可使θ减小，润湿程度增大；反之，若加入某种使σ_{SL}和σ_{LG}增大的惰性表面物质，可使θ增大，润湿程度减小。

对于表面重熔、表面合金化、表面覆层及涂装等技术，都希望获得大的铺展系数。常通过表面预处理使材料表面有合适的粗糙度，以及对覆盖层材料的表面成分进行优化设计，使$S_{L/S}$值尽量大些，这样易于得到均匀、平滑的表面。对于一些润湿性差的材料表面，则必须增加中间过渡层。在喷焊和激光熔覆工艺中广泛使用的自熔性合金，就是在常规合金成分的基础上，加入一定含量的硼、硅元素，使材料的熔点大幅度降低，流动性增强，同时提高喷涂材料在高温液态下对基材的润湿能力而设计的。

日常生活中利用润湿理论的另一个典型例子就是不粘锅表面的不粘涂层。金属炊具在使用的过程中，其底部经常粘有一层难以清洗的锅巴、油渍等物质。而在金属炊具的表面涂一层不粘涂层就能较好地解决这一问题，即在铝、钢铁等金属锅表面先预制备打底涂层后，在最表面上涂覆一层憎水性的高分子材料，如聚四氟乙烯（PTFE）等。由于水在该憎水涂层表面不能润湿，在干燥后饭粒也不会与基体紧密黏附而形成锅巴。利用不粘涂层的原理还可制备防腐涂层，即在被保护的材料表面涂覆一层不粘涂层，可以防止材料表面有电解质溶液长期停留，从而避免形成腐蚀原电池。

(3) 固体表面的反应

① 氧化膜的形成　表面化学反应是指吸附物质与固体表面相互作用形成了一种新的化合物，这时无论是吸附还是吸附物质的特性都发生了根本变化。对于腐蚀和摩擦系统，有重大影响的化学反应就是随着氧的吸附发生的氧化反应，其结果是形成表面氧化膜。

由于固体表面与气体会发生作用，因此当固体暴露在一般的空气中时，表面就会吸附氧或水蒸气，甚至在一定的条件下发生化学反应而形成氧化物或氢氧化物。试验证明，在常温常压下，大多数金属表面都覆盖着一层约20个分子层厚的氧化膜。

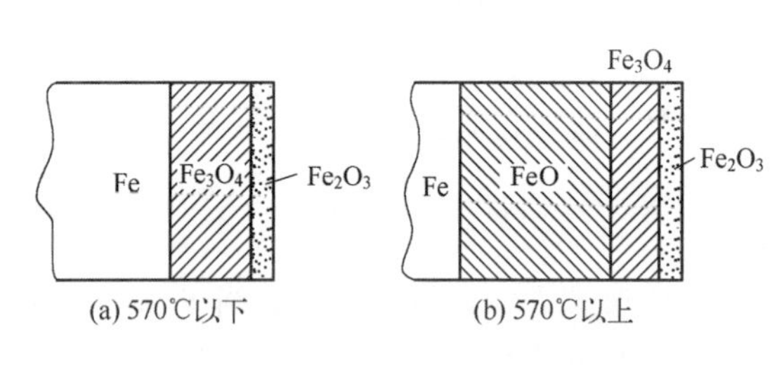

图2-6　铁表面氧化膜结构示意图

此外，金属在高温下的氧化也是一种典型的腐蚀现象，所形成的氧化物大致有三种类型：一是不稳定的氧化物，如金、铂等的氧化物；二是挥发性的氧化物，如氧化钼等，它以恒定的、相当高的速率形成；三是在金属表面上形成一层或多层氧化物，这是经常遇到的情况。例如在铁的表面可生成几种铁的氧化物，当铁在空中于570℃以下氧化时，氧化膜由Fe_3O_4和Fe_2O_3组成；当温度高于570℃时，氧化膜由FeO、Fe_3O_4和Fe_2O_3组成，如图2-6所示。

② 金属表面的反应　金属表面的反应是各种金属表面处理工艺中的一个重要过程，是一种多相反应。多相反应的特点是反应在界面上进行，或反应物质通过界面进入到相内进行。因此，多相反应除和单相反应一样受温度、浓度、压力等的影响外，还与各种表面现象、表面状态（钝化及活化）及金属的表面催化作用密切相关。

按反应物的聚集状态，多相反应可分为：

a. 气-固反应　如金属的大气腐蚀、气相沉积、钢的渗碳、钢的脱碳等。

b. 液-固反应 如金属在溶液中的溶解、各种液体介质化学热处理、电化学反应等。

c. 固-固反应 在高温下石墨与钢直接接触会发生渗碳反应，但一般的固体渗碳的表面反应实际上属于气-固反应。

d. 离子-固反应 如离子氮化、离子扩渗。

2.2 材料表面腐蚀基础

材料的腐蚀（Corrosion）问题遍及工业、农业、国防等国民经济的各个领域。金属是广泛使用的工程材料，凡是有金属材料存在的场合，都不同程度地存在着腐蚀问题。由于腐蚀，大量得之不易的有用材料变成废料。据调查，全世界每 90s 就有 1t 钢腐蚀成铁锈，而炼制 1t 钢所需的能源则可供一个家庭用 3 个月。由此可见，腐蚀实际上是对自然资源的极大浪费。在一些发达工业国家，每年因腐蚀造成的直接经济损失约占国民生产总值的 4%左右；全球每年因腐蚀造成的损失约达 7000 亿美元，是自然灾害即地震、台风、水灾等损失总和的 6 倍。此外，腐蚀破损或断裂不仅引起有害物质的泄漏，污染环境，有时还会引起突发的灾难性事故，危及人身安全。

实际上，人类在与腐蚀现象长期斗争过程中，不断对腐蚀机理和规律进行深入研究，建立了一定的基础理论，并探索出了一系列行之有效的腐蚀控制方法。其中采用各种表面工程技术是对材料和工程设备进行腐蚀防护的有效方法。所以，了解腐蚀的基本原理，对利用和开发表面工程新技术、新工艺是非常必要的。

2.2.1 腐蚀的分类

腐蚀的广义定义是指金属和非金属等材料由于环境作用引起的破坏和变质。材料腐蚀的环境复杂，影响因素很多，具有不同的分类方法。腐蚀学科中研究最多的是金属材料的腐蚀。目前金属的腐蚀一般根据以下三种方法分类：按腐蚀机理分类、按腐蚀环境分类、按腐蚀形态分类。

(1) 按腐蚀机理分类

① 化学腐蚀 指金属表面与非电解质直接发生纯化学作用而引起的破坏。其特点是氧化剂直接与金属原子作用在表面形成腐蚀产物，反应过程中无电流产生。金属在干燥气体或无导电性的非水溶液中的腐蚀，都属于化学腐蚀。例如，金属和干燥气体（如 O_2、H_2S、SO_2、Cl_2 等）接触时，在金属表面生成相应的化合物（如氧化物、硫化物、氯化物等）。

② 电化学腐蚀 指金属和电解质接触时，由于电化学作用而引起的破坏。其特点是形成腐蚀电池，可同时进行阴极反应和阳极反应过程，有电流产生。金属的腐蚀大多数是由于电化学腐蚀引起的。

③ 物理腐蚀 金属由于单纯的物理溶解作用所引起的破坏，称为物理腐蚀。金属在某些溶液中逐渐溶解的过程就属于物理腐蚀。

(2) 按腐蚀环境分类

① 气体腐蚀（干腐蚀） 包括露点以上的常温干燥气体腐蚀和高温气体中的氧化。前者属于化学腐蚀范畴；后者以前认为属于纯化学腐蚀，目前普遍认为是化学和电化学的联合作用。

② 电解液中的腐蚀 包括金属在大气、海水、土壤及酸、碱、盐溶液中的腐蚀，这类

腐蚀均属于电化学腐蚀。

③ 非电解液中的腐蚀　包括卤代烃（如 CCl_4、$CHCl_3$）和各种有机液体物质（如苯、乙醇）的腐蚀，这类腐蚀为化学腐蚀。

④ 熔融金属的腐蚀　通常为物理作用引起的破坏，也称之为物理腐蚀。

(3) 按腐蚀形态分类

① 全面腐蚀　全面腐蚀是一种常见的腐蚀形态，其特征是腐蚀分布在整个金属表面，可以是均匀的或不均匀的，腐蚀的结果是使金属变薄。例如钢或锌浸在稀硫酸中，以及某些金属材料在大气中的腐蚀等。全面腐蚀虽能造成金属的大量损失，但危害性不如局部腐蚀大。因为全面腐蚀容易发现，并且可依据腐蚀速度进行结构的腐蚀控制设计和使用寿命预测。

② 局部腐蚀　局部既可以是部位的，也可以是成分的。前者包括“脓疮”、斑点、坑、焊接区、缝隙区、金属与导电体接触区、晶间腐蚀等；后者最常见的实例是黄铜的脱锌破坏。将这些常见的局部腐蚀分别归为点蚀、缝隙腐蚀、丝状腐蚀、电偶腐蚀、晶间腐蚀、成分选择性腐蚀等，并且均属于电化学腐蚀范畴。局部腐蚀较普遍性腐蚀更具危险性，更容易导致机械产品腐蚀失效。

③ 应力作用下的腐蚀断裂　指材料在应力和腐蚀性环境介质共同作用下发生的开裂及断裂失效现象，主要包括应力腐蚀、腐蚀疲劳、氢脆或氢致损伤、微动腐蚀、冲击腐蚀和空泡腐蚀等。由于多数机械产品均受到一定的应力和环境介质的联合作用，故应力作用下的腐蚀较为普遍，且破坏具有突发性，是影响结构安全可靠性的重要隐患之一。

金属材料的主要腐蚀破坏形态特征如图 2-7 所示。

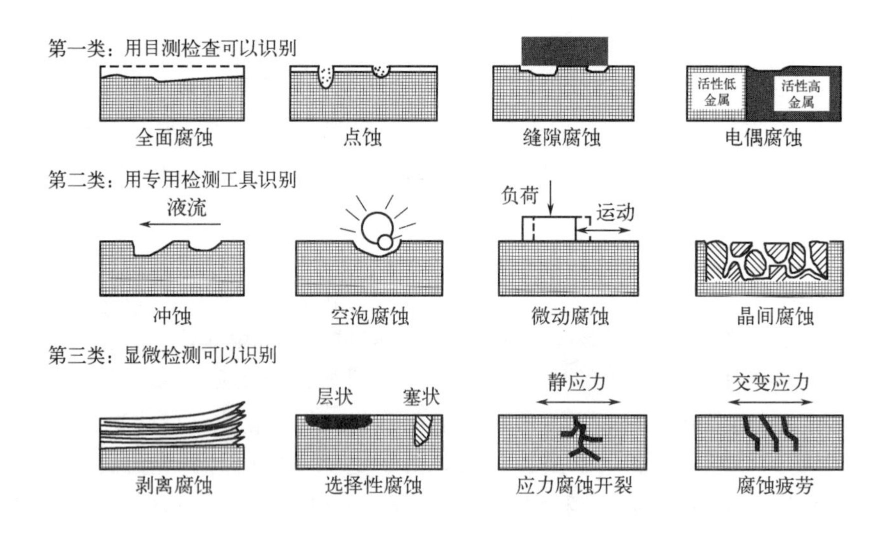

图 2-7　金属材料腐蚀破坏的各种形态

(4) 非金属材料的腐蚀类型　前面所介绍的腐蚀分类主要是针对金属材料，而非金属材料的腐蚀机理与金属材料不同。金属材料的腐蚀有化学腐蚀和电化学腐蚀之分，而非金属材料的腐蚀破坏通常为纯化学作用和物理作用。例如，塑料的氧化和水解腐蚀均为化学变化，紫外线辐照引起的老化，也是一种氧化过程，而辐射导致的高分子材料的分解则为物理作用的结果。硅酸盐材料的腐蚀破坏通常也是化学或物理因素所致，并非电化学过程引起；但有研究认为，熔融玻璃能起着电解质的作用，因而将耐火陶瓷材料的腐蚀归入电化学腐蚀范畴才更准确。表 2-2 给出了高分子、玻璃与陶瓷以及混凝土等材料常见的腐蚀类型。

表 2-2　非金属材料的腐蚀类型

材料类型	高分子材料	玻璃与陶瓷	混凝土
腐蚀类型或表现	化学氧化 水解 应力腐蚀(环境应力开裂) 生物腐蚀 辐照分解 热、光氧化分解 溶胀溶解	水解 酸、碱侵蚀(溶解) 风化(溶解与水解浸析) 选择性腐蚀 应力腐蚀	溶解侵蚀(物理性溶解) 分解型腐蚀(化学作用) 膨胀型腐蚀(物理或化学作用)

2.2.2　金属的电化学腐蚀

金属在自然环境和工业生产中的腐蚀主要是电化学腐蚀。电化学腐蚀具有一般电化学反应的特征，是一个有电子得失的氧化还原反应。工业用的金属一般都含有杂质，当其浸在电解质溶液中时，发生电化学腐蚀的实质是在金属表面上形成了许多以金属为阳极，以杂质为阴极的腐蚀电池。在绝大多数情况下，这种电池是短路了的原电池。

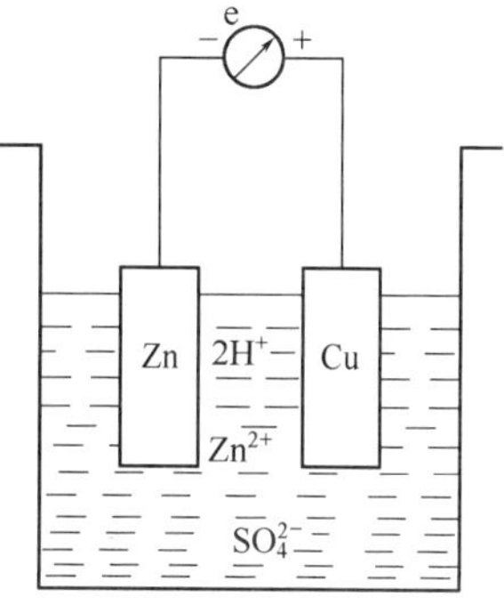

图 2-8　锌与铜在稀硫酸溶液中形成的原电池

(1) 腐蚀电池原理　将 Zn 片和 Cu 片分别浸入同一容器的稀硫酸溶液中，并用导线通过毫安表把它们连接起来，发现毫安表的指针立即转动，说明这时已有电流通过。电流的方向是由 Cu 指向 Zn，这就是原电池装置，如图 2-8 所示。产生电流的原因是 Zn 片和 Cu 片两电极在硫酸溶液中的电极电位不同，所以电极电位差是原电池反应的驱动力。在金属腐蚀的研究中，通常规定电位较低的电极称为阳极，电位较高的电极称为阴极。由于 Zn 的电极电位较低，故 Zn 作为阳极，发生了氧化反应：

$$Zn \longrightarrow Zn^{2+} + 2e$$

Zn 阳极不断溶解，以 Zn^{2+} 进入溶液，积累的电子通过导线流向 Cu 阴极，被酸中的 H^+ 接受，在 Cu 阴极上发生了还原反应：

$$2H^+ + 2e \longrightarrow 2H \quad 2H \longrightarrow H_2\uparrow$$

整个电池的总反应：

$$Zn + 2H^+ \longrightarrow Zn^{2+} + H_2\uparrow$$

如果将 Zn 片和 Cu 片直接接触，并一起浸入电解质溶液中，则电子不是通过导线传递，而是通过 Zn 和 Cu 的内部进行直接传递的。类似这样的电池，在讨论腐蚀问题时，称为腐蚀原电池或腐蚀电池，如图 2-9 所示。腐蚀电池实质上是一个短路原电池，亦即电子回路短接，电流不对外做功，仅进行着氧化还原反应。在上述腐蚀电池中，Zn 为阳极，发生氧化反应，不断溶解；而 Cu 为阴极，溶液中的 H^+ 发生还原反应，在铜电极上不断析出大量 H_2。腐蚀电池工作的结果使金属 Zn 遭到腐蚀。在自然界中，由不同金属直接接触的构件在海水、大气、土壤或酸、碱、盐水溶液中发生的接触腐蚀，就是由于这种腐蚀电池作用而产生的。

（2）腐蚀电池的类型　根据组成腐蚀电池的电极大小，可将腐蚀电池分为宏观腐蚀电池和微观腐蚀电池两大类。

① 宏观腐蚀电池　其电极的极性可用肉眼分辨出来，阴极区和阳极区保持长时间稳定，并常常产生明显的局部腐蚀的特征。常见的宏观腐蚀电池有如下几种。

a. 异种金属接触电池　指当两种或两种以上不同的金属相互接触，并处于某种电解质溶液中形成的腐蚀电池。由于两金属的电极电位不同，故电极电位较低的金属将不断遭受腐蚀而溶解，而电极电位较高的金属却得到了保护。这种腐蚀现象称为电偶腐蚀。例如，铝制容器用铜钉铆接时（见图 2-10），当铆接处与电解质溶液接触，由于铝的电极电位比铜低，便形成了腐蚀电池。结果铜电位较高成为阴极，而铆钉周围的铝电位较低成为阳极遭受加速腐蚀。

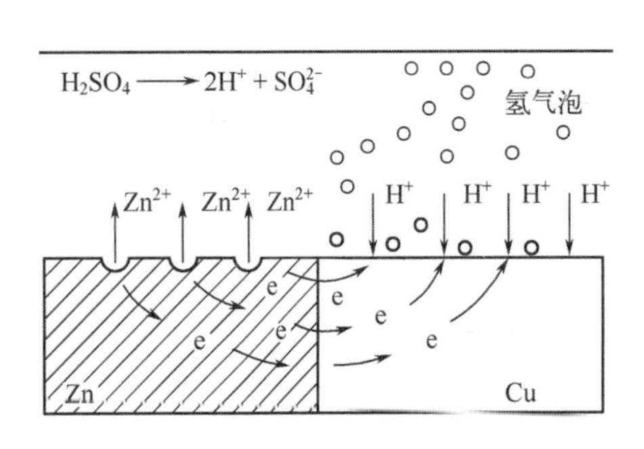

图 2-9　与铜接触的锌在硫酸中形成的腐蚀电池示意图

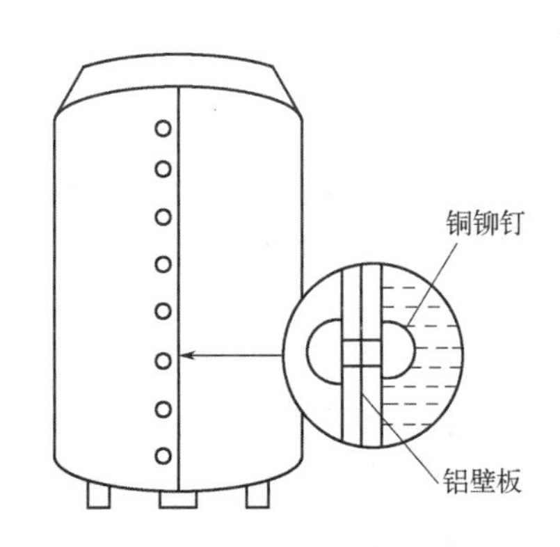

图 2-10　有铜铆钉的铝容器

b. 浓差电池　由于同一金属的不同部位所接触的溶液浓度不同所构成的腐蚀电池。最常见的浓差电池有氧浓差电池和溶液浓差电池两种。其中，氧浓差电池是一种存在较普遍、危害性很大的局部腐蚀破坏形式。如果溶液中各部分含氧量不同，就会因氧浓度的差别产生氧浓差电池。贫氧区的金属电极电位较低，构成电池的阳极，而加速腐蚀；富氧区的金属电极电位较高，构成电池的阴极，而腐蚀较轻。

例如，铁桩半浸入水中，靠近水线的下部区最容易腐蚀，故常称为水线腐蚀，见图 2-11。这是因为在水线处的金属铁直接接触空气，水层中含氧量高；而水线下面的金属铁表面处的氧溶解度低，这样就形成了氧浓差电池，由此导致水线下部铁的加速腐蚀。这种水线腐蚀是生产上最为普遍的一种局部腐蚀形式。此外，氧浓差电池还是引起缝隙腐蚀、沉淀物腐蚀、盐滴腐蚀和丝状腐蚀的主要原因。

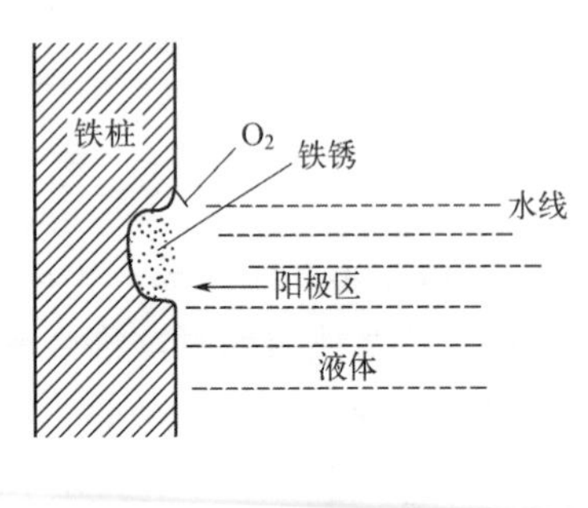

图 2-11　水线腐蚀示意图

c. 温差电池　由于浸入电解质溶液中的金属处于不同的温度区域而形成的，常发生在热交换器、锅炉、浸式加热器等设备中。例如，在检查碳钢制成的换热器时，可发现其高温端比低温端腐蚀严重，这是因为高温部位的碳钢电极电位比低温部位的碳钢电极电位低，而成为腐蚀电池的阳极。但是，铜、铝等在有关溶液中不同温度下的电极行为与碳钢相反。

② 微观腐蚀电池　由于金属表面的电化学不均匀性，在金属表面产生许多微小的电极，由此而构成各种各样的微观腐蚀电池，简称微电池。微电池产生的原因主要有以下几个方面。

a. 金属化学成分的不均匀性　绝对纯的金属是没有的，尤其是工业上使用的金属常常含有各种杂质。如碳钢中的渗碳体，铸铁中的石墨，工业纯锌中的铁杂质等，这些物质的电极电位都比基体金属高，故作为微电池的阴极，并通过电解质溶液短路形成众多的微电池，从而加速基体金属的腐蚀。含有杂质的工业纯锌形成的微电池原理如图 2-12 所示。此外，合金凝固时产生的偏析造成的化学成分不均匀，也是引起电化学不均匀性的原因。

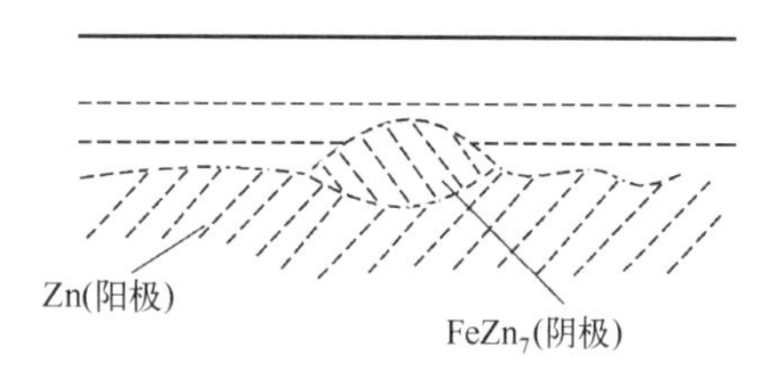

图 2-12　含有杂质的工业纯锌形成的微电池

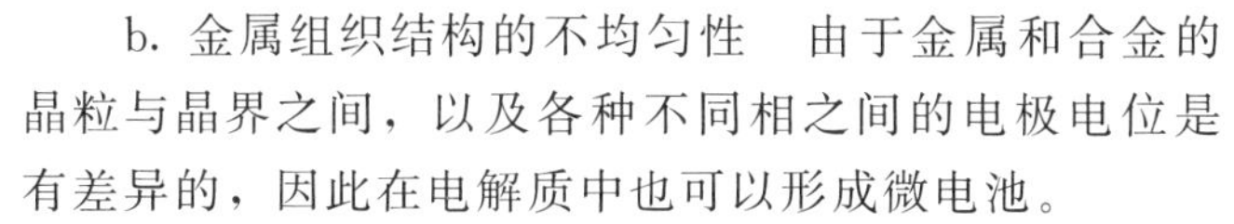

b. 金属组织结构的不均匀性　由于金属和合金的晶粒与晶界之间，以及各种不同相之间的电极电位是有差异的，因此在电解质中也可以形成微电池。

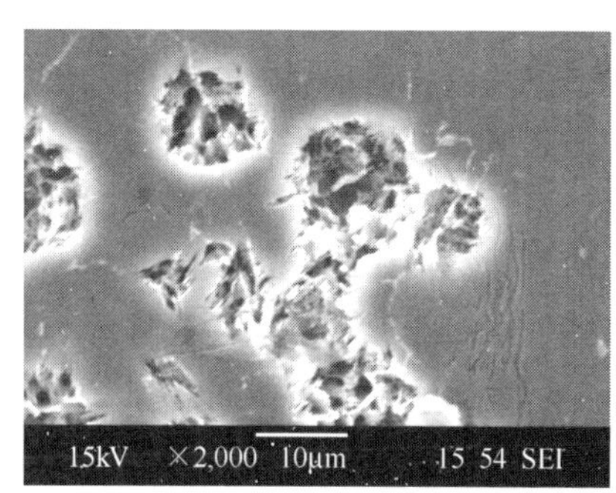

图 2-13　ZK60-0.2Ca 合金在 3% NaCl 中浸泡 1h 的表面形貌

c. 金属表面物理状态的不均匀性　金属在机械加工或构件装配过程中，由于各部位变形或应力分布的不均匀性，都可以形成微电池。一般情况下变形较大和应力集中的部位因电位较低而成为阳极。例如，铁板或钢管弯曲处易发生腐蚀就是这个原因。

d. 金属表面膜不完整　金属表面膜通常指钝化膜或其他具有电子导电性的表面膜或涂层。如果这层表面膜存在孔隙或破损，则该处的基体金属通常比表面膜的电极电位低，便形成了膜-孔微电池，孔隙下的基体金属作为阳极遭到腐蚀。例如，ZK60(Mg-Zn-Zr-Mn)-0.2Ca 镁合金在含有 Cl^- 的介质中，由于 Cl^- 对钝化膜的破坏作用，使得膜破坏处的金属成为微阳极而发生点蚀，如图 2-13 所示。这类微电池又常称为活化-钝化电池，它们与氧浓差电池相配合，是引起易钝化金属的点蚀、缝隙腐蚀、晶间腐蚀和应力腐蚀开裂的重要原因。

综上所述，在研究电化学腐蚀时，腐蚀电池的形成和作用十分重要，是探讨各种腐蚀类型和腐蚀破坏形态的基础。

(3) 腐蚀速度与极化作用

① 腐蚀速度　在对金属腐蚀的研究中，人们不仅关心金属是否会发生腐蚀，更关心其腐蚀速度的大小。对于全面腐蚀，常用平均腐蚀速度来衡量。通常采用重量法、深度法和电流密度法来表示金属的腐蚀速度。

a. 重量法　根据单位时间、单位面积上的质量变化来表示腐蚀速度。若腐蚀产物完全脱落或易于全部清除，则常采用失重法；反之，若腐蚀产物全部牢固地附着于试样表面，或虽有脱落但易于全部收集，则往往采用增重法。其计算式为：

$$v_{失}=\frac{\Delta m}{St}=\frac{|m_0-m_1|}{St} \tag{2-4}$$

式中，$v_{失}$ 为失重腐蚀速度，$g/(m^2 \cdot h)$；$\Delta m=|m_0-m_1|$，为试样腐蚀前质量 m_0 和

腐蚀后质量 m_1 的变化量，g；S 为试样的表面积，m^2；t 为试样腐蚀的时间，h。

b. 深度法　工程上，材料的腐蚀深度或材料变薄的程度直接影响构件的寿命，因此对其测量更具实际意义。在评定不同密度金属的腐蚀程度时，采用深度法更为合适。深度法是将金属的厚度因腐蚀而减少的量，换算为单位时间（a）即一年内腐蚀掉的厚度（mm）。常用金属的失重腐蚀速度与该金属密度的比值表示，可得：

$$v_{深}=8.76v_{失}/\rho \tag{2-5}$$

式中，$v_{深}$ 为腐蚀深度，mm/a；$v_{失}$ 为失重腐蚀速度，$g/(m^2 \cdot h)$；ρ 为金属的密度，g/m^3。

c. 电流密度法　在电化学腐蚀中，金属的腐蚀是由阳极溶解造成的。根据法拉第定律，金属阳极每溶解 1mol/L 的 1 价金属，通过的电量为 1 法拉第，即 96485C（库仑）。若电流强度为 I，通电时间为 t，则在时间 t 内通过电极的电量为 It，阳极所溶解掉的金属量 Δm 应为：

$$\Delta m=\frac{AIt}{nF} \tag{2-6}$$

式中，A 为金属的原子量；n 为金属阳离子的价数；F 为法拉第常数，即 96485C/mol。

对于均匀腐蚀来说，阳极面积为整个金属面积 S，故腐蚀电流密度 i_{corr} 为 I/S。根据式(2-6) 可得到腐蚀速度 $v_{失}$ 与腐蚀电流密度 i_{corr} 之间的关系：

$$v_{失}=\frac{\Delta m}{St}=\frac{A}{nF}\times i_{corr} \tag{2-7}$$

由式(2-7) 可知，金属的腐蚀速度 $v_{失}$ 与腐蚀电流密度 i_{corr} 成正比，即腐蚀电流密度越小，材料的腐蚀速度就越慢。因此，可用腐蚀电流密度 i_{corr} 表示金属的电化学腐蚀速度。

② 电极极化作用　腐蚀电池工作后，在短路后几秒钟到几分钟内，通常会发现电池电流缓慢减小，最后达到一个稳定值。

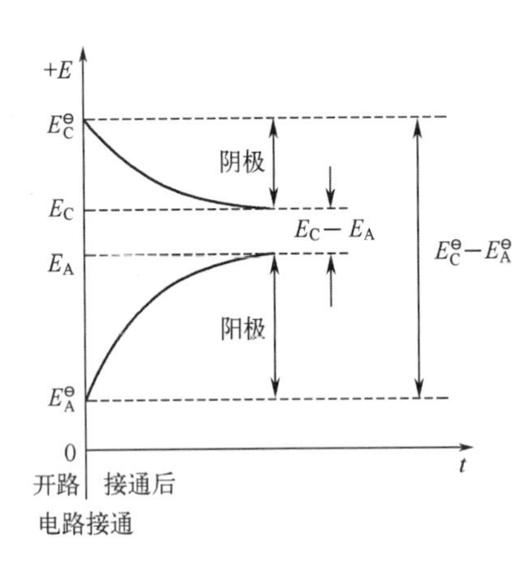

图 2-14　腐蚀电池接通前后电位的变化

电流为什么会减小？由于在短时间内电池回路的系统电阻不会发生明显的变化，因此根据欧姆定律，电流的减小只可能是两极间电位差的降低。实验表明，电流的降低主要是由于阴极电位降低（$E_C<E_C^\ominus$）和阳极电位升高（$E_A>E_A^\ominus$）同时发生，使平衡电极电位差（$E_C^\ominus-E_A^\ominus$）降低至（E_C-E_A）所造成的，如图 2-14 所示。$E_C^\ominus$ 和 $E_A^\ominus$ 分别为起始时阴极和阳极的平衡电极电位；E_C 和 E_A 分别表示有电流通过时阴极和阳极的电位。

这种在腐蚀电池工作后，由于产生电流而引起的电极电位的变化现象称为电极极化现象，简称极化。阴极电位的降低称为阴极极化，阳极电位的升高称为阳极极化。产生极化的原因主要是电化学极化和浓差极化，见第 6 章 6.2 节。无论是阴极极化还是阳极极化，都能使腐蚀电池两极间的电位差减小，导致腐蚀电流的迅速减小，从而降低了金属的腐蚀速率。

③ 极化曲线　极化行为常用极化曲线来描述。极化曲线是表示电极电位随极化电流强度 I 或极化电流密度 i 而改变的关系曲线。

在对电化学腐蚀的研究中广泛采用腐蚀极化图，又叫埃文斯（Evans）图。腐蚀极化图是一种电位-电流图，就是把表征腐蚀电池的阳极极化曲线和阴极极化曲线画在同一图上，如图 2-15（a）所示。为方便起见，常常忽略电位随电流变化的细节，将极化曲线简化成直线形式，如图 2-15（b）所示。图中阴极极化曲线和阳极极化曲线相交于一点，交点所对应的电位称为腐蚀电位，用 E_{corr} 表示；腐蚀电位对应的电流称为腐蚀电流，用 I_{corr} 表示。金属就是以此电流不断地腐蚀。

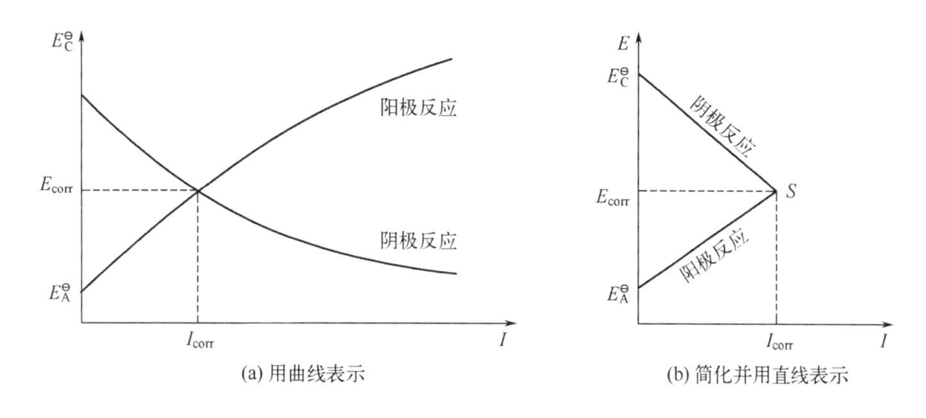

(a) 用曲线表示　　(b) 简化并用直线表示

图 2-15　腐蚀极化图（Evans 图）

腐蚀电位是一种不可逆的非平衡电位。一般情况下，金属腐蚀电池的阴极和阳极面积是不相等的，但稳态下流过两电极的电流强度是相等的，因此用 E-I 极化图比较方便，并且对于均匀腐蚀和局部腐蚀都适用。在均匀腐蚀时，整个金属面同时起阴极和阳极的作用，阴极和阳极面积相等，这时还可采用电位-电流密度（E-i）极化图。当阴、阳极反应均由电化学极化控制时，由于电位与电流密度或电流强度的对数呈线性关系，此时采用半对数坐标的 E-$\lg i$ 或 E-$\lg I$ 极化图，则更为直观。

极化曲线可以通过实验测试进行绘制，其实验方法分为恒电流法和恒电位法。无论采用哪种方法，都是要得到极化电位和极化电流两个变量之间的对应数据，然后再绘制出 E-i 或 E-$\lg i$ 曲线，这种通过实验得到的极化曲线称为实测极化曲线。

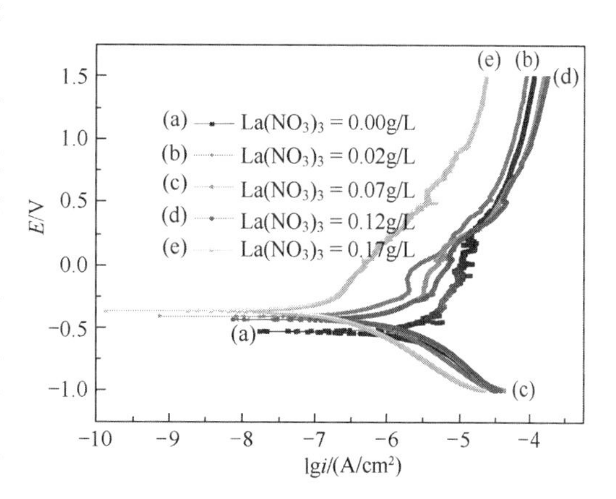

图 2-16　钛合金表面微弧氧化生物涂层在模拟体液中的塔菲尔极化曲线

为评价涂层的耐腐蚀性能，可利用电化学综合测试系统测定涂层的腐蚀极化曲线。其工作电极为被测对象工件，参比电极为饱和的甘汞电极，辅助电极为铂电极。采用不同的腐蚀溶液，选择实验温度、扫描速率、扫描电压等，获得实测腐蚀极化曲线。通过比较腐蚀电位 E_{corr} 和腐蚀电流 i_{corr} 来分析腐蚀倾向。例如，采用超声辅助微弧氧化技术在钛合金表面制备 Ca-P 生物涂层，并添加不同含量的 $La(NO_3)_3$，获得 Ca-P-La 生物涂层。所测得的各种涂层在模拟体液中的极化曲线如图2-16所示。图中的曲线（a）为未加$La(NO_3)_3$的涂层极化曲线，其他曲线分别为添加不同含量$La(NO_3)_3$的涂层极化曲线。可以看出，载镧生物涂层的腐蚀电位E_{corr}比无镧生物涂层提高了94～163mV，而腐蚀电流i_{corr}均降低约一至两个数量级。其中添加0.17g/L的$La(NO_3)_3$涂层的电极电位最高，腐蚀电流最低，耐腐蚀性最好。

2.2.3 金属表面的钝化

(1) 金属钝化现象　在室温条件下，把一块铁片放置在稀硝酸溶液中，则铁片将被溶解，而且其溶解速度随溶液中硝酸含量的增加而迅速增大。当硝酸含量增加至30%～40%时，溶解速度达到最大值。如果硝酸浓度超过40%，铁的溶解速度急剧降低，仅为其最大值的万分之一左右，如图2-17所示。这表明铁片的表面已由活性溶解状态转变为非常耐蚀的状态。这种由于金属表面状态的改变引起金属表面活性的突然变化，使反应速度急剧降低的现象，就称为钝化。

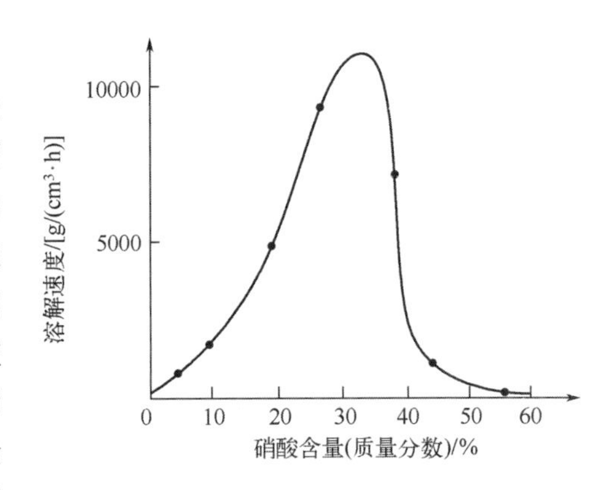

图2-17　铁的溶解速度与硝酸含量的关系（25℃）

能使金属钝化的介质称为钝化剂，一般均为氧化性介质，如硝酸、硝酸银、氯酸、氯酸钾、重铬酸钾、高锰酸钾和氧等；并且介质的氧化性愈强，金属发生钝化的趋势愈大。此外，有些金属在非氧化性介质中也会钝化，如钢和铌在盐酸中、镁在氢氟酸中、汞和银在氯离子的作用下均能发生钝化。

溶液的温度对金属的钝化有着明显的影响，温度愈高，金属愈难钝化。例如铁在含量大于40%的硝酸溶液中，25℃时会发生钝化；而当温度升至75℃以上时，即使在85%的浓硝酸溶液中也很难钝化。

钝化后，金属的电极电位急剧升高，其腐蚀速度显著减小。因而，在工业生产中，常利用钝化现象来提高金属材料的耐蚀性。

(2) 钝化理论　金属的钝化过程比较复杂，目前比较重要的钝化机理有成膜理论和吸附理论。

成膜理论认为，金属的钝化是由于金属表面生成了一层致密的、覆盖性能良好的保护膜，这种膜通常是金属和氧形成的化合物。这种薄膜覆盖住金属表面后，可阻碍金属与其他物质接触，因此表现为该金属的化学活性降低。吸附理论则认为，不一定要形成完整的钝化膜才会引起金属表面的钝化，只要在金属的部分表面上形成氧原子的吸附层，就可以产生钝化。吸附层可以是单分子层或OH^-或O^{2-}离子层。氧原子与金属表面因化学吸附而结合，使金属表面的自由键能趋于饱和，改变了金属与介质界面的结构及能量状态，降低了金属与介质间的反应速率，从而引起了金属的钝化。

这两种理论都能较好地解释一部分实验事实，然而，无论哪一种理论都不能圆满地解释各种实验现象。这有待于今后不断深入地研究钝化现象的本质，以建立更加完善的理论模型。

2.2.4　材料表面腐蚀控制与防护

材料的腐蚀是一个普遍存在的严重问题。人们研究材料腐蚀的原因、机理和规律，目的就是采取科学合理的技术措施控制腐蚀。防腐蚀的方法很多，但归纳起来主要有以下几种类型：

（1）进行合理的设计

① 正确选材和发展新型耐蚀材料　根据使用环境的需要，选用具有一定耐蚀能力的材料，如选用不锈钢或含有硅、钒、钛、硼、钨、钼、稀土等合金元素的钢等。如有可能，应尽量采用尼龙、塑料以代替金属。当材料难以满足实际应用的需求时，必须发展新型耐蚀材料。

② 合理的结构设计　在结构设计上要力求避免形成腐蚀电池的条件，零件的外形也力求简化。

③ 选择合适的表面光洁度　这也可以减轻腐蚀的危害。

（2）采用表面工程技术　在零件和设备的表面制备各种有机、无机保护层和金属保护层，是抵御各类腐蚀的有效手段。表面覆盖层隔绝了基体材料与周围环境介质的接触，可延缓腐蚀进程。

① 金属保护层　覆盖层金属本身应具有较好的耐蚀性和一定的物理性质，如镍、铬、锌等。覆盖方法有电镀、化学镀、热喷涂、气相沉积、涂装等。

② 非金属保护层　常用的有油漆、橡胶、塑料、搪瓷等。

③ 化学保护层　用化学法或电化学法在金属材料表面覆盖一层化合物的薄膜层，如化学氧化、阳极氧化、磷化、钝化等。

④ 表面合金化　如渗碳、渗氮、喷焊、激光合金化、离子注入、堆焊等。

（3）电化学保护

① 阴极保护　此法是在被保护的金属表面通入足够大的阴极电流，使其电位变负，从而抑制金属表面上腐蚀电池阳极的溶解速度。根据阴极电流的来源可分为牺牲阳极保护和外加电流的阴极保护两类。牺牲阳极保护法是将电位较负的金属连接在被保护的金属件上，在保护中电位较负的金属为阳极，逐渐腐蚀牺牲掉。一般常用Al合金、Mg合金、Zn合金作为牺牲阳极材料。外加电流阴极保护是将被保护金属接到直流电源的负极，通以阴极电流，使金属极化到保护电位范围内，达到防腐蚀目的。

② 阳极保护　此法是在被保护的金属表面通入足够大的阳极电流，使其电位变正进入钝化区从而防止金属腐蚀。但当介质中含有浓度较高的活性阴离子时，就不宜采用阳极保护法，因此此法的应用是有限的。

（4）加入缓蚀剂　在腐蚀介质中添加少量就能抑制金属腐蚀的化学物质，称为缓蚀剂。按照化学性质，缓蚀剂可分为无机和有机两类。

① 无机缓蚀剂　无机缓蚀剂能在金属表面形成保护膜，使金属与介质隔开。对铁来说，$Ca(HCO_3)_2$ 在碱性介质中发生作用，析出溶解度很小的碳酸钙，成为相当紧密的保护膜。在中性介质中，$NaNO_3$、$K_2Cr_2O_7$、K_2CrO_4 等氧化物都能作缓蚀剂。

② 有机缓蚀剂　在酸性介质中，无机缓蚀剂的效率较低，因而常采用有机缓蚀剂；如琼脂、糊精、动物胶、胺、氨基酸、生物碱等。

2.3 材料表面摩擦与磨损基础

摩擦是自然界里普遍存在的一种现象，只要有相对运动，就一定伴随有摩擦。没有摩擦，人类无法行走，行驶中的车辆无法停止运动。然而，有摩擦就必有磨损，由摩擦引起的磨损所造成的巨大经济损失不容忽视。据不完全估计，全世界能源的1/3～1/2消耗于摩擦磨损，大约80%的机器零件失效是由各种形式的磨损引起的。材料的磨损失效已成为机械零件三大失效方式(腐蚀、磨损、疲劳）之一。研究磨损规律，提高机件耐磨性，对节约能源和原材料、延长机件寿命具有重要意义。

2.3.1 摩擦的定义及分类

相互接触的物体（摩擦副）作相对运动时的受阻现象，称为摩擦。摩擦产生的阻力称为摩擦力，表现摩擦力的因数称为摩擦系数。按摩擦副表面的润滑状况，可将摩擦分为四类：干摩擦、边界润滑摩擦、流体润滑摩擦和混合摩擦。

(1) 干摩擦（无润滑摩擦) 两个滑动摩擦表面之间不加任何润滑剂，两表面直接接触，这种摩擦称干摩擦。在各种摩擦传动装置和制动器中的干摩擦是有益的，是可利用的；在各种滑动轴承中的干摩擦是有害的，是应该避免的。

(2) 边界润滑摩擦 两个滑动摩擦表面因润滑剂供应非常不足而无法建立液体摩擦，只能在摩擦表面形成极薄的油膜，其厚度只有0.1～0.2μm，这种油膜润滑状态下的摩擦是液体摩擦过渡到干摩擦的最后界限，所以称为边界润滑摩擦。当机器启动和制动时，各摩擦表面间都有发生边界润滑摩擦的趋势。

(3) 液体润滑摩擦 两个滑动摩擦表面间充满润滑剂，表面不发生直接接触，摩擦不是发生在两个摩擦表面上，而是发生在润滑剂的内部，这种摩擦称为液体润滑摩擦。液体润滑摩擦时，摩擦表面不发生磨损。在所有机器滑动轴承的摩擦表面上都应尽力建立液体润滑摩擦，这样才能减少磨损，延长零件使用寿命。

(4) 混合摩擦 一般是指过渡状态的摩擦，如半干摩擦、半液体摩擦等。半干摩擦是指干摩擦和边界润滑摩擦同时存在的情况；半液体摩擦是指边界润滑摩擦和液体润滑摩擦同时存在的情况。

2.3.2 磨损的定义及评定

(1) 磨损的定义 机件表面相接触并作相对运动时，表面逐渐有微小颗粒分离出来形成磨屑，使表面材料逐渐损失，造成表面损伤的现象称为磨损（Wear)。磨损主要是力学作用引起的，但磨损并非单一力学过程，是一种十分复杂的微观动态过程，影响因素甚多。

(2) 磨损的评定 通常用磨损量、磨损率和耐磨性等作为评定材料磨损特性和行为的参数。

① 磨损量（W） 材料的磨损量包括长度磨损量、体积磨损量和质量磨损量。

长度磨损量是指磨损过程中零件表面尺寸的改变量；体积磨损量和质量磨损量是指磨损过程中零件或试样的体积或质量的改变量。在磨损试验中，往往是先测量试样的质量磨损量，然后再换算成为体积磨损量来进行分析和比较。对于密度不同的材料，用体积磨损量来评定磨损的程度比用质量磨损量更为合理。

② 磨损率（W'）　单位时间或单位摩擦距离的磨损量称为磨损率。在所有的情况下，磨损率都是时间的函数。

③ 耐磨性　耐磨性是指在一定工作条件下材料抵抗磨损的特性。通常是用磨损量来表示材料的耐磨性，磨损量越小，耐磨性越高。为了与通常的概念一致，可用磨损量的倒数 $1/W$ 来表征材料的耐磨性。此外，还广泛使用相对耐磨性的概念，相对耐磨性 ε 用下式表示：

$$\varepsilon = \frac{\text{标准试样的磨损量}}{\text{被测试样的磨损量}}$$

2.3.3　磨损的分类

根据磨损破坏的机理和特征，可将磨损分为粘着磨损、磨粒磨损、腐蚀磨损、疲劳磨损、冲蚀磨损和微动磨损等。

(1) 粘着磨损　粘着磨损又称咬合磨损，是在滑动摩擦条件下，当摩擦副相对滑动速度较小（钢小于 1m/s）时发生的。它是因缺乏润滑油，摩擦副表面无氧化膜，且单位法向载荷很大，以致接触应力超过实际接触点处屈服强度而产生的一种磨损。

粘着磨损是最常见的磨损形式之一。它的发生和发展十分迅速，容易使零件或机器发生突然事故，造成巨大的损失。磨损失效的各类零件中起因于粘着磨损的大约占 15%，生产过程中齿轮、蜗轮、刀具、模具、轴承、铁轨等工件的失效都与粘着磨损有关。

粘着磨损可以根据摩擦机理来解释。我们知道，经过机械加工的零件表面在微观上是粗糙不平的，即在金属表面随机分布着大小不等的微凸体。当摩擦副表面相互接触时，即使施加较小载荷，由于微凸体间的接触面积小，承受的压应力很大，足以引起塑性变形。倘若接触面上洁净而未受到腐蚀，则局部塑性变形会使两个接触面的原子彼此十分接近而产生强烈粘着（冷焊）。所谓粘着实际上就是原子间的键合作用。随后在继续滑动时，粘着点被剪断并迁移到一方金属表面，然后脱落下来便形成磨屑。一个粘着点剪断了，又在新的地方产生粘着，随后也被剪断，如此粘着→剪断→转移→再粘着循环下去，就构成粘着磨损过程。粘着磨损过程示意如图 2-18 所示。

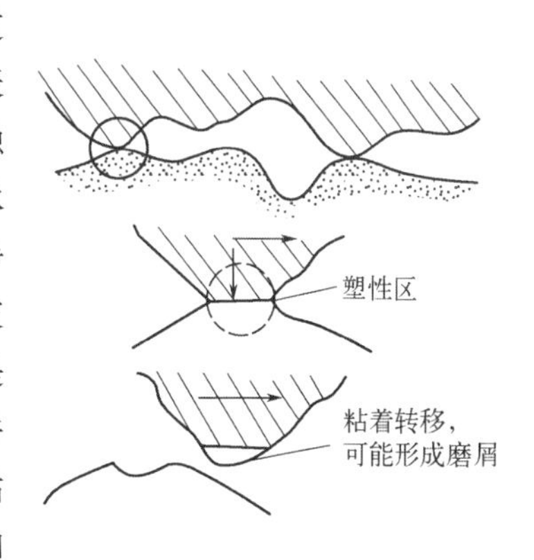

图 2-18　粘着磨损过程示意图

图 2-18 所示粘着磨损过程，是粘着点强度比摩擦副一方金属强度高的情况。此时常在较软一方本体内产生剪断，其碎片则转移到较硬一方的表面上，软方金属在硬方表面逐步积累，最终使不同金属的摩擦副滑动成为相同金属间的滑动，故磨损量较大，表面较粗糙，甚至可能产生咬死现象。Pb 基合金与钢之间的滑动就是这种情况。

但粘着点的强度可能比摩擦副两方金属的强度都低，此时沿分界面断开，磨损量较小，摩擦面也显得较平滑，只有轻微擦伤。Sn 基合金与钢的滑动就是如此。

若粘着点强度比摩擦副两方金属的强度都高，则剪断既可发生在较软金属本体内，也可发生在较硬金属本体内，此时较软金属的磨损量较大。

(2) 磨粒磨损　磨粒磨损过去也称为磨料磨损或研磨磨损。它是当摩擦副一方表面存在坚硬的细微凸起，或者在接触面之间存在着硬质粒子所产生的一种磨损。前者可称为两体磨

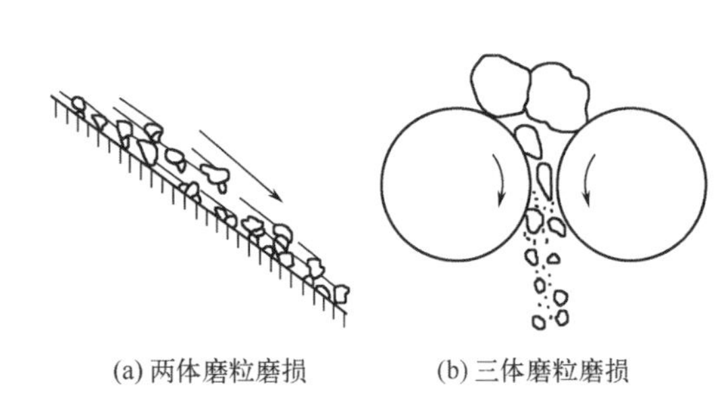

图 2-19 两体和三体磨粒磨损示意图

粒磨损，如锉削过程。后者称为三体磨粒磨损，如抛光。两种不同情况的磨粒磨损如图2-19所示。硬的凸起或硬质粒子一般为非金属材料，如石英砂、矿石等；也可能是金属，像落入齿轮间的金属屑等。

在工业领域中，磨粒磨损是最主要的一种磨损类型，它导致的零件失效约占整个磨损失效的50%。如研磨机中的磨球、滚动式破碎机中的滚轮、颚式破碎机中的齿板等受到的磨粒磨损最多。仅冶金、电力、建筑、煤炭和农机五个部门的不完全统计，我国每年因磨粒磨损所消耗的钢材达百万吨以上。

根据磨粒所受应力大小不同，磨粒磨损可分为凿削式磨粒磨损、高应力碾碎性磨粒磨损和低应力擦伤性磨粒磨损三类。在凿削式磨粒磨损时，从材料表面上凿削下大颗粒金属，摩擦面有较深沟槽，如挖掘机斗齿、破碎机颚板等机件表面的破坏。若磨粒与摩擦面接触处的最大压应力超过磨粒的破坏强度，则磨粒不断被碾碎，并产生高应力碾碎性磨粒磨损。此时，一般金属材料被拉伤，韧性金属产生塑性变形或疲劳，脆性金属则形成碎裂或剥落，如球磨机衬板与钢球、轧碎机滚筒等机件表面的破坏。当作用于磨粒上的应力不超过其破坏强度时，产生低应力擦伤性磨粒磨损。此时，摩擦表面仅产生轻微擦伤，如犁铧、运输槽板及机件被沙尘污染的摩擦表面等。

从磨粒硬度与被磨材料硬度的相对关系看，若磨粒硬度高于被磨材料的硬度，则属于硬磨粒磨损，反之为软磨粒磨损。通常的磨粒磨损即指硬磨粒磨损。

(3) 腐蚀磨损 摩擦过程中，金属与周围介质发生化学或电化学反应而产生的表面损伤，称为腐蚀磨损。农机、矿冶、建材、石油化工及水利、电力等部门的许多机械设备中工作的零件，不仅受到严重的磨粒磨损或冲蚀磨损，还要受到环境介质的强烈腐蚀破坏。生物材料在人体环境下也会产生腐蚀磨损，如新型骨固定材料镁合金微弧氧化Ca-P涂层，添加不同含量的Na_2SiO_3在人体模拟体液中测定的摩擦系数如图2-20所示。涂层在磨损开始阶段，与球对磨件首先接触的是涂层表面的疏松层，在磨损过程中易发生脱落，涂层各方面性能不稳定，为不稳定摩擦磨损阶段，大部分涂层在此阶段摩擦系数波动较大。涂层的致密层耐磨性好，不易被磨穿，进入稳定摩擦磨损阶段时，其摩擦性能较稳定。在稳定摩擦磨损阶段，未添加Na_2SiO_3的涂层摩擦系数为0.55，各种添加Na_2SiO_3的涂层在模拟体液中的摩擦系数降低了0.19～0.31，耐磨性能有较大的提高。

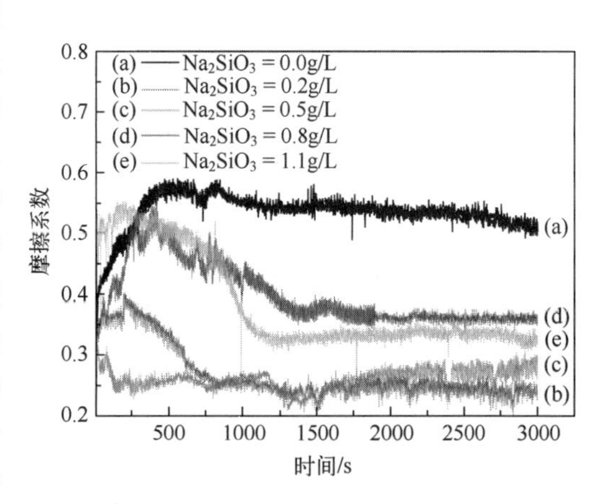

图 2-20 添加不同含量Na_2SiO_3的微弧氧化镁基生物涂层在人体模拟体液中的摩擦系数

腐蚀磨损是材料受腐蚀和磨损综合作用的一种复杂过程，可从两个方面来分析：一方面，由于腐蚀介质的作用，在材料表面生成疏松、脆性的腐蚀产物，随后在磨粒或其他微凸体的作用下很容易破碎并被去除，使材料的磨损量增加，腐蚀对材料流失的影响可占腐蚀磨损总量的70%以上；另一方面，磨损过程也对腐蚀的阳极过程和阴极过程产生了极大的影响，磨损可使腐蚀速度平均增加2～4个数量级。大多数耐蚀金属都是通过在表面形成钝化膜而具有良好耐蚀性的，但是在磨损过程中，当钝化膜遭到不同程度的破坏时，材料裸露出的新鲜表面就会直接与介质发生电化学反应，使阳极溶解速度急剧提高，导致材料脱离表面。

(4) 疲劳磨损 机件接触表面作滚动或滚动加滑动摩擦时，由于长期交变接触应力的作用使材料表面出现麻点或脱落的现象称为疲劳磨损，也常称为接触疲劳。

根据剥落裂纹起始位置及形态不同，疲劳磨损破坏可分为麻点剥落（点蚀）、浅层剥落和深层剥落（表面压碎）三类。深度在0.2mm以下的小块剥落叫麻点剥落，呈针状或痘状凹坑，截面呈不对称V形；浅层剥落深度一般为0.2～0.4mm，剥块底部大致和表面平行，裂纹走向与表面成锐角和垂直；深层剥落深度和表面强化层深度相当，裂纹走向与表面垂直。

疲劳磨损是齿轮齿面、滚动轴承滚动体、钢轨与轮箍等零件的主要失效形式之一。少量麻点剥落不影响机件的正常工作，但随着时间的延长，麻点尺寸逐渐变大，数量也不断增多，机件表面受到大面积损坏，结果无法继续工作而失效。对于齿轮而言，麻点愈多，啮合情况则愈差，噪声也愈来愈大，振动和冲击也随之加大，严重时甚至可能将轮齿打断。

(5) 冲蚀磨损 冲蚀磨损是指流体或固体颗粒以一定的速率和角度对材料表面进行冲击所造成的磨损。冲蚀磨损的颗粒一般小于1000μm，冲击速率在550m/s以内，超过这个范围出现的破坏通常称为外来物损伤，不属于冲蚀磨损。造成冲蚀磨损的粒子一般都比被冲击材料硬度高。但流动速率很高时，软粒子甚至水滴也能造成冲蚀。根据颗粒及其携带介质的不同，冲蚀磨损可分为气-固冲蚀磨损、流体冲蚀磨损、液滴冲蚀磨损和气蚀磨损等。

在自然界和工业生产中，存在着大量的冲蚀磨损现象。冲蚀现象的分类及实例见表2-3。对锅炉管道的失效分析表明，在所有发生事故的管道中，约有1/3是冲蚀磨损造成的。由此可见，冲蚀磨损造成的损失和危害是严重的。然而在工业生产中，也可应用冲蚀磨损的原理对机器零件表面进行清理和强化，如喷砂和喷丸等。

表2-3 冲蚀现象的分类及实例

冲蚀类型	介质	第二相	损坏实例
气-固冲蚀磨损	气体	固体粒子	燃气轮机、锅炉管道
液滴冲蚀磨损	气体	液滴(雨滴、水滴)	高速飞行器、汽轮机叶片
流体冲蚀磨损	液体	固体粒子	水轮机叶片、泥浆泵轮
气蚀磨损	液体	气泡	水轮机叶片、高压阀门密封面

(6) 微动磨损 微动磨损发生于两个作小振幅往复滑动的表面之间，故其磨损是轻微的。在微动磨损时，两表面绝大部分总保持接触，甚至还处于高应力状态，故磨屑逸出的机会少，材料的表层或亚表层萌生裂纹要比一般滑动磨损严重些。因此，常以是否具备以下三个特征作为判断微动磨损的根据：第一，具有引起微动的振动源，包括机械力、电磁场、冷热循环、流体特征等诱发的振动；第二，磨痕具有方向一致的划痕、硬结斑、塑性变形和微裂纹；第三，磨屑易于聚团，含有大量类似锈蚀产物的氧化物。对于钢铁零件，氧化物以

Fe_2O_3 为主，磨屑呈红褐色。若摩擦副间有润滑油，则流出红褐色的胶状物质。

微动磨损通常发生在紧密配合的轴颈，汽轮机及压气机叶片的配合处，发动机固定处，受振动影响的花键、键、螺栓、螺钉以及铆钉等连接件接合面等处。微动磨损不仅改变零件的形状、恶化表面层质量，而且使尺寸精度降低、紧密配合件变松，还会引起应力集中，形成微观裂纹，导致零件疲劳断裂。如果微动磨损产物难于从接触区排走，且腐蚀产物体积往往膨胀，使局部接触压力增大，则可能导致机件胶合，甚至咬死。

2.3.4 提高材料耐磨性的途径

由于摩擦磨损是在相互接触和相对运动的固体表面进行的，因此可从以下三方面来控制材料和机械零件的摩擦磨损：结构的合理设计、摩擦副材料的合理选择和材料的表面改性与强化。

（1）结构的合理设计 工程结构的合理设计是提高零件耐磨性的基础，它包括以下两方面内容。

① 产品内部结构的合理设计 在满足工作条件的前提下，应尽量降低对磨材料的交互作用力，否则再优良的耐磨材料也无法有效提高其磨损寿命。在工程中发现某种零件的耐磨性很差时，首先要考虑能否从设计原理加以改进，降低摩擦力或减小摩擦系数。

② 设计时的综合分析 应对零件的重要性、维修难易程度、产品成本、使用特点、环境特点等预先进行综合分析。例如，在多数情况下更换轴瓦比换轴更为方便和经济，因而要特别重视轴颈的耐磨性。又如航天、原子能等工业中，产品的可靠性和寿命是第一位的，因此为提高材料的耐磨性可以不惜成本。

（2）摩擦副材料的合理选择 材料的摩擦磨损性能除与摩擦的具体工况有关外，还与材料的性能密不可分。因此，针对不同的使用条件，选择合理的摩擦副材料也可以达到降低机器零部件摩擦磨损的目的。

对农业机械、电力机械、矿山机械中承受磨粒磨损或冲击磨损的机械零件，要求摩擦副材料应有较高的耐磨性，并具有一定的使用寿命。对轴承、机床导轨、活塞油缸等机械设备，为保证设备的精度、减少摩擦能量损失和磨损，要求摩擦副材料具有较低的摩擦系数和较高的耐磨性。而对汽车、火车、飞机的制动器、离合器和摩擦传动装置中的摩擦副材料，应具有高而稳定的摩擦系数和耐磨性。

① 减摩材料 减摩材料具有低而稳定的摩擦系数、较高的耐磨性和承载能力，特别适合制作轴承等机械零件。常用的减摩材料有：巴氏合金、铜基和铝基轴承合金等减摩合金；层压酚醛塑料、尼龙、聚四氟乙烯等非金属减摩材料；由金属粉末（Fe 粉、Cu 粉等）和固体润滑粉末（石墨粉、MoS_2 等）烧结而成的粉末冶金减摩材料；以金属或金属纤维为骨架并浸渍不同润滑剂而制成的金属塑料减摩材料等。

② 耐磨材料 常用的金属耐磨材料主要有高锰钢、低合金耐磨钢和白口铸铁等。其他的耐磨材料还有硬质合金、金属陶瓷、工程陶瓷材料等。

（3）材料表面改性与强化 材料或机器零件的磨损都发生在表面，因此表面改性和强化技术是提高材料表面耐磨性的重要途径。一般从两方面入手：一是使表面具有良好的力学性能，如高硬度、高韧度等；二是设法降低材料表面的摩擦系数。

① 提高材料表面的硬度 在材料的力学性能中，最重要的是硬度。一般情况下，材料的硬度越高，耐磨性越好。提高材料表面硬度的方法很多，表面淬火、合金化和涂镀都可以

达到目的，具体内容可见后续各章。在具体选择处理工艺及相关参数时，不仅要注意到该工艺的基本优点，还要注意其局限性，并综合考虑实施各工艺的经济性及环境污染等社会问题，才能取得比较理想的效果。

② 降低表面摩擦系数　通过形成非金属性质的摩擦面或固体润滑膜来降低表面摩擦系数。对于钢材，一般通过各种表面工程技术如渗硫、渗氧、渗氮、氧碳氮共渗，热喷涂层中加固体润滑物质，物理气相沉积、化学气相沉积及离子注入等，使材料表面形成氮化物、氧化物、硫化物、碳化物以及它们的复合化合物的表面层。这些表面层可以抑制摩擦过程中两个零件之间的粘着、焊合以及由此引起的金属转移现象，从而提高其耐磨性。许多表面强化方法往往具有上述两种特性，因而都可以明显提高材料的耐磨性。

参考文献

[1] 颜肖慈，罗明道．界面化学．北京：化学工业出版社，2005.
[2] 滕新荣．表面物理化学．北京：化学工业出版社，2009.
[3] 胡福增．材料表面与界面．上海：华东理工大学出版社，2008.
[4] 曹立礼．材料表面科学．2 版．北京：清华大学出版社，2009.
[5] 沈钟，赵振国，王果庭．胶体与表面化学．3 版．北京：化学工业出版社，2008.
[6] 肖进新，赵振国．表面活性剂应用原理．北京：化学工业出版社，2003.
[7] 蒲春生．液-固体系微粒表面沉积分散运移微观动力学．北京：石油工业出版社，2008.
[8] 石德珂．材料科学基础．北京：机械工业出版社，2003.
[9] 钱苗根，姚寿山，张少宗．现代表面技术．2 版．北京：机械工业出版社，2019.
[10] 宣天鹏．材料表面功能镀覆层及其应用．北京：机械工业出版社，2008.
[11] 曾晓雁，吴懿平．表面工程学．2 版．北京：机械工业出版社，2016.
[12] 柯伟．中国腐蚀调查报告．北京：化学工业出版社，2003.
[13] 刘道新．材料的腐蚀与防护．西安：西北工业大学出版社，2006.
[14] 何亚东，齐慧滨．材料腐蚀与防护概论．北京：机械工业出版社，2005.
[15] 初世宪，王洪仁．工程防腐蚀指南：设计·材料·方法·监理检测．北京：化学工业出版社，2006.
[16] 曹楚南．腐蚀电化学原理．3 版．北京：化学工业出版社，2008.
[17] 姜银方，王宏宇．现代表面工程技术．2 版．北京：化学工业出版社，2014.
[18] 姜晓霞．金属的腐蚀磨损．北京：化学工业出版社，2003.
[19] 孙跃，胡津．金属腐蚀与控制．哈尔滨：哈尔滨工业大学出版社，2003.
[20] 杨绮琴，方北龙，童叶翔．应用电化学．2 版．广州：中山大学出版社，2005.
[21] 陈国华，王光信．电化学方法应用．北京：化学工业出版社，2003.
[22] 白新德．材料腐蚀与控制．北京：清华大学出版社，2005
[23] 王吉会，郑俊萍，刘家臣，等．材料力学性能．天津：天津大学出版社，2006.
[24] 束德林．工程材料力学性能．3 版．北京：机械工业出版社，2016.

第3章　表面工程技术的预处理工艺

3.1　表面预处理

3.1.1　表面预处理的目的

纯净的清洁表面是很难制备的，通常我们所接触到的表面是实际表面，如图 3-1 所示。金属的原始表面通常覆盖着一层氧化层。由于具体条件不同，在氧化层上面可能有水和气体的吸附层，外表层存在较厚的油脂和其他有机化合物的分子沾污层。因此，大部分表面工程技术在工艺实施之前，都要求对表面进行预处理，以便提高覆盖层与基体的结合强度。

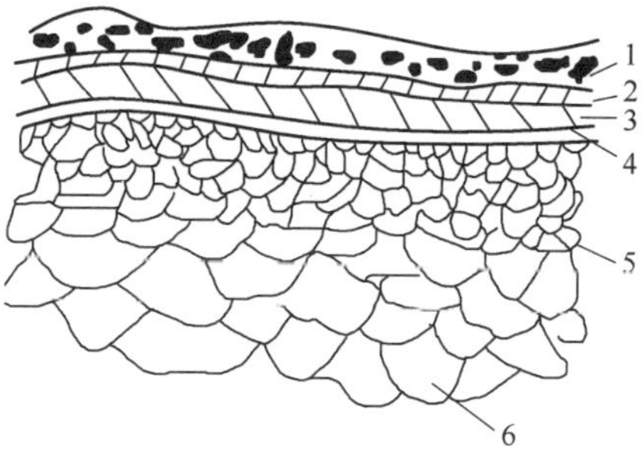

表面预处理是指用机械、物理或化学等方法清除表面原始覆盖层，改善基体的表面原始状态，为后续加工提供良好的基础表面。表面预处理又称为表面清理、表面前处理、表面预加工等，通常包括以下内容：

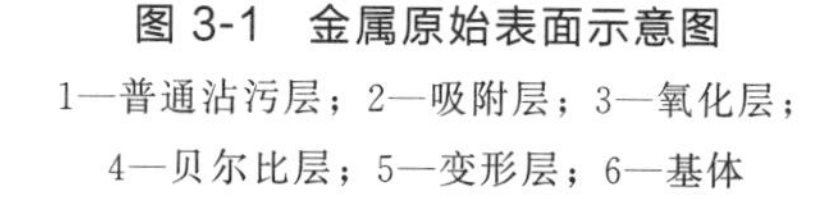

图 3-1　金属原始表面示意图

1—普通沾污层；2—吸附层；3—氧化层；4—贝尔比层；5—变形层；6—基体

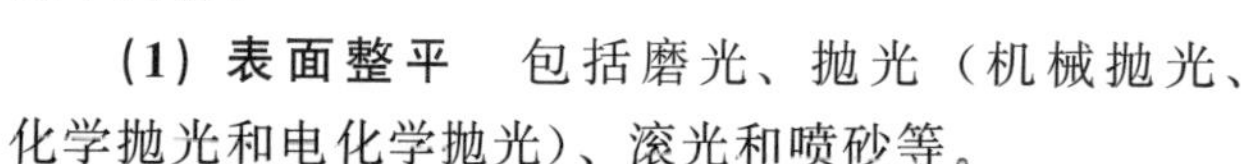

(1) 表面整平　包括磨光、抛光（机械抛光、化学抛光和电化学抛光）、滚光和喷砂等。

(2) 除油　包括有机溶剂除油、化学除油和电化学除油等。

(3) 浸蚀　包括化学浸蚀、电化学浸蚀和弱浸蚀等。

3.1.2　表面预处理的指标

一般说来，工件往往要经过各种机加工、热处理以及各车间的周转和存放，其表面不可避免地存在氧化膜、锈蚀、油污以及砂粒、灰尘、焊渣、旧涂膜等。因此，这些物质在实施表面工程技术之前必须彻底地清除掉，使材料表面清洁并由憎水性或局部憎水性变为亲水性，处于活化的状态。表面预处理工艺的两个最重要指标是表面清洁度与表面粗糙度。一方面，表面清洁度过低，不但会影响覆层的附着力、完整性、耐蚀性、装饰性和功能薄膜性能的连续性，严重时甚至不能够实施表面工程技术；另一方面，不同的表面工程技术对零件或制品表面粗糙度的要求也不一样。例如，对于涂装与热喷涂工艺，要求零件或制品表面具有一定程度的粗糙度，因为这两种工艺中涂层与基体主要依靠机械结合和范德华力结合，一定的表面粗糙度可以增大涂层与基体的接触面积。对于装饰性电镀，一般要求金属表面平整光滑，因为电镀层较薄且透明，粗糙的表面影响制品的美观。对微电子工业中各种功能薄膜的制备来说，为保证功能薄膜的连续性，要求基片表面达到镜面平整；此外，对基片表面的清洁程度要求很高，因为基片表面上存在的任何一粒微粒都将会造成所制备的集成电路短路或断路。

大量实践证明，预处理是表面工程技术成功实施的关键因素之一，必须引起充分重视。

3.2 表面预处理工艺

表面预处理工艺主要包括除油、除锈和获取一定程度粗糙度的表面等几部分。以下简要介绍几种主要的表面预处理工艺。

3.2.1 机械清理

机械清理就是借助机械力除去材料表面上的腐蚀产物、油污及其他各种杂物。机械清理工艺简单，适应性强，清理效果好，适于除锈、除油、除型砂、去泥土和表面粗化等。机械清理方法主要包括磨光、抛光、滚光、光饰和喷砂等。

(1) 磨光和机械抛光

① 磨光　磨光的主要目的是使金属部件粗糙不平的表面得以平坦和光滑，还能除去金属部件的毛刺、氧化皮、锈蚀、砂眼、焊渣、气泡和沟纹等宏观缺陷。

磨光是利用粘有金刚砂或氧化铝等磨料的磨轮在高速旋转下以 10～30m/s 的速度磨削金属表面。根据零件表面状态和质量要求高低，可进行磨料粒度逐渐减小的多次磨光，如依次采用 120#、180#、240#、320# 的金刚砂磨料磨光。当然，对磨料的选用应根据加工材质而定，见表 3-1。

表 3-1　常用磨料及用途

磨料名称	主要成分	用途
人造金刚砂(碳化硅)	SiC	铸铁、黄铜、青铜、铝、锡等材料的磨光
人造刚玉	Al_2O_3	可锻铸铁、锰青铜、淬火钢等材料的磨光
天然刚玉(金刚砂)	Al_2O_3、Fe_2O_3	一般金属材料的磨光
石英砂	SiO_2	通用磨料，可用于磨光、抛光、滚光、喷砂等
浮石	SiO_2、Al_2O_3	适用于软金属、木材、塑料、玻璃、皮革等材料的磨光及抛光
硅藻土	SiO_2	通用磨光、抛光材料，适宜黄铜、铝等金属的磨光或抛光

磨光使用的磨轮多为弹性轮。根据磨轮本身材料的不同，可分为软轮和硬轮两种。对于硬度较高和形状简单、粗糙度大的部件，应采用较硬的磨轮；对于硬度较低和形状复杂、切削量小的部件，应采用较软的磨轮，以免被加工部件的几何形状发生变化。

② 机械抛光　机械抛光的目的是消除金属部件表面的微观不平，并使它具有镜面般的外观，也能提高部件的耐蚀性。表面工程技术中，机械抛光是电镀和化学镀技术、气相沉积技术、离子注入技术必须进行的表面预处理工艺。

机械抛光是利用装在抛光机上的抛光轮来实现的。抛光机和磨光机相似，只是抛光时采用抛光轮，并且转速更高些。抛光时，在抛光轮的工作面上周期性地涂抹抛光膏。同时，将加工部件的表面用力压向高速旋转的抛光轮工作面，借助抛光轮的纤维和抛光膏的作用，使表面获得镜面光泽。抛光膏由微细颗粒的磨料、各类油脂及辅助材料制成。应根据需抛光的镀层及金属来选用抛光膏。常用抛光膏的性能及用途见表3-2。

表3-2　常用抛光膏的性能及用途

抛光膏类型	特点	用途
白抛光膏	由氧化钙、少量氧化镁及黏结剂制成，粒度小而不锐利，长期存放易风化变质	抛光较软的金属如铜、铝及其合金，以及塑料、胶木等
红抛光膏	由氧化铁、氧化铝和黏结剂制成，硬度中等	抛光一般钢铁零件；铝、铅零件的粗抛光
绿抛光膏	由氧化铬和黏结剂制成，硬面锐利，磨削能力强	抛光硬质合金钢、铬层和不锈钢

(2) 滚光和光饰

① 滚光　滚光是将零件与磨削介质一起放入滚筒中作低速旋转，依靠磨料与零件、零件与零件之间的相互摩擦以及滚光液对零件的化学作用，将毛刺和锈蚀等除去的过程。常用的滚筒多为六边形和八边形。滚光液为酸或碱中加入适量的乳化剂、缓蚀剂等。常用磨料有钉子头、石英砂、皮革角、铁砂、贝壳、浮石和陶瓷片等。

滚光常用于形状不太复杂的中、小型零件的大批量处理，可以代替磨光和抛光。滚光可分为普通滚光和离心滚光等，都是利用滚动和振动原理的光饰方法。

② 光饰　光饰处理的目的在于制备平整而光洁的表面。光饰可分为振动光饰和离心光饰等，振动光饰应用相对比较广泛。振动光饰是在滚筒滚光的基础上发展起来的一种高效光饰方法。振动光饰机是将一个筒形或碗形的容器安装在弹簧上，通过容器底部的振动装置，使容器产生上下左右的振动，带动容器内的零件沿着一定的运动路线前进，在运动中零件与磨料相互摩擦，达到光饰的目的。振动光饰的效率比普通滚光高得多，适用于加工比较大的零件。振动频率和振幅是振动光饰的两个重要参数，振动频率一般采用20～30Hz，振动幅度大约3～6mm。

(3) 喷砂和喷丸

① 喷砂　喷砂是用压缩空气将砂子喷射到工件上，利用高速砂粒的动能，除去部件表面的氧化皮、锈蚀或其他污物。喷砂不但可以清理零件表面，使表面粗化，提高涂层与基体的结合力，而且还可以提高金属材料的抗疲劳性能。

喷砂分干喷砂和湿喷砂两种。干喷砂用的磨料有石英砂、钢砂、氧化铝、碳化硅等，应用最广的是石英砂，使用前应烘干。干喷砂的加工表面比较粗糙，其工艺条件如表3-3。湿喷所用磨料和干喷砂相同，可先将磨料和水混合成砂浆，磨料的体积通常占砂浆体积的20%～35%（体积分数），要不断地搅拌以防止沉淀，用压缩空气压入喷嘴后喷向工件。为了防止喷砂后零件锈蚀，必须在水中加一些亚硝酸钠或其他缓蚀剂，砂子在每次使用前要预先烘干。湿喷砂操作时对环境的污染较小，常用于较精密的加工。

表3-3　干喷砂的工艺条件

零件类型	石英砂粒度/mm	压缩空气压力/MPa
厚度在3mm以上的较大钢铁零件	2.5～3.5	0.3～0.5
厚度1～3mm的中型钢铁零件	1.0～2.0	0.2～0.4
小型薄壁黄铜零件	0.5～1.0	0.15～0.25
厚度1mm以下的钢件钣金件、铝合金件	0.5以下	0.1～0.15

② 喷丸　喷丸与喷砂相似，只是用钢铁丸和玻璃丸代替喷砂的磨料，而且没有含硅的

粉尘污染。喷丸能使部件产生压应力，以提高其疲劳强度和抗应力腐蚀的能力，并可代替一般冷、热成形工艺，还可对扭曲的薄壁件进行校正。使用喷丸的硬度、大小和速度要根据不同的要求来进行选择。有关喷丸的详细介绍见13.1节。

3.2.2 除油

产品或零件表面上不可避免地要黏附油脂，必须去除这些表面油脂，才能保证表面工程技术的顺利实施。黏附的油脂可分为皂化性油和非皂化性油两类。所有的动物油和植物油的化学成分主要是脂肪酸和甘油酯，它们都能和碱作用生成肥皂，故称为可皂化油；矿物油主要是各种碳氢化合物，不能和碱起作用，故称为不可皂化油，例如凡士林、石蜡和各种润滑油等均属此类。

除油又称脱脂。除油的方法很多，主要包括有机溶剂除油、化学除油、电化学除油、擦拭除油和滚筒除油。这些方法可单独使用，也可联合使用。若在超声场内进行有机溶剂除油或化学除油，速度会更快，效果更好。常用的几种除油方法的特点及适用范围见表3-4。

表3-4 常用除油方法

除油方法	特点	适用范围
有机溶剂除油	速度快，能溶解两类油脂，一般不腐蚀零件。但除油不彻底，需用化学或电化学方法进行补充除油。多数溶剂易燃或有毒，成本较高	可对形状复杂的小零件、有色金属件、油污严重的零件或易被碱液腐蚀的零件进行初步除油
化学除油	设备简单，成本低，但除油时间较长	一般零件的除油
电化学除油	除油快，能彻底除去零件表面的浮灰、浸蚀残渣等机械杂质。但需直流电源，阴极除油时，零件容易渗氢，去除深孔内的油污较慢	一般零件的除油或清除浸蚀残渣
擦拭除油	操作灵活，但劳动强度大，效率低	大型或其他方法不易处理的零件
滚筒除油	工效高，质量好	精度不太高的小零件

(1) 有机溶剂除油 日常所用的汽油、酒精、丙酮、四氯化碳、苯、三氯乙烯等都是有机溶剂。这些有机溶剂对两类油脂均有物理溶解作用。其特点是除油速度快，一般不腐蚀金属，但除油不彻底，且当附着在零件上的有机溶剂挥发后，其中溶解的油仍将残留在零件上。所以有机溶剂除油后，必须再采用化学或电化学方法进行补充除油。另外，大部分有机溶剂易燃或有毒，故操作时要注意安全，保持良好的通风换气。一般来说这种除油方法的成本较高。

有机溶剂除油可采用擦洗法、浸洗法、喷淋法、蒸汽洗法、联合处理法等。其中擦洗法和浸洗法工艺简单、效率高，广泛应用于机械工业中各种零件的表面除油处理。

(2) 化学除油 化学除油是通过皂化作用和乳化作用来除去工件表面上的各种油污。化学除油液一般由一定数量的氢氧化钠、碳酸钠、磷酸钠等药剂的水溶液，再加入一定数量的硅酸钠（水玻璃）、OP乳化剂等组成。脱脂液温度一般为60～80℃。将零件浸入除油液体中，经过一定的时间，金属表面的油污即可除掉。根据基体金属和油污污染程度的不同，化学脱脂液的组成和含量各有不同，详细内容见表3-5。

表 3-5　化学除油和电化学除油的配方及工艺参数

材料	除油方法	配方成分含量/(g/L)					工艺条件		
		氢氧化钠	碳酸钠	磷酸钠	碳酸钠	OP乳化剂	温度/℃	电流密度/(A/dm^2)	时间
钢铁	化学除油	50～60	50～60	80～100	10～15		70～100		除净为止
	电化学除油	10～30			30～35		80	10	阴极除油 1min；阳极除油 10～30s
铜及铜合金	化学除油		10～20	10～20	10～20	2～3	70		除净为止
	电化学除油	10～15	20～30	50～70	10～15		80	3～8	阴极除油 5～8min；阳极除油 20～30s
锌及锌合金	化学除油		10～20	10～20	10～20	2～3	50～60		除净为止
	电化学除油		5～10	10～20	5～10		40～50	5～7	阴极除油 30s
铝及铝合金	化学除油		10～20	10～20	10～20	2～3	50～60		除净为止

① 皂化作用　油脂与除油液中的碱起化学反应生成肥皂的过程叫皂化。一般动植物油中的主要成分是硬脂酸脂，它与氢氧化钠产生皂化反应。反应式如下：

$$\underbrace{(C_{17}H_{35}COO)_3C_3H_5}_{\text{硬脂酸酯}}+3NaOH \longrightarrow \underbrace{3C_{17}H_{35}COONa}_{\text{肥皂}}+\underbrace{C_3H_5(OH)_3}_{\text{甘油}}$$

皂化反应使原来不溶于水的皂化性油脂变成能溶于水（特别是热水）的肥皂和甘油，从而容易被除去。

② 乳化作用　矿物油等非皂化性油脂，只能通过乳化作用才能除去。当非皂化性油与乳化剂发生作用后，会变成微细的油珠与零件表面分离并均匀分布到溶液中，成为乳浊液，实现除油的目的。在生产中，因皂化作用时间较长，除油大部分是靠乳化作用完成的。

常用的乳化剂如 OP-10、6501、6503 洗净剂、三乙醇胺油酸皂、TX-10 等都是由一种或几种表面活性物质组成的乳化剂。乳化剂的分子结构中有两个互相矛盾的基团：一个是极易溶于水的亲水基团，如—OH、—COOH、$—SO_3H$、$—NH_2$ 等；另一个是憎水的、极易溶于油的亲油基团，如碳氢链。除油时，乳化剂吸附在油和水的界面上，它们的亲油基团与零件表面的油发生亲和作用；亲水基团则与除油的水溶液发生亲和作用。两种基团作用的结果，降低了油和水的界面张力，在温度引起的分子热运动和搅拌作用下，零件上的油膜很容易变成分散的、极细的小油珠，并自动从零件表面脱落，进入溶液中成为乳浊液。吸附在小油珠表面的表面活性剂，不仅能防止小油珠合并成大油珠，而且能防止小油珠再吸附到零件上去，因此除油效果显著。其缺点是：有些表面活性剂如 OP-10 不易从工件表面洗净，可能影响后面的镀覆层的质量。为此，乳化除油后应加强清洗。

化学除油的特点是设备简单、操作容易、成本低、除油液无毒且不易燃。由于化学除油兼具皂化和乳化的作用，因此能同时除去两类油脂。但是常用的碱性化学除油工艺的乳化作用较弱，对镀层结合力要求高。

（3）电化学除油　电化学除油主要是靠电解作用除油。将工件挂在阴极或阳极上，并浸没在碱性电解液中。在电解过程中，电极表面产生大量的氢气泡或氧气泡不断地冲刷金属表面附着的油膜层，使油膜被撕裂成细小的油珠；气泡则黏附在油珠的表面带着油珠脱离金属表面，并漂浮到液面，使金属表面的油膜得到清除。电化学除油速度远远超过化学除油，而且除油彻底，效果良好。电化学除油液的组成大体上与化学除油液相同，但氢氧化钠、碳酸钠、磷酸钠和硅酸钠等的含量一般要低些。电化学除油的部分配方及工艺条件见表 3-5。

常见的电化学除油方法有阴极除油、阳极除油和联合除油。

① 阳极除油 金属零件接阳极时，其表面进行的是氧化过程，并析出氧气：

$$4OH^- - 4e = O_2\uparrow + 2H_2O$$

阳极除油时，零件没有氢脆的危险，能除去零件表面的浸蚀残渣和某些金属的薄膜。但阳极除油速度比阴极除油慢，基体表面会受到腐蚀，并产生氧化膜，特别是对有色金属腐蚀大。阳极除油一般适合于硬质高碳钢和弹性材料零件的除油。

② 阴极除油 金属零件接阴极时，其表面进行的是还原过程并析出氢气：

$$4H_2O + 4e = 2H_2\uparrow + 4OH^-$$

阴极上析出的氢是阳极上析出的氧的2倍。因此阴极除油速度快，一般不腐蚀零件。但阴极上析出的氢容易渗到钢铁零件中引起氢脆，特别是高强钢或弹簧钢受氢脆影响极易损坏。阴极除油一般适用于铝、锌、锡、铅、铜及合金等有色金属的除油。

③ 联合除油 为克服以上两种方法的缺点，目前常用联合除油法，即先用阴极除油，然后短时间阳极除油；或先阳极除油，然后短时间阴极除油，以取长补短。此法适用于无特殊要求的钢铁件的除油。

(4) 超声波除油 超声波除油是利用超声波振荡使除油液产生大量的小气泡，这些小气泡在形成、生长和析出时产生强大的机械力，促使金属部件表面黏附的油脂、污垢迅速脱离，从而加速脱脂过程，缩短脱脂时间，并使得脱脂更彻底。

超声波脱脂的特点是对基体腐蚀小，脱脂和净化效率高，对复杂及有细孔、盲孔的部件特别有效。超声波除油一般与其他除油方式联合进行，一般使用15～50kHz的频率。处理带孔和带内腔的复杂形状的小零件时，可使用高频超声波，频率为200kHz～1MHz。

3.2.3 浸蚀

浸蚀的目的是除去金属表面的氧化物，有的还可以改变零件的表面状况。此工序是在除油之后进行，因为只有除去金属表面的污垢，浸蚀才能有效地进行。浸蚀分化学浸蚀与电化学浸蚀两类。

(1) 化学浸蚀 化学浸蚀就是利用酸与金属材料表面的锈、氧化皮及其他腐蚀产物起反应，使其溶解而去除的过程，通常称为酸洗。钢铁表面上常见的铁锈有：红棕色的三氧化二铁（Fe_2O_3）、灰色的氧化亚铁（FeO）、黄橙色的含水三氧化二铁（$Fe_2O_3 \cdot nH_2O$）和蓝黑色的四氧化三铁（Fe_3O_4）等。用于化学浸蚀的酸液有盐酸、硫酸、硝酸、氢氟酸、柠檬酸、酒石酸等，其中以盐酸和硫酸应用最广。例如盐酸与铁锈发生如下反应：

$$Fe_2O_3 + 6HCl \longrightarrow 2FeCl_3 + 3H_2O$$

$$Fe_3O_4 + 8HCl \longrightarrow FeCl_2 + 2FeCl_3 + 4H_2O$$

$$FeO + 2HCl \longrightarrow FeCl_2 + H_2O$$

同时，铁与酸作用会析出氢，反应式如下：

$$Fe + 2HCl \longrightarrow FeCl_2 + H_2\uparrow$$

由于化学浸蚀在去除锈蚀物的同时，对基体金属表面也有浸蚀作用，为防止金属表面的过腐蚀，在酸液中一般加入少量金属缓蚀剂。一旦表面锈蚀物去净，应立即将工件取出，用清水冲洗掉余酸，然后，用碱液（一般为碳酸钠溶液）中和掉零件表面残余的一些酸液，最后还要用水再次清洗掉上述碱液。对于铝和锌等两性金属，浸蚀多采用碱性溶液。

与机械清理相比，化学浸蚀的优点是：浸蚀彻底，劳动强度低，生产效率高；易于实现机械化、自动化生产，适合于大型工件的局部浸蚀。

(2) 电化学浸蚀　电化学浸蚀是将零件浸入电解质溶液中，利用电解作用除去零件表面的氧化皮和其他腐蚀产物的过程。电化学浸蚀可分为阴极浸蚀和阳极浸蚀，可根据被处理零件的性质和表面状况来选择。对于电化学浸蚀过程，当金属部件作为阳极时，氧化皮的去除是借助于电化学和化学溶解，以及金属上析出的氧气泡的机械剥离作用。当金属作为阴极进行电化学浸蚀时，氧化皮的去除是借助于猛烈析出的氢气对氧化物的还原和机械剥离作用。

与化学浸蚀相比，电化学浸蚀的优点是浸蚀速度快，浸蚀液消耗小，且使用寿命长。缺点是增加设备，对于形状复杂的零件浸蚀效果差。电化学浸蚀主要用于黑色金属，有色金属很少使用。对于具有较厚且致密的氧化层的部件，最好先进行化学浸蚀，等氧化皮松动后再进行电化学浸蚀。

部分常用金属材料的化学和电化学浸蚀溶液成分及工艺条件见表 3-6。

表 3-6　部分常用金属材料化学和电化学浸蚀溶液成分与工艺

适用材料	溶液成分		工作条件			备注
	组成	含量/(g/L)	电压/V	温度/℃	时间/s	
低碳钢和低合金钢	HCl	50%(体积分数) 2～3		室温	60～300	时间从冒泡算起,适用于磷化
不锈钢和镍基合金	$FeCl_3 \cdot 6H_2O$ HCl	250～330 54～62		室温	90～120 (槽镀)	
低合金钢和不锈钢	H_2SO_4	520～600	6～8	12～24		低合金钢:阳极 30～60s; 不锈钢:先阳极 45s,后阴极 15s
	H_2SO_4	880～920	6～8	12～24		
合金钢和不锈钢	H_2SO_4 $K_2Cr_2O_7$	520～540 1～2	6～8	12～24		合金钢:阳极 30～60s; 不锈钢:先阳极 45s,后阴极 15s
铜合金	H_2SO_4 HNO_3	880～900 240～250		室温	5	
铝合金	NaOH	60～80		60～70	15～30	适于电镀、阳极氧化等
	H_3PO_4	435～440		室温	20～30	适于化学氧化

(3) 弱浸蚀　零件经整平、除油和浸蚀以后，在运送或贮存过程中，表面会生成一层薄氧化膜，它将影响覆盖层与基体金属的强度。在电镀、氧化和磷化等技术实施前，还要进行最后一道工序弱浸蚀，其目的是使零件表面活化，并产生轻微腐蚀作用，露出金属的结晶组织，以保证镀层与基体结合强度好。弱浸蚀又称为活化处理。

弱浸蚀溶液通常都较稀，不会破坏零件表面的光洁度。浸蚀时间一般只有几秒至 1min。为提高效率，有时把零件挂在阳极上，采用电化学浸蚀。

3.2.4　除油-浸蚀联合处理

零件的浸蚀通常在除油后进行。为简化步骤，提高工效，当零件表面油污和锈蚀均不太严重的情况下，可在加有乳化剂的酸液中，将除油-浸蚀两工序合并在一起进行，又称除油-浸蚀“一步法”或“二合一”。钢铁除油-浸蚀溶液配方及工艺条件见表 3-7。

表 3-7　钢铁工件除油-浸蚀联合处理液配方及工艺条件

成分及工艺条件	配方/(g/L)					
	1	2	3	4	5	6
硫酸(H_2SO_4)	70～100	100～150	120～160	120～160	150～250	
氯化钠(NaCl)				30～50		

续表

成分及工艺条件	配方/(g/L)					
	1	2	3	4	5	6
盐酸(HCl)						900～1000
十二烷基硫酸钠($C_{12}H_{25}SO_4Na$)	8～12	0.03～0.05		0.03～0.05		
OP 乳化剂						1～2
六次甲基四胺						2～3
平平加(102 匀染剂)		15～20	2.5～5	20～25	15～25	
硫脲[$(NH_2)_2CS$]				0.8～1.2		
温度/℃	70～90	60～70	50～60	70～90	75～85	90～沸点
时间/min	至除净锈为止				0.5～2	

3.2.5　化学和电化学抛光

化学和电化学抛光是利用化学或电化学作用，使工件表面凸出的部分溶解，得到平滑表面的过程。

(1) 电化学抛光　电化学抛光又称电解抛光，是在特定的溶液中进行阳极电解，以获得平滑并具有金属光泽表面的工艺过程。电解过程中，工件接阳极，当电流通过浸在溶液中的工件表面时，工件凸出部位尖端放电作用会使溶解速度大于低凹部位，产生溶解现象，使工件表面的凹凸不平得以整平。

与机械抛光相比，电化学抛光无变形层，无尘埃污染，速度快，获得镜面光泽。但成本较高，故常常只用于机械抛光后的精饰工艺。

(2) 化学抛光　把零件放在合适的化学介质中，利用化学介质对金属表面的尖峰区域的溶解速度比凹谷区域的溶解速度快得多的特点，实现材料表面的抛光，就称为化学抛光。化学抛光主要适合处理形状复杂和比较大的零件，生产效率高。但溶液使用寿命短，抛光质量比电化学抛光差，而且化学抛光时通常会析出一些有害气体。

参考文献

[1]　徐滨士，刘世参．中国材料工程大典：第 16 卷．材料表面工程（上）．北京：化学工业出版社，2006.

[2]　曾晓雁，吴懿平．表面工程学．2 版．北京：机械工业出版社，2016.

[3]　胡传炘．表面处理技术手册．修订版．北京：北京工业大学出版社，2009.

[4]　胡传炘．实用表面前处理手册．2 版．北京：化学工业出版社，2006.

[5]　姜银方，王宏宇．现代表面工程技术．2 版．北京：化学工业出版社，2014.

[6]　叶人龙．镀覆前表面处理．北京：化学工业出版社，2006.

[7]　李异．金属表面清洗技术．北京：化学工业出版社，2007.

[8]　张胜涛．电镀工程．北京：化学工业出版社，2002.

[9]　陈亚，李士嘉，王春林，等．现代实用电镀技术．北京：国防工业出版社，2003.

[10]　屠振密，韩书梅，杨哲龙，等．防护装饰性镀层．北京：化学工业出版社，2004.

[11]　王翠平．电镀工艺实用技术教程．北京：国防工业出版社，2007.

第4章 喷涂技术

喷涂技术包括热喷涂和冷喷涂，是材料表面强化和防护的重要技术，在表面工程技术中占有重要地位。热喷涂作为焊接技术的一个分支，目前大量用于制造双金属复合零部件和修复各类零件，是提高产品和设备性能、延长其使用寿命的有效技术手段。冷喷涂是一种在低温状态下实现涂层沉积的技术，避免了传统热喷涂过程中的粒子熔化问题，在涂层制备、表面修复和增材制造等领域展现出极大的应用潜力。

4.1 热喷涂的原理和特点

4.1.1 热喷涂的定义

热喷涂（Thermal Spraying）是利用热源将喷涂材料加热到熔化或半熔化状态，用高速气流将其雾化并喷射到基体表面形成涂层的技术，其原理如图4-1所示。如果将喷涂层再加热重熔，则产生冶金结合，这种方法称为喷焊。

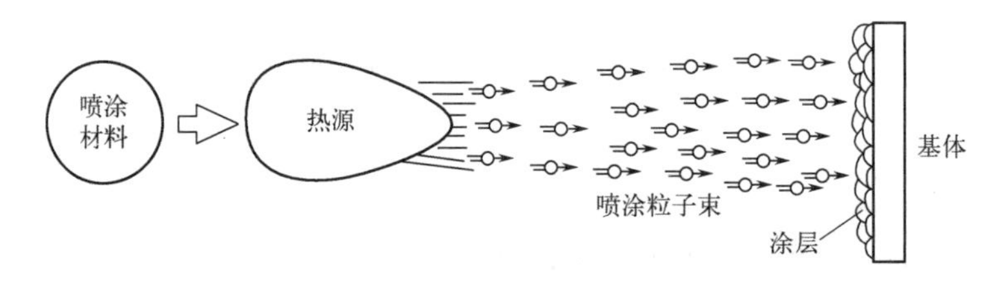

图4-1 热喷涂技术原理示意图

热喷涂方法的多样性、制备涂层的广泛性和应用上的经济性，是热喷涂技术最突出的特点。由于几乎所有的固体材料都可以作为喷涂材料，所以采用热喷涂技术可制备耐磨、耐热、耐腐蚀、抗高温氧化、密封、减摩、耐辐射、导电、绝缘、生物涂层等各种性能的涂层。目前，热喷涂技术广泛地应用于航空航天、国防、机械、冶金、石化、勘探、交通、建筑和电力等各个部门，并在宇航、生物工程等高技术领域发挥着令人瞩目的作用。

4.1.2 热喷涂基本原理

(1) 热喷涂的基本过程 喷涂材料在热源中被加热过程和颗粒与基材表面结合的过程是热喷涂制备涂层的关键环节。尽管热喷涂的工艺方法很多，且各具特点，但无论哪种方法，其喷涂过程、涂层形成原理和涂层结构都基本相同。

从喷涂材料进入热源到形成涂层，喷涂过程一般经历四个阶段：

① 喷涂材料被加热到熔化或半熔化状态　用线材作为喷涂材料，当其端部进入热源高温区域，即被加热熔化。粉末材料则是进入热源高温区域，在行进的过程中被加热熔化或软化。

② 喷涂材料的熔滴被雾化　熔化的线材形成的熔滴在外加压缩气流或热源自身射流作用下脱离线材，同时雾化成更微细的熔滴向前喷射。粉末材料则没有雾化过程，直接在气流或热源射流作用下向前喷射。

③ 雾化或软化的微细颗粒喷射飞行　微细颗粒首先被加速形成粒子流，再向前喷射飞行，随着飞行距离的增加，粒子流的运动速度逐渐减慢。

④ 微细颗粒撞击基体表面并形成涂层　喷涂材料的熔滴以一定的动能冲击基体表面，产生强烈的碰撞，颗粒的动能转化为热能并部分传递给基体，同时微细颗粒沿着凹凸不平的表面产生变形，变形的颗粒迅速冷凝并产生收缩，呈扁平状黏结在基材表面。喷涂的粒子束连续不断地运动并撞击表面，产生碰撞→变形→冷凝收缩的过程。变形的颗粒与基体表面之间，以及颗粒与颗粒之间互相黏结在一起，从而形成了涂层，如图 4-2 所示。

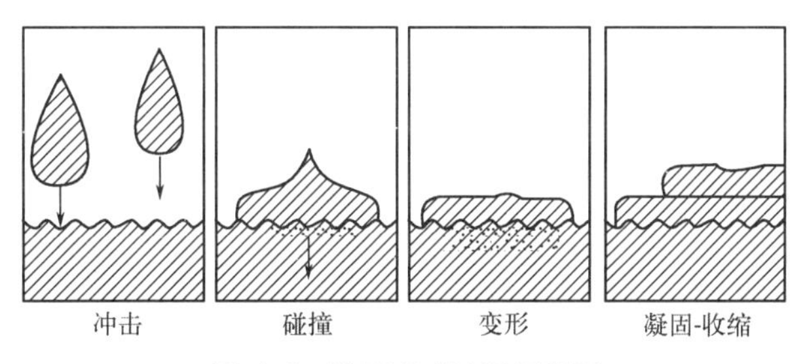

图 4-2　涂层形成过程示意图

(2) 涂层的结构　热喷涂涂层的结构取决于其形成过程。涂层是由无数变形粒子互相交错呈波浪式堆叠在一起而形成的层状组织结构，如图 4-3 所示。在喷涂过程中，由于熔融的颗粒在熔化、软化、加速和飞行以及与基材表面接触过程中与周围介质间发生了化学反应，因此喷涂材料经喷涂后会出现氧化物。而且，由于颗粒的陆续堆叠和部分颗粒的反弹散失，在颗粒之间不可避免地存在一部分孔隙或空洞，其孔隙率一般在 0.025%～50%之间。因此，涂层是由变形颗粒、氧化物、气孔和未熔化颗粒所组成。几乎所有的热喷涂涂层都具有上述特征，差别只在于尺寸的大小和数量的多少不同。采用火焰喷涂 75%NiCrBSi-10%B_4C-15%Ni（物质成分配比为质量分数，全书同）获得的涂层断面微观结构如图 4-4 所示。

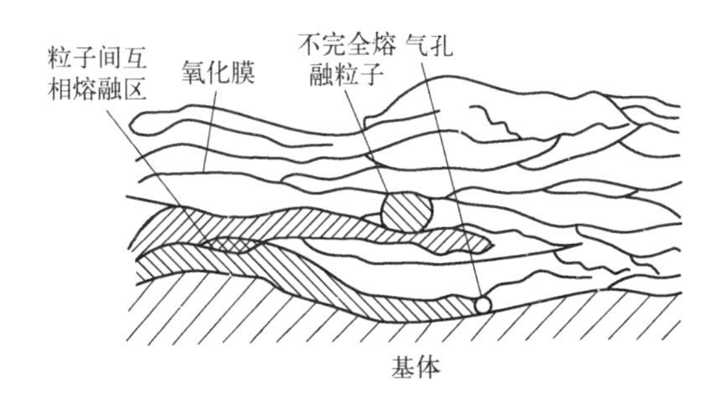

图 4-3　热喷涂涂层结构示意图

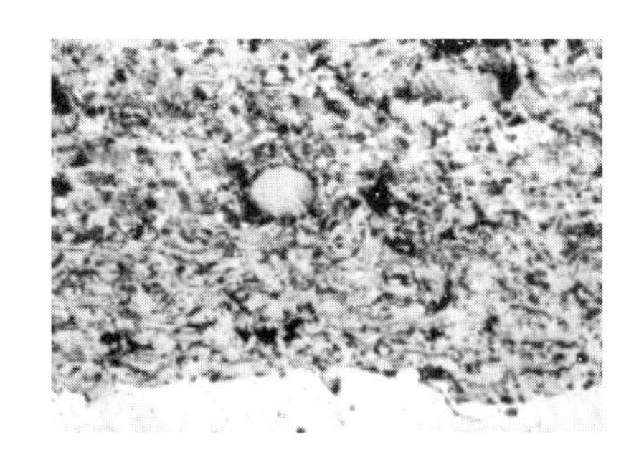

图 4-4　火焰喷涂 NiCrBSi-B_4C-Ni 涂层结构

由于热喷涂涂层为典型的层状结构，所以涂层的性能具有方向性，在垂直和平行涂层方向上的性能有显著的差异。对涂层进行适当的处理如重熔，既能够使层状结构转变为均质结构，还可以消除涂层中的氧化物夹杂和气孔。

由此可知，热喷涂涂层质量极大程度上取决于热源的温度及颗粒的飞行速度。改善涂层质量的途径有两方面：一是提高热源温度，如采用等离子弧高温热源；二是提高粒子动能，如采用爆炸喷涂或超音速喷涂。

（3）涂层的结合方式　涂层的结合包括涂层与基体表面的结合和涂层内聚的结合。前者的结合强度称为结合力，后者的结合强度称为内聚力。由于热喷涂时材料的形态和涂层的组成有较大的差别，它们与基体的结合方式也不同。通常认为涂层和基体之间存在三种结合方式。

① 机械结合　熔融态的粒子撞击基体表面并快速冷却凝固时，会因收缩而咬住高低不平的基体部分，形成了机械结合。这是热喷涂涂层与基体表面结合的主要形式。以机械结合为主的结合方式决定了热喷涂涂层的结合强度比较差，只相当于其母材的5%～30%，最高也只能达到70MPa。

机械结合的强弱与基体表面的微观粗糙程度密切相关。在现场操作中，待喷涂基体表面的粗化处理已成为不可缺少的重要的预处理工序。

② 物理结合　借助于分子（原子）之间的范德华力使喷涂层附着于基体表面的结合方式。当高速运动的熔融粒子撞击基体表面、充分变形后，涂层原子或分子与基体表面原子之间的距离接近晶格的尺寸时，就进入了范德华力的作用范围。范德华力虽然不大，但在涂层与基体的结合中是一种不可忽视的作用。

③ 冶金结合　当熔融的微细颗粒高速撞击基体表面时，涂层和基体界面出现扩散和合金化时的一种结合方式。涂层材料在基体表面的结晶过程，基本上不是对基体晶格的外延，大多数情况是由于涂层与基体的反应，在结合界面上生成化合物或固溶体。当喷涂后进行重熔时，涂层与基体的结合主要是冶金结合。

（4）涂层的残余应力　一般情况下，热喷涂涂层存在着明显的残余应力。当熔融颗粒高速碰撞基体表面，在产生变形的同时快速冷却凝固，这时会在颗粒内部产生张应力，而在基体表面产生压应力。喷涂完成后，在涂层内部存在残余张应力，其大小与涂层厚度成正比。涂层厚度达到一定程度时，涂层内的张应力超过涂层与基体的结合强度时，涂层就会发生破坏，如图4-5所示。

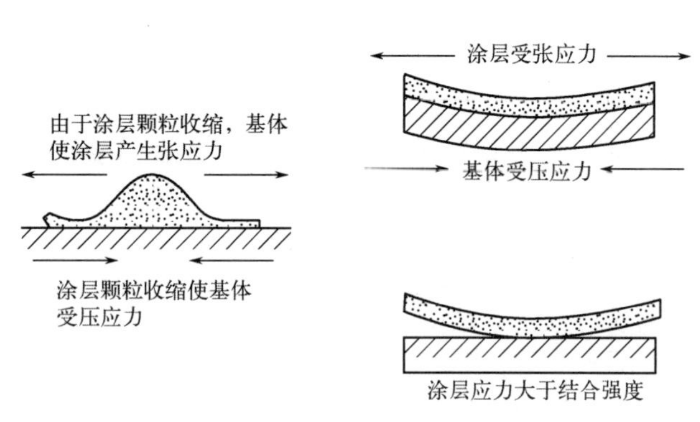

图4-5　涂层中残余应力

薄涂层一般比厚涂层更加经久耐用。高收缩材料如某些奥氏体不锈钢易产生较大的残余应力，因此不能喷涂厚的涂层。由于涂层应力的限制，热喷涂涂层的最佳厚度一般不超过0.5mm。

喷涂方法和涂层结构也影响涂层的应力水平。致密涂层中的残余应力要比疏松涂层的要大。涂层应力大小还可通过调整喷涂工艺参数而部分控制，但更有效的办法是通过涂层结构设计，采用梯度过渡涂层大大降低残余应力。

4.1.3　热喷涂分类和特点

(1) 热喷涂分类　根据涂层加热和结合方式差别，热喷涂分喷涂和喷焊（又称喷熔）两种。喷涂过程中基体温度低，涂层不熔化，涂层与基体以机械结合为主，结合强度不高。喷焊则需要对涂层进行加热重熔，涂层与基体形成牢固的冶金结合，结合强度较高。它们与堆焊的根本区别都在于基体不熔化或极少熔化。

根据喷涂时所用热源的不同，热喷涂分为气体燃烧热源、气体放电热源、电热热源和激光热源等，如图 4-6 所示。目前热喷涂方法多按热源分类。

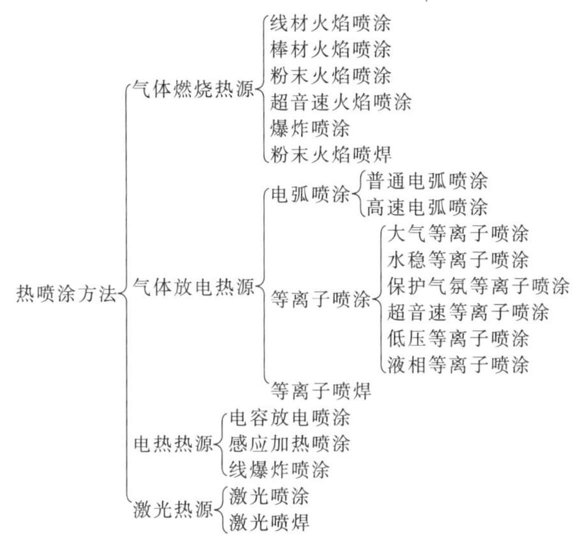

图 4-6　热喷涂方法分类

(2) 热喷涂特点

① 适用面宽　几乎所有的工程材料都可作为热喷涂的基体，包括金属、陶瓷、非晶态材料和木材、布、纸等；喷涂材料的种类也非常广泛，可以是金属和合金、塑料、陶瓷以及它们的复合材料。

② 工艺灵活　喷涂工件不受尺寸和形状的约束，既可以进行整体喷涂，又能够实施局部表面喷涂；既可用于桥梁、铁塔等大型结构件，又可在尺寸仅为数毫米的孔槽中形成涂层；既可在真空或控制气氛中喷涂，也可以方便地在野外施工。

③ 厚度可调　根据需求，热喷涂的涂层厚度可在 0.1～5mm 内任意调节。

④ 基体变形小　在大多数热喷涂过程中，基体受热温度低，一般不超过 250℃。工件变形小，母材的组织和性能基本不会发生变化。

⑤ 生产率高　大多数喷涂工艺都能够达到每小时数千克的喷涂量，生产率甚至可超过 50kg/h。

热喷涂的局限性主要体现在热效率低，材料利用率低，浪费大，以及涂层与基体结合强度较低三个方面。此外喷涂方法的操作环境较差，要求采取劳动保护和环境保护措施。尽管如此，热喷涂仍然以其独特的优点获得了广泛的应用。

4.2 热喷涂材料

4.2.1 热喷涂材料的分类及特点

(1) 热喷涂材料的分类

① 按性质分 金属与合金、陶瓷、有机塑料和复合材料等。

② 按用途分 防腐材料、耐磨材料、耐高温热障材料、减摩材料及其他功能材料。

③ 按形态分 粉末、线材和棒材三大类，如表4-1所示。其中线材主要用于火焰喷涂、电弧喷涂和线爆炸喷涂；棒材主要由陶瓷材料制成，用于火焰喷涂；粉末材料主要用于火焰喷涂、爆炸喷涂和等离子喷涂。

表4-1 不同形状的热喷涂材料

形状	分类	品种
线材	纯金属线材	Zn、Al、Cu、Ni、Mo、Sn、Ti等
	合金线材	(1)Zn合金:Zn-Al (2)Al合金:Al-Re (3)Cu合金:Cu-Zn,Cu-Al (4)Ni合金:Ni-Cr、Ni-Cr-Fe、Ni-Cu(蒙乃尔合金) (5)Pb合金:Pb-Sn、Pb-Sn-Sb(巴士合金) (6)Fe合金:碳钢、不锈钢、低合金钢
	复合线材	金属包金属(镍包铝、铝包镍),金属包陶瓷(金属包碳化物、氧化物等),塑料包覆(塑料包金属、陶瓷等)
粉末	纯金属粉	Zn、Al、Fe、Cu、Ni、Co、W、Mo、Ti、Ta、Nb
	喷涂合金粉末	(1)Fe基合金:碳钢、不锈钢、合金钢 (2)Ni基合金:Ni-Cr、NiCrFe、NiCrAl、Ni-Al、Ni-Ti (3)Co基合金:CoCrWC、CoCrMoNiFe、CoCrA1Y (4)Al基合金:Al-Si、Al-Mg (5)Cu基合金:Cu-A1-Fe、Cu-Sn、Cu-Sn-P (6)MCrAlY系合金:NiCrAlY、CoCrAlY、FeCrAlY
	自熔性合金粉末	(1)Fe基:FeNiCrBSi (2)Co基:CoCrWB、CoCrBSi、CoCrWBNi (3)Ni基:NiBSi、NiCrBSi
	陶瓷粉末	(1)金属氧化物:$A1_2O_3$、Cr_2O_3、TiO_2、ZrO_2 (2)金属碳化物及硼氮、硅化物:WC、TiC、Cr_3C_2、B_4C、SiC
	塑料粉末	(1)热塑性粉末:聚乙烯、尼龙、EVA树脂、聚苯硫醚 (2)热固性粉末:环氧树脂、酚醛树脂 (3)改性塑料粉末:加入MoS_2、Al粉、Cu粉、石墨粉、石英粉、云母粉、石棉粉等填料
	复合粉末	(1)包覆粉:Ni包Al、Al包Ni、Ni包金属及合金、Ni包陶瓷、Ni包有机物 (2)团聚粉:金属+合金、金属+自熔性合金、WC或WC-Co+金属及合金、氧化物+金属及合金、氧化物+包覆粉、氧化物+氧化物 (3)烧结粉:碳化物+自熔性合金、WC-Co
棒材	陶瓷	Al_2O_3、TiO_2、Cr_2O_3、$ZrSiO_4$、ZrO_2、$A1_2O_3$-MgO、$A1_2O_3$-SiO_2、

(2) 热喷涂材料的特点 无论是线材还是粉末，必须具有下述特点，才有实用价值。

① 热稳定性好 热喷涂材料在喷涂过程中，必须能够耐高温，即在高温下不挥发、不

升华、不分解、不发生晶型转变等。

② 固态流动性好　为保证送粉的均匀性，要求粉末材料具备良好的固态流动性。固态流动性与粉末形状、粒度、湿度等因素有关。粉末越湿，流动性越差。球形粉末的流动性最好。

③ 润湿性好　熔融的颗粒与基体表面应具有良好的润湿性，有利于展平形成光滑致密、平整、结合力高的涂层。

④ 线膨胀系数差小　喷涂材料与工件的线膨胀系数差应尽可能小，以免形成涂层时因应力过大而导致涂层开裂、脱落。

4.2.2　热喷涂线材

线材是最早应用的热喷涂材料，只有塑性好的材料才能做成线材。热喷涂线材包括非复合喷涂线材和复合喷涂线材。

(1) 非复合喷涂线材　非复合喷涂线材只含一种金属或合金，通过普通的拉拔方法制成。常用的非复合线材有以下几种。

① Zn及Zn合金喷涂丝　在钢铁件上，只要喷涂0.2mm的Zn层，就可在大气、淡水、海水中保持几年至几十年不锈蚀。但Zn层不耐酸、碱、盐的腐蚀，当水中含有SO_2时，它的耐腐蚀性能很差。为了避免有害元素对Zn涂层耐蚀性的影响，最好使用纯度在99.5%以上的纯Zn丝。在Zn中加Al可提高涂层的耐蚀性能，若Al的质量分数为30%，则耐蚀性最佳。

Zn喷涂层已广泛应用于室外露天钢铁构件，如水门闸、桥梁、铁塔和容器等。

② Al及Al合金喷涂丝　Al的抗腐蚀性很强。与Zn相比，Al密度小，价格低廉，在含有SO_2的气体中耐腐蚀效果比较好。在Al及Al合金中加入稀土不仅能提高涂层的结合强度而且可降低孔隙率。Al可作为钢的抗高温氧化涂层。Al除能形成稳定的氧化膜外，在高温下还能在铁基体中扩散，与Fe发生作用生成抗高温氧化的Fe_3Al金属间化合物，提高了钢材的耐热性，因此Al可用于耐热涂层。一般用作热喷涂材料的Al丝纯度应大于99.7%。

Al喷涂层已广泛用于贮水容器、硫黄气体包围中的钢铁构件、食品贮存器、燃烧室、船体和闸门等。

③ Cu及Cu合金喷涂丝　纯铜不耐海水腐蚀，主要用作电器开关的导电涂层、工艺品和水泥等建筑表面的装饰涂层。黄铜具有一定的耐磨性、耐蚀性，多用于修复磨损及超差工件。黄铜色泽美观，也可作为装饰涂层。黄铜中加入1%左右的锡，可提高黄铜耐海水腐蚀性能，故有海军黄铜之美誉。铝青铜的强度高于一般青铜，耐海水、硫酸和盐酸的腐蚀，可作为打底涂层，常用于水泵叶片、气闸活门、活塞及轴瓦等的耐磨耐蚀涂层。

④ Ni及Ni合金喷涂丝　Ni涂层即使在1000℃高温下也具有很高的抗氧化性能，在盐酸和硫酸中也具有较高的耐蚀性。应用最为广泛的是Ni-Cr合金及Ni-Cu合金（蒙乃尔合金）。Ni-Cr合金作为耐磨、耐高温涂层，可在800～1100℃高温下使用，但其耐硫化氢、亚硫酸气体及盐类腐蚀性能较差。蒙乃尔合金涂层具有优异的耐海水和稀硫酸腐蚀性能，对于非强氧化性酸具有较高的耐蚀性能，但耐亚硫酸腐蚀性能较低。

⑤ 不锈钢喷涂丝　用于焊接的不锈钢丝均可作为热喷涂丝材。铬不锈钢中常用的有

Cr13、1Cr13～4Cr13型马氏体不锈钢，主要用于对强度和硬度要求较高、耐蚀性要求不太高的场合，其涂层不易开裂，适宜作为轴类零件涂层；镍铬不锈钢丝如1Cr18Ni9Ti奥氏体不锈钢有良好的工艺性能，在多数酸、碱介质中具有优异的耐腐蚀性和耐磨性，用于喷涂水泵轴等。由于奥氏体不锈钢涂层的收缩率大，涂层厚度不宜过大。

⑥ Mo喷涂丝　Mo是一种自黏结材料，可与黑色金属、镍合金、镁合金、铝合金等形成牢固的结合，常用作打底层材料。Mo是金属中唯一能耐热浓盐酸腐蚀的金属；Mo与氢不产生反应，可用于氢气保护或真空条件下的高温涂层；Mo涂层中会残留一部分MoS_2杂质，或与硫发生反应生成MoS_2固体润滑膜，适用于喷涂活塞环和摩擦片。但Mo不能用作铜及铜合金、镀铬表面和硅铁表面的涂层。

⑦ 碳钢及低合金钢喷涂丝　各种碳钢和低合金钢丝均可作为热喷涂材料。在喷涂过程中，碳及合金元素有所烧损，易造成涂层多孔和存在氧化物夹杂等缺陷，但仍可获得具有一定硬度和耐磨性的涂层，广泛用于耐磨损的机件和尺寸的修复。

最常用的是T8A优质碳素工具钢丝，一般采用电弧喷涂，用于常温工作的曲轴、机床导轨、柱塞等机械零件表面的耐磨涂层及磨损部位的修复。

（2）复合喷涂线材　复合喷涂线材就是把两种或两种以上的材料通过机械复合和压制而形成的喷涂线材。大部分复合喷涂线材都具有自黏结（放热反应）功能，即在喷涂过程中不同组元相互发生放热反应生成化合物；反应热与火焰热相叠加，提高了熔滴温度，到达基体后会使基体局部熔化，产生短时高温扩散，形成微冶金结合，从而提高涂层的结合强度。常用的复合线材有以下几种。

① Ni-Al复合丝　这是目前工程上应用最广泛的一种复合线材。喷涂过程中发生如下反应：

Ni包Al复合丝　$3Ni + Al \longrightarrow Ni_3Al + 142.8kJ/mol$（放热量）

Al包Ni复合丝　$Ni + Al \longrightarrow NiAl + 157.9kJ/mol$（放热量）

喷涂中生成金属间化合物（Ni_3Al、NiAl），并释放出大量的反应热，对基体表面起着补充加热作用，从而使涂层与基体表面产生微冶金结合。所形成的涂层表面比较粗糙，易于再喷其他材料，因此Ni-Al复合丝常作为低碳钢、不锈钢、铸铁等许多金属的打底层。另外，涂层中含Ni_3Al和NiAl，其熔点高，高温强度大，化学稳定性好，使Ni-Al涂层具有耐高温、抗氧化、耐磨等优良综合性能，故Ni-Al复合丝也可作为工作涂层。

② 不锈钢复合丝　由不锈钢、Ni、Al等几种合金元素复合而成。其特点是：既有Ni-Al放热反应，又有其他强化元素改善性能，可用于“一步”喷涂，即涂层同时具有打底层及工作层功能，尤其适合火焰喷涂，主要应用于油泵转子、轴承、气缸衬里和机械导轨的表面层。

③ $Al-Cr_2O_3$药芯管状复合丝　用Al皮包覆Cr_2O_3粉芯可制备成分为62%Al＋38%Cr_2O_3的管状复合丝。由于药芯化学成分可以调节，因此可根据需要，获得不同性能的涂层。这类复合丝进行热喷涂时，也能发生强烈的放热反应：

$$2Al + Cr_2O_3 \longrightarrow 2Cr + Al_2O_3 + 543kJ/mol\text{（放热量）}$$

$Al-Cr_2O_3$复合丝的反应热产生的温度比Ni-Al复合丝要高得多。涂层组织为金属Cr基体中均匀分布的Al_2O_3硬质颗粒相，具有耐热、耐磨及耐蚀性能。

4.2.3 热喷涂粉末

与必须由塑性高的材料才能制备成热喷涂线材不一样，几乎所有的固体材料都可以制成粉末，因此粉末喷涂材料得到了最广泛的应用。

(1) 喷涂合金粉末 这种粉末不需要或不能进行重熔处理。按其用途分为打底层粉末和工作层粉末。打底层粉末用来增加涂层和基体的结合强度，工作层粉末保证涂层具有所要求的使用性能。喷涂合金粉末主要包括 Fe 基、Ni 基、Co 基、Cu 基和 Al 基等合金粉末。

(2) 自熔性合金粉末 又称喷焊合金粉末，主要用于喷焊技术，即喷涂后进行重熔处理。所谓自熔性合金是指熔点较低，重熔过程中能自行脱氧、造渣，能“润湿”基材表面而呈冶金结合的一类合金。绝大多数自熔性合金粉末都是在 Co 基、Ni 基、Fe 基合金中添加适量的 B、Si 元素而制成的。

B、Si 与 Co、Ni、Fe 均能形成低熔点共晶合金，而显著降低它们的熔点。B、Si 是强脱氧剂，重熔过程中，B、Si 优先与合金中的氧和工件表面的氧化物作用，生成低熔点的硼硅酸盐覆盖在表面，能防止涂层金属氧化，改善润湿性。B、Si 元素加入扩大了合金固、液相温度区间，使合金在熔融过程中具有良好的流动性和对基材表面良好的润湿性，且不易流散。Si 能固溶于合金基体中，起固溶强化作用；B 则大部分以 NiB、CrB 等金属间化合物的形式弥散分布在合金中起弥散强化作用，因而提高了合金涂层的硬度和耐磨性。

一般自熔性合金中加入的 B 不超过 6%，Si 不超过 5%，含量太多会出现脆性化合物，使涂层的塑性、韧性下降。常用的自熔性合金粉末主要有以下几种。

① Co 基自熔性合金粉末 主要成分是 Co、Cr、W 元素。Co 与 Cr 生成稳定的固溶体，在固溶体基体上弥散分布 Cr、W 的碳化物、硼化物，所以涂层具有很高的高温硬度、耐磨性和抗氧化性能。但 Co 基涂层的价格昂贵，主要用于 600～700℃高温下具有耐磨、耐蚀和抗氧化的高压阀门密封面、热作模具等零件的表面涂层。

② Ni 基自熔性合金粉末 包括 Ni-B-Si 系和 Ni-Cr-B-Si 系两大类。Ni-B-Si 涂层的硬度不太高，但塑性、韧性和抗氧化性较好，可用于铸铁、玻璃、塑料、橡胶等模具和机件的修复和表面强化。Ni-Cr-B-Si 涂层的应用最为广泛，具有较高的硬度、耐磨性和抗氧化性，可用作阀门、模具、齿板等表面强化涂层。

③ Fe 基自熔性合金粉末 包括不锈钢型和高铬铸铁型两类，涂层中都含有大量的硼化物和碳化物。前者具有较高的耐磨、耐蚀和耐热性能；后者的碳化物和硼化物更多，因此涂层的硬度和耐磨性更高，但脆性也增大。Fe 基涂层适用于矿山机械、农机、钢轨、模具等产品的制造与修复。虽然 Fe 基涂层的价格较低，但是其塑性和韧性低于 Co 基、Ni 基涂层。

(3) 陶瓷粉末 陶瓷粉末主要包括各种氧化物、碳化物、氮化物、硼化物及硅化物粉末，其特点是硬度高，熔点高，脆性大。陶瓷涂层可使材料表面获得耐磨、耐蚀、耐热、绝缘、磁屏蔽等优异的性能。目前应用广泛的陶瓷粉末主要是金属氧化物和碳化物。

① 氧化物 主要有 Al_2O_3、TiO_2、ZrO_2、Cr_2O_3 等，它们是应用最广泛的高温材料。与其他耐热材料涂层相比，氧化物粉末涂层具有绝缘性能好、热导率低、高温强度高等特点，适宜作热屏蔽和电绝缘涂层。

② 碳化物 主要有 WC、SiC、Cr_3C_2、Si_3C_4 等，往往采用 Co 包 WC 或 Ni 包 WC，以防止喷涂时产生严重的失碳现象。为了保证涂层质量，需严格控制喷涂工艺参数，或在含碳的保护气氛中喷涂。

③ 生物陶瓷 主要有 $Ca_{10}(PO_4)_6(OH)_2$，以 $Ca_{10}(PO_4)_6(OH)_2$ 为主添加 TiO_2、ZrO_2 以及 $CaO-SiO_2-Na_2O-K_2O-P_2O_5$ 系玻璃陶瓷等，用于人工股骨头和种植体表面喷涂。

（4）塑料粉末 在金属和非金属表面喷涂塑料，具有美观、耐蚀的性能。若在塑料粉末中添加硬质相，还可使涂层具有一定的耐磨性。用于热喷涂的塑料颗粒要求热分解温度要远高于熔化温度，颗粒熔融后黏度要低，粒度不能过大或过小，否则会造成难熔或引起过热分解。

① 热塑性塑料 以热塑性树脂为基本成分，其特点是遇热软化或熔融而处于可塑性状态，冷却后又变坚硬，而且这一过程可以反复进行多次而基本结构不变，包括聚乙烯、聚氨酯、聚酰胺（尼龙）等。

② 热固性塑料 由树脂组成，其特点是受热后发生化学反应，固化成型，再加热时不可逆转，包括环氧树脂、酚醛树脂等。热固性塑料分子量较低，具有较好的流动性和润湿性，因而可以很好地黏附在工件表面，并具有较好的装饰性。

③ 改性塑料 在塑料粉末中混入 MoS_2、Al 粉、Cu 粉、石墨粉等填料，能改变涂层的色泽，并显著改善其物理、化学和力学性能。

（5）复合粉末 复合粉末是指单颗粒由两种或两种以上不同成分的固相材料所组成，并存在明显的相界面，组元间一般为机械结合。复合粉末主要有液相或气相沉积的包覆粉，也有用有机黏结剂黏结的团聚粉或固相烧结破碎的复合粉。复合粉末的类型示意图如图 4-7。

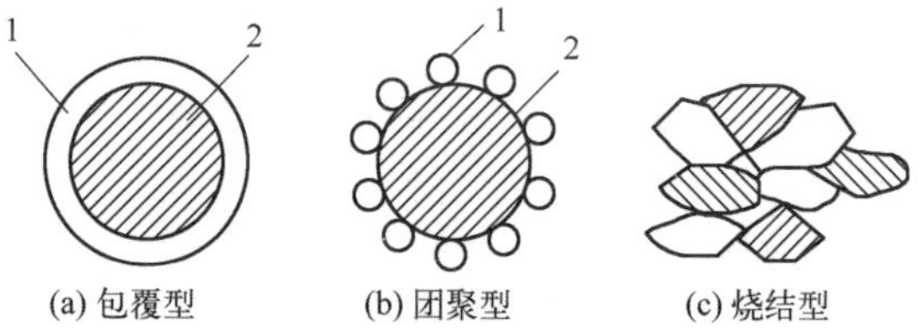

图 4-7 复合粉末的类型示意图

1—包覆材料；2—芯核

复合粉的粉粒是非均相体，在热喷涂作用下形成广泛的材料组合，从而使涂层具有多功能性。复合材料之间在喷涂时可发生某些希望的有利反应，改善喷涂工艺，提高涂层质量。包覆型复合粉的外壳，在喷涂时可对核心物质提供保护，使其免于氧化和受热分解。常用的复合粉有以下几种。

① Ni-Al 复合粉末 Ni-Al 复合粉末应用最广，包括镍包铝（Ni/Al）和铝包镍（Al/Ni）两种。Ni/Al 复合粉末（80Ni20Al）是利用氢还原法将 Al 的表面包覆一层 Ni 而形成的复合粉末；Al/Ni 复合粉末（95Ni5Al）与其相反，则是采用团聚法将微细 Al 粉均匀完整地包覆在 Ni 粉表面而形成的复合粉末。这两种粉末均具有自黏结（放热反应）功能，其喷涂过程特点及涂层用途与 Ni-Al 复合喷涂丝类似。

② 自黏结一次性复合粉末 是将自黏结复合粉末与工作粉末融为一体，在喷涂过程中既有放热反应产生自黏结效应，同时形成的涂层又具有工作层的性能要求。如 KF-91 复合粉末，其成分为 Ni(或 Fe 基)、WC 50%、Al 5%，其余为 Co。该复合粉末的优点主要为：喷涂时不必先喷涂打底层，直接形成具有冶金结合的涂层，大大简化了喷涂工艺。

③ 工作复合粉 不具有自黏结性，喷涂前须先喷涂打底层。常用的种类有以下几种。

a. 硬质耐磨复合粉末 以各种碳化物硬质颗粒作芯核，用金属或合金作包覆材料，主要有 Co/WC、Ni/WC、NiCr/WC、$NiCr/Cr_3C_2$、Co/Cr_3C_2 等，应用最多的是 Co/WC。

b. 减摩自润滑复合粉末 芯核材料为低摩擦系数、低硬度的自润滑软质颗粒，如石墨、MoS_2、硅藻土、聚四氟乙烯等；包覆金属为 Co、Ni、Ni-Cr 合金或青铜等。

c. 耐高温和隔热复合粉末 分为金属型、陶瓷型和金属陶瓷型三类。金属型有 Ni-Al、Ni-Cr-Al、Ni-Cr-Co、CoCrAlY 及 NiCrAlY 等；氧化物陶瓷型有 ZrO_2、Al_2O_3、Cr_2O_3、

TiO_2 和 Y_2O_3 等；金属陶瓷型是将金属和陶瓷两种复合粉末按一定比例复合而成，涂层性能介于前两者之间，如 MgO-ZrO_2-Ni-Al 及 MgO-ZrO_2-Ni-Cr 等。

d. 绝缘及导电复合粉末　工件同时具备导电绝缘性能，如钛酸钙（$CaTiO_3$），灰色氧化铝（含 2.5%TiO_2 的 Al_2O_3）等。

4.3 热喷涂工艺

热喷涂的一般工艺过程为：工件表面预处理→预热→喷涂→后处理。

4.3.1 工件表面预处理

为使喷涂粒子很好地浸润工件表面，并与微观不平的表面紧紧咬合，以获得高结合强度的涂层，要求工件表面必须洁净、并要有一定的粗糙度。因此工件表面预处理是一个十分重要的基础工序，具体包括表面净化和表面粗化两道工序。

(1) 表面净化　表面净化的目的是除油、除锈、去污等，显露出新鲜的金属表面。

一般采用酸洗或喷砂除锈、去除氧化皮，采用有机溶剂或碱水去除油污。对于多孔工件，可将工件加热到 250～450℃，使微孔中的油脂挥发，再用喷砂去除表面残留的积炭。

(2) 表面粗化　粗化处理的目的是增大涂层与基体之间的结合面积，使净化处理后的表面更加活化，以提高涂层与基体的结合强度。同时，基体表面粗化处理还可改变涂层中的残余应力分布。

表面粗化一般采用车削、磨削、喷砂和拉毛等方法，最常用的方法是喷砂。在喷砂粗化时，喷砂的角度应保持 60°～75°，应避免 90°，以防砂粒嵌入基体表面。喷砂后的基体表面应均匀。一般情况下，喷砂后工件表面粗糙度应达到 $Ra=3.2\sim12.5\mu m$。实际工作中，常简单地用肉眼观察来判断喷砂后工件表面的粗糙度是否合格。一般认为，当在较强光线下，从各个角度观察喷砂面，均无反射亮斑时，即为合格。

喷砂后，要用压缩空气将黏附在工件表面的碎砂粒吹净。由于喷砂后的工件表面活性较强，容易发生污染和氧化，因此应尽快进行喷涂。

4.3.2 预热

喷涂之前要对工件表面进行预热，预热的作用是：降低因涂层与工件表面的温度差而产生的内应力，防止涂层的开裂和剥落；去除工件表面的水分；提高工件表面与熔粒的接触温度，加速熔粒的变形和咬合，提高沉积速度。

预热处理可使用喷枪和电阻炉加热的方式。预热温度一般都不太高，对于普通钢材一般控制在 100～150℃为宜。为了防止因表面预热不当产生的氧化膜对结合强度的不利影响，也可以将预热处理安排在工件表面预处理之前。

4.3.3 喷涂

经表面预处理后的工件要立即进行喷涂，以免表面再次氧化或污染，导致涂层结合强度下降。

(1) 喷涂打底层　一般先在工件表面喷一层打底层（或称过渡层），目的是提高涂层与基体的结合强度。尤其是工作层为陶瓷脆性材料，基体为金属时，喷涂打底层的效果更明显。打底层厚度一般为0.10～0.15mm。打底层不宜过厚，超过0.2mm，不但不经济，而且结合强度下降。常用的打底层有Mo、Ni-Al复合材料、Ni-Cr复合材料等，其涂层最高使用温度及性能见表4-2。

表4-2　常用打底层材料及最高使用温度

涂层组成(质量分数)/%	最高使用温度/℃	使用性能
Mo	315	抗氧化性差，空气中不宜高温使用
80%Ni-20%Al	620	不耐盐水腐蚀，电解液中会加速腐蚀
95%Ni-5%Al	1010	电解液中会加速腐蚀，但高温稳定性好
95%Ni-5%Cr	1260	黏结性较Ni-Al差，但化学稳定性好
94%NiCr-6%Al	980	抗热冲击性能好，适用于热障涂层

(2) 喷涂工作层　根据工件要求获得的表面性能来选择合适的喷涂材料，工作层最小厚度为0.2mm。工作层的质量和性能与具体的喷涂方法、工艺参数等有关。影响喷涂过程的因素如图4-8。

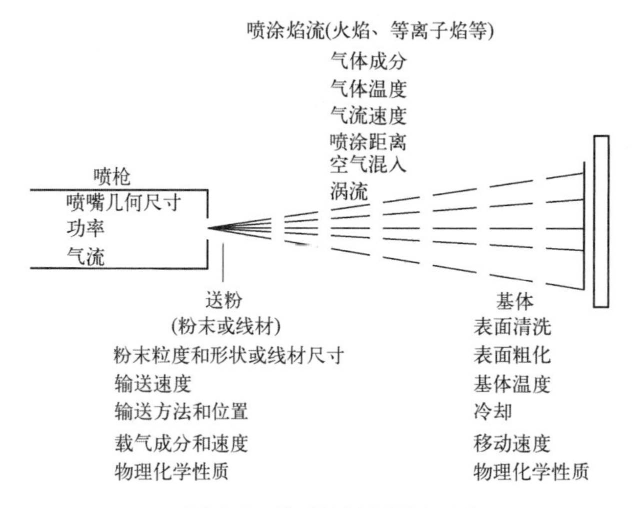

图4-8　热喷涂过程影响因素

4.3.4　后处理

喷涂后处理的主要目的是改善涂层的外观、内在质量和结合强度，包括封孔处理和加工处理。

(1) 封孔处理　热喷涂涂层一般是有孔结构，在腐蚀条件下工作的涂层通常需要进行封孔处理，以防止腐蚀介质的渗入。耐热涂层经封孔处理后，可提高抗氧化性。常用的封闭剂有酚醛树脂、环氧树脂、某些油漆或油脂等。

(2) 磨光和精加工　热喷涂涂层表面一般比较粗糙，对于特定的使用要求，可采用手工或机械方法加工涂层的表面，以获得所需尺寸和表面粗糙度。

所有的热喷涂过程都取决于4个基本因素，包括设备（Machine）、材料（Materials）、工艺（Methods）和人员（Man），称为4M因素。严格控制4M因素，就可以获得质量优良的热喷涂涂层。

4.4 热喷涂技术

4.4.1 火焰喷涂技术

火焰喷涂（Flame Spraying）的历史最为悠久，它是利用燃料气体与氧气混合燃烧产生的火焰作为热源来实现热喷涂的方法。火焰喷涂可分为线材喷涂、棒材喷涂和粉末喷涂三种，目前使用最广的是氧-乙炔线材火焰喷涂和粉末火焰喷涂。

火焰喷焊是在喷涂之后，用火焰使喷涂层重新熔化，提高涂层的致密性和结合强度。喷焊实际上是两种表面技术的复合。

（1）氧-乙炔火焰的产生　氧气和乙炔在点火燃烧时产生热量和一定速度的气流，即为燃气火焰，其燃烧反应式为：

$$2C_2H_2+5O_2 \longrightarrow 4CO_2+2H_2O+Q$$

（2）氧-乙炔火焰的类型　燃气火焰一般分三种类型，如图 4-9 所示。

① 氧化焰　氧气相对乙炔的比例偏大。焰心短而尖，呈青白色，轮廓不明显；内焰难以辨出；外焰蓝紫色。此火焰温度高于 3000℃，氧化性强，不宜喷涂金属，一般适宜喷涂陶瓷以及自熔性合金涂层的重熔。

② 中性焰　乙炔在氧中充分燃烧的状态，它由焰心、内焰和外焰组成。焰心为光亮的蓝白色；焰心外面是隐隐可见的淡白色内焰；外焰由内至外的颜色从淡蓝色逐渐变为橙黄色。喷涂金属材料宜采用中性焰。

③ 还原焰　即乙炔相对氧气的比例偏大。其焰心较长，呈蓝白色；内焰呈淡蓝色；外焰呈橘红色。当乙炔比例过大时会冒黑烟，采用该类火焰会提高涂层中的碳含量且喷涂效率低。

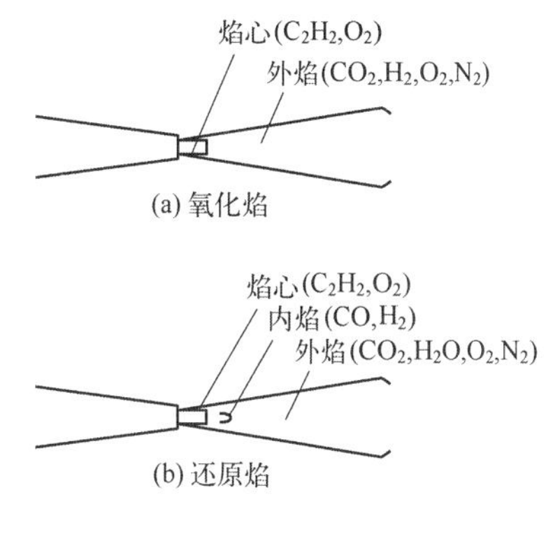

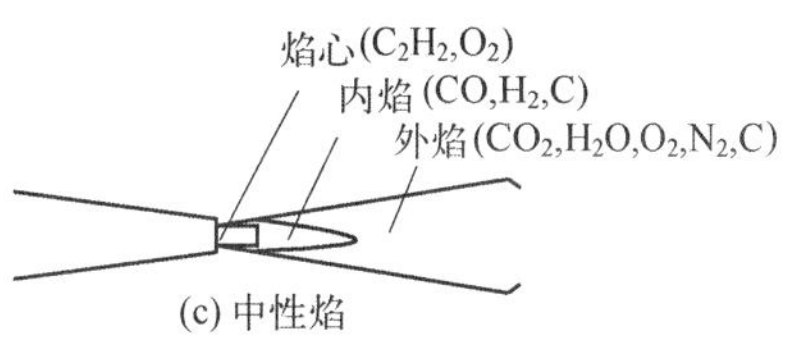

图 4-9　氧-乙炔火焰类型

4.4.2 氧-乙炔线材火焰喷涂

（1）线材火焰喷涂原理　线材火焰喷涂的基本原理如图 4-10 所示。喷枪通过气阀引入乙炔、氧气和压缩空气，乙炔和氧气混合后在喷嘴出口处产生燃烧火焰。喷枪内的驱动机构连续地将线材通过喷嘴送入火焰，在火焰中线材端部被加热熔化，压缩空气使熔化的线材端部脱离并雾化成微细颗粒；在火焰及气流的推动下，微细颗粒喷射到经预先处理的基体表面形成涂层。

线材火焰喷涂的金属丝直径一般为 1.8～4.8mm。但有时直径较大的棒材，甚至一些带材亦可喷涂，不过此时需配以特定的喷枪。

（2）线材火焰喷涂设备　典型的线材火焰喷涂设备包括氧-乙炔供给系统、压缩空气供给系统、喷枪等，如图 4-11。喷枪的结构、火焰的功率与种类、空气的纯净度、流速与压力、喷枪的结构、线材的种类、直径及送丝速度等均会对涂层质量产生影响。

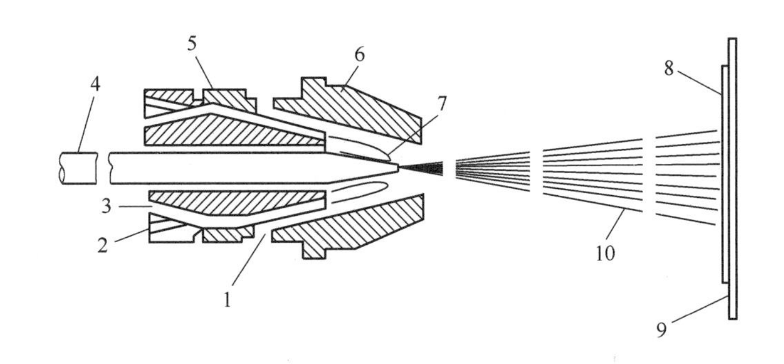

图 4-10　氧-乙炔线材火焰喷涂原理示意图

1—压缩空气；2—乙炔；3—氧气；4—线材或棒材；5—气体喷嘴；6—空气罩；
7—燃烧火焰；8—涂层；9—制备好的基体；10—喷涂射流

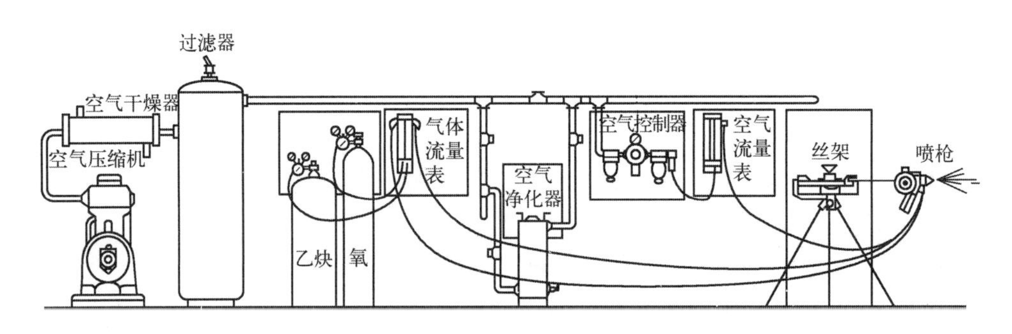

图 4-11　线材火焰喷涂典型设备示意图

4.4.3　氧-乙炔粉末火焰喷涂

（1）粉末火焰喷涂原理　粉末火焰喷涂与线材火焰喷涂的不同之处是喷涂材料不是线材而是粉末，其基本原理如图 4-12 所示。喷涂粉末从喷枪上料斗通过进粉口漏到氧与乙炔的混合气体中，在喷嘴出口处粉末被氧-乙炔火焰加热至熔融状态后，喷射并沉积到经过预处理的基体表面形成涂层。粉末在被加热过程中，均由表层向心部逐渐熔化，熔融的表层在表面张力作用下趋于球状，因此粉末喷涂过程中不存在线材喷涂的破碎和雾化过程。粉末粒度便决定了涂层中颗粒的大小和涂层表面粗糙度。另外，进入火焰及随后飞行中的粉末，由于处在火焰中不同位置，被加热的程度便存在很大差异，导致部分粉末熔融、部分粉末仅被软化，还有少数粉末未熔，从而造成涂层的结合强度与致密性一般不及线材火焰喷涂。线材火焰喷涂比粉末火焰喷涂便宜，但选材范围要窄，因为有些材料很难加工成线材。

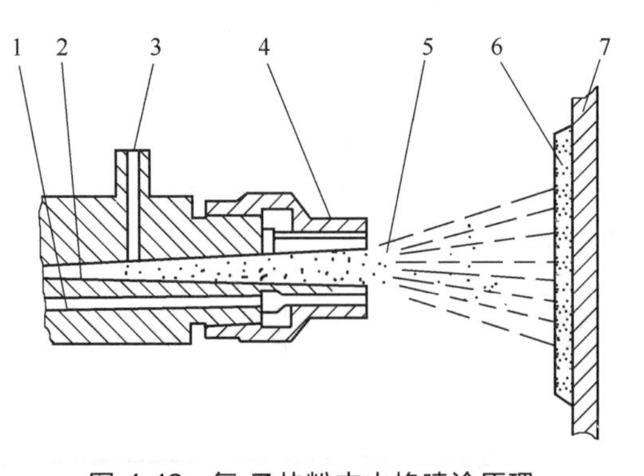

图 4-12　氧-乙炔粉末火焰喷涂原理

1—氧-乙炔气体；2—粉末输送气体；3—粉末；
4—喷嘴；5—火焰；6—涂层；7—基体

（2）粉末火焰喷涂设备　粉末火焰喷涂设备的组成基本与线材火焰喷涂相同。但喷枪存在很大差别。装粉料斗可与喷枪构成一体，也可以单设送粉器并采用枪外送粉。一般不须压缩空气送粉，因而不需附加压缩空气供给系统；如要提高粉末在火焰中的流速，则可输入空气或惰性气体。

4.4.4 火焰喷涂特点及工艺

（1）火焰喷涂的特点　火焰喷涂的优势在于设备投资少，操作简单，便于携带，并且无电力要求，沉积效率高等，是目前热喷涂技术中使用较广泛的一种方法。但不足是火焰温度不高，涂层的含氧含量和孔隙率高于其他方法，涂层结合强度偏低，涂层质量不高。

为了改善火焰喷涂的不足，提高结合强度及涂层致密度，可采用将压缩空气或气流加速的装置来提高粒子飞行速度；也可将压缩气流由空气改为惰性气体来降低氧化程度，但这同时也提高了成本。

（2）火焰喷涂工艺　火焰喷涂过程包括：表面预处理→预热→喷打底层→喷工作层→喷后处理。

① 表面预处理　表面净化和粗化处理，使表面洁净、粗糙。

② 预热　喷涂前用中性焰或弱碳化焰将工件预热到 100～200℃。

③ 喷打底层　为增加涂层与基体的结合强度，一般先喷涂放热型的 Ni/Al 或 Al/Ni 作为打底层。喷涂 Ni-Al 复合材料时应使用中性焰或微碳化焰。另外如选择粉末，其粒度以 180～250 号为宜，以避免产生大量烟雾及其沉积而导致结合强度下降。

④ 喷工作层　喷涂时要掌握和控制喷涂材料的性质、火焰的性质及热源功率、喷涂材料供给速度、雾化参数、喷涂距离、喷涂角度和喷涂的移动速度等，以获得高质量的涂层。

a. 火焰性质和功率　乙炔和氧气的流量决定了喷涂时的火焰性质和功率。喷涂时火焰功率要大些，以粉末加热到白亮色为宜。采用间断喷涂可防止工件过热。

b. 雾化参数　火焰喷涂是依靠压缩气体对熔化材料进行雾化和对熔融颗粒加速。雾化气体的压力和流量过大，会使热源温度降低，影响热源的稳定性；压力和流量不足，则雾化的颗粒粗大，熔融颗粒飞行速度降低，影响涂层的质量。

c. 喷涂材料的供给速度　供给速度取决于热源功率和喷涂材料的性质。供给速度直接影响沉积效率和涂层质量。供给量过大，不仅沉积效率降低，而且涂层中还会存在粗大熔融颗粒，甚至会出现一段段未熔化的丝粉或粉粒，使涂层质量变差；若供给速度过低，则喷涂速度太低，喷涂成本增高。

d. 喷涂距离　指喷嘴与基体表面的直线距离。喷涂距离一般为 150～200mm。若喷涂距离过大，则熔粒撞击基体表面的温度和动能不够，不能产生足够的变形；而且氧化趋于严重，涂层氧化物夹杂增加，这将影响涂层的质量，而且还会导致基体表面温度过高。

e. 喷涂角度　一般为 60°～90°。当喷涂角度小于 45°时，会产生所谓的“遮蔽效应”，使涂层形成许多不规则的孔穴，涂层中氧化物夹杂含量增加，大幅度降低了涂层与基体的结合强度。

f. 喷嘴和工件的相对移动速度　喷嘴和工件的相对移动速度的慢与快，意味着单位时间内喷枪扫过工件面积的多少或每次喷涂的厚度。所以调节喷枪的移动速度实际上是控制每次喷涂的厚度，每次喷涂的厚度不宜太厚。火焰喷涂的每道涂层的厚度要控制在 0.10～0.15mm，因此喷枪与工件的移动速度一般为 7～18m/min。为获得厚的涂层，应进行多次喷涂。

g. 工件温度　喷涂过程中，工件温度不应超过250℃。温度过高不仅影响结合强度造成涂层脱落，还可能引起工件变形以及基体组织的变化；工件温度过高时，可采用距喷涂部位一定距离、不直接朝向喷涂部位吹风的冷却方式降温，还可采用间歇式喷涂方法控制工件温度。

4.4.5 氧-乙炔粉末火焰喷焊

氧-乙炔火焰粉末喷焊（喷熔）是以氧-乙炔火焰为热源，将自熔性合金粉末喷涂在预处理好的基体表面上，然后在基体不熔化的情况下加热涂层，使涂层熔化并润湿基体表面，通过液态合金与固态基体表面的相互溶解与扩散，实现冶金结合，并获得无气孔、无氧化物的致密喷焊层。

(1) 喷涂与喷焊的区别

① 工件受热情况不同　喷涂无重熔过程，工件表面温度可始终控制在250℃以下，一般不会产生变形以及组织状态的变化。而喷焊时涂层熔化，重熔温度可达900℃以上，不仅易引起工件变形，而且多数工件会发生退火或不完全退火。

② 与基体的结合状态不同　喷涂层与基体表面的结合以机械结合为主，尽管存在微区冶金结合，但涂层结合强度不高，一般为30～50MPa。喷焊是通过涂层熔化与基体表面形成冶金结合，结合强度一般可达340～440MPa。

③ 所用粉末不同　粉末火焰喷焊所用粉末必须是自熔性合金粉末，而喷涂所用粉末不受限制。

④ 覆盖层结构不同　喷焊层均匀致密，一般认为无孔隙，而喷涂层有孔隙。

⑤ 承载能力不同　喷涂层不能承受冲击载荷和较高的接触应力，适用于各种面接触场合。喷焊层与基体结合牢固，能承受冲击载荷和较高的接触应力，可用于线接触、点接触等场合。

(2) 喷焊工艺　喷焊工艺包括工件表面预处理→预热→喷涂自熔性合金粉末→重熔处理→冷却→涂层后处理。

根据喷涂粉末和重熔处理的先后次序，氧-乙炔喷焊可分为一步法和二步法。

① 一步法　喷粉和重熔几乎同时进行，即边喷边熔。一步法要求粉末的粒度较细，粉末直接喷入熔池。此法的优点是输入工件的热量较少，工件变形小，粉末利用率高，喷焊层厚度较大（3～4mm）。其缺点是喷焊层表面不够平整。操作过程中，要特别注意将喷到工件表面的粉末层熔化后再移动喷焊枪，否则喷焊层中容易出现“夹生粉”层的问题。一步法喷焊适用小型工件或大工件上的小面积喷焊。

② 二步法　喷粉和熔化粉末分两步进行，即先喷后熔。二步法使用的粉末粒度较粗，重熔合格的标准是喷焊粉末呈现“镜面反光”。此法的优点是喷焊层表面光滑平整、厚度均匀。其缺点是输入工件的热量较多，工件变形大，容易使基体的组织发生变化。二步法喷焊适用于大尺寸工件和规则表面的喷焊。

4.4.6 火焰喷涂和喷焊应用举例

(1) 主要应用范围　火焰喷涂的焰流温度较低，一般用于金属材料和塑料的喷涂，可制备耐蚀、耐磨、耐热等涂层。最常用的火焰喷涂涂层材料及应用见表4-3。

表 4-3 最常用的火焰喷涂涂层材料及应用

涂层材料	功能
Zn、Al	钢结构防腐涂层
Ni-Al	打底层
Al、Ni-Al	抗热氧化涂层
Mo	打底层,优异的抗粘着磨损性能
高铬钢	耐磨保护涂层
青铜、巴氏合金	耐腐蚀,轴承修复
不锈钢、镍及合金	耐腐蚀涂层
塑料	耐腐蚀涂层

① 防腐蚀 目前主要采用火焰喷涂 Al 或 Zn 金属线材，在一般的大气或有水条件下，可保证工件在 19 年内不腐蚀。若涂层加封闭层，寿命可达到 20～30 年，而油漆层的寿命一般只有 3～5 年。

火焰喷涂在防腐方面主要应用是：大型水闸钢闸门或其他水工结构防腐；造纸机的烘缸喷涂；煤矿井下钢结构防腐；高压输电铁塔、电视台天线、铁路及公路桥梁、风电塔架喷 Al 或 Zn 防腐；化工厂储罐和管道喷 Al 防腐、喷塑料防腐。

② 耐磨损 主要是通过线材火焰喷涂、粉末火焰喷涂或喷焊实现。一方面，通过热喷涂或喷焊，使已磨损的零件得以修复；另一方面，由于修复后的零件远远超过新产品寿命，可以直接将热喷涂应用于新产品制造上，比起修复更有意义。

目前这方面的主要应用是：风机主轴氧-乙炔火焰粉末喷涂修复；高炉风口氧-乙炔喷涂，风口寿命提高一倍；汽车曲轴、车轴、机床主轴、机床导轨喷涂或修复；油田钻杆氧-乙炔火焰喷涂；农用机械刀片喷焊耐磨合金；热作模具喷焊修复。

③ 特殊功能层 获得耐高温、隔热、导电、绝缘等特殊性能。例如，火焰金属线材喷 Al，再经扩散渗 Al 工艺，可获得耐 900℃高温的抗氧化涂层；喷 Al、喷 Cu，制备电磁屏蔽涂层。

(2) 应用举例

① 大型水闸钢闸门及水土工程（耐水腐蚀、水库）闸门是水库、水电站等水利工程中的主要钢铁构件，长期浸在水中。启闭时频繁干湿交替，高速水流冲击。水线部分受水、气、日光及水生物侵蚀、泥沙冲磨，易腐蚀。原来采用刷油漆防护，一般使用期为 3～5 年。采用喷 Zn 或 Al 进行防护，使用寿命可达 20 年以上。

a. 工艺方法 氧-乙炔线材火焰喷涂。

b. 喷涂材料 Al 或 Zn 丝，ϕ3.0mm。

c. 喷涂工艺 采用国产 SQP-1 型喷涂枪。

ⅰ. 工件表面准备 清洗、预热、喷砂。

ⅱ. 工艺参数 如表 4-4。

表 4-4 水闸门喷 Zn 或 Al 工艺参数

喷涂材料	乙炔压力/MPa	氧气压力/MPa	压缩空气压力/MPa	火焰类型	喷涂距离/mm	喷涂角度/(°)	涂层厚度/mm
Zn 或 Al	0.05～0.10	0.3～0.5	0.5～0.6	中性焰	150～200	60～90	0.15～0.25 多次喷涂

ⅲ. 涂层后处理　一般为环氧清漆 + 铝粉或刷沥青漆。

② 砖模板的氧-乙炔火焰喷焊（防磨损，砖厂）制砖机模板是建材行业中用量很大的易损件。每套砖模板由上模板（2 块）、下模板（2 块）、侧模板（4 块）组成。上模板由于要承受顶板的惯性力及上升的挤压力，故磨损最严重。目前多用 A3 钢板表面渗碳 + 淬火处理，寿命很短，上模板寿命一般为 240h。

a. 工艺方法　氧-乙炔线材火焰喷焊。

b. 喷涂材料　Fe 基自熔性合金粉 F314（160 目）和 Ni 基自熔性合金粉 F102（200 目），含量各占 50%。

c. 喷焊工艺

ⅰ. 工件预处理　模板厚 10mm，要求加工后的喷焊层厚度为 0.4～0.5mm，于是将模板先加工至 9.5～9.6mm，然后进行喷砂处理。

ⅱ. 预热　200～300℃。

ⅲ. 喷粉　喷涂距离 150mm，中性焰；氧气、乙炔、空气压力为常规工艺参数。

ⅳ. 重熔　取中性焰，距离 50mm。

ⅴ. 后处理　模板经喷焊后，可能产生横向或纵向均匀上翘，当模板处于红热态时，立即放入压力机下压实，自然冷却。然后用绿色碳化钛砂轮进行表面加工，每次磨削量 0.02mm，总磨削量一般为 0.2mm。

d. 效果　原 A3 钢渗碳淬火上模板的寿命为 240h，喷焊合金上模板的寿命为 1074～1094h，约延长寿命 3.5 倍。喷焊成本仅为原淬火板的 2 倍。一台 PL120-16 型压砖机有 16 套砖模板（共 16×8=128 块）。若采用喷焊工艺，每台制砖机每年节约模板费 1 万元以上。

③ 口腔种植体喷涂　生物涂层设计模仿人骨结构、功能和成分，采用火焰喷涂方法在 Ti6Al4V 表面制备仿生生物涂层，即人工骨涂层材料。

喷涂的打底层材料以钛粉为主，并添加底釉生物玻璃粉（G）；工作层粉体为羟基磷灰石（HA），并添加生物活性玻璃（BG）。其中，80%Ti-20%G（简称 8Ti2G）为打底层，80%HA-20%BG（简称 8H2B）为工作层。晶化处理后上述两涂层的结合强度分别为 52MPa 和 33MPa，均达到口腔种植体要求的标准。

喷涂后涂层具有典型的热喷涂涂层形貌特征，如图 4-13 所示。喷涂粒子熔化后高速撞击到基体表面，形成扁平状流散形貌，并伴有明显的裂纹和孔洞产生，裂纹贯穿于各个扁平粒子之间，如图 4-13(a)；涂层经晶化处理后，G 软化，添补涂层孔洞和裂纹，如图 4-13(b)；对平整表面进一步放大，可观察到表面形成一维纳米晶，如图 4-13(c)。Ti6Al4V 基体与底层断面形貌如图 4-14(a) 所示，可见扁平状流散喷涂形貌；进一步对界面放大，可见界面结合处存在 3μm 左右过渡带，如图 4-14(b) 中 A 区；基体与喷涂界面接触部位通过氧化、扩散和玻璃浸润实现部分冶金结合，生物玻璃体 G 浸润于粒子间，B 区为生物玻璃与 Ti 相互反应形成的过渡区。图 4-15 为基体与 8Ti2G 打底层断面 TEM 形貌及电子衍射图。打底层中有 R-TiO_2、A-TiO_2、$Na_2Ti_6O_{13}$ 相沿涂层裂纹处析出，起到愈合裂纹作用。HA/BG 工作层也同时析出纳米级和微米级的 HA 和 $Na_2Ca(PO_4)F$，增加了表层的生物活性。

以 8Ti2G 为打底层，8H2B 为工作层形成的生物复合涂层对成骨细胞的生物学行为无干扰、无抑制，能促进成骨细胞的黏附、生长。以犬为种植对象，种植体的骨性结合能力为 8H2B>HA>8Ti2G。8H2B 种植体由于其中的生物玻璃活性高、溶解快，使涂层和体液中的 Ca、P 向界面迁移，形成的微孔为成骨细胞向涂层中生长提供通道和生长空间，利于在种植材料表面形成类骨磷灰石，达到生物化学键合，从而增加种植体初期稳定性。

(a) 喷涂后　(b) 涂层700℃/1h晶化处理　(c) 图(b)平整表面放大

图 4-13　8Ti2G 底层喷涂涂层表面 SEM 形貌

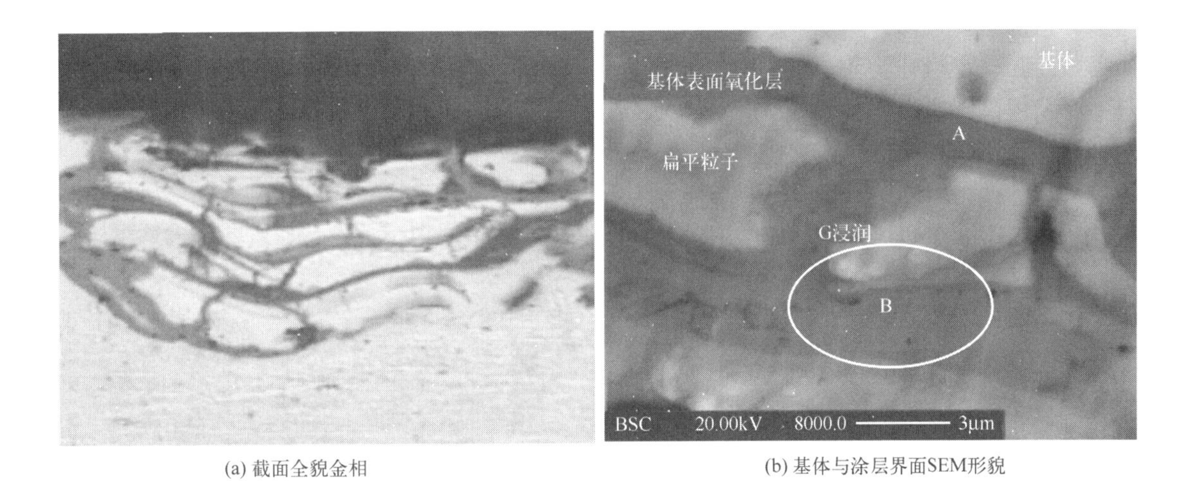

(a) 截面全貌金相　(b) 基体与涂层界面SEM形貌

图 4-14　钛合金基体与 8Ti2G 涂层界面不同放大倍数下形貌

(a) 涂层断面TEM形貌　(b) Ti6Al4V基体衍射斑点　(c) R-TiO_2衍射斑点

图 4-15　基体与 8Ti2G 打底层断面 TEM 形貌及电子衍射图

4.5 电弧喷涂技术

电弧喷涂（Arc Spraying）是20世纪80年代兴起的热喷涂技术。电弧喷涂设备的更新与发展，使它成为目前热喷涂中最受重视的技术之一。

电弧喷涂是将两根被喷涂的金属丝作为自耗型电极，输送直流或交流电，利用其端部产生的电弧作为热源来熔化金属丝材，用压缩空气流进行雾化的热喷涂方法。电弧喷涂是大面积工件尤其是长效防腐Zn、Al涂层的最佳选择。在能满足涂层性能要求的情况下，应尽量采用电弧喷涂方法。

4.5.1 电弧喷涂原理和特点

（1）电弧喷涂原理 电弧喷涂原理如图4-16。喷嘴端部呈一定角度（30°～60°），连续送进的两根金属丝分别与直流电源的正、负极相连接。在金属丝端部短接的瞬间，电流密度极高，使两根金属丝间产生电弧，将两根金属丝端部同时熔化，在电源作用下，维持电弧稳定燃烧；在电弧的后方由喷嘴喷射出的高速压缩空气使熔化的金属脱离金属丝并雾化成微粒，在高速气流作用下喷射到基体表面而形成涂层。电弧喷涂时，金属丝的短路仅发生在开始的瞬间，而喷涂过程中发生的是在电弧作用下金属丝端部频繁地产生熔化→脱离→雾化的过程。这一过程中两极间距离不断变化，电弧电流也随之发生波动，即在电源电压保持恒定时，由于电流的自动调节特性，电弧电流随送丝速度的增加而增加，从而自动地维持金属丝的熔化速度。

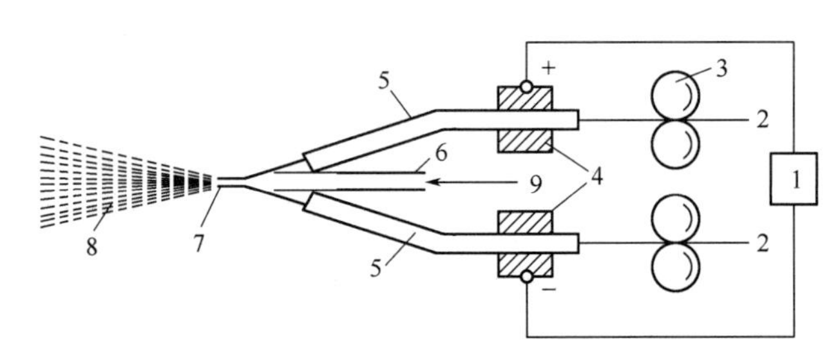

图4-16 电弧喷涂原理示意图

1—直流电源；2—金属丝；3—送丝滚轮；4—导电块；5—导电嘴；6—空气喷嘴；7—电弧；8—喷涂射流；9—压缩空气

（2）电弧喷涂的特点

① 热效率高 火焰喷涂时，燃烧火焰产生的热量大部分散失到大气和冷却系统中，热能利用率只有5%～15%。电弧喷涂是用电直接转化为热来熔化金属，热能利用率高达60%～70%。

② 生产率高 电弧喷涂时两根丝同时给进，所以喷涂效率高。对于喷涂同样的金属丝材，电弧喷涂的喷涂速度可达线材火焰喷涂的3倍以上。

③ 喷涂成本低 火焰喷涂所消耗燃气的价格是电弧喷涂耗价的几十倍，电弧喷涂的施工成本比火焰喷涂要降低30%以上。

④ 涂层结合强度高 电弧喷涂涂层的密度可达70%～90%理论密度，结合强度为10～30MPa，高于线材火焰喷涂。

⑤ 安全性高　仅使用电和压缩空气，不用氧和乙炔等易燃气体，安全性好。

⑥ 可方便地制造伪合金涂层　只需利用两根不同成分的金属丝即可制备具有综合性能的伪合金涂层。例如铜-钢的伪合金具有良好的耐磨性与导热性，是刹车车盘的好材料。

但电弧喷涂只能使用具有导电性能的金属线材，而不能使用陶瓷，这限制了电弧喷涂的应用范围。

4.5.2　电弧喷涂设备

电弧喷涂设备由喷枪、控制箱、电源、送丝装置及压缩空气系统组成，压缩空气系统包括空气压缩机、油水分离器和储气罐。电弧喷涂设备系统如图 4-17 所示。

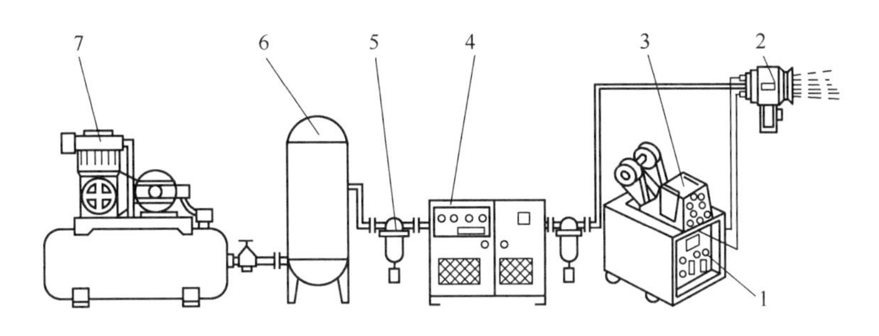

图 4-17　电弧喷涂设备系统简图

1—电源控制箱；2—喷枪；3—送丝机构；4—冷却装置；5—油水分离器；6—储气罐；7—空气压缩机

喷枪是电弧喷涂设备的核心装置，集直流电、雾化气、金属丝材于一体。电弧喷枪一般由壳体、导电嘴、空气喷嘴、雾化气帽、遮弧罩等组成。喷枪分为手持式和固定式两类。手持式操作灵活，适应性强；固定式则常用于喷涂生产线或对涂层均匀性要求很高的工作，如轴类修复、较薄涂层等。

送丝装置根据驱动金属丝动力源的不同，可分为电动式和气动式，气动式又分为空气马达式和气动蜗轮式两种。电动式适于固定式喷枪，空气马达式适于手持式喷枪。根据推动金属丝方式的不同，送丝装置可分为推丝式、拉丝式和推拉丝式三种，如图 4-18 所示。推丝式是由喷枪外的动力装置将金属丝推向喷枪，枪体结构简单、质量小、操作方便，应用最广。但涂层的均匀性受操作者影响，推丝距离受到限制。拉丝式是由喷枪上的动力装置带动金属丝，送丝距离远，涂层均匀；但枪体笨重，适应性较差。推拉丝式由上述两种推动方式组成，送丝采用推拉设计；但喷枪结构复杂，维修比较困难，所以使用较少。

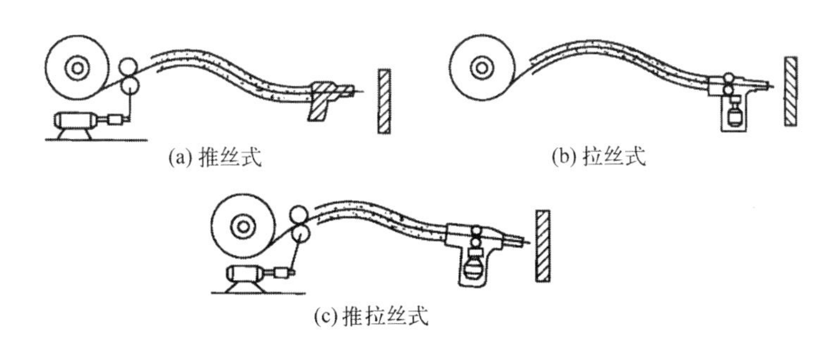

(a) 推丝式　(b) 拉丝式　(c) 推拉丝式

图 4-18　电弧喷涂送丝方式

4.5.3 电弧喷涂工艺

电弧喷涂的主要工艺参数有电弧电压、电弧电流、丝材直径、送丝速度、压缩空气压力、喷涂距离和角度等。

(1) 电弧电压 电弧电压一般为25～40V。电弧电压的高低主要取决于喷涂材料的性质，低熔点金属通常选择较低的电弧电压。但电弧电压过低，丝材端部会出现闪光，电弧不连续；电弧电压过高，则出现断弧现象。

(2) 电弧电流 电弧电流一般为100～300A。为维持电弧的长度和稳定性，电弧电流调节一定要准确。使用平特性电源，可实现电弧电流随送丝速度增减自动调节，使电弧功率和喷涂速度处于平衡状态。

(3) 送丝速度 送丝速度决定了电弧喷涂速度。送丝速度取决于电参数和丝材的性质，恰当的送丝速度应使熔化、雾化良好且处于稳定的动平衡状态。

(4) 丝材直径 电弧喷涂用金属丝直径一般为0.8～3.0mm。

(5) 压缩空气压力 压缩空气压力一般为0.4～0.6MPa。适当提高压缩空气的压力和流量，可提高熔化材料的雾化效果和熔粒的飞行速度，有利于获得高质量的涂层；但压力和流量过大，则会降低电弧温度，影响电弧的稳定性。因此，压缩空气和流量的选择将会影响涂层的质量。

(6) 喷涂距离和角度 根据电弧功率的大小，喷涂距离应控制在100～200mm，同时喷涂角不应小于45°。

进入20世纪80年代以后，电弧喷涂丝材的品种不断增加，粉芯丝材成为最具应用潜力的喷涂材料，其中非晶态粉芯丝材、纳米粉芯丝材、金属陶瓷复合粉芯丝材在国外已经成功应用于实际工程中，满足了对涂层多功能、高性能的要求。20世纪90年代后，中国相继成功开发出高速电弧喷涂技术、高速脉冲电弧喷涂、燃气电弧喷涂、等离子转移电弧喷涂及单丝电弧喷涂等新技术，不仅提高了喷涂效率，而且进一步改善了涂层质量。为提高电弧喷涂工艺的质量和效率，改善作业环境，适应表面工程技术和再制造工程的产业化要求，电弧喷涂正逐渐向自动化和智能化方向发展。

4.5.4 电弧喷涂的应用实例

电弧喷涂的应用范围与线材火焰喷涂相同，主要用于防腐、耐磨及特殊功能层。电弧喷涂的运行费用、喷涂速度和沉积效率及涂层质量均优于线材火焰喷涂。

电弧喷涂只能用于具有导电性能的金属线材，当前主要用于喷涂锌铝防腐蚀涂层、不锈钢涂层、高铬钢涂层，以及大型零件的修复和表面强化。

(1) 船舰电弧喷涂长效防腐 我国南海地区处在高温、高湿、高盐雾的恶劣环境下，舰船钢铁结构腐蚀严重，有些舰船的修换板率达50%以上。舰船的电弧喷涂防腐工艺如下：

① 涂层设计 为保证涂层的防腐性及结合强度，降低涂层的孔隙率，全军装备维修表面工程研究中心开发出了新型稀土铝合金防腐材料，使涂层的结合强度由10MPa提高到20MPa以上，孔隙率由15%降低到8%以下，测算防腐寿命达15年以上。所以在涂层设计中，选择稀土铝合金涂层与有机材料的复合涂层。

② 设备及流程 采用国产CMD-AS型电弧喷涂设备，包括喷枪、电源、送丝机构等。另外配备空气压缩机及油水分离器。

工艺流程为：喷砂处理→喷涂金属涂层→有机封闭涂料涂层→常规舰船面层涂料涂层。

③ 电弧喷涂工艺参数　如表4-5所示。

表4-5　电弧喷涂工艺参数

喷涂材料	喷涂电压/V	喷涂电流/A	空气压力/MPa	喷涂距离/mm	喷涂角度/(°)	喷涂移动速/(mm/s)
稀土铝合金	32～36	150～200	0.55	150～200	70～90	50～200

④ 防腐效果　大大延长防腐寿命，减少涂装次数和换板量。在一个中修期内，所需的防腐费用仅为原有技术的20%。电弧喷涂防腐技术已经在批量生产的舰船和国家重点工程上推广应用，如驻港部队巡逻艇、汕头海湾大桥、大港发电厂等。

(2) 发动机曲轴电弧喷涂修复　曲轴是发动机中的重要零件，发动机的功率通过曲轴传递到工作部件。各种曲轴在运行中大量磨损，要求曲轴轴颈修复层具有良好的耐磨性、较高的结合强度和硬度，能承受低冲击负荷，并具有较高的抗疲劳性能。电弧喷涂修复发动机曲轴工艺如下：

① 表面预处理　表面预处理包括表面除油与表面粗化，首先将喷涂部位及周围表面的油污彻底清洗干净。然后用特制的加长刀杆车刀，车去轴颈表面的疲劳层0.25mm，最后用60°的螺纹刀在轴颈表面车出螺纹。

② 喷涂材料　曲轴材料牌号为KSF55，相当于35号锻钢，因此，选用铝青铜作为打底层，3Cr13作为尺寸层及工作层。丝材直径ϕ3mm。轴颈表面预处理后的尺寸为ϕ192mm，要求的基本尺寸为ϕ195mm，所以应当喷涂至ϕ199mm。

③ 喷涂工艺参数　曲轴电弧喷涂工艺参数见表4-6。

表4-6　曲轴电弧喷涂工艺参数

喷涂材料	喷涂电压/V	喷涂电流/A	空气压力/MPa	喷涂距离/mm
铝青铜(打底层)	40	100	0.7	200～250
3Cr13(工作层)	40	400	0.7	200～250

④ 喷涂层的机械加工　用专用车刀车削加工，留下0.8mm的磨削余量，然后安装在曲轴磨床上磨削至标准尺寸ϕ195mm。

⑤ 涂层质量检验　现场喷涂的试片，用锤击法检验，无裂纹、起皮现象，说明采用电弧喷涂，涂层与曲轴基体结合良好。

4.6 等离子喷涂技术

等离子喷涂（Plasma Spraying）是以等离子弧为热源，喷涂材料以粉末形式送入焰流中制备涂层的一种方法。由于等离子弧的能量集中，温度很高，焰流速度大，几乎可以喷涂所有难熔的金属和非金属材料。

根据工作介质的不同，等离子喷涂可分为气稳等离子喷涂与水稳等离子喷涂。气稳等离子喷涂是用气体作为工作介质产生等离子体，而水稳等离子喷涂是用水作为工作介质产生等离子体。工业生产中以气稳等离子喷涂的应用最广。随着等离子喷涂技术的飞速发展，又开发出超音速等离子喷涂、低压和超低压等离子喷涂、液相等离子喷涂等新技术，在现代工业和尖端科学领域的应用日益广泛。

4.6.1 等离子喷涂的原理及特点

(1) 等离子弧的类型 等离子弧是一种高能量密度的热源。电弧在等离子喷枪中受到压缩，能量集中，其横截面的能量密度可提高到 $10^5 \sim 10^6 W/cm^2$，弧柱中心温度可升高到15000～33000K。在这种情况下，弧柱中的气体随着电离度的提高而成为等离子体，这种压缩型电弧即为等离子弧。

按电源连接方式，等离子弧有非转移型、转移型和联合型三种形式，如图 4-19。

① 非转移型等离子弧　钨极接电源负极，喷嘴接电源正极，等离子弧在钨极与喷嘴之间形成，而工件不带电。等离子弧在喷嘴内部不延伸出来，在高压气体的作用下从喷嘴中喷射出高速焰流，见图 4-19(a)。等离子喷涂采用的就是这类非转移弧。

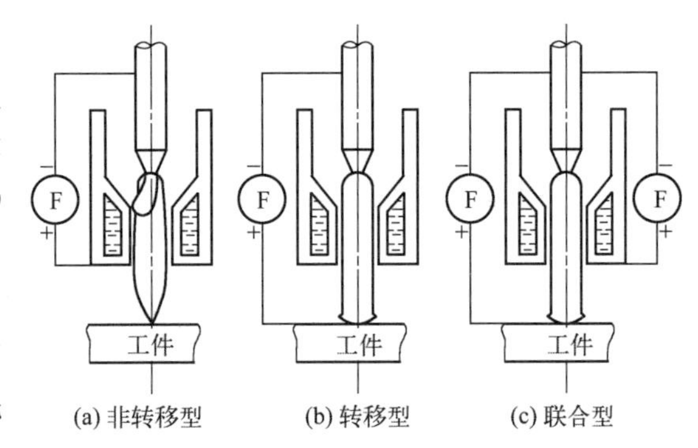

图 4-19　等离子弧的三种形式

② 转移型等离子弧　钨极接电源负极，工件接电源正极，等离子弧产生于钨极与工件之间。转移弧难以直接形成，必须先引燃非转移弧，然后才能过渡到转移弧。在引弧时要先用喷嘴接电源正极，产生小功率的非转移弧；而后工件转接正极将电弧引出去，同时将喷嘴断电，见图 4-19(b)。转移弧有良好的压缩性，电流密度和温度都高于非转移弧。转移型弧主要用于金属焊接、切割及堆焊。

③ 联合型等离子弧　当非转移弧和转移弧同时并存时，则称联合型等离子弧，见图 4-19(c)。它主要用于电流在100A以下的粉末喷焊。

(2) 等离子喷涂原理 大气等离子喷涂（Air Plasma Spray，APS）原理示意图见图 4-20。图右侧是等离子体发生器，又叫等离子喷枪。喷枪的钨极和喷嘴分别接电源的负极和正极。根据工艺的需要，经进气管通入氮气（N_2）或氩气（Ar），也可以再通入 5%～10%的氢气。这些气体进入弧柱区后，将发生电离，成为等离子体。由于钨极与前枪体有一段距离，故将电源的空载电压加到喷枪上以后，并不能立即产生电弧，还需在前枪体与后枪体之间并联一个高频电源。接通高频电源使钨极端部与前枪体之间产生火花放电，于是电弧便被引燃。电弧引燃后，切断高频电路。

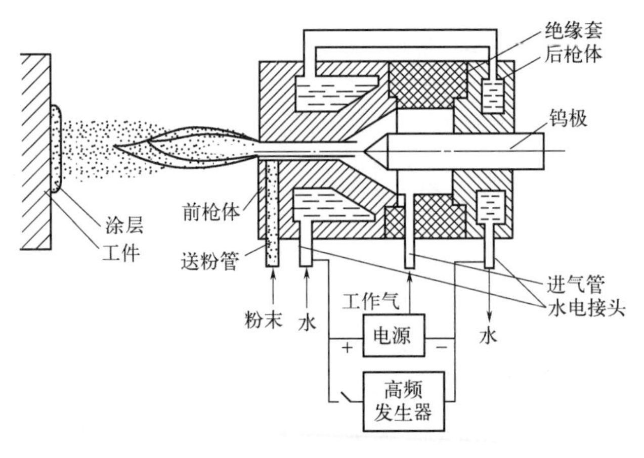

图 4-20　等离子喷涂原理示意图

引燃后的电弧在孔道中受到机械压缩、热压缩和电磁收缩三种压缩效应，被加热到很高的温度，体积剧烈膨胀，从喷嘴喷出时具有很大的冲击力。此时向前枪体的送粉管中输送粉末材料，粉末在等离子焰流中被加热到熔融状态，并高速喷射到工件表面上形成涂层。

(3) 等离子喷涂的主要特点

① 焰流温度高，热量集中，温度高达10000℃以上，可喷涂几乎所有固态工程材料，包括各种金属和合金、陶瓷、非金属矿物及复合粉末材料等。

② 等离子弧流速高达1000m/s以上，熔融状态粒子的飞行速度可达200～400m/s，涂层结合强度高达30～70MPa，致密度高达85%～98%，涂层质量均高于火焰喷涂及电弧喷涂。

③ 喷涂后涂层平整、光滑，并可精确控制涂层厚度，因此切削加工涂层时，可直接采用精加工工序。

④ 喷涂工艺规范稳定，调节性能好，容易操作。

4.6.2 等离子喷涂设备

等离子喷涂设备主要有喷枪、送粉器、供气系统、电源、水冷系统、电气控制系统等，如图4-21所示。

等离子喷枪是整个设备中最关键的部件。喷枪实质上是一个非转移弧等离子发生器，其上集中了整个系统的粉、气、水、电等。阴极是电子发射源，因此须选用熔点高且电子发射能力强的材料（一般采用钨）制成。喷嘴是喷枪的关键，它是用导热性好的紫铜制成，工作气体通过水冷喷嘴才能对电弧进行压缩，产生等离子弧。

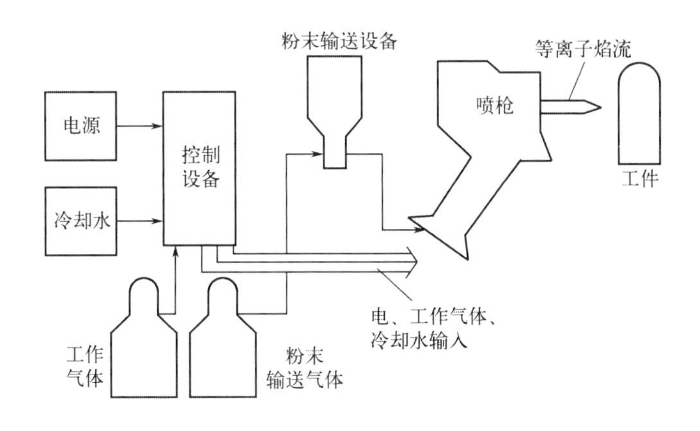

图4-21 等离子喷涂设备示意图

4.6.3 等离子喷涂工艺

等离子喷涂工艺参数主要有电弧功率、工作气体种类和流量、送粉气体种类和流量、送粉量、喷涂距离和角度、喷枪与工件的相对移动速度等。上述工艺参数的优化非常复杂，需经过实验才能获得，以下仅介绍影响涂层质量的主要工艺参数。

(1) 电弧功率及送粉量 电弧功率决定了能够熔融喷涂粒子的热量。功率过大，粉末粒子过热会蒸发，沉积效率降低；功率过小，则粉末熔化不良，会降低涂层质量。只有功率适中，粉末才可充分熔融，获得良好的涂层。工业常用电弧功率为25～40kW，有时可高达

80kW 或更高。当功率一定时，应尽可能地选用高电压、低电流，以减轻喷嘴的烧损。

送粉量和电弧功率这两个工艺参数是喷涂过程中最主要的参数，又是需要经常变动的参数，关键是要保证二者的恰当匹配。送粉量和电功率的恰当匹配，指的是对于由一定品牌号、一定粒度组成的粉末，在不同的送粉量下，应当采用不同的电功率。生产中确定送粉量和电弧功率的最佳对应值的方法是采用喷涂沉积效率试验方法，一般取沉积效率曲线中最高点处的电功率值为最佳值。

(2) 喷涂用气体的选择及流量 等离子喷涂的工作气体和送粉气体应根据所用的粉末材料，选择价格最低，传给粉末的热量最大，与粉末材料有害反应最小的气体。最常用的气体有 N_2 和 Ar，有时为了提高等离子弧焰流的焓值，可在 N_2 和 Ar 中分别加入 5%～10% 的 H_2。喷涂所用的气体要求具有一定的纯度，否则钨极很容易烧损，N_2 和 H_2 要求纯度不低于 99.9%，Ar 不低于 99.99%。

工作气体的流量直接影响等离子焰流的热焓和流速，继而影响喷涂效率和涂层孔隙率等。在功率一定的条件下，往往存在一个最佳的工作气体流量值。

送粉气体的流量一定要与工作气体流量相适应，应以能将粉末送入焰心为准。倘若两者匹配不当，出现互相干扰现象，轻者送粉不至焰心，粉末熔化不佳，且易造成喷嘴堵塞，严重者将烧坏喷嘴和阴极。一般送粉气体的流量为工作气体流量的 1/5～1/3。若需要很大的送粉气量才能把粉末送入焰心，则需检查送粉系统的气密性。

(3) 喷涂距离和喷涂角度 喷涂金属粉末时，喷距常为 75～130mm；喷涂陶瓷粉末时，喷距常取 50～100mm。

喷涂时以焰流轴线与工件表面间呈 90°角为最佳。当喷涂角小于 45°时，由于遮蔽效应的影响，会导致涂层孔隙率增大、涂层疏松。

(4) 喷枪与工件的相对移动速度 喷枪移动速度对涂层质量和喷涂效率的影响在一定的范围内并不明显。保证获得均匀涂层的前提下，一般来说移动速度快些为好，常取 10～20m/min，这样可防止一次喷涂过厚导致涂层内应力过大，涂层结合强度降低，另外可避免局部过热现象发生。

(5) 基体金属的温度 一般情况下预热温度为 100～150℃；在喷涂碳化钨粉时，为减少碳的烧损，基体应保持常温。预热可以在烘干箱中进行，也可以在喷涂前关闭送粉器先用等离子焰流预热。

4.6.4 等离子喷涂的应用

等离子喷涂的最大优势是焰流温度高，喷涂材料适应面广，特别适合喷涂高熔点材料。等离子喷涂涂层的传统应用是在耐磨、耐高温、耐蚀等领域，这些涂层的制备技术已在工业生产中得到广泛的应用。等离子喷涂还用于制备生物涂层、纳米涂层、超导涂层等功能涂层。近年来，随着新材料的开发，针对某些特定的喷涂材料，可通过等离子喷涂技术制备压电涂层、吸波涂层和疏水涂层等，应用领域涉及光伏、高铁、雷达等众多高新技术行业。

(1) 耐磨涂层和热障涂层 等离子喷涂涂层的典型应用是制备耐磨涂层和热障涂层，其厚度一般小于 1mm，可提高工件的耐磨性、耐蚀性和热绝缘性。

① 耐磨涂层 陶瓷材料由于具有较高的硬度而常用于制备耐磨涂层，常用的陶瓷材料有氧化物（Al_2O_3、Cr_2O_3、TiO_2）、碳化物（Cr_3C_2、WC）等。例如，取芯钻头是油田开采的关键工具，当人造金刚石钻头钻到地面 2700m 以下时，由于基体磨损导致金刚石颗粒

脱落。采用等离子喷涂工艺，在取芯钻头上喷涂 Ni/Al 打底层和 Co/WC 工作层，既可增加人造金刚石颗粒在钻头上的结合强度，又能提高基体的耐磨性。采用等离子喷涂制备的 Mo 基合金、Al_2O_3-TiO_2、Cr_3C_2-NiCr 等耐磨涂层已经在汽车、纺织等领域得到了广泛的应用。

② 热障涂层　热障涂层又称隔热涂层（Thermal Barrie Coatings，TBCs），实际上是将一种热绝缘性能非常好的陶瓷材料通过特殊的工艺涂覆到航空发动机的热端关键部件表面，厚度一般不超过 0.5mm。虽然涂层很薄，但能有效地避免航空涡轮发动机热端关键部件与高温燃气的直接接触。热障涂层通常由黏结底层和陶瓷隔热层组成。采用等离子喷涂先在涡轮等高温部件表面喷涂 MCrAlY（M 代表过渡族金属 Fe、Co、Ni 或 NiCo）作打底层，再喷涂一层氧化物陶瓷，如 Al_2O_3、ZrO_2、ZrO_2-8%Y_2O_3(8YSZ) 等，所获得的高温防护涂层可起到明显的隔热效果。此外，火箭发动机部件如喷管、导弹鼻锥，以及高炉风口、挤压模具等也可采用热障涂层进行隔热防护。

对含稀土 CeO_2 的等离子喷涂 Al_2O_3 热障涂层的抗热震性能进行了研究。黏结底层的喷涂材料选用 NiCrAlCoY 金属粉末，工作层粉体为 Al_2O_3，其相组成主要为 α-Al_2O_3，并含有少量的 γ-Al_2O_3。添加剂 CeO_2 的加入量分别为 3%、6%、9%、12%。采用瑞士 PT 公司生产的 R7502C 型等离子喷涂设备。试件表面经喷砂处理后进行喷涂，黏结底层喷涂厚度为 0.10mm，工作涂层厚度为 0.37～0.40mm。热震试验结果见图 4-22。当 CeO_2 添加量增加时，裂纹起裂次数稍有增加；当达到 6%时，具有最高起裂次数；再增加 CeO_2 量，裂纹起裂次数急剧下降。当 CeO_2 添加量为 3%～6%时，该热障涂层的热震失效次数具有最高值；过多地添加 CeO_2，会造成涂层失效。另外，Al_2O_3、Al_2O_3-3%CeO_2 和 ZrO_2- 8%Y_2O_3 三种涂层发生剥离的热冲击次数分别为 135、198 和 206，这说明加入适量的 CeO_2 能提高涂层的热冲击寿命，接近 ZrO_2-8 %Y_2O_3涂层的寿命。

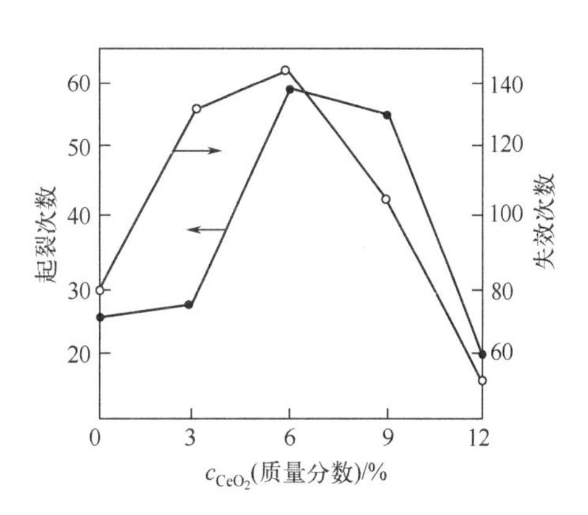

图 4-22　CeO_2 含量对热障涂层抗热震性能影响

(2) 生物陶瓷涂层　等离子喷涂在生物医学工程方面的应用已逐渐成熟。羟基磷灰石 [$Ca_{10}(PO_4)_6(OH)_2$,HA]，具有良好的生物相容性以及骨导电性，且无毒，可与周围的骨组织形成良好的键合，是目前最常用的生物陶瓷材料。采用等离子喷涂在钛合金 (Ti6Al4V) 表面制备 HA 生物涂层，不但保留了金属材料优异的力学性能，而且还避免了 HA 的脆性和疲劳敏感缺陷，获得的人造骨和人造齿根已经在临床上应用。国外还首先开展了用微束等离子喷涂制备生物活性陶瓷涂层的研究，国内也成功研制出了 WPD-1 型微束等离子喷涂设备，可以获得结晶度较高的涂层。

(3) 非晶涂层　非晶合金通常是由于合金熔体超急冷凝固时，液态原子来不及有序排列结晶而得到的固态合金，具有长程无序而短程有序的独特原子排列结构。非晶合金由于无晶界、位错和层错等缺陷，在力学性能、耐蚀性、软磁性等方面优于传统的晶态合金。然而制备大块三维的非晶合金在技术上难度很大，但采用等离子喷涂技术可将非晶粉末喷涂在金属表面上，获得结合强度高、致密性好的非晶涂层。等离子喷涂时熔粒的冷却速度可达 10^5～

10^6 K/s，这种高速冷却可在涂层中产生非晶态相的组织结构。研究表明，大气等离子喷涂Fe基非晶合金粉末（含Si、B、Cr、Ni等）制备的非晶合金涂层，致密度高、孔隙率低、氧化物含量少，其显微硬度在700～950HV内，结合强度在27MPa以上，可以满足工作要求。

(4) 其他功能涂层 固体氧化物燃料电池能量转换系数较高，且有很好的环保特点。等离子喷涂工艺由于能够高效率地获得理想的层状结构和优良结合强度的涂层，在中温平板式固体氧化物燃料电池的阳极、电解质和阴极制备中均有应用。

等离子喷涂弧温很高，特别适于喷涂复合氧化物陶瓷。由于不需要保护气氛，易在具有复杂形状的超导零部件表面实施喷涂；而且沉积效率高，容易制备厚涂层和大面积涂层。钇钡铜氧化物（$YBa_2Cu_3O_7$）是最有前途的超导材料之一，而等离子喷涂也是制备高质量的$YBa_2Cu_3O_7$超导厚涂层的有效技术。

压电陶瓷是一种特殊的信息功能陶瓷，具有压电/逆压电效应，可以将机械能和电能相互转换。等离子喷涂技术是制备压电陶瓷涂层的常用方法，其涂层通常为钙钛矿结构，如$CaTiO_3$、$BaTiO_3$、PZT（锆钛酸铅）等。等离子喷涂压电陶瓷涂层用于制作压电元件时无需粘贴，尤其适合大面积压电传感元件和压电元件阵列的制作。

4.7 特种喷涂技术

在热喷涂工艺中，涂层质量主要依赖热源温度和粒子的飞行速度。其中粒子飞行速度对涂层质量影响很大，因此，近几十年来不断开发出许多先进的热喷涂技术，如爆炸喷涂、超音速火焰喷涂、超音速等离子喷涂、低压和超高压等离子喷涂等，通过提高粒子的飞行速度来获得高性能的涂层。

4.7.1 爆炸喷涂

爆炸喷涂（Explosive Spraying）是20世纪50年代由美国联合碳化物公司发明的技术。爆炸喷涂自1953年开始进入实用以后，由于其涂层质量高而受到一致好评。但问世后该技术一直处于保密状态，美国联合碳化物公司不对外出售技术和设备，只在其服务公司内为用户进行喷涂加工，主要进行航空发动机的维修。目前，我国和乌克兰已经掌握该技术。

(1) 爆炸喷涂原理 爆炸喷涂原理如图4-23所示。将氮气送入喷枪的同时注入一定量的喷涂粉末，再在另一入口处引入一定比例配制的氧气及乙炔气（或丙烷、丙烯、氢）混合气体，使粉末在燃烧气体中悬游；用火花塞点火后气体爆炸，爆炸中心温度可达约3300℃，粉末在加热熔化的同时被加速，以800～1200m/s的高速度撞击到工件表面，形成高结合强度和高致密度的涂层。每次爆炸后通入氮气清洗枪管，直到下一个爆炸过程开始。爆炸喷

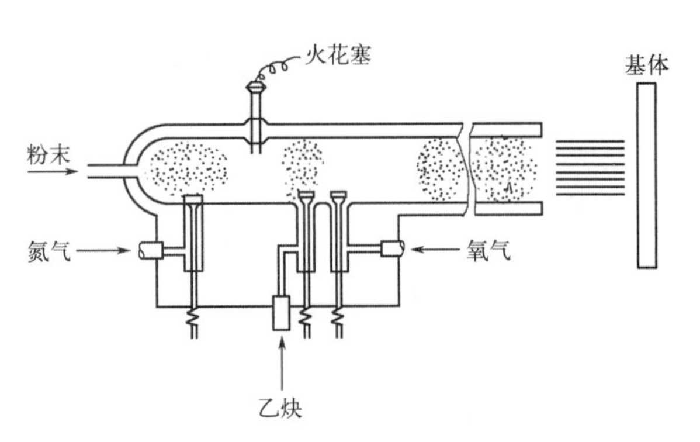

图4-23 爆炸喷涂的基本原理

涂是脉冲式的，频率为 6～8 次/s，基体受热作用时间短，工件表面的温度可以被控制在 150℃以下。涂层厚度一般为 0.025～0.30mm。

(2) 爆炸喷涂特点及应用 爆炸喷涂的最大特点是涂层的孔隙率非常低（可达 0.5%），表面平整度高，与基体的结合强度高。但存在着喷涂效率低、运行成本高、工作时噪声较大等不足。

爆炸喷涂主要用于喷涂陶瓷和金属陶瓷。喷涂陶瓷粉末时，涂层的结合强度可以达到 70MPa，而金属陶瓷涂层的结合强度可以达到 175MPa。喷涂时，粉末颗粒撞击到工件表面后受到急冷，在涂层中可以形成超细组织或非晶态组织，因此涂层的耐磨性也较高。爆炸喷涂已经在低压压气机叶片、涡轮叶片、轮毂密封槽、齿轮轴、火焰筒外壁、衬套、襟翼滑轨等航空飞行器零件上得到了广泛应用。

4.7.2 超音速喷涂

为打破美国联合碳化物公司爆炸喷涂的垄断地位，20 世纪 60 年代美国 Browning Engineering 公司开始研究超音速技术。目前该技术比较成熟，应用较广的有超音速火焰喷涂和超音速等离子喷涂。

(1) 超音速火焰喷涂 超音速火焰喷涂又称高速火焰喷涂（High-Velocity Oxygen Fuel，HVOF)，它的出现是继等离子喷涂之后热喷涂工业最具创造性的进展。最先商业化的产品是 Jet-KoteⅡ，它是利用一种特殊设计的火焰喷枪来获得高温、高速的焰流，通过改进后，在工业上得到了越来越广泛的应用。

① 喷涂原理 图 4-24 是最早开发的 Jet-KoteⅡ超音速火焰喷枪的原理图。燃气（丙烷、丙烯或氢气）和高压氧气以一定的比例混合后输入燃烧室，燃气和氧气在燃烧室混合燃烧，并产生高压热气流；同时由载气（Ar 或 N_2）沿喷管的中心套管将喷涂粉末输送到高温射流中，粉末被加热熔化并加速。整个喷枪由循环水冷却，射流通过喷管时受到水冷壁的压缩，离开喷嘴后燃烧气体迅速膨胀，就产生了超音速火焰，其焰流速度可达 3 倍音速以上，是普通火焰喷涂焰流速度的 4～5 倍，也明显高于一般的等离子焰流速度。在这样的高速气流推动下，熔融的液滴以 500～800m/s 的速度撞击工件表面，形成结合力强、氧化物少的高密度涂层。

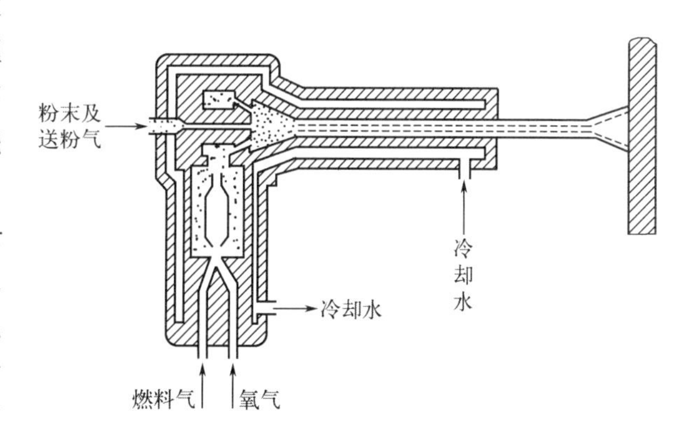

图 4-24 Jet-KoteⅡ超音速粉末火焰喷枪原理示意图

② 特点及应用 三种喷涂工艺的比较如表 4-7，可见 HVOF 涂层的质量优于爆炸喷涂和等离子喷涂。

采用 HVOF 获得的涂层光滑，致密性好，结合强度高；涂层孔隙率小于 0.5%，结合强度可达 100MPa 以上；火焰温度较低，能有效地防止粉末涂层材料的氧化和分解。所以 HVOF 最适宜喷涂碳化物基的粉末，如 WC-Co、WC-Co-Cr、NiCr-Cr_3C_2 等。HVOF 的涂层性能可与爆炸喷涂媲美，且它的工作效率、工作条件的可变范围比爆炸喷涂更优越。

表 4-7　三种喷涂工艺的比较

喷涂工艺	涂层硬度/HV	磨损试验机上的磨损量/mg
Jet-KoteⅡ	1275	0.66
爆炸喷涂	1195	0.97
等离子喷涂(80kW)	995	0.84

HVOF 由于具有高效率、高质量的优势，在多个工业领域有着广泛的应用前景。采用 HVOF 喷涂 Inconel(NiCrFe)、Triballoy(CoMoCr)、Hastelloy(NiCrMo) 等材料，可获得耐磨和耐蚀合金涂层。采用 HVOF 制备的 WC-Co 涂层，已经逐渐取代了镀硬铬技术，不但减少了环境污染，而且比镀硬铬涂层具有更好的结合强度、耐磨性和耐蚀性，在大型液压缸轴、大口径缸体内壁、飞机起落架装置上得到了应用。此外，还可采用 HVOF 代替等离子喷涂来制备 MCrAlY 涂层，作为热障涂层的打底层；将生物材料喷涂于钛合金表面，制成人工关节、牙种植体等医疗器械。

(2) 超音速等离子喷涂　超音速等离子喷涂由 Browning 公司在 1986 年推出，商品名为 Plaz Jet，它是利用转移型等离子弧与高速气流混合时出现的扩展弧，获得稳定集聚的高热焓、超高速等离子焰流进行喷涂的方法。

① 喷涂原理　超音速等离子喷涂枪体结构如图 4-25 所示，分为前、后枪体。其工作原理是：由后枪体输入主气（Ar）和次级气（N_2 或 N_2+H_2），经气体旋流环作用，通过拉瓦尔管的二次喷嘴射出。钨极接负极，引弧时一次喷嘴接正极，在初级气中经高频引弧，正极转接二次喷嘴，即在钨极与二次喷嘴内壁间产生电弧。在旋转的次级气的强烈作用下，电弧被压缩在喷嘴中心并拉长至喷嘴外缘，形成弧电压高达 400V、电弧功率达 200kW 的扩展等离子弧。这样大功率的扩展弧能有效地加热气体，从喷嘴中射出稳定集聚的超音速等离子射流，使送入的喷涂粉末被有效地加温加速、撞击工件形成涂层。

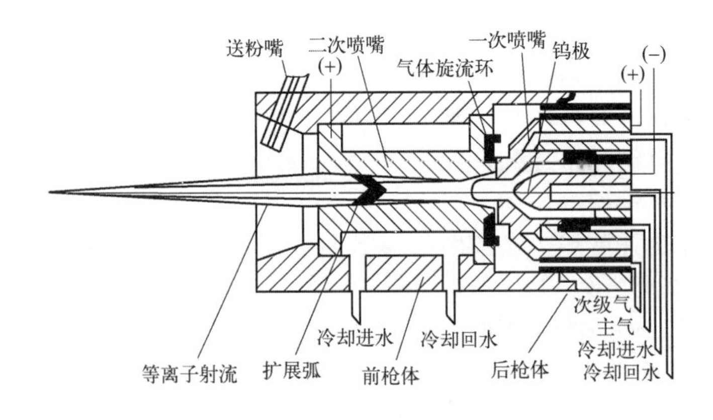

图 4-25　超音速等离子喷枪结构示意图

② 特点及应用　超音速等离子弧喷涂功率高，喷枪的热效率可达 70%，可喷涂任何高熔点的陶瓷粉末。等离子射流速度高，熔粒的飞行速度可达 450～900m/s，涂层结合强度高、气孔率极低。涂层质量明显优于大气等离子喷涂，与爆炸喷涂和超音速火焰喷涂得到的涂层相近，例如，采用超音速等离子喷涂获得的 WC-Co 涂层几乎没有气孔，加工后可达到

镜面的效果。

4.7.3 特种等离子喷涂

(1) 低压和超低压等离子喷涂 等离子喷涂一般都是在大气中进行的。喷涂时，周围环境中的空气会激烈地卷入等离子焰流中。当喷涂距离为100mm时，卷入的空气量可占等离子体的90%以上，因此，空气的卷入降低了等离子焰流的能量，致使喷涂粉末在等离子焰流中加热时间不足，降低了粉末与基体的撞击速度，同时使金属或金属陶瓷喷涂粉末发生严重氧化，无法满足使用要求。另外，一些有毒材料（如铍及氧化铍）无法在大气中喷涂。为了克服喷涂过程中空气的干扰，20世纪70年代末出现了低压等离子喷涂，并开始在工业上推广应用。

低压等离子喷涂（Lower Pressure Plasma Spray，LPPS）又称为真空等离子喷涂（Vaccum Plasma Spray，VPS），它是在低真空且有保护性气氛的密闭空间里进行的等离子喷涂，从而获得成分不受污染、结合强度高、结构致密的涂层。

图4-26所示为低压等离子喷涂装置示意图。设备主要由真空室、真空泵、等离子喷涂系统、粉末供给系统、电源及控制系统、冷却和除尘系统等组成。等离子喷枪、工作台及机器人等置于真空室内，由机械手进行操作，在室外控制喷涂过程。真空室内的动态工作压力通常为5000～8000Pa，气氛可以为惰性气氛或其他保护性气氛。由于环境为低压或气氛可控，喷涂的焰流速度和温度均高于大气等离子喷涂，粒子受热更充分，飞行速度更快，且粒子几乎无氧化，能制备各种活性金属材料涂层。涂层孔隙率低于1%，残余应力减小，结合强度大幅度提高，涂层质量得到明显改善。低压等离子喷涂组织与大气等离子喷涂基本相同，呈层状结构。

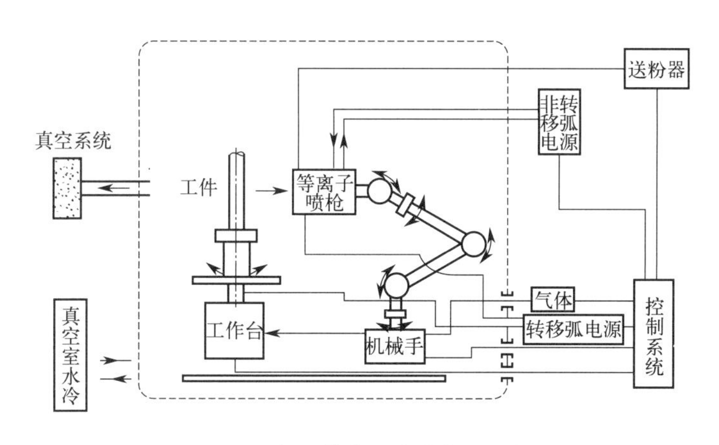

图4-26 低压等离子喷涂装置示意图

为进一步提高涂层质量，20世纪90年代，在低压等离子喷涂的基础上发展起来一种新技术——超低压等离子喷涂（Very Low Pressure Plasma Spray，VLPPS）。超低压等离子喷涂原理与低压等离子喷涂完全一致，只是其环境条件有所改变。一是真空室环境压力更低，其动态工作压力降到100Pa以下；二是配置100kW以上大功率的等离子喷枪。大功率等离子喷涂枪的加热，加上超低压环境，促进了粉体材料的蒸发，部分粉体被气化，在等离子射流中出现了气-液两相流。喷涂涂层为液-固凝固与气-固沉积的混合，可通过控制工艺参数获得层状结构、柱状结构或混合结构。

超低压等离子喷涂的焰流温度和速度分布比低压等离子喷涂更均匀，且覆盖面积大，适用于快速制备大面积、致密均匀的薄涂层。传统的热喷涂技术主要制备 100μm 以上厚度的涂层，而传统薄膜制备技术——物理气相沉积因膜层生长速度慢（约 0.3～1μm/h），主要用来制备 5μm 以下的膜层。超低压等离子喷涂技术的出现填补了 5～100μm 厚度之间的涂层制备技术空缺，并具有快速、高效、高质的特点，可使制备薄膜的成本比气相沉积技术降低一半以上。因此，它将成为一种非常有前途的功能涂层制备技术。

（2）液相等离子喷涂　大气等离子喷涂所用粉末尺寸通常为 10～100μm，无法喷涂纳米粉末。这是由于纳米粉末的比表面积大，易发生团聚，流动性差；纳米粉末质量小，惯性小，无法穿透等离子焰流进入焰流心部。因此，大气等离子喷涂的最小涂层厚度很难小于 10μm，几个颗粒叠加上去就可以达到这个厚度。采用液相等离子喷涂就可以解决这一问题。液相等离子喷涂的特征是采用悬浮液或溶液前驱体作为喷涂材料，取代传统等离子喷涂的固体粉末。液相等离子喷涂主要包括悬浮液等离子喷涂（Suspension Plasma Spray，SPS）和溶液前驱体等离子喷涂（Solution Precursor Plasma Spray，SPPS）。前者是将亚微米或纳米颗粒稳定地分散于溶剂中，形成悬浮液，通过液体进料系统输送到等离子焰流中；后者是将制备纳米材料的可溶性前躯体溶于溶剂中，将溶液以柱状或雾状形式注入等离子焰流中。

液相等离子喷涂的过程示意图如图 4-27 所示，将悬浮液或溶液前驱体注入到等离子焰流中后，在等离子体高温作用下液相开始蒸发；随着液相的蒸发，固相颗粒逐渐析出。由于液相的蒸发速度非常快，固相在析出的过程中来不及长大而形成了期望得到的纳米粒子，纳米粒子在到达基体表面的过程中还会在高温下产生烧结、表面熔融。在熔融相的表面张力作用下，颗粒与颗粒之间产生黏结、再团聚，最终到达基体表面，熔融相的产生有助于提高涂层的结合强度和致密度。

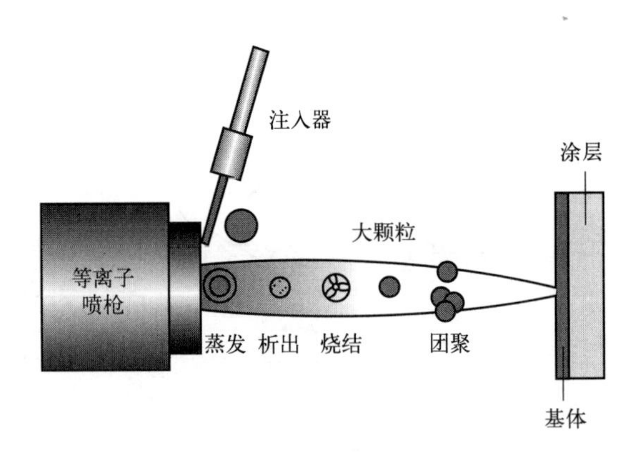

图 4-27　液相等离子喷涂的过程示意图

液相等离子喷涂技术有效地解决了纳米粉末材料在等离子喷涂过程中难以输送、涂层制备过程中抑制纳米粒子长大的问题，是一种非常高效的纳米涂层制备技术，并应用于许多新的研究领域。目前，液相等离子喷涂主要用于制备新型热障涂层 、固体燃料电池电极涂层、生物陶瓷涂层、催化功能涂层、介电涂层等涂层以及纳米粉体。

4.8 冷喷涂技术

热喷涂技术由于大多使用高温热源，所以喷涂材料在喷涂过程中不可避免地会发生氧化、相变、分解等现象，部分改变了喷涂材料的原有性能。如电弧喷涂锌、铝防腐涂层时，氧化物含量通常高于5%；超音速火焰喷涂WC-Co涂层时，WC发生分解。传统的热喷涂技术在保持喷涂原材料的成分与结构方面遇到了困难。

20世纪80年代中期，苏联科学院理论与应用力学研究所的科学家在用示踪粒子进行超音速风洞试验时发现，当示踪粒子的速度大于某一临界值时，粒子对靶材表面的作用从冲蚀转变为加速沉积，并于1990年提出了冷喷涂的概念，引起了关注。冷喷涂（Cold Spray，CS）又称冷空气动力学喷涂（Cold Gas Dynamic Spray，CGDS），在低温状态下就能实现涂层的沉积。与热喷涂相比，冷喷涂工艺的喷涂粒子不需要熔化，喷涂过程对粉末粒子的结构几乎无热影响，金属材料沉积过程中的氧化可以忽略。进入21世纪，冷喷涂的研究经历了高速发展期，其研究方向逐渐从基础研究和应用基础研究转向工程化应用研究与产业化开发，特别是2010年以后，冷喷涂技术的规模化、工业化产品逐渐发展起来。

4.8.1 冷喷涂的原理及特点

(1) 冷喷涂的原理 冷喷涂是基于空气动力学原理发展起来的一种新型喷涂技术，是通过低温、高速的固态粒子与基体碰撞产生剧烈的塑性变形，来实现涂层沉积的过程。冷喷涂原理如图4-28所示。它是利用电能将高压气体加热到一定的温度（100～600℃），然后将高压气体导入收缩-扩张结构的拉瓦尔（Laval）喷管，经过喷嘴喉部后产生超音速流动。喷涂粒子沿轴向送入超音速气流中，经加速后，在完全固态下与基体发生高速碰撞，通过颗粒之间和颗粒-基体界面局部塑性变形引起的局部冶金结合和机械联锁实现沉积。影响涂层沉积性能的主要因素是固态颗粒与基体的碰撞行为。图4-29为Al基体上制备Cu涂层的断面组织。界面经过腐蚀后的形貌如图4-30，可以明显地观察到粒子发生了剧烈的塑性变形，呈延伸拉长的形貌。冷喷涂实际上是一种低温喷涂，主要用来喷涂具有一定塑性的材料。

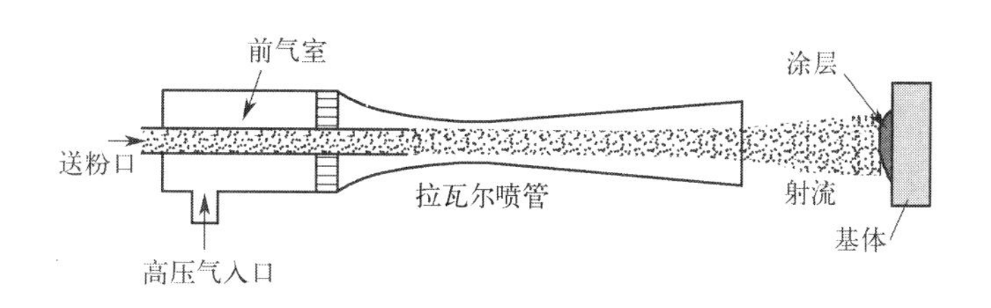

图4-28 冷喷涂原理简图

冷喷涂过程中，工作气体一般采用压缩空气、N_2、He或者是混合气体，压力一般为1～3.5MPa。为了获得较高的粒子速度和沉积效率，要求喷涂粒子的尺寸范围要小，一般为1～50μm，并且要求送粉气体的压力高于工作气体压力，以保证送粉的稳定性。喷涂距离一般为5～50mm。

依据目前研究情况，冷喷涂涂层界面连接机理主要有金属冶金结合机制、机械咬合机制和分子力结合机制。影响冷喷涂质量的因素主要有以下几个方面。

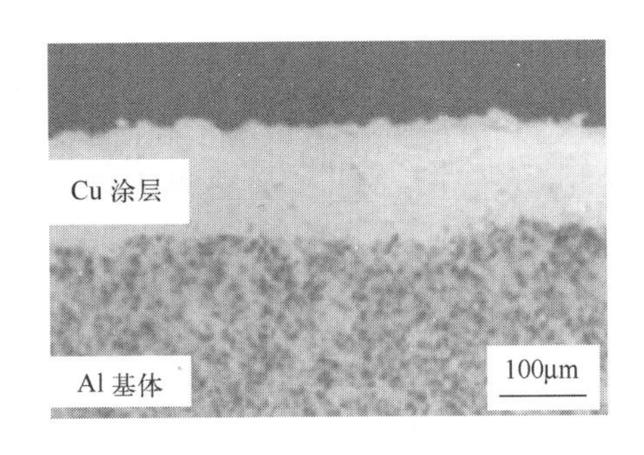

图 4-29　冷喷涂 Cu 涂层截面光镜形貌

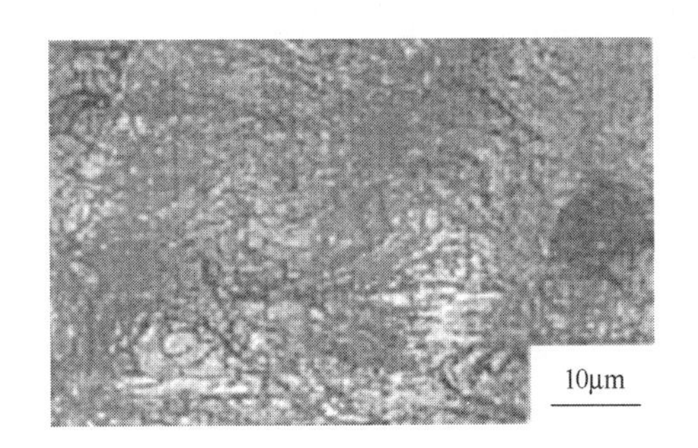

图 4-30　腐蚀后 Cu 涂层光镜形貌

① 临界速度　临界速度（v_c）是指喷涂粒子撞击基体前的速度，是冷喷涂中最重要的参数之一。粉体材料确定后，粒子打到基体上能否沉积存在一个临界速度，只有超过此临界速度的粒子才能在基体上沉积并形成涂层；低于此临界速度的粒子会对基体产生喷丸或者冲蚀作用。v_c 值因粉末种类而异，一般约 500～700m/s。

② 喷涂粉体和基体　临界速度与喷涂粉末及基体的性质有关。粉末材料的密度、尺寸分布和形貌都会影响粒子的加速及随后的沉积。

③ 喷枪及喷涂参数　喷枪是冷喷涂最重要的设备之一。喷枪的喷嘴形状、喉部直径、喷管长度都能影响工作气体的马赫数，进而影响粒子飞行速度。在其他条件一定的情况下，气体种类、压力以及温度主要决定了粒子飞行速度，而粒子飞行速度的大小决定其沉积特性。

（2）冷喷涂的特点

① 加热温度低。喷涂粒子不熔化，基本没有氧化，可保留最初粉末和基材的性能，特别适合喷涂容易氧化的金属材料，对温度敏感的纳米、非晶等材料，以及对相变敏感的金属-陶瓷材料。

② 涂层致密。冷喷涂是通过高速粒子固态碰撞基体而形成涂层，因此氧化物含量极低，孔隙率较低。Al 冷喷涂涂层的孔隙率为 0.5%～12%；Fe 涂层孔隙率为 0.1%～1%；而 Cu 涂层孔隙率只有 0～0.1%。冷喷涂的氧化物含量仅为 0.2%，而粉末火焰喷涂和超音速火焰喷涂氧化物含量分别为 1.1%和 0.5%。

③ 具有较高的结合强度。涂层中残余应力较小，且主要是残余压应力，沉积层厚度不受限制。涂层结合强度较高，可达到 100MPa 以上。

④ 沉积效率高。粒子飞行速度快，以高的沉积速度和沉积效率形成涂层。一般金属粉末的喷涂效率可达 25kg/h，沉积效率可达 90%以上，适宜于大型金属构件的局部修复和增材制造。

⑤ 喷涂粉末利用率高。冷喷涂是在低温下实现沉积，未沉积的粉末在低温环境下不会发生物化性质变化，可通过回收继续使用，实现喷涂粉末 100%的利用率。

⑥ 工件尺寸不受限制。冷喷涂过程中无需保护气氛，与高精度的机械手结合后，可实现大尺寸工件的表面修复和增材制造。

⑦ 安全环保。冷喷涂在吸风除尘净化装置的隔音室中工作，其噪声远低于超音速火焰喷涂；无高温气体喷射，也无辐射或爆炸气体，安全性高，是一种绿色、环保、节能的喷涂技术。

冷喷涂的主要缺点是适用于喷涂的粒子尺寸范围较小。

4.8.2 冷喷涂设备系统

冷喷涂系统基本由六部分组成，包括喷枪系统、送粉系统、气体温度控制系统、气体调节控制系统、高压气源以及粉末回收系统，如图4-31所示。

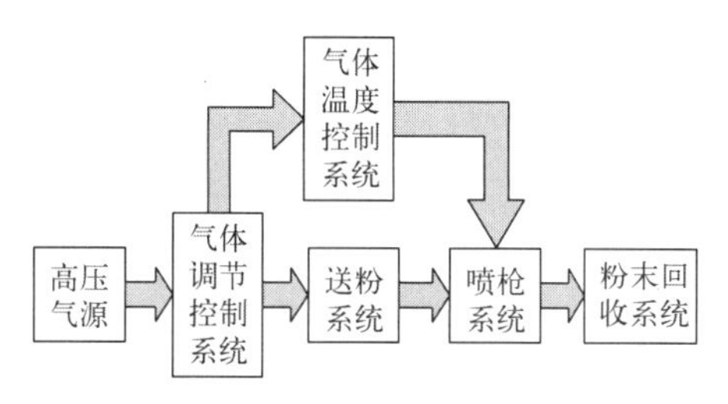

图4-31 冷喷涂系统示意图

喷枪枪体为关键部件，主要由缩放型的拉瓦尔喷管构成，其内表面形状在喉部上游一般为圆锥形；下游可为长方体形，也可与上游相对应为圆锥形。粒子经过喷管被高速气流加速，达到超音速，温度有所增加，但远低于粒子熔点。喷嘴内不同位置处的粒子和气体速度、温度变化如图4-32所示。沿着喷嘴喉部以外的轴向方向，气体速度（v_g）一直增加，粒子温度（T_p）一直降低。在喉部，气体速度达到声速。经过喉部以后，粒子速度（v_p）继续增加，产生超音速流动。

送粉系统一般由储粉器、粉末输送器、粉末进入量控制器等组成。其中对粉末输送器的要求高一些。喷涂的效率和涂层的质量不仅与喷枪的进、出口的气动参数有关，还与送粉系统性能的好坏有关。尤其是能否连续、均匀、稳定地输送粉末，将对涂层的生长速率、均匀度、厚度及性能产生极大影响。目前，在喷涂技术中应用较广的主要有自重式送粉器、刮板式送粉器、雾化式送粉器、鼓轮式送粉器、微细粉送粉器、流化床虹吸法送粉器、虹吸法送粉器。上述送粉器各有优、缺点，可根据不同的场合和要求选用。

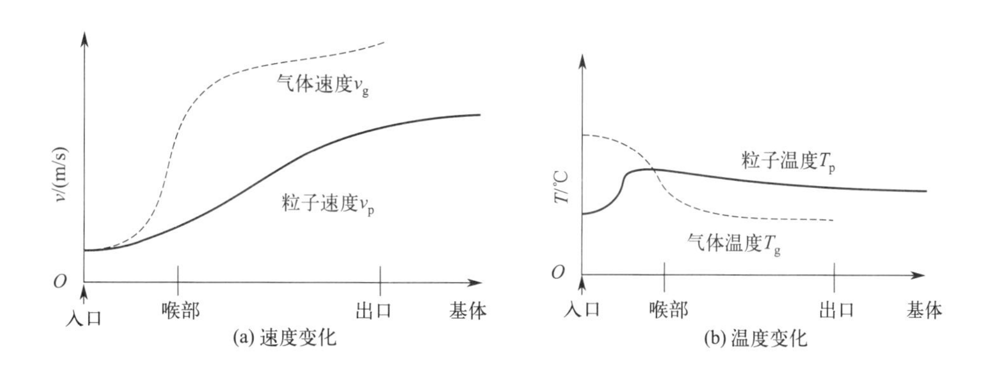

图4-32 喷嘴内不同位置处的粒子和气体速度、温度变化

4.8.3 冷喷涂材料

从技术上讲，冷喷涂几乎可以沉积所有的金属和金属-陶瓷复合材料，涂层厚度通常为几十微米到几毫米。当采用冷喷涂进行零部件的增材制造或修复时，由于冷喷涂的沉积效率比选择性激光熔覆技术高一个数量级，因此零件的厚度可快速逐层累加至几厘米。

对于陶瓷涂层，如果采用常规冷喷涂，由于高压气体会使微米级尺度以上（>5μm）的陶瓷颗粒发生破碎，无法实现厚涂层的有效沉积，因此，陶瓷涂层只能通过真空冷喷涂来制备，即气溶胶沉积（Aerosol Deposition，AD）。气溶胶是在真空环境下，使超细陶瓷颗粒与载气混合形成，气溶胶在低压下通过喷嘴射出并撞击到基体上形成薄膜。目前冷喷涂成功用于沉积部分陶瓷材料，如生物医学应用的羟基磷灰石（HA）、二氧化钛、MAX相（Ti_3SiC_2、Ti_2AlC和Cr_2AlC）等。

随着冷喷涂设备的发展，气体参数（温度和压力）也得到进一步提高。因此，冷喷涂可沉积的材料种类也在不断扩大，目前可喷涂的主要材料如表4-8所示。冷喷涂材料已涵盖了金属、合金、陶瓷、聚合物，以及复合材料、纳米材料、金属陶瓷等先进功能材料。其中，制备先进功能材料代表了冷喷涂的发展新趋势。近年来，冷喷涂还成功用于制备高强度的金属玻璃材料。金属、合金具有优良的加工性能，虽然在过去十几年被大量研究，但考虑到未来冷喷涂作为一种重要的增材制造和修复方法，金属材料或金属基复合材料的应用规模将会逐步扩大。

表4-8 冷喷涂可沉积材料种类

材料	类型
金属	Al、Zn、Cu、Ni、Ti、Ag、Au、Fe、Ta、Mg、Nb、Cr等
合金	铝合金、镁合金、镍合金、钛合金、不锈钢等
金属陶瓷	NiCr-Cr_3C_2、Co-WC等
陶瓷	羟基磷灰石（HA）、TiO_2等
聚合物	聚乙烯、聚烯烃等

4.8.4 冷喷涂的应用

尽管冷喷涂技术已经面世30多年，但该技术并没有大面积应用到工业中。对冷喷涂工艺研究起步较早的国家，例如美国、俄罗斯、德国等，正积极致力于此技术的工业化。我国的冷喷涂技术起步虽然晚于国外，但是研究内容和规模已经逐步形成。冷喷涂技术将会在航空航天、汽车工业和国防工业等领域得到更加广泛的应用。

（1）制备结构和功能涂层 由于冷喷涂避免了热喷涂的一些缺点，所制备的涂层致密，孔隙率低，涂层氧化物含量低，涂层成分及粉末粒子的组织结构不改变。因此，适合制备金属、合金、复合涂层以及其他一些特殊功能涂层。目前，采用冷喷涂所制备的耐蚀、耐磨、耐高温、导电等涂层，已经应用于实际生产中。例如，福特公司在汽车底盘的防腐中应用了冷喷涂铝涂层。俄罗斯将冷喷涂涂层用于钢管内表面的防腐，已在西伯利亚钢厂建成了自动化生产线，并在汽车和机械制造领域积极推广。德国把冷喷涂用于解决热喷涂工艺引发的汽车尾气排气管的疲劳断裂问题，使其服役时间延长。日本在电子工业领域制备出了高品质的冷喷涂导电涂层。

（2）制备纳米结构涂层 纳米结构涂层可以通过气相沉积、电化学沉积、溶胶-凝胶、热喷涂等方法制备，其中热喷涂是相对简便并且实用的方法。但传统热喷涂方法制备的涂层可能会引起成分、结构及性能的改变，而冷喷涂过程温度低的特点可保留涂层的基本结构和性质，是制备纳米结构涂层的理想方法。L. Ajdelsztajn等在液氮保护的条件下使用机械碾磨的方法将5083铝合金粉末球磨成20～30nm的颗粒，然后采用冷喷涂将纳米粉末喷涂到铝合金基体表面，涂层粒子仍为纳米晶粒结构。纳米涂层的显微硬度为261HV，高于铝合金基体的硬度104HV。

(3) 零件修复与再制造 除了在零部件表面直接喷涂，冷喷涂还可以应用于失效零件的修复与再制造。相较于传统的热喷涂、焊接、激光熔覆等修复工艺，冷喷涂工艺简单，工作温度低，配合便携式冷喷涂设备，可实现现场修复，不仅修复速度快、成本低廉，而且对基体的热影响小。采用与金属零件成分相同的粉末为喷涂材料，可使修复后的零件性能接近新零件。目前，冷喷涂主要用于铝合金、镁合金制备的涡轮盘、活塞、气缸、阀门、环件等零件的修复。

美国国防部早在2008年就发布了用于手动或自动的冷喷涂制造工艺标准。美国陆军研究实验室利用冷喷涂修复航空领域高价值的铝及镁合金零部件。例如，使用冷喷涂修复直升机用镁合金曲轴箱外壳，分别使用 N_2 和 He 作为工作气体，喷涂 CP-Al 粉末。所获得的 Al 涂层致密，缺陷少，结合强度分别为 58.6MPa 和 71.3MPa，耐腐蚀性能也非常优异。此外，还成功修复了 UH-60 主旋翼变速箱壳体、B-1 轰炸机的前系统舱面板及钛合金液压管路、AH-64 阿帕奇直升机桅杆支架、FA-18 战斗机液压泵齿轮轴等构件。加拿大 Centerline Windsor 公司采用冷喷涂 Al 修复飞机发动机辅助动力装置的铝合金部件得到了客户认可。澳大利亚皇家海军将冷喷涂用于维修柯林斯级潜艇的耐压船体等关键潜艇部件，同时正在开发可在潜艇上携带的便携式冷喷涂设备。

(4) 应用于增材制造 随着冷喷涂技术的进一步发展，它正在由一种表面喷涂技术演变为一种新兴的增材制造技术。美国通用电气公司提出的冷喷涂 3D 打印技术，实质是基于冷喷涂的增材制造技术。由于冷喷涂是在固态下沉积，相较其他熔化工艺，材料不匹配性对其影响更小。目前，已有将冷喷涂增材制造用于制备 Cu、Ti、Ta、Nb、不锈钢块材或零件的报道，其中，Cu 块材的厚度超过 5mm，抗拉强度为 200MPa，达到了铸态材料的强度。

4.9 热喷涂涂层的选择及应用

正确地选择热喷涂涂层材料是确保所需涂层性能的关键性工作。在选择涂层材料时，首先要考虑工件的工况条件和涂层需具备的性能，还要考虑工件的材质、批量、经济性以及拟采用的热喷涂方法。此外，要综合涂层材料与热喷涂工艺的特点，对涂层进行优化设计。涂层的优化设计应当包括：工件的预处理方法，打底层与工作层的种类、厚度及各层应采用的喷涂设备和工艺参数，涂层的可靠性、可重现性、均匀性，质量控制方法及后加工性和经济性等。优化设计的方案一般要通过生产检验或现场试验才能确定。

4.9.1 热喷涂工艺的选择原则

热喷涂工艺方法种类繁多，其各自采用的设备、技术特点以及最终获得的涂层的性能有所不同。常用热喷涂技术特点比较如表 4-9。选择热喷涂工艺一般遵循以下原则。

① 若涂层结合力要求不是很高，采用的喷涂材料的熔点不超过 2500℃，可采用设备简单、成本低的火焰喷涂。

② 工程量大的金属喷涂施工最好采用电弧喷涂。

③ 对涂层性能要求较高的某些比较贵重的机件，应采用等离子喷涂。因为等离子喷涂材料熔点不受限制，热源具有非氧化性，涂层结合强度高，孔隙率低。

④ 要求高结合力、低孔隙率的金属或陶瓷涂层可采用超音速火焰喷涂和超音速等离子

喷涂。爆炸喷涂所得涂层结合强度最高，可达175MPa，孔隙率更低，可用于某些重要部件的强化。

⑤ 对于批量大的工件，宜采用自动喷涂。自动喷涂机可以成套购买，也可以自行设计。

表4-9 常用热喷涂技术的特点比较

项目	氧-乙炔火焰喷涂	电弧喷涂	大气等离子喷涂	超音速火焰喷涂	爆炸喷涂
热源类型	燃烧火焰	气体放电	气体放电	燃烧火焰	爆炸燃烧火焰
喷涂材料	金属、陶瓷、塑料	金属、合金	金属、陶瓷、塑料	金属、陶瓷	陶瓷、金属陶瓷
材料形态	线材、粉末、棒材	线材	粉末	粉末	粉末
热源温度/℃	2500～3000	4000～6000	>10000	2500～3100	3300
熔粒飞行速度/(m/s)	45～120	80～300	200～400	500～800	800～1000
涂层孔隙率/%	10～30	10～20	1～10	<0.5	1～2
涂层结合强度/MPa	5～10	10～30	30～70	>100(WC-Co)	>70
喷涂成本	低	低	高	较高	高
设备特点	简单，可现场施工	简单，可现场施工	复杂，但适合高熔点材料	一般，可现场施工	较复杂，效率低，应用面窄

4.9.2 涂层材料的选择

选择涂层材料要从以下几方面来考虑。

(1) 工艺方法的可能性 将工艺性、实用性和经济性结合起来，进行综合分析。

(2) 工作环境 包括涂层在工作中所承受的应力或冲击力、工作温度、腐蚀介质和腐蚀环境、涂层与其他零件配合表面和连接表面的材料和润滑情况等。

(3) 要求的涂层性能 包括涂层的表面状态、涂层的化学性能、结合强度、孔隙率、硬度、金相组织、耐磨性能等。

(4) 基体材料的性能 基体材料的化学成分和性能、零件的尺寸和形状、喷涂部位的表面状态等。

(5) 选择适当的涂层 单一材料不能满足工件使用要求时，可采用多种材料复合、多层复合涂层。

4.9.3 热喷涂技术的应用及发展前景

(1) 热喷涂技术的应用 热喷涂是表面工程中的一项重要技术，具有喷涂材料丰富，工艺灵活、操作简便等特点。它不但对工件起到表面防护和强化作用，可制备隔热、导电、绝缘、生物等多种功能涂层，而且也是现场施工和工件局部修复的经济而有效的手段。多年来，已被广泛应用于各工业领域中各种通用机械部件，如各种轴类、阀门、风机等的强化和修复，并取得了显著的社会效益和经济效益。根据涂层的用途，可以选择不同的材料制备热喷涂涂层。常用的几种功能涂层及其相应的喷涂材料及工艺见表4-10。

表 4-10　常用的几种功能涂层及其相应的喷涂材料及工艺

涂层功能	喷涂材料	喷涂工艺
耐磨损涂层	Fe、Ni、Co 基自熔性合金 WC-Co、Cr_2C_3-NiCr 等金属陶瓷 Al_2O_3、Al_2O_3-TiO_2、Cr_2O_3 等陶瓷材料	超音速火焰喷涂 大气等离子喷涂 超音速等离子喷涂
防腐蚀涂层	抗大气腐蚀：Al、Zn 及 Zn-Al 合金 抗介质腐蚀：Sn、Pb、Cr18-8 不锈钢、巴氏合金、塑料 抗高温氧化：Ni-Cr、Co-Cr-W、Ni/Al 复合材料、MCrAlY、Al_2O_3、Al_2O_3-TiO_2、Cr_2O_3 等	电弧喷涂 火焰喷涂 超音速火焰喷涂 大气等离子喷涂 超音速等离子喷涂
热障涂层	黏结底层：MCrAlY 陶瓷表层：YSZ(Y_2O_3-ZrO_2)	超音速火焰喷涂 超音速等离子喷涂
可磨耗密封涂层	500℃以下应用：Ni/石墨、Cu/石墨、Al-Si/聚苯酯、Ni/MoS_2 750～800℃应用：Ni/硅藻土、NiCrAl/BN	火焰喷涂 大气等离子喷涂
导电、绝缘涂层	Cu、Ag 高导电涂层 $YBa_2Cu_3O_7$ 超导涂层 Al_2O_3 绝缘涂层	冷喷涂 大气等离子喷涂 超音速等离子喷涂
生物涂层	羟基磷灰石 $Ca_{10}(PO_4)_6(OH)_2$	超音速火焰喷涂 大气等离子喷涂 超音速等离子喷涂

目前，世界上发达国家的热喷涂产业年增长率均在 15%以上，甚至高达 20%，至今全球热喷涂应用产值已高达 185 亿美元。随着热喷涂技术的不断发展，越来越多的喷涂新材料、新工艺技术不断出现，涂层的性能多种多样并不断提高，使其应用领域迅速遍及航空、航天、汽车、机械、造船、石油化工、医疗卫生、桥梁、矿山、冶金以及电子等诸多行业。热喷涂技术的应用领域如图 4-33 所示。

（2）热喷涂技术的发展展望　进入 21 世纪后，随着工业和科技的发展，对热喷涂技术提出了越来越高的要求，热喷涂技术将以更快的速度发展并不断地完善，其趋势大体可归纳为以下几点。

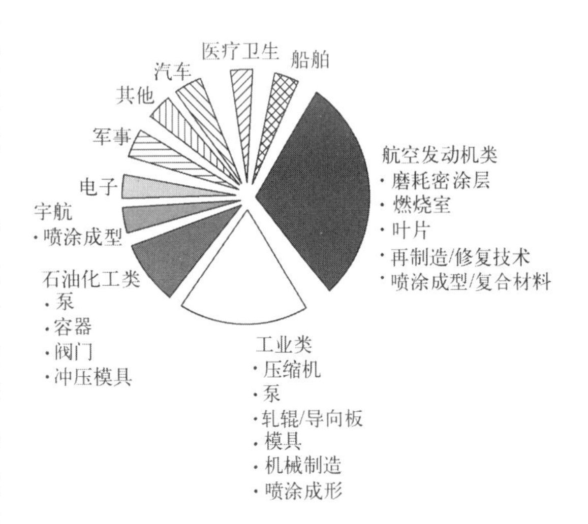

图 4-33　热喷涂技术的应用领域

① 开发新型喷涂设备和工艺　国内外的热喷涂设备正朝着高能、高速、高效发展。由于涂层质量很大程度上依赖于喷射熔滴的速度，为提高热喷涂射流和喷涂粒子的速度，科研工作者研制出了高速悬浮火焰喷涂（HVSFS）、高速空气燃料喷涂（HVAF）、高速电弧喷涂（HVAS）、大功率多电极等离子喷涂、激光等离子体混合喷涂（LPHS）、等离子喷涂-物理气相沉积（PS-PVD）等新工艺，为先进热喷涂材料的应用开辟了新的领域。一些新型热喷涂工艺虽然已经研究开发数十年，但仍尚未进

入大规模商业化应用。除需要进一步开发完善热喷涂系统外，尚需开展大量的涂层沉积规律与机理等方面的基础研究，为控制涂层的组织结构与性能提供依据。

② 纳米结构涂层的兴起　在材料科学与工程领域，纳米材料一直是关注的热点。随着高质量纳米粉体制备技术的重大突破，采用热喷涂制备纳米结构涂层已成为表面工程技术发展的新方向。研究内容包括：纳米结构耐磨抗蚀陶瓷涂层、纳米结构热障涂层、纳米结构WC/Co基涂层、纳米结构可磨耗封严涂层、纳米结构抗高温腐蚀烧蚀涂层、纳米结构生物涂层、纳米结构自润滑涂层、纳米结构防滑涂层、纳米改性合金涂层、液料喷涂陶瓷涂层等。

目前，采用超音速火焰喷涂和超音速等离子喷涂已制备出 Al_2O_3-TiO_2、ZrO_2、WC-12%Co等纳米结构陶瓷涂层，其力学、摩擦学等性能方面均优于传统涂层。美国海军已将纳米结构的 Al_2O_3-TiO_2 陶瓷涂层应用于军舰、潜艇、扫雷艇和航空母舰设备上的近百个零部件。采用火焰喷涂制备羟基磷灰石-生物活性玻璃生物涂层，可获得析出纳米晶，如图4-34所示的A区。哈工大纳米表面工程研究室采用液相等离子喷涂技术成功地制备出纳米结构的 $La_2Zr_2O_7$/8YSZ双陶瓷型热障涂层，其隔热效果、抗热震性和抗高温氧化性等均优于传统的单陶瓷型8YSZ热障涂层，成为可以长期在1200℃以上温度使用的新型陶瓷涂层。这一研究成果为我国突破航空发动机热障涂层的发展瓶颈提供了技术支撑。

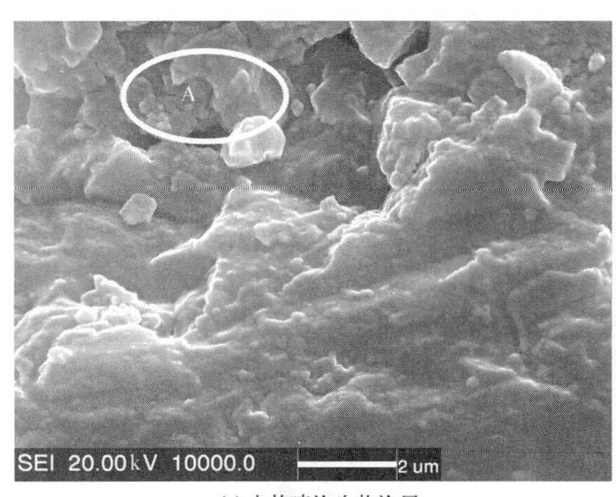

(a) 火焰喷涂生物涂层

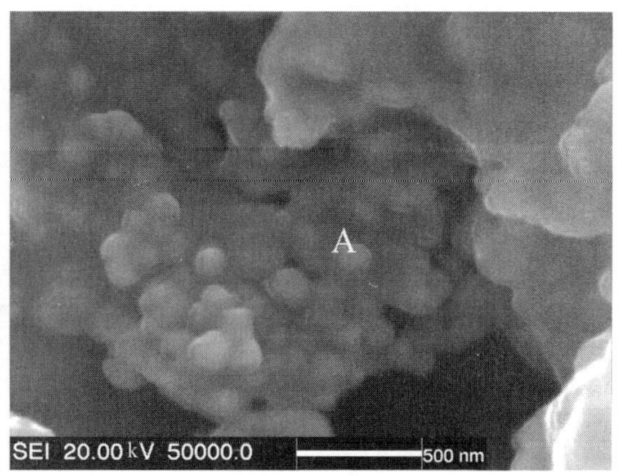

(b) A区放大

图4-34　火焰喷涂涂层表面析出物形貌图

③ 复合材料备受关注　复合涂层不但具有单一结构涂层所具备的性能，而且可以获得具有特殊性能或多功能的涂层。由各种材料复合获得的涂层主要有金属间复合涂层、金属基陶瓷复合涂层、陶瓷复合涂层、多层复合涂层、梯度功能复合涂层等。例如，Al是具有较好耐蚀性能的涂层材料，但纯铝的耐磨性差，通过在Al中添加硬质陶瓷相AlN、Al_2O_3、SiC、TiC等获得金属基复合涂层，可显著提高其耐磨性能。

$MoSi_2$ 是一种极具潜力的高温结构材料，具有优异的抗氧化性和很高的熔点，在各种腐蚀和氧化环境中稳定，但缺点是在低温下较脆，在中温时倾向于产生突发性失效，使其应用受到很大限制。而利用等离子喷涂制备 Al_2O_3/$MoSi_2$ 梯度结构复合涂层，可有效克服这些缺点。利用高速电弧喷涂技术可制备用于锅炉水冷壁管道的 Fe_3Al/WC耐高温冲蚀复合涂层、海军舰船甲板防滑用Al/Al_2O_3 增摩复合涂层等。又如，Ti6Al4V基体表面喷涂钛-生物玻璃复合涂层，可获得具有良好生物活性和骨诱导性能的涂层。

④ 涂层质量的在线监控 近年来，热喷涂涂层质量监控系统的研究也取得了较大进展，许多有关粒子在线诊断和涂层无损检测技术相继开发。目前开发出的粒子在线诊断系统主要有 DPV-2000、Spray Watch 和 PFI 系统，可对热喷涂焰流中粒子的温度、速度、粒径以及气体流量等特征进行实时测量与监控。采用各种先进的声、光、电无损检测技术，对涂层性能进行在线诊断，评估涂层质量和预测涂层寿命，是未来热喷涂涂层质量监控的重要研究方向。

参考文献

[1] 徐滨士，刘世参．表面工程．北京：化学工业出版社，2000.

[2] 董允，张延森，林晓娉．现代表面工程技术．北京：机械工业出版社，2005.

[3] 宣天鹏．材料表面功能镀覆层及其应用．北京：机械工业出版社，2008.

[4] 胡传炘．表面处理技术手册．修订版．北京：北京工业大学出版社，2009.

[5] 王海军．热喷涂材料及应用．北京：国防工业出版社，2008.

[6] 武建军，曹晓明，温鸣．现代金属热喷涂技术．北京：化学工业出版社，2007.

[7] 黎樵燊，朱又春．金属表面热喷涂技术．北京：化学工业出版社，2009.

[8] 王娟．表面堆焊与热喷涂技术．北京：化学工业出版社，2004.

[9] 曹晓明，温鸣，杜安．现代金属表面合金化技术．北京：化学工业出版社，2007.

[10] 王新洪，邹增大，曲仕尧．表面熔融凝固强化技术：热喷涂与堆焊技术．北京：化学工业出版社，2005.

[11] 王海军．热喷涂技术．北京：国防工业出版社，2006.

[12] 曾令可，王慧．陶瓷材料表面改性技术．北京：化学工业出版社，2006.

[13] 阮建明，邹俭鹏，黄伯云．生物材料学．北京：科学出版社，2004.

[14] 李世普．生物医用材料导论．武汉：武汉工业大学出版社，2000.

[15] 李金桂，吴再思．防腐蚀表面工程技术．北京：化学工业出版社，2003.

[16] 戴达煌，周克崧，袁镇海．现代材料表面技术科学．北京：冶金工业出版社，2004.

[17] 孙希泰．材料表面强化技术．北京：化学工业出版社，2005.

[18] 曾晓雁，吴懿平．表面工程学．2 版．北京：机械工业出版社，2016.

[19] 吴明忠．喷涂用 Ni60-B_4C 复合粉的制备及其涂层耐磨性的研究．佳木斯：佳木斯大学，2005.

[20] 李学伟．金属材料工程实践教程．哈尔滨：哈尔滨工业大学出版社，2014.

[21] 刘爱国．低温等离子体表面强化技术．哈尔滨：哈尔滨工业大学出版社，2015.

[22] 魏世丞，王玉江，梁义．热喷涂技术及其在再制造中的应用．哈尔滨：哈尔滨工业大学出版社，2019.

[23] 方志刚．舰船防腐防漏工程．北京：国防工业出版社，2017.

[24] 王铀，王超会．纳米结构热喷涂涂层制备表征及其应用．哈尔滨：哈尔滨工业大学出版社，2017.

[25] 王超会，刘剑虹，王铀．液相热喷涂技术研究进展．金属热处理，2011，36（8）：88-91.

[26] 王铀．热喷涂纳米涂层 20 年回顾与展望．表面技术，2016，45（9）：1-9.

[27] 李文亚，张冬冬，黄春杰，等．冷喷涂技术在增材制造和修复再制造领域的应用研究现状．焊接，2016（4）：65-69.

[28] Fan W，Bai Y. Review of suspension and solution precursor plasma sprayed thermal barrier coatings. Ceramics International，2016，42（13）：14299-14312.

[29] 吕迎，李俊刚，吴明忠，等．TiC/Ni 增强 Al 基热喷涂涂层组织及性能研究．焊接技术，2018，479（5）：14-17.

[30] 宋凯强，丛大龙，何庆兵，等．先进冷喷涂技术的应用及展望．装备环境工程，2019，16（8）：65-69.

[31] Atka L，Szala M，Macek W，et al. Mechanical properties and sliding wear resistance of suspension plasma sprayed YSZ Coatings. Advances in Science and Technology-Research Journal，2020，14（4）：307-314.

[32] Mauer G. How Hydrogen admixture changes plasma jet characteristics in spray processes at low pressure. Plasma Chemistry and Plasma Processing，2021，41（1）：109-132.

[33] 黄春杰，殷硕，李文亚，等．冷喷涂技术及其系统的研究现状与展望．表面技术，2021，50（7）：1-23.

[34] Tan K, Markovych S, Hu W, et al. Review of application and research based on cold spray coating materials. Aerospace Technic and Technology, 2021 (1): 47-59.

[35] 党哲，高东强．热喷涂制备耐磨涂层的研究进展．电镀与涂饰，2021，40 (6)：427-436.

[36] Daroonparvar M, Bakhsheshi-Rad H R, Saberi A, et al. Surface modification of magnesium alloys using thermal and solid-state cold spray processes: Challenges and latest progresses. Journal of Magnesium and Alloys, 2022, 10 (8): 2025-2061.

[37] 崔烺，刘光，冯胜强，等．冷喷涂增材制造技术研究现状及应用与挑战．稀有金属材料与工程，2023，52 (1)：351-373.

第5章 堆焊与金属增材制造技术

堆焊是机械制造行业中一种重要的制造和再制造技术，主要用于强化材料表面和修复表面损坏的部件。采用堆焊技术通常可使工件寿命提高30%～300%，降低成本25%～75%，尤其对改进产品设计、合理使用材料和节约贵重金属具有重要意义。

增材制造技术是20世纪80年代发展起来的一种高新技术，它从成型原理上提出一个分层制造、逐层叠加成型的全新思维模式，被认为是现代制造技术的革命性发明。增材制造作为一种近净成型制造工艺，是堆焊技术的数字化表现形式，是实现工业4.0时代智能制造的关键技术。由于金属材料是现代工业不可或缺的基础材料，本章主要介绍金属增材制造的工艺类型及其研究进展。

5.1 堆焊的基本概念

5.1.1 堆焊的原理、特点及类型

(1) 堆焊的原理 堆焊（Hard Surfacing）是利用焊接热源使基体表面与敷焊的材料之间形成熔化冶金结合的一种表面工程技术。堆焊时，在高温热源的作用下，堆焊材料和局部基体金属发生熔化，并相互混合在一起形成熔池。与此同时，通过液-固相作用，进行了短暂而复杂的冶金反应，然后经过冷却结晶形成堆焊层。

堆焊时，熔池金属的结晶完全遵循一般金属的结晶规律，即先形成晶核，然后沿一定位向生长。一般来说，液态金属在冷却过程中生成的晶核有自发晶核和非自发晶核两种。自发晶核是由金属熔液中局部能量起伏而形成，非自发晶核则是在熔液中的现成固相表面上生成。堆焊熔池的结晶主要是以非自发晶核进行，首先是在熔池底部加热到半熔化状态的基体金属的晶粒表面上形成晶核，然后以柱状晶的形态向堆焊金属的内部生长，这种由半熔化的基体晶粒上外延生长的结晶形态称为交互结晶或联生结晶。由于金属晶体中不同的晶粒具有不同的位向，在交互结晶过程中，当晶体最易长大方向与温度梯度的方向一致时，最利于晶粒长大，这些晶

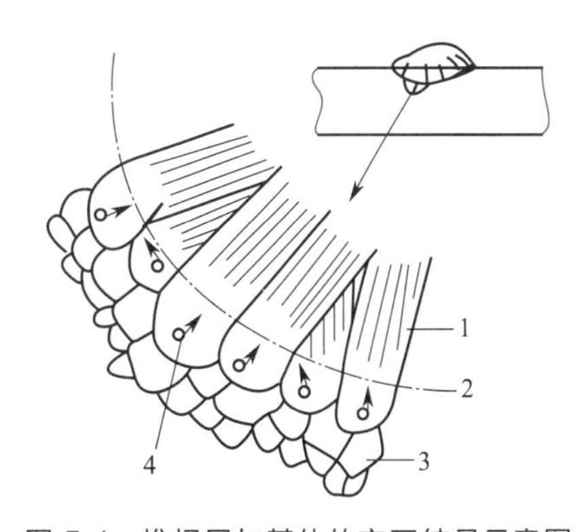

图5-1 堆焊层与基体的交互结晶示意图

1—堆焊层；2—熔合线；3—基体；
4—最有利于晶体生长的结晶位向

粒优先生长，可一直长大到熔池中心，形成粗大的柱状晶；有的晶体由于其取向不利于长大，则晶粒的生长就会被抑制而停止，这就是所谓的择优长大。整个结晶过程结束，就完成了堆焊冶金结合过程。图5-1为堆焊层与基体交互结晶的示意图。

(2) 堆焊的特点 堆焊是焊接领域中的一个分支，其物理本质和冶金过程与一般的熔化焊工艺没有区别，原则上所有的熔化焊方法都可以用于堆焊。但堆焊的目的并不是连接工件，而是借用焊接的手段对金属基体进行表面改性，即在基体上堆敷一层或几层具有希望性能的堆焊材料。堆焊工件的基体一般多为普通碳钢。当有特殊要求时，也可选用低合金钢、不锈钢、耐热钢等材料。堆焊材料与基体材料往往差别很大，具有异种材料焊接的特点。根据所采用的工艺不同，堆焊层厚度可达2～30mm。堆焊技术的显著特点是堆焊层与基体具有典型的冶金结合，堆焊层在服役过程中的剥落倾向小，而且可以根据服役性能选择或设计堆焊合金，使材料或零件表面具有良好的耐磨、耐腐蚀、耐高温、耐氧化、耐辐射等性能，在工艺上有很大的灵活性。

实际上，喷焊技术也属于堆焊技术的范畴，只是喷焊采用的是粉末填充材料，而常规堆焊一般采用线材或焊条。堆焊的优势在于熔敷效率比喷焊要高，并且比热喷涂、喷焊技术更加成熟。目前，将两种以上的方法进行复合，形成了一些新的堆焊方法。

(3) 堆焊的类型 根据使用目的分类，堆焊有下列类型。

① 耐蚀堆焊或称包层堆焊 为防止腐蚀而在工作表面上熔敷一定厚度的具有耐腐蚀性能金属层的堆焊方法。

② 耐磨堆焊 为减轻工件表面磨损，延长其使用寿命而进行的堆焊。

③ 增厚堆焊 为恢复或达到工件所要求的尺寸，需熔敷一定厚度金属的堆焊方法。多属于同质材料之间的堆焊。

④ 隔离层堆焊 在堆焊异种金属材料或有特殊性能要求的材料时，为防止基体成分对堆焊金属产生不利影响，保证接头性能和质量，而预先在基体表面或接头的坡口面上熔敷一定成分的金属层，又称隔离层。熔敷隔离层的工艺过程，就称隔离层堆焊。

上述分类中，以耐磨堆焊和耐蚀堆焊应用最多、最广。

5.1.2 堆焊层的控制

堆焊实际上属于异种材料的熔化焊，堆焊时要考虑的冶金问题与异种材料焊接类似，最突出的问题是稀释率、相容性、熔合区、热循环和内应力。

(1) 稀释率 堆焊时，在热源的作用下，不仅堆焊金属发生熔化，基体表面也发生不同程度的熔化。将堆焊金属被基体稀释的程度称为稀释率，用基体的熔化面积 B 占整个熔池面积的百分比来表示（如图5-2所示）：

$$稀释率=\frac{B}{W+B}\times100\% \qquad (5-1)$$

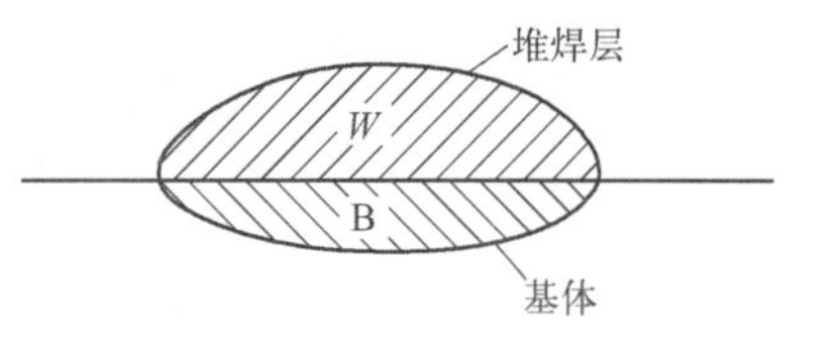

图5-2 稀释率示意图

堆焊层的成分和金相组织由于基体的稀释作用会发生不同程度的变化。稀释率的大小与选用的堆焊方法和工艺有关。高的稀释率不仅会降低堆焊层的性能，而且会增加堆焊材料的消耗；稀释率高的堆焊方法只有在堆焊层较厚时才能用。

在堆焊方法和设备已选定的情况下，应从堆焊材料成分上补偿稀释率的影响，并从工艺参数上严格控制稀释率。采用多层堆焊方法能降低稀释率的影响，一般堆焊三层后性能就趋于稳定，但堆焊成本增加且容易出现堆焊层裂纹、剥落等缺陷。也可采用含有较高合金的堆焊材料，以便对单层堆焊层的稀释率进行补偿，这样堆焊虽然费用较低，但成分和性能的稳定性却比多层堆焊差。一般选择堆焊方法时，控制稀释率低于 20%为佳。

例如，利用钨极-熔化极间接电弧方法，采用直径为 1.2mm 的 CuSi3 丝材，在厚度为 3mm 的 30CrMnSi 钢板表面堆焊。采用光学显微镜观察堆焊层接头界面形貌，如图 5-3 所示。可见，基体和堆焊金属界限明显，钢基体熔化量很少，不与铜合金堆焊金属大量混合。堆焊层金属主要由 ε-Cu 基固溶体和零星分布的 Fe-Si 相组成，间接证明了钢基体的熔化量极少。由于此法依靠钨极和熔化极之间产生的电弧熔化焊丝，而工件不接电极，有效地降低了工件的热输入量，进而降低了接头的稀释率，其稀释率可控制在 5%以内，最低可达到 0.12%。

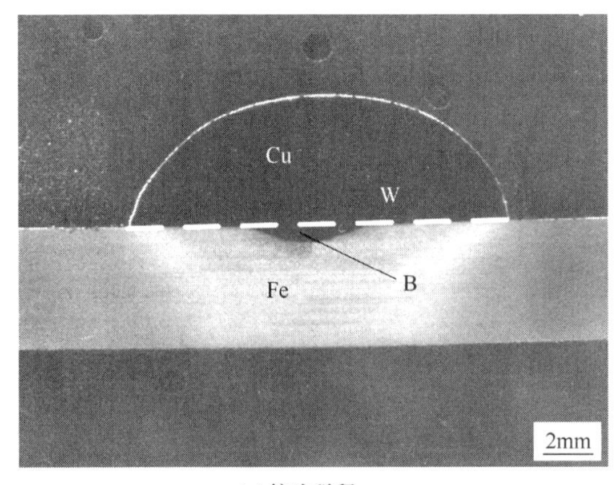

(a) 接头稀释

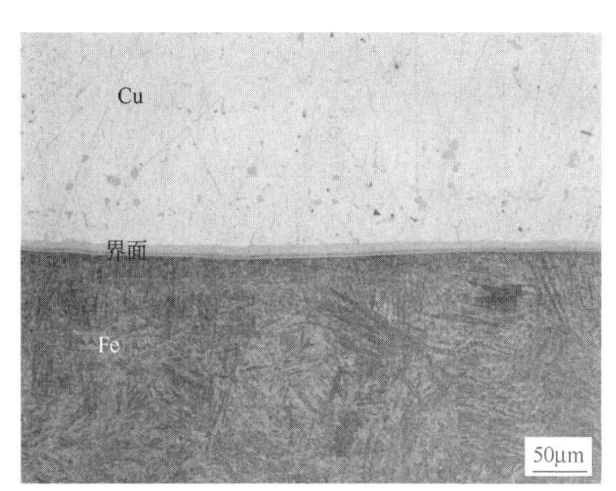

(b) 界面组织

图 5-3　30CrMnSi 钢板表面采用 CuSi3 焊丝堆焊接头稀释与界面组织

(2) 相容性　在堆焊过程中，堆焊层材料与基体材料的相容性非常重要。同时，由于堆焊层材料与基体材料成分不同，在堆焊时必然会产生一层组织和性能与基体或堆焊层都不同的过渡层，该过渡层如果是脆性金属间化合物，将恶化堆焊层性能。

堆焊材料和基体间能否实现冶金结合，主要取决于两者间的冶金相容性，即它们在液态和固态时的互溶性，以及在堆焊过程中是否产生金属间化合物（即脆性相）。如果堆焊材料与基体材料在晶格类型、点阵常数、原子半径及电子结构等方面存在很大差异，也就是冶金学上的不相容，则不可直接用于堆焊，如铅和铜、铁与镁、铁与铅等。堆焊材料和基体的物理相容性也很重要，即两者之间的熔化温度、膨胀系数、热导率等物理性能差异应尽可能小。因为这些差异将影响堆焊的热循环过程和结晶条件，增加堆焊应力，降低结合质量。例如，当堆焊材料和基体的熔点、沸点相差太悬殊时则堆焊困难，如铁与锌、钨与铅等。

在航空、航天领域及兵器制造业，为改善钢材的导电、导热性能和表面硬度，通常需要在钢基体表面熔敷铜合金。不仅要求熔敷层与基体实现冶金结合，而且还要求低的稀释率。这是因为在熔敷过程中，较高的稀释率意味着熔化的基体金属在堆焊层中所占比例增大，造成铁铜液态下大量互混，凝固时铁铜分离，最终铁以局部偏析的形式出现，这就是泛铁现象。该现象会导致堆焊接头综合性能的恶化。利用钨极-熔化极间接电弧工艺在 30CrMnSi

钢板表面采用 CuSi3 焊丝堆焊，可抑制泛铁现象，其界面组织如图 5-4 所示。图 5-4(a) 中，在界面区的中间存在三层，A 层为连续的灰色相，B 层为连续的暗灰色相加零星分布的白色的球状相，C 层为浅灰色连续相。根据能谱和相图分析可知，A、B、C 分别为 Fe_3Si (L)，Fe_3Si (S) ＋ ε-Cu 和 α-Fe。图 5-4(b) 定义为混合区，是由在微坑处熔化的 Fe 被挤出微坑到微坑两侧并与熔敷金属混合形成的区。该区的三层组织 G、H、I 的相组成分别与 A、B、C 相同。除此之外，还可以看到 Fe-Cu 混合区，分别由 D、E、F 组成。D 为暗灰色球形相，E 为连续的浅灰色相，F 为少量的白色球形相。D、E、F 分别由 Fe_3Si(L)、Fe_3Si(S)、ε-Cu 组成。图 5-4(c) 中，越过混合区，离界面中心越远，界面宽度越薄，白色的 ε-Cu 也越来越少。但其复合层中的 J、K、L 的相组成仍然分别同 A、B、C 相同。图 5-4(d) 中，当进一步远离界面中心区，此时界面更简单，为很薄的灰色相 α-Fe 固溶体层。

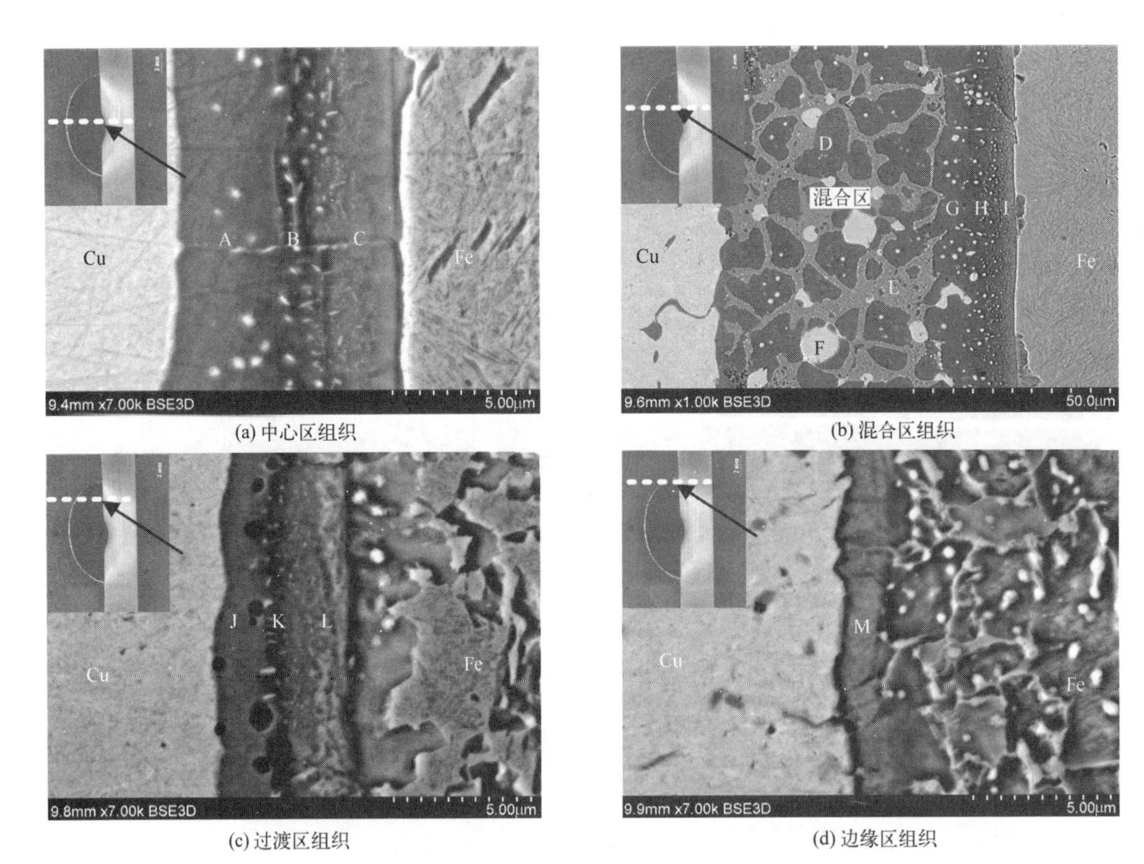

(a) 中心区组织　(b) 混合区组织　(c) 过渡区组织　(d) 边缘区组织

图 5-4　30CrMnSi 钢板表面采用 CuSi3 焊丝堆焊界面微观组织

(3) 熔合区 所谓熔合区是指堆焊层与基体之间的分界区。图 5-5 为 Q235 钢材表面等离子堆焊 Fe 基耐磨层的截面形貌，可见堆焊层与基体交界处的黑线区即为熔合区。由于熔合区既含有基体的成分又有堆焊材料的成分，并且两者混合的比例不同，因此熔合区化学成分不均匀，从而引起组织的不均匀。因此，熔合区往往是整个堆焊层中最薄弱的部位，脆性开裂或裂纹都容易在这一部位产生和发展。

堆焊条件下，熔合区中的元素发生相互扩散迁移，既有基体元素向堆焊层扩散，也有堆焊层中的元素向基体扩散，造成熔合区中某些元素的含量明显偏高或降低。此外，堆焊的熔合区和异种金属焊接一样，有时会出现延性下降的脆性交界层，在冲击载荷作用下易出现堆焊层剥离。而且当工件在高温环境长期工作或堆焊后热处理时，熔合区处在高温条件下工作，有时会出现碳迁移现象，使高温持久强度和抗腐蚀性能下降。

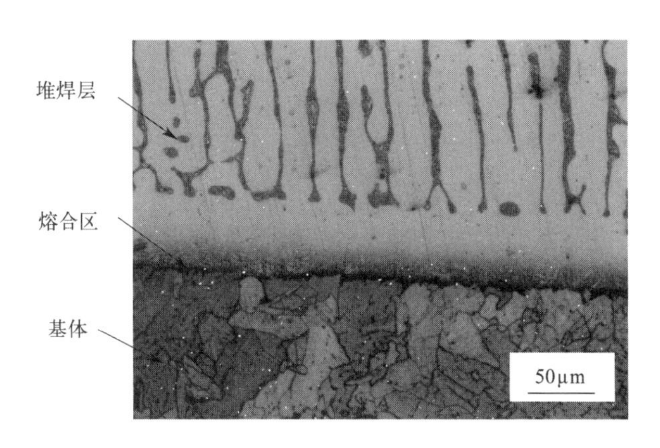

图 5-5　Q235 钢表面 Fe 基堆焊层的截面形貌

(4) 热循环　堆焊层经受的热循环比一般焊缝复杂得多。堆焊多数情况下为多道焊或多层焊，后续焊道使先焊的焊道反复多次受热，所以这种复杂的热循环使堆焊层的化学成分和组织变得很不均匀。在堆焊生产过程中，为了防止堆焊层开裂或剥离，主要采取预热、层间保温和焊后缓冷等措施。

使用不同的堆焊方法时，工件承受的热循环有很大差别。如用氧-乙炔焰堆焊 Co-Cr-W 合金时，工件的加热和冷却速度与手工电弧堆焊相比都较慢，因此堆焊层碳化物颗粒粗大，加上还原焰的增碳作用，使堆焊层耐磨性较高。有些堆焊件在焊后需进行去应力退火。

(5) 内应力　堆焊应用的成功与否有时取决于内应力的大小和外加应力的类型（剪切、拉伸或压缩应力）。由于堆焊操作而产生的残余应力会叠加或抵消使用中产生的应力，因而加大或减少堆焊层开裂的倾向。当堆焊层和基体线膨胀系数差别较大时，在堆焊后的冷却、热处理和服役中会产生很大的残余应力，残余应力能否引起扭曲或开裂与堆焊层和基体的强度和延性有关。

为减少残余应力，除了采取必要的预热、缓冷工艺措施外，还可从减少堆焊金属与基体的线膨胀系数差、增设过渡层以及改进堆焊层金属的塑性来控制。

5.2 堆焊材料的种类及选择

5.2.1 堆焊材料的种类

堆焊材料按形状，可分为丝状、带状、铸条状、粉粒状、块状等。堆焊材料的成分对使用性能起决定性的作用。根据堆焊层的化学成分和组织结构，可将堆焊材料归纳为 Fe 基、Co 基、Ni 基、Cu 基和碳化钨五大类。

(1) Fe 基堆焊合金　Fe 基堆焊合金成分变化范围宽，韧性和耐磨性配合好，能满足许多不同的要求，而且价格低廉，所以应用最广。根据金相组织的不同，Fe 基堆焊合金可分为珠光体合金、奥氏体合金、马氏体合金及合金铸铁四大类。

① 珠光体钢堆焊合金　此类合金实质上是为了获得良好的焊接性，而对成分做了少量

调整的低碳钢，含碳量通常低于0.25%。合金元素以Mn、Cr、Mo、Si为主，总含量低于5%。在自然冷却条件下，堆焊层金属组织主要是珠光体，有时也会出现少量的索氏体和奥氏体。堆焊层硬度较低，一般为20～38HRC。这类堆焊合金的冲击韧性好，具有一定的耐磨性，易进行机加工，抗裂性也好，且价格便宜，应用比较广泛。常用于承受冲击载荷和硬度要求不高的零件表面堆焊，如车轮、齿轮、轴类、辊子、履带板等。有时也可在堆焊高耐磨材料之前作打底层，起恢复工件尺寸和过渡层的作用。

② 奥氏体堆焊合金 此类合金主要包括高锰奥氏体钢、铬锰奥氏体钢和铬镍奥氏体钢三种。其中，高锰钢堆焊合金使用最为普遍。

a. 高锰奥氏体钢堆焊合金 此类合金 w_C=0.7%～1.2%，w_{Mn}=10%～14%，如Mn13、Mn13Mo2等。堆焊层组织为奥氏体，硬度约200HB左右，塑性和韧性好，但容易产生热裂纹。这类堆焊合金具有很强的冷作硬化效应，即受到强烈的冲击作用后，表面的奥氏体转变成马氏体而产生硬化层，其硬度可提高至450～550HB，且硬化层以下仍然是韧性好的奥氏体，因此它具有良好的抗冲击磨损性能，适用于在强烈冲击下承受凿削式磨粒磨损的零件，如破碎机颚板、挖掘机斗齿、矿山料车、铁道道岔等。但对于受冲击作用很小的低应力磨粒磨损，由于不能产生硬化效果，所以高锰钢堆焊合金的耐磨性不高。此外，它的耐腐蚀、耐热性都不好，不宜用于高温；但耐低温性能好，冷至－45℃也不会发生脆化。

b. 铬锰奥氏体钢堆焊合金 为增强高锰钢堆焊合金的耐蚀性及耐热性，在高锰钢中加入12%～17%的铬，就形成了铬锰钢堆焊合金，其堆焊层组织为奥氏体＋铁素体双相组织，如Mn12Cr13、Mn12Cr13Mo。此类堆焊合金除兼有高锰奥氏体钢的优点外，还有较好的耐腐蚀性、耐高温性、抗热裂性和良好的耐气蚀性，主要用于承受严重冲击载荷、腐蚀的零件表面堆焊，如水轮机叶片耐气蚀部位、热轧辊、铁路道岔等；由于不会产生脆化，还可用于中温（600℃）的阀门部件。

c. 铬镍奥氏体钢堆焊合金 此类合金以18-8奥氏体不锈钢的成分为基础，加入Mo、W、Si、Mn、V等元素提高性能，如Cr18Ni8Si5、Cr18Ni8Mo3V。为了提高抗晶间腐蚀能力，这类合金的含碳量低于0.2%，硬度也很低，组织为奥氏体＋铁素体。它的突出特点是耐蚀性、抗氧化性和热强性好，但耐磨粒磨损能力不高，主要用于化工、石油、电力、原子能工业中耐腐蚀、抗氧化零件的表面堆焊。加入Mn元素后，能显著提高冷作硬化效果，可用在工作时有冲击作用、能产生冷作效果的表面上，如水轮机叶片抗气蚀层、开坯轧辊等。在合金中加入适量的Si、W、Mo、V等可提高其高温强度，在高压锅炉阀门密封面堆焊上应用很广。

③ 马氏体钢堆焊合金 这类合金的含碳量 w_C=0.1%～1.5%，其他合金元素总含量为5%～15%，如2Cr13、4Cr9Mo3V。加入Mo、W、Ni、Cr等合金元素能促使马氏体形成，增加了淬硬性和强度。加入Mn和Si可改善焊接性。堆焊层组织主要为马氏体，有时也会出现少量的珠光体、贝氏体和残余奥氏体。

马氏体钢堆焊合金的硬度主要取决于碳和铬的含量。根据含碳量的多少，可分为低碳马氏体钢（w_C≤0.3%）、中碳马氏体钢（w_C=0.3%～0.6%）和高碳马氏体钢（w_C=0.6%～1.5%）。

马氏体钢堆焊层具有较高的硬度，一般为25～65HRC，耐磨性较高，但抗冲击能力不如珠光体钢和奥氏体钢堆焊层，主要用于金属间摩擦磨损的零件，如齿轮、轴类、冷冲模等。低碳马氏体钢堆焊层硬度小于45HRC时，可进行机加工，常用于小机件的堆焊。而高碳马氏体钢堆焊层可以用于中等磨粒磨损和中度冲击的场合。低碳马氏体钢堆焊前一般不用预热；高碳马氏体钢脆性较大，堆焊时易产生裂纹，一般需预热到300～400℃。此外，高铬马氏体不锈钢、工具钢、模具钢等也属于马氏体钢堆焊合金的范畴。

④ 合金铸铁堆焊合金　可分为马氏体合金铸铁、奥氏体合金铸铁和高铬合金铸铁三大类。

a. 马氏体合金铸铁　此类合金 w_C=2%～5%，常加入Cr、W、Mo、Ni、B、Nb等合金元素，其总含量小于20%，如W9B、Cr4Mo4、Cr5W13等。这类合金铸铁属于亚共晶合金铸铁，由马氏体＋残余奥氏体＋含碳化物的莱氏体组成。堆焊层平均硬度高达50～66HRC，具有很高的抗磨粒磨损能力，耐热、耐蚀和抗氧化性能较好，还能耐轻度冲击。但堆焊时裂纹倾向较严重，需预热到300～400℃。主要用于矿山和农业机械中与矿石、泥沙接触的零件堆焊，如混凝土搅拌机、高速混砂机、螺旋送料机、刮板运输机的部槽等。

b. 奥氏体合金铸铁　此类合金 w_C=2%～4%，w_{Cr}=12%～28%。此外，还含有Mn、Ni、Mo、Si等合金元素。堆焊金属的组织为奥氏体＋网状莱氏体共晶组织。堆焊层硬度为45～55HRC，具有良好的耐低应力磨粒磨损能力，耐腐蚀和抗氧化性能较好，具有一定的韧性，常用于挖掘机斗齿、粉碎机辊等承受中等冲击载荷和中等磨粒磨损的零件堆焊。

c. 高铬合金铸铁　此类合金 w_C=1.5%～6%，w_{Cr}=15%～35%，常加入W、Mo、Ni、Si、B、Ti、Nb、V等合金元素，是合金铸铁堆焊中应用最广、效果最好的一种，如Cr30Ni7、Cr28Ni4Si4。根据合金元素含量多少，高铬合金铸铁分为奥氏体型、马氏体型和多元合金强化型三类，它们最大的特点是Cr/C比值较高，在基体中分布着大量初生的 Cr_7C_3 碳化物。由于含有高铬和 Cr_7C_3 高硬质相，堆焊层硬度可达55～68HRC，具有很高的抗低应力磨粒磨损和耐热、耐蚀能力。但韧性较差，裂纹倾向大，一般需要预热400～500℃。该合金常用于低应力磨粒磨损条件下工作的推土机铲刃、犁铧、球磨机衬板等零件，也可用于高炉料钟和料斗、排气扇叶片等零件的堆焊。

(2) Co基堆焊合金　此类合金以Co为基本成分，加入Cr、W、C等元素。一般成分为：w_C=0.7%～3.0%，w_{Co}=30%～70%，w_{Cr}=25%～33%，w_W=3%～25%，又称为司太立合金（Stellite）。钴基Cr30W5（钴基1号）、钴基Cr30W8（钴基2号）、钴基Cr30W12（钴基3号）、钴基Cr28W20（钴基4号）为常用的钴基合金。在合金中，Co的作用是提高耐蚀性，并获得具有韧性的固溶体基体；Cr使合金具有较高的抗氧化性；W可提高合金在540～650℃的高温蠕变强度；C与Cr、W形成高硬度的碳化铬和碳化钨，从而提高合金的耐磨性。

在各种堆焊金属中，Co基合金的综合性能最好。它的抗高温蠕变能力高于任何一种堆焊金属。在500～700℃工作时，仍能保持350～500HV的高硬度。此外，还具有良好的抗磨粒磨损、抗腐蚀、抗冲击、抗热疲劳、抗氧化性和抗金属-金属间摩擦磨损等性能。

Co基合金可用于高温腐蚀、高温磨损等条件下的零件表面，如高温高压阀门、燃气涡轮机叶片、热剪机刀刃等零件表面的堆焊。但Co基合金的价格很昂贵，限制了它的广泛应用。

(3) Ni基堆焊合金　根据强化相不同，Ni基堆焊合金分为含硼化物合金、含碳化物合金和含金属间化合物合金三大类。

① Ni-Cr-B-Si系合金　即科尔蒙合金（Colomony），在堆焊合金中应用最广。它的成分是 w_C<1.0%，w_{Cr}=8%～18%，w_B=2%～5%，w_{Si}=2%～5%。堆焊层金属组织为奥氏体＋硼化物＋碳化物。由于硼化物的硬度极高，堆焊层的硬度可达62HRC；在450℃时，堆焊层硬

度仍保持在48HRC，并具有很好的耐蚀性和抗氧化性，主要用于高温下低应力磨粒磨损和高温腐蚀条件的工况，但抗冲击性能较差，不适宜在含硫和硫化氢的环境下使用。

② Ni-Cr-Mo-W系合金　即哈氏合金（Hastelloy），主要分为B、C、G三个系列。堆焊层金属组织为奥氏体＋金属间化合物。堆焊层的裂纹倾向小，硬度较低，可以用硬质合金刀具进行切削加工。若增加碳含量，并适当加入Co，可提高合金的硬度和高温耐磨性，主要用于腐蚀条件下的密封面堆焊。

③ Ni-Cu堆焊合金　即蒙乃尔合金（Monel），通常成分为：Ni 70%、Cu 30%，硬度较低，但具有很高的耐腐蚀性能，主要用于耐腐蚀零件的堆焊。

各类堆焊合金中，Ni基合金的抗金属-金属间摩擦磨损的性能最好，而且具有很高的耐热性、抗氧化性、耐腐蚀性等，常应用于高温高压蒸汽阀门、化工设备阀门、炉子元件、泵的柱塞等零件的堆焊。Ni基合金具有比Fe基合金更好的高温强度，并与Co基合金具有相似的应用范围。因此，镍基合金可取代某些类型的Co基堆焊金属，这样可以降低堆焊材料的成本。

(4) Cu基堆焊合金　铜分为纯铜、青铜、黄铜、白铜四大类，其中应用较多的堆焊合金是铝青铜和锡青铜。铜基堆焊合金耐腐蚀、耐气蚀及耐金属间磨损性较好，可在铁基体上堆焊，制成双金属件，也可用来修补磨损的零件。但铜基堆焊金属的耐硫化物腐蚀、耐磨粒磨损和抗高温蠕变的能力较差，硬度低，同时不容易施焊，只适于200℃以下环境中工作。这类堆焊金属主要用于轴瓦、低压阀门密封面、水泵活塞、管道内衬等零件的堆焊。

(5) 碳化钨堆焊合金　碳化钨堆焊合金由大量碳化钨颗粒镶嵌在金属基体上组成。基体有铸钢、碳钢、低合金钢、镍基合金和钴基合金等。碳化钨由WC和W_2C组成，一般含碳3.5%～4.0%，含钨95%～96%，具有很高的硬度和熔点。含碳3.8%的碳化钨硬度达2500HV，熔点接近2600℃。

碳化钨堆焊合金分为铸造和烧结两类。铸造碳化钨为含碳4%的WC＋W_2C混合物，粉碎成8～100目的粒状，装入铁管内供堆焊用；烧结碳化钨含3%～5%的Co，它是将Co粉和WC粉混合烧结，然后粉碎成粉末状，供等离子堆焊或氧-乙炔火焰堆焊使用。碳化钨堆焊金属硬度很高，耐磨性好，但脆性大，主要用于受严重磨损的工况，如油井钻头、筑路机械等零件的堆焊。

5.2.2 堆焊材料的选择

(1) 选择堆焊材料的原则　选择堆焊合金是一项较复杂的工作。选择堆焊合金的主要原则，就是要在满足使用要求的前提下，兼顾经济性和工艺可行性。

堆焊工件在使用中的工况条件各不相同，如经受磨损、腐蚀、高温等，而且往往不只是一种因素起作用。所以，首先必须了解待堆焊零件的工作条件（温度、介质、载荷等），并对工件的失效形式进行分析，将造成失效的诸多因素一一列出，分清主次，然后选取最适于抵抗这种损伤类型的堆焊合金。堆焊合金的硬度一般不直接反映堆焊金属的耐磨性。耐磨性主要取决于堆焊合金中碳化物、硼化物等硬化相的数量、形态和分布，基体的组织以及硬化相与基体的关系，因此，不能用堆焊金属的硬度代替耐磨性指标。

选择堆焊合金要综合考虑其使用性能和价格的比值，做到性价比高。几种堆焊合金的性能比较见表5-1。在各类堆焊合金中，Fe基堆焊合金的成分变化范围宽，韧性和耐磨性配合好，能满足大多数工况条件，而且品种很多，价格低廉，所以应用最广。Ni基和Co基堆焊合金价格较高，品种少，但综合性能很好，主要用于要求高温磨损、高温腐蚀的场合。当铁基合金不能满足使用要求，且机件的工作部位又很重要时，可选择 Ni 基或 Co 基合金。Cu 基合金耐蚀性好，并能减小金属间的摩擦系数，也是常用的堆焊材料。WC 金属陶瓷堆焊材料虽价格较贵，但在耐严重磨粒磨损和工具堆焊中占有重要地位。一般地，粉粒状和管状堆焊材料的价格较低，丝状和带状堆焊材料较高。

表 5-1　几种堆焊合金性能比较

序号	堆焊合金	主要性能	性能比较
1	碳化钨	耐磨粒磨损性最好	韧性增强（↓）；耐磨粒磨损性能增强（↑）
2	高铬合金铸铁	耐低应力磨粒磨损性很好，抗氧化	
3	马氏体合金铸铁	耐磨粒磨损性很好，抗压强度高	
4	钴基合金	抗氧化、耐腐蚀、耐热、抗蠕变	
5	镍基合金	耐腐蚀，也可抗氧化、抗蠕变	
6	马氏体钢	兼有良好的耐磨粒磨损性和耐冲击性，抗压强度好	
7	珠光体钢	价格低廉，耐磨粒磨损与抗冲击性较好	
8	奥氏体不锈钢	耐腐蚀	
9	高锰奥氏体钢	韧性最好，耐凿削式磨粒磨损性较好，耐冲击作用下金属间磨损性好	

(2) 选择堆焊合金的步骤　根据使用条件，选择堆焊合金的步骤如下。

① 分析零件的工作条件，确定失效类型及其对堆焊层的要求。

② 按一般规律选择几种可供选择的堆焊合金和堆焊方法。

③ 分析这些堆焊合金与基体的相容性，同时要考虑热应力和裂纹倾向的大小，初步制定堆焊工艺。

④ 进行现场堆焊试验。

⑤ 根据使用寿命和成本进行评价，确定堆焊材料和堆焊方法的最佳方案。

⑥ 制定严密的堆焊工艺。

5.3 堆焊方法

5.3.1 常用堆焊方法

几乎所有的焊接方法都可以用来进行堆焊，它们具有各自的特点和应用范围，常用堆焊方法有氧-乙炔火焰堆焊、手工电弧堆焊、CO_2 气体保护堆焊、埋弧堆焊、等离子弧堆焊等。

(1) 氧-乙炔火焰堆焊　氧-乙炔火焰堆焊是采用氧-乙炔火焰作热源使填充金属熔敷在基体表面的一种堆焊方法，其堆焊示意见图 5-6。堆焊时，由于火焰温度较低，而且可以调整火焰功率，所以能获得非常小的稀释率（1%～10%）以及厚度小于 1mm 的均匀薄层。堆焊材料可选择自熔性合金粉、实芯焊丝或合金铸棒；若采用自熔性合金粉堆焊实质就是火焰喷焊技术。

氧-乙炔火焰堆焊的设备可以与气焊和气割设备通用，与气焊和气割设备的主要区别是焊炬。堆焊焊炬可以根据堆焊材料的形状设计成不同的形式。若堆焊材料为丝或棒，则喷嘴尺寸比气焊喷嘴稍大；若堆焊材料为粉末，堆焊焊炬还应具有送粉的功能，结构上变化较大。氧-乙炔火焰堆焊设备简单，移动方便，适合现场堆焊。但此种堆焊操作较复杂，劳动强度大，熔敷速度低，主要适于堆焊批量不大的中、小型零件。

(2) 手工电弧堆焊 手工电弧堆焊的操作与手工电弧焊基本相同，如图5-7所示。它是将堆焊焊条与工件分别接电源的两极，通过两极间的气体放电产生电弧，将焊条与工件表面加热熔化形成熔池，冷却后形成堆焊层。手工电弧堆焊所用设备简单，工艺灵活，适于现场或野外作业，是目前最常见的堆焊方法之一。

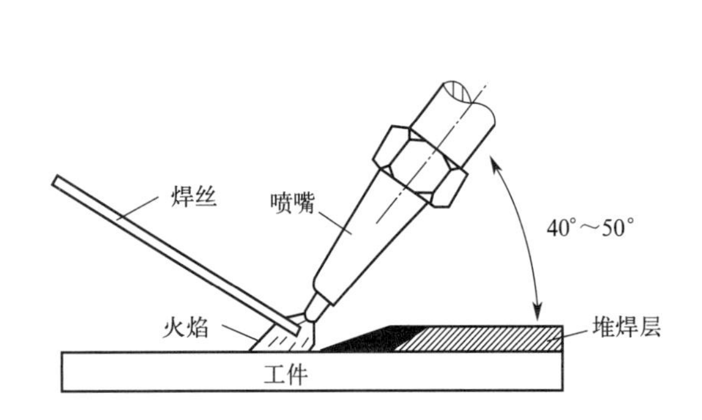

图5-6 氧-乙炔火焰堆焊示意图

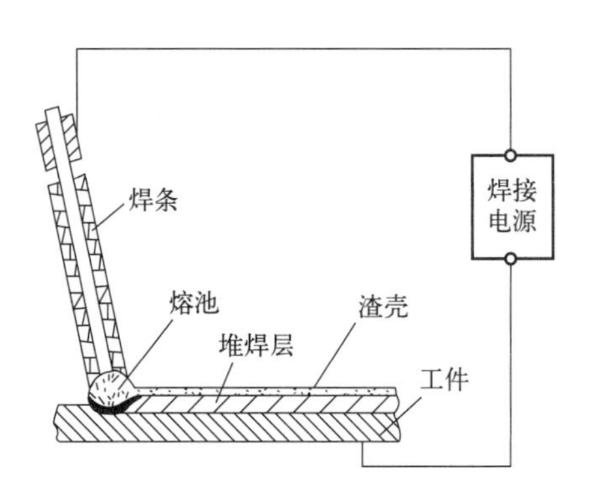

图5-7 手工电弧堆焊示意图

手工电弧堆焊的缺点是熔深大，稀释率可达10%～40%，堆焊层硬度和耐磨性下降，所以通常要堆焊2～3层，但多层堆焊易导致开裂。此外，生产率低，劳动强度大，堆焊层不太平整，通常用于小批量零件的表面强化和修复已磨损的零件。

(3) 埋弧堆焊 埋弧堆焊是将一层焊剂覆盖在堆焊区上，电弧在通有电流的工件和焊丝之间引燃。工件、焊丝和焊剂在电弧的高温作用下发生部分熔化，并形成金属蒸气和焊剂蒸气，在焊剂层下形成一个密封的空腔，电弧在此空腔内燃烧。焊丝和基体熔化后形成熔池。在空腔上面覆盖着由熔化的焊剂所形成的熔渣，使熔池与大气隔绝。这样既保护了熔池，减少了合金元素的氧化烧损，使堆焊层金属中的有害杂质减少，又可以防止液态金属的飞溅。由于电弧埋在焊剂层下面进行堆焊，所以称为埋弧堆焊，其堆焊过程如图5-8所示。由于熔渣的保护，埋弧堆焊层的质量好；无电弧威胁，工人劳动条件好。此外，埋弧堆焊都是机械自动化生产，生产效率高，主要用于轧辊、曲轴、压力容器和核反应堆压力容器衬里等中型和大型工件的堆焊。

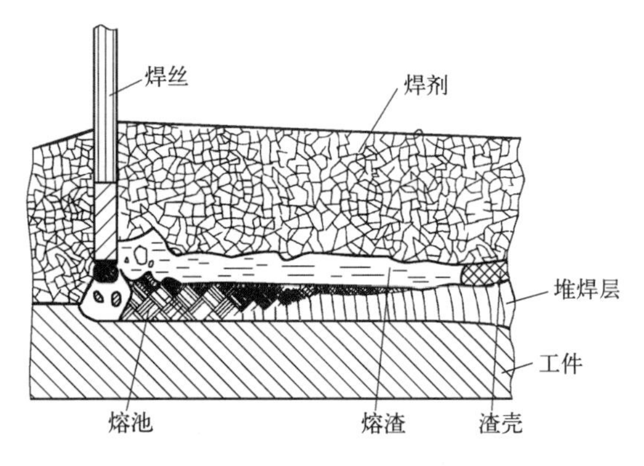

图5-8 埋弧自动堆焊示意图

埋弧堆焊分为单丝、多丝和带极埋弧堆焊。单丝埋弧堆焊最常用，其设备操作比较简单，质量稳定，熔敷效率高，但稀释率高达60%，生产率低。多丝埋弧堆焊是双丝或多丝并列接在电源的一个极上，同时向堆焊区送进，各焊丝交替堆焊，熔敷效率大大增加，稀释率下降至15%～25%。带极埋弧堆焊是用金属带替代焊丝进行堆焊，熔深浅，焊道宽，熔敷效率高，稀释率可降低到10%。

图5-9所示为采用埋弧堆焊技术修复铸件导辊实例。首先清理工件表面的油污和铁锈，

并用角磨机将导辊表面磨损处打磨平整。将 102 陶瓷型焊剂于 300℃烘干 2h。选择 ϕ3.2mm 的 YDM227 药芯焊丝，利用 ZGDH-600 轧辊堆焊专机在导辊表面堆焊 3 层，共 24 圈焊道。堆焊电流为 250A，电压为 30V，导辊转速为 20r/min。堆焊层无气孔和裂纹，其硬度值为 55HRC，成功地修复了导辊并避免其报废。

(a) 第二层堆焊层

(b) 第三层堆焊层

图 5-9　埋弧堆焊修复导辊外观图

(4) CO_2 气体保护堆焊　CO_2 气体保护堆焊是采用 CO_2 气体作为保护介质的一种堆焊工艺，其原理如图 5-10 所示。CO_2 气体以一定的速度从喷嘴中吹向电弧区形成一个可靠的保护区，把熔池与空气隔开，防止 N_2、H_2、O_2 等有害气体侵入熔池，从而提高了堆焊层的质量。CO_2 气体的氧化作用能抑制氢的危害，降低堆焊层中的含氢量。CO_2 气体保护堆焊的电弧热量集中，零件受热面积小；同时 CO_2 气流又具有较强的冷却作用，所以被堆焊零件变形小。堆焊时电流密度较大，没有埋弧堆焊熔化焊剂的热量消耗，又不需要清渣，可以连续进行堆焊，生产率高。此外，CO_2 气体价格便宜，来源方便，堆焊时消耗的电能少，仅为埋弧堆焊电能消耗的 70%，所以成本较低，仅为埋弧堆焊的 30%～50%。

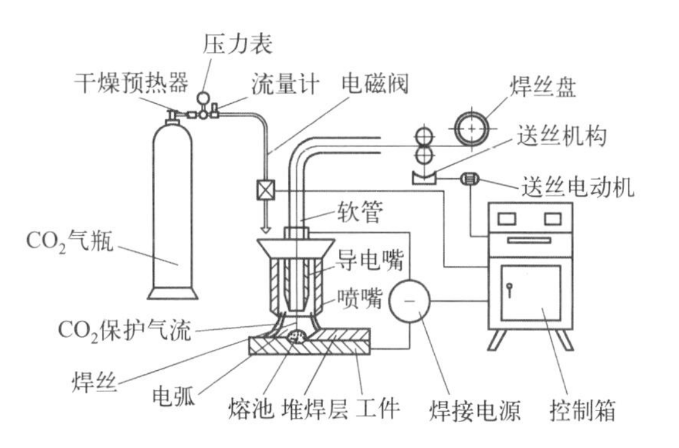

图 5-10　CO_2 气体保护堆焊示意图

CO_2 气体保护堆焊的稀释率较高，为 10%～40%。由于 CO_2 氧化性强，存在着合金元素烧损、气孔和飞溅大等问题。CO_2 气体保护堆焊所用的材料为焊丝。由于高合金成分焊丝的拉拔受到限制，因此实芯焊丝的气体保护堆焊主要用于制备合金含量较低的堆焊层。对于要求高合金的堆焊层，可采用各种药芯焊丝获得。

图 5-11 所示为采用 CO_2 气体保护堆焊修复铸件导辊实例。该堆焊层分为底层和面层两层，共 12 圈焊道。底层采用 ϕ1.0mm 的 H08 实芯焊丝恢复工件尺寸；堆焊所用电流为 180A，电压为 22V，CO_2 气体的流量为 15L/min，工件转速为 40r/min。之后将导辊预热至 300℃并保温 1h，并堆焊面层。面层采用 ϕ1.2mm 的 YD55 药芯焊丝获得耐磨性能；堆焊所用电流为 210A，电压为 22V，CO_2 气体的流量为 20L/min，工件转速为 40r/min。堆焊后在 500℃进行应力消除处理 2h。堆焊层的表面硬度可达 50HRC，满足使用要求。

(5) 等离子弧堆焊　等离子弧堆焊是采用转移型或联合型等离子弧作热源，将合金粉末或焊丝等填充材料熔敷在基体表面上获得堆焊层的方法。等离子弧堆焊分为粉末等离子弧堆焊和填丝等离子弧堆焊两类。容易加工成焊丝的堆焊材料均可用填丝法堆焊。对于成型困难的堆焊材料，可以将其机械混合成粉末或用粉末冶金法制备成自熔性合金粉末，采用粉末等离子弧堆焊方法进行堆焊。也可将堆焊合金预制成环状或其他所需形状，放置在零件的堆焊部位，用等离子弧加热熔化形成堆焊层。图5-12为双热丝等离子堆焊示意图。

(a) 底层(恢复尺寸层)

(b) 面层(耐磨层)

图5-11 CO_2气体保护焊修复导辊外观图

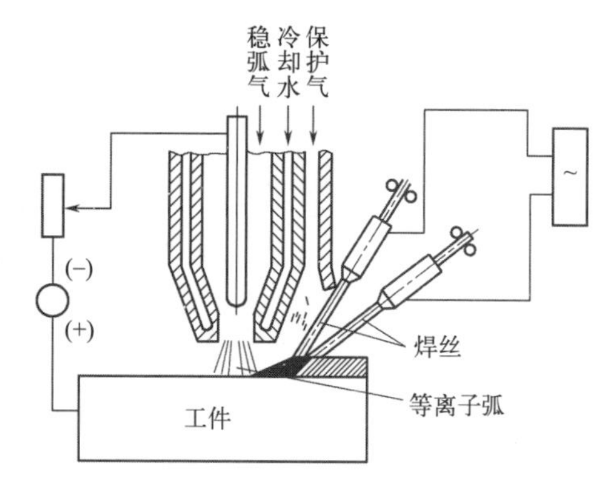

图5-12 双热丝等离子堆焊示意图

与其他堆焊工艺相比，等离子堆焊的弧柱稳定，温度高，热量集中，规范参数可调性好；等离子弧堆焊稀释率低，熔敷效率高，堆焊零件变形小，外形美观，易于实现自动化；粉末等离子堆焊还有堆焊材料来源广的特点。

采用PTA-BX-400A等离子堆焊设备在Q235钢表面制备具有不同Cr、V含量的Fe-B堆焊合金层，研究了Cr、V对堆焊层组织及耐磨性能的影响。堆焊层的合金粉体成分设计如表5-2所示。

表5-2 堆焊用合金粉体成分设计（质量分数，%）

试样编号	V	Cr	B	C	Mn	Si	Fe
V5-Cr3	4.84	3.17	5.49	0.14	2.22	1.10	bal.
V5-Cr6	4.75	5.84	5.57	0.13	2.00	0.97	bal.
V10-Cr3	8.43	2.85	5.41	0.15	2.18	1.16	bal.
V10-Cr6	8.62	5.66	5.44	0.17	2.33	1.16	bal.
V15-Cr3	13.42	3.17	5.39	0.15	2.12	1.24	bal.
V15-Cr6	13.59	5.79	5.22	0.13	2.23	1.23	bal.

堆焊时，单道堆焊层的宽度约为15mm，厚度1～2mm，堆焊3～4层。采用的堆焊工艺参数如表5-3所示。

表5-3 堆焊工艺参数

类别	电压/V	电流/A	送粉量/(g/min)	离子气流/(L/min)	保护气流/(L/min)	送粉气流/(L/min)	摆动宽度/mm	摆动速度/(m/min)
参数	25	130	10	3	9	6	15	12

不同V、Cr添加量的Fe-B堆焊层截面金相组织形貌见图5-13。试样V5-Cr3中棒状、块状白色组织为初晶Fe_2B，其间分布的黑色组织为共晶Fe_2B+Fe，见图5-13（a）。初晶

Fe_2B 宽度约 20～40μm，最大长度超过 1000μm。部分初晶 Fe_2B 呈现择优取向生长的特点。Fe_2B 的最快生长方向为［001］晶向，当［001］晶向与温度梯度方向近似相同时（即垂直于堆焊方向），初晶 Fe_2B 将快速生长为长棒状，见图 5-13（a）中 A 处。反之，生长将被阻挡而呈现块状，见图 5-13(a)中 B 处。试样 V5-Cr6 是在试样 V5-Cr3 的基础之上，Cr 的添加量增至 6.0%，组织结构形态见图 5-13(b)。由图可知，初晶 Fe_2B 有明显细化的趋势，长度<200μm，宽度<30μm。同时，择优取向生长的现象已经基本消失，说明 Cr 起到细化初晶 Fe_2B、抑制其择优取向生长的作用。由图 5-13（c）～（f）可知，随着 V 添加量的增加，初晶 Fe_2B 由粗大的棒状转变为细小的针状，同时体积分数逐渐减小。当 V 的添加量达到 14.0%时，堆焊层中初晶 Fe_2B 已很少见。同时，堆焊层中观察到白亮的近似球状的 VB 组织。研究结果表明：不同 V、Cr 添加量的 Fe-B 堆焊合金由初晶棒状 Fe_2B、球状 VB 以及共晶 Fe_2B+Fe 组成。Cr 的添加量未改变堆焊层的物相组成，但 Cr 元素将优先置换 Fe_2B 中的 Fe 原子，降低了 V 在粗晶 Fe_2B 中的含量，促使更多的 V 参与 VB 的析出。因此，随着 Cr 添加量的增加，堆焊合金层中 VB 的体积分数增加，且初晶 Fe_2B 有明显细化的趋势。

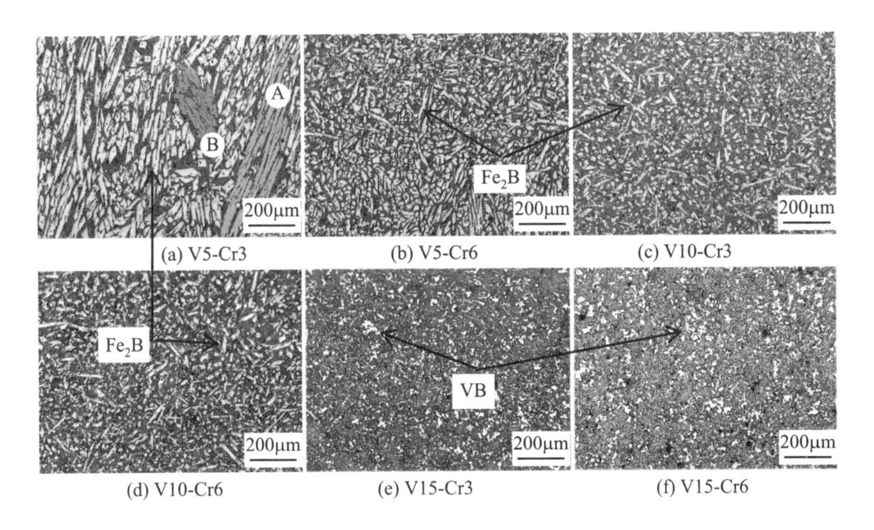

图 5-13　不同 V、 Cr 添加量的 Fe-B 堆焊层金相组织形貌

堆焊层硬度及 48N 载荷下的磨粒磨损失重结果见图 5-14。由图可知，随着 V 添加量的增

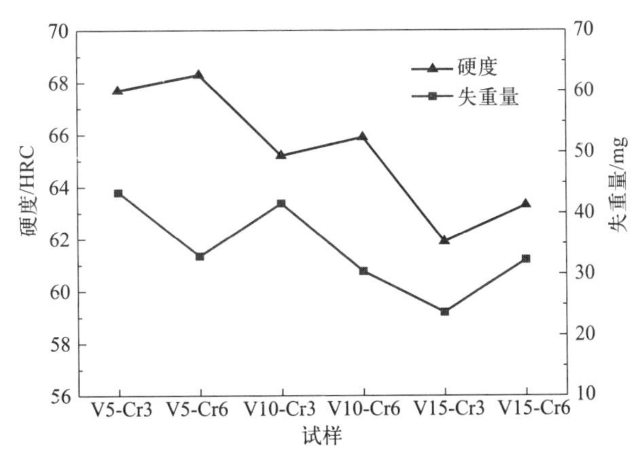

图 5-14　堆焊层硬度及磨粒磨损失重量

加，堆焊合金层的硬度由 V5-Cr6 试样的最高值 68.3HRC 降至 V15-Cr3 试样的最低值 61.9HRC，整体呈下降趋势。当固定 V 的添加量而增加 Cr 含量，堆焊合金层的硬度升高，增幅约为 0.5～1.5HRC。由两体磨粒磨损失重量可知，当 V 的添加量≤9.0%时，随着 Cr 添加量的增加，堆焊合金层的磨损失重量降低，耐磨性提高。这是由于 Cr 可部分替代 V，促使高硬度 VB 相析出，并有效细化初晶 Fe_2B，实现改善 Fe-B 堆焊合金抗裂性能及磨粒耐磨性能的作用。当 V 的添加量达到 14.0%时，再增加 Cr 含量，堆焊合金层的磨损失重量增加。试样 V15-Cr3 的磨损失重量最低，为 23.7mg，其耐磨性最佳。

5.3.2 堆焊新方法

为了最大限度地发挥堆焊技术的优越性，优质、高效、低稀释率的堆焊工艺历来是国内外堆焊技术的重要研究方向。近十几年来，激光堆焊、带极电渣堆焊、摩擦堆焊、钨极-熔化极间接电弧堆焊、双丝三电弧堆焊、冷金属过渡堆焊、冷体热丝 TIG 堆焊等新型堆焊方法，由于具有传统堆焊方法所不具备的优势而迅速发展起来。

(1) 激光堆焊 激光堆焊是以高能量密度的激光束为热源，采用粉末或丝材进行堆焊的方法，包括激光熔覆和激光合金化等工艺。激光熔覆和激光合金化相关内容见 9.1 节。激光堆焊技术的特点是可以实现热输入的准确控制，堆焊速度快，冷却速度快；热畸变小，厚度、成分和稀释率可控性好；可获得组织致密、性能优越的堆焊层；可实现在普通材料上覆盖耐磨、耐蚀、耐高温等高性能堆焊层。激光堆焊技术由于其高能量密度和精细控制能力，适用于要求变形小、尺寸精度高的场合，如微细结构的堆焊、复杂曲面的堆焊等。激光堆焊还可以实现对特殊材料的堆焊，如在铸铁表面堆焊铝青铜、修复 Al_2O_3 陶瓷涂层缺陷等。大面积激光堆焊时，由于具有稀释率低、堆焊层均匀、效率高等特点，可节省贵重金属，降低生产成本。

(2) 带极电渣堆焊 石油化工行业的加氢反应器、尿素合成塔、煤液化反应器及核电站的厚壁压力容器等内表面均需要大面积堆焊耐高温、抗氢及硫化氢等介质腐蚀的不锈钢衬里。20 世纪 70 年代，在该领域，国内外大量采用了带极埋弧堆焊术。带极的宽度也从窄带向 90mm、120mm、150mm 的宽带方向发展。该技术在稀释率和熔敷速度上比丝极埋弧堆焊有了长足的进步。随着压力容器日趋大型化、高参数化，堆焊技术向更优质、更高效的方向发展。德国在带极埋弧堆焊的基础上发明了带极电渣堆焊技术（ESW），后被日、美、苏联等国进一步完善。

带极电渣堆焊是依靠电流通过导电熔渣所产生的电阻热，不断地熔化焊带、焊剂和少量基体，在基体表面形成熔池；熔池表面覆盖着一层薄薄的熔渣，凝固后形成渣壳。随着工件与焊带的相对运动而形成堆焊层。带极电渣堆焊原理见图 5-15。除引弧阶段外，整个堆焊过程应没有电弧产生，因此，基体熔深较浅，稀释率只有 10%～15%。

与带极埋弧堆焊相比，带极电渣堆焊具有更高的熔敷效率、更快的堆焊速度、更低的稀释率、更少的焊剂消耗，表面成型更美观，并且铁素体含量适宜，力学性能和抗腐蚀性能良好，故在国内外得到迅速发展和较普遍的应用。此法的主要缺点是堆焊层在高温停留时间长，导致晶粒粗大和过热组织的产生，降低了堆焊层的塑性和冲击韧性。但通过焊后正火和回火热处理，可细化晶粒，满足对堆焊层力学性能的要求。带极电渣堆焊适用于需要较厚堆焊层且表面形状简单的大、中型零件。

(3) 摩擦堆焊 摩擦堆焊的基本原理如图 5-16 所示。堆焊金属棒首先相对于工件高速旋转，在一定的轴向压力下与静止的工件接触并发生摩擦，摩擦产生的热量使接触面上形成黏塑性变形层。由于堆焊金属棒与工件的体积不同，导热性不同，冷却速度不同，摩擦界面两侧的导热性能不同，因此摩擦界面两侧的温度梯度产生显著的差异。工件一侧的温度梯度远比金属棒一侧大得多，从而使堆焊金属过渡到工件表面；当工件相对于堆焊金属棒移动时，就会形成连续的堆焊层。

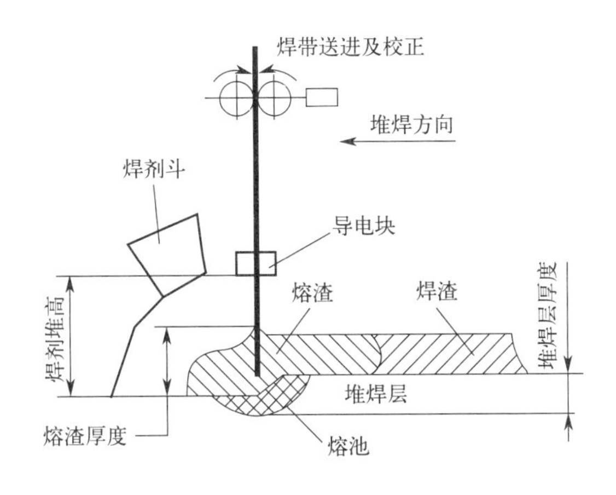

图 5-15 带极电渣堆焊示意图

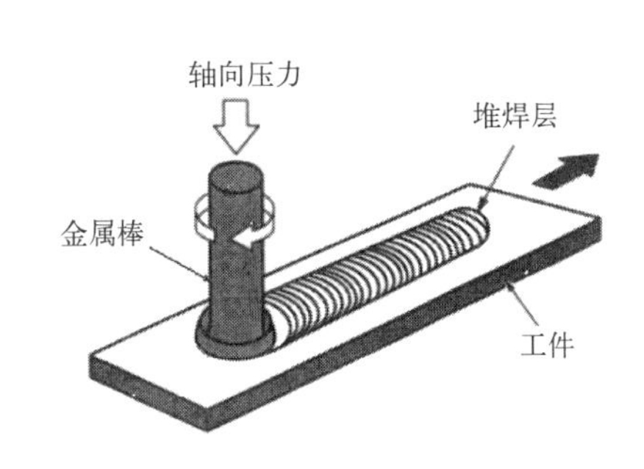

图 5-16 摩擦堆焊示意图

摩擦堆焊是一种基于热塑性变形的固相技术，避免了偏析、夹杂、裂纹和气孔等缺陷，可获得基本无稀释、界面结合完整的冶金堆焊层。堆焊层为锻造的细晶组织，晶格畸变程度高、强韧性能好。摩擦堆焊过程具有能耗低、无污染、效率高、加工质量高等优点，在耐磨件的制造与修复方面的应用前景广阔，对于发展面向循环经济的绿色再制造技术具有重要意义。

(4) 钨极-熔化极间接电弧堆焊 该方法采用单电源，工件不接电源，电源的两极分别接熔化极焊枪和钨极焊枪，两焊枪之间保持一定角度，钨极端部距离焊丝很近。电流从电源的正极出发进入到熔化极焊枪的焊丝中，焊丝与钨极之间形成电弧，并使电流从钨极流回至电源的负极。电弧使焊丝端部熔化形成熔滴，在各种力作用下，熔滴过渡到工件，并将电弧的热量间接传递给工件，使堆焊金属与工件表面之间形成冶金结合，这就是所谓的钨极-熔化极间接电弧堆焊。钨极焊枪和熔化极焊枪需要单独送气，同时也需要能单独控制送丝速度的送丝机将焊丝不断送至熔化极焊枪。钨极-熔化极间接电弧堆焊系统的控制原理如图 5-17 所示。

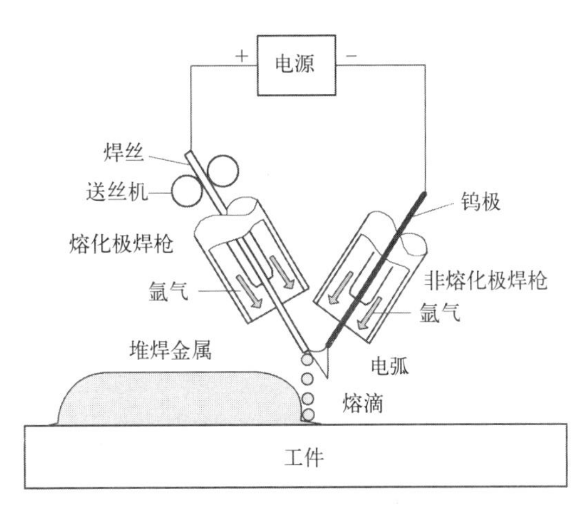

图 5-17 钨极-熔化极间接电弧堆焊示意图

与传统的熔化极电弧堆焊方法相比，该方法产生的间接电弧只在两焊枪的电极之间产生并稳定燃烧，形成熔滴过渡到工件，不但能获得较高的熔敷效率，还最大限度地降低了工件的热输入，堆焊层的稀释率很小。

(5) 双丝三电弧堆焊　相比于传统的双丝堆焊，双丝三电弧（Tri-Arc）堆焊的最大不同之处是在两根焊丝和工件之间一共建立起了三个电弧，其工作原理见图 5-18。VPPS 为可变极性电源，PPS1 和 PPS2 为两台直流脉冲电源，通过控制上述 3 台电源的极性和脉冲相位关系，可以在焊丝 E1 与工件之间建立第一电弧 A1，在焊丝 E2 与工件之间建立第二电弧 A2，在焊丝 E1 与 E2 之间建立第三电弧 M 弧。由于 M 弧对堆焊过程具有调控的作用，所以被称为调制电弧。高速摄影拍摄的 M 弧形态如图 5-19 所示。M 弧可分解为 A1+M 和 M+A2 两个主弧，并且两个主弧是交替存在的，其动态工作过程示意如图 5-20 所示。双丝三电弧堆焊的新特性主要由 M 电弧的作用决定。由于 M 弧的分流，流经工件的电流远低于流经焊丝的电流，从根本上解决了提高焊丝熔敷效率与降低工件热输入之间的矛盾。

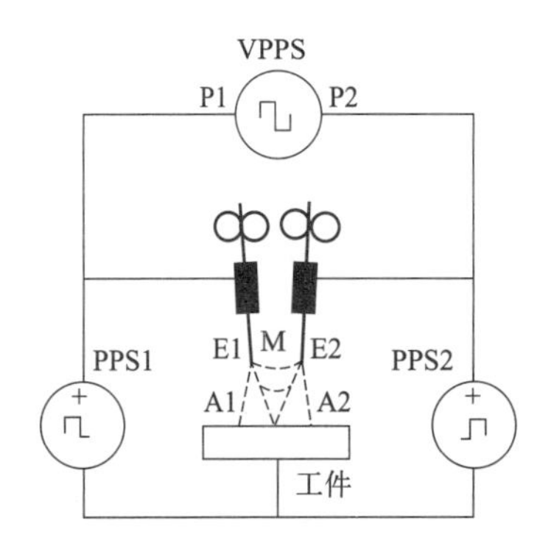

图 5-18　双丝三电弧堆焊示意图

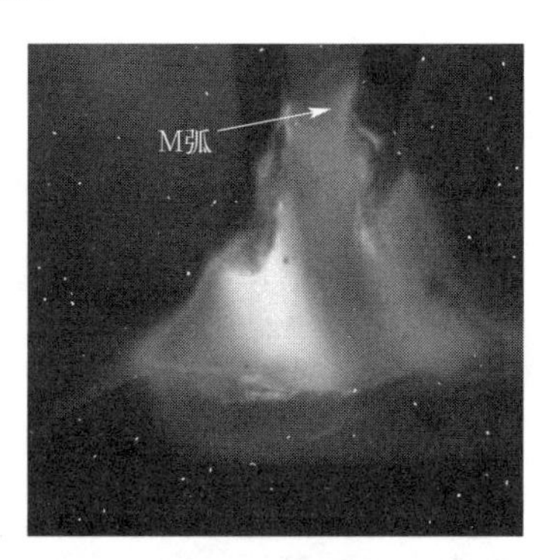

图 5-19　高速摄影拍摄的 M 弧形态

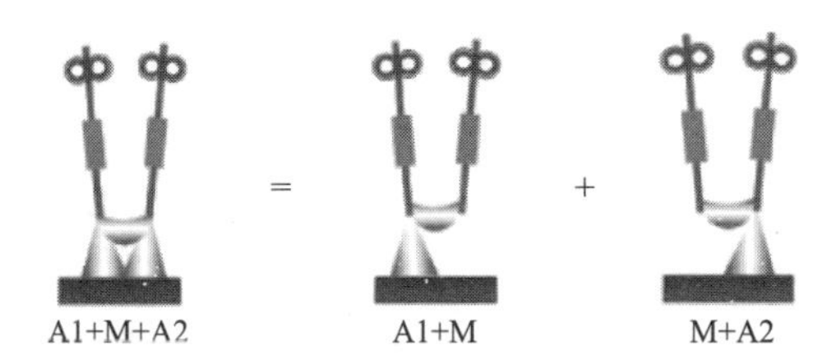

图 5-20　M 弧动态工作过程示意图

利用双丝三电弧堆焊，以耐磨 Fe-Cr-C-B 系药芯焊丝作双丝，采用不同的工艺参数在 Q235 钢表面制备堆焊层，获得的三组堆焊层截面形貌见图 5-21，稀释率以及性能见表 5-4。可以看出，双丝药芯三电弧堆焊可在较大范围调整堆焊工艺参数，从而获得低稀释率和高熔敷效率的耐磨堆焊层。当 M 弧电流为 150A，电压为 30V，送丝速度为 6m/min，脉冲频率

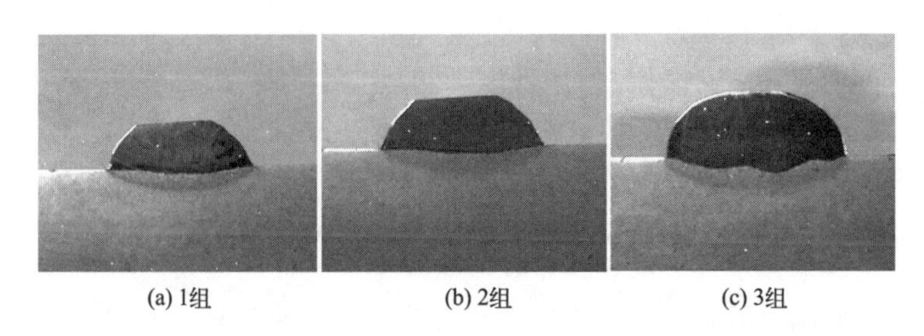

图 5-21　双丝三电弧堆焊层截面形貌

为 70Hz，药芯焊丝伸出长度为 15mm，流经工件的电流为 90A 时，堆焊层稀释率为 7%，硬度为 65HRC，磨损失重量最小，耐磨性最好。因此，可根据不同工况条件，选择合适的三电弧双丝电弧堆焊工艺，可实现薄板或厚板的高速耐磨堆焊。

表 5-4　堆焊层稀释率及性能

组别	M 弧电流/A	电压/V	送丝速度/(m/min)	稀释率/%	硬度/HRC	失重率/(Δm/g)	耐磨性
1	150	30	6	7	65	0.0857	11.67
2	260	35	10	14	64	0.0882	11.33
3	300	42	12	27	62	0.0990	10.10

(6) CMT 堆焊　CMT 技术是冷金属过渡（Cold Metal Transfer）技术的简称，它是基于钢和铝的连接、无飞溅引弧技术及微型焊接技术发展起来的。1997 年 Fronius 公司成功开发了无飞溅引弧技术，为 CMT 的发展奠定了基础，2002 年开始研发 CMT 焊接系统，最终将该技术应用于生产过程中。CMT 技术是一种全新的短路过渡技术，同传统的熔化极气体保护焊相比金属过渡更冷，该方法可应用于堆焊，能进一步降低工件的热输入量，减小堆焊层的稀释率。

CMT 堆焊将焊丝运动直接同焊接过程控制相结合，其熔滴过渡时电流几乎为零，在短路状态下通过焊丝回抽运动促使焊丝与熔滴分离，并实现了无飞溅堆焊。CMT 堆焊的焊丝运动过程如图 5-22 所示，电弧被引燃后，焊丝持续向熔池送进；当焊丝进入到熔池时，电弧熄灭，电流减小，焊丝停止前进并自动地回抽，使熔滴脱落，短路电流保持极小。当焊丝回抽到预定位置时，焊丝由回抽运动变为送进运动，重复上述过程。

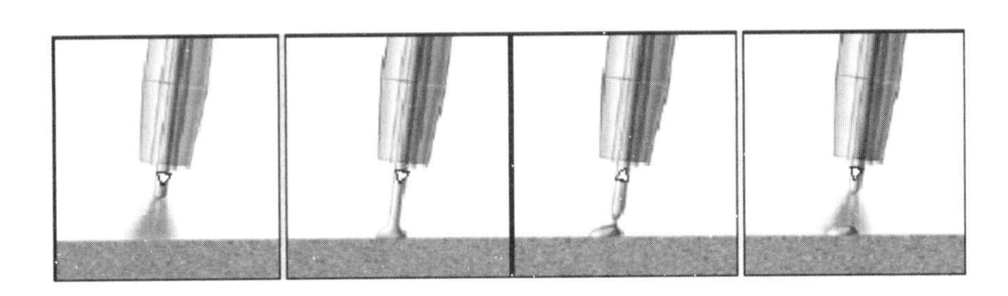

图 5-22　CMT 堆焊的焊丝运动过程

姜晓飞等人利用 CMT 法在 30CrMnSi 钢板表面堆焊 CuSi3，并进行了相关的研究。图 5-23 所示为不同送丝速度时的堆焊层形貌，堆焊热输入使堆焊层下方的基体出现热影响区，且随着送丝速度的增加，热影响区面积增大，基体表面由平直变为凹陷，表明基体表面的熔化量增大。

(7) 冷体热丝 TIG 堆焊　铜及铜合金与钢堆焊时，由于 Fe 与 Cu 的热导率、线膨胀系数及熔点等存在较大差异，接头中存在较大的应力，易导致裂纹形成，造成二者堆焊困难。吕世雄等人提出采用冷体 TIG 堆焊方法将铜合金堆焊到钢基体上。TIG 堆焊即钨极惰性气体保护堆焊，是在惰性气体的保护下，利用钨极和工件之间产生的电弧熔化焊丝的一种堆焊方法。冷体 TIG 堆焊是指在 TIG 堆焊过程中采用背部浇水对筒体进行冷却，如图 5-24 所示。由于钨电极承载电流能力小，此法堆焊效率低。在冷体 TIG 堆焊基础上又开发出一种高效堆焊方

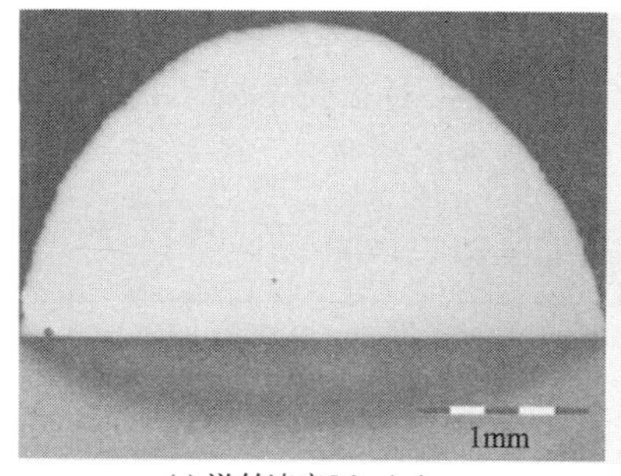

(a) 送丝速度5.0m/min

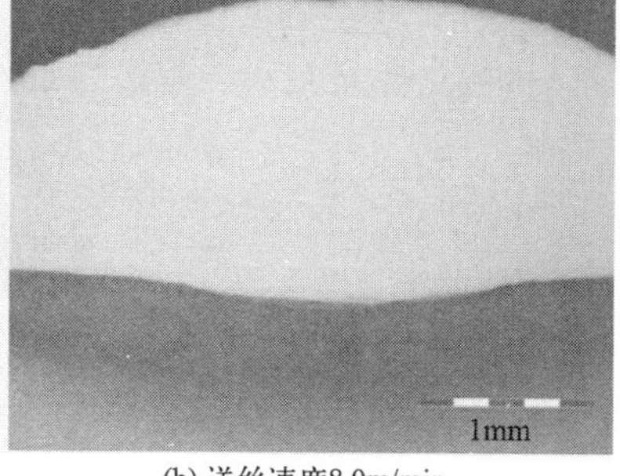

(b) 送丝速度8.0m/min

图 5-23　不同送丝速度的堆焊层形貌（堆焊速度 16.7mm/s）

法——冷体热丝 TIG 堆焊，它通过将焊丝进行预热，减少了电弧熔化焊丝的能量，提高了熔敷效率和堆焊速度，同时又保持有 TIG 堆焊的高质量特点，其原理如图 5-25 所示。

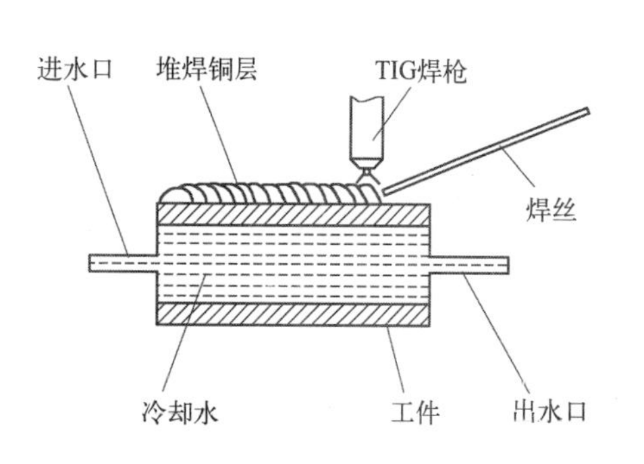

图 5-24　冷体 TIG 堆焊原理图

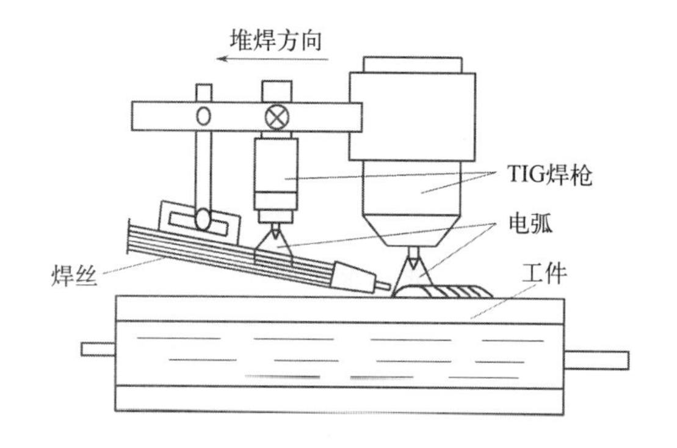

图 5-25　冷体热丝 TIG 堆焊原理图

利用冷体 TIG 堆焊解决了铜在钢表面堆焊时易产生较大的应力，易导致焊接裂纹的问题。钢基体的材质为 35CrMnSiA，堆焊用铜合金选择 HS201、CuSi3、B30 三种铜合金。对微观组织研究发现，钢基体为退火态 35CrMnSiA，其原始组织为铁素体＋珠光体，如图 5-26(a)。由于堆焊过程冷却速度很快，造成较大的过冷度，组织形成速度快，形成了片状马氏体组织，如图 5-26(b)。

(a) 堆焊前原始组织

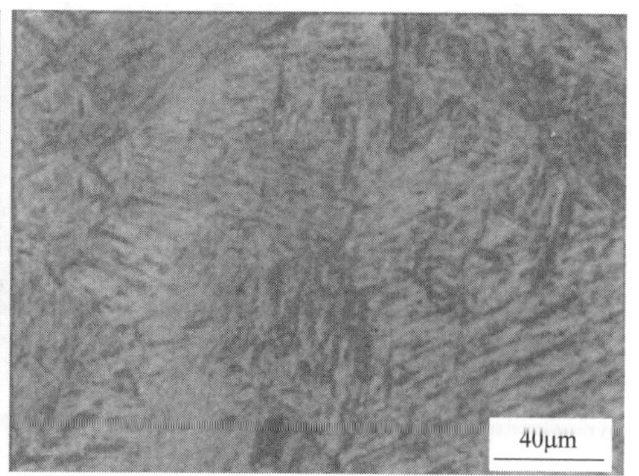

(b) 堆焊后热影响区组织

图 5-26　35CrMnSiA 钢金相组织

铜与钢在高温下无限互溶，在堆焊过程中，钢基体元素会通过溶解进入液态的铜合金中。当热输入过大时，钢基体大量熔化，在电弧力的搅拌作用下与液态的铜合金混合，然后冷却凝固。这个过程是铜合金的稀释过程，其中的铁被称为铜带中的泛铁。改变堆焊电流，铜合金层的含铁量发生明显的变化，如图 5-27 所示。当堆焊电流较小为 170A 时，因为此时钢基体不熔化，Fe 元素只是通过溶解进入铜合金层内，进入的 Fe 元素少达不到饱和，在冷却的过程中不会析出，铜合金层中几乎看不到泛铁；当电流较大为 280A 时，钢基体熔化，有大量的基体元素在电弧的搅拌作用下进入铜合金层，形成了铜合金层中的大量泛铁，此时泛铁的形态除了树枝状外，还存在由熔化基体直接凝固形成的球状泛铁。

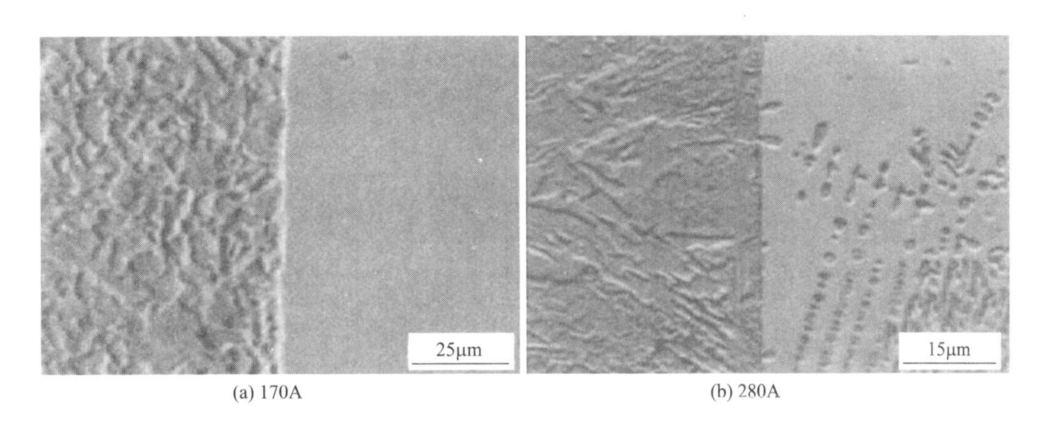

(a) 170A　　(b) 280A

图 5-27　泛铁与堆焊电流的关系（HS201 堆焊合金）

5.3.3　堆焊方法的选择

堆焊方法种类很多，应根据工件使用环境的要求，尽量选择性价比高的工艺方法。选择堆焊方法时应综合考虑以下因素。

(1) 稀释率　不同的堆焊方法稀释率差别较大，表 5-5 列出了几种常用堆焊方法的工艺特点比较。当堆焊合金的含量高，价格较贵时，应尽量选择稀释率低的堆焊方法。

表 5-5　常用堆焊方法的工艺特点比较

堆焊工艺方法		稀释率[①]/%	熔敷速度/(kg/h)	最小堆焊层厚度/mm	熔敷效率/%
氧-乙炔焰堆焊	手工送丝	1～10	0.5～1.8	0.8	100
	自动送丝	1～10	0.5～6.8	0.8	100
	粉末堆焊	1～10	0.5～1.8	0.8	85～95
手工电弧堆焊		10～40	0.5～5.4	2.5	55～70
钨极惰性气体保护堆焊		10～20	0.5～4.5	2.4	98～100
熔化极气体保护电弧堆焊		10～40	0.9～5.4	3.2	90～95
自保护药芯焊丝电弧堆焊		15～40	2.3～11.3	3.2	80～85
埋弧堆焊	单丝	30～60	4.5～11.3	3.2	95
	多丝	15～25	11.3～27.2	4.8	95

续表

堆焊工艺方法		稀释率[①]/%	熔敷速度/(kg/h)	最小堆焊层厚度/mm	熔敷效率/%
埋弧堆焊	串联电弧	10～25	11.3～15.9	4.8	95
	单带极	10～20	12～36	3.0	95
	多带极	8～15	22～68	4.0	95
等离子弧堆焊	自动送粉	5～15	0.5～5.8	0.8	85～95
	手动送丝	5～15	0.5～3.6	2.4	98～100
	自动送丝	5～15	0.5～3.6	2.4	98～100
	双热丝	5～15	13～27	2.4	98～100
电渣堆焊		10～14	15～75	15	95～100

① 指单层堆焊结果。

(2) 堆焊工件的批量 如果被堆焊的工件是大批量连续生产，应选用生产率高、自动化程度高的堆焊方法，如埋弧自动堆焊、熔化极气体保护堆焊等方法。

(3) 小批量或单件修复 小批量或单件修复的零件，应选用最通用的手工电弧堆焊。因不需添加新设备，整体堆焊成本降低。另外，气体保护堆焊需单独购买气体，使用不够方便，不适合小批量或单件堆焊。

(4) 要求质量均匀稳定的堆焊 要考虑对堆焊质量均匀稳定的要求。手工堆焊方法易造成堆焊层不均匀，或留下堆焊缺陷；当对堆焊层质量要求严格时，应采用自动堆焊方法。

(5) 有特殊要求的工件 一些工件对堆焊层有特殊要求，如模具的刃口，要求堆焊层表面平清，形状准确，采用TIG堆焊方法最佳；容器、反应器衬里不锈钢堆焊，面积大，要求堆焊层无裂纹、气孔、夹杂等缺陷，采用稀释率低的带极埋弧堆焊或带极电渣堆焊最为合适；用堆焊方法制造耐磨复合钢板，要求熔敷效率高，堆焊层质量稳定，电弧热能利用率高，采用添粉式埋弧堆焊能满足这一要求。

5.3.4 堆焊技术的应用及发展趋势

(1) 应用特性 堆焊作为一种经济、有效的表面强化方法，是现代材料加工与制造业不可缺少的工艺手段。除了整体复合外，在各类表面工程技术中，堆焊能得到的表面层最厚，特别适合于严重磨损工况下零件表面的强化或修复已磨损的零件。与其他表面工程技术相比，堆焊技术具有如下应用特性。

① 堆焊层与基体金属结合强度高、抗冲击性能好，因而堆焊技术更适用于高应力交变负荷的工况条件以及抗高应力磨粒磨损、削式磨损的工况要求。

② 通过正确地设计堆焊层的合金体系，可以获得抗磨损、冲击、腐蚀、擦伤和气蚀等多种性能的堆焊层；而且堆焊层金属的成分和性能调节方便。

③ 堆焊层的厚度大，常用厚度范围为2～30mm，由于抗磨损储备尺寸大，更适用于磨损严重的工况条件。

④ 堆焊所用的设备比较简单，经常可与焊接设备通用。

⑤ 工件受热大且不均匀，当堆焊薄壁零件、细长杆时应当注意变形问题。

由于堆焊技术的优异特性，使其成为制造和再制造的重要技术手段，被广泛应用于矿山、冶金、建筑、车辆、工程机械、石油化工、航空航天等领域的金属结构件的制造或修复，尤其是通过高质量翻新、延寿等技术手段，大幅削减制造新件带来的资源、能源消耗和碳排放，是建设资源节约型、环境友好型社会的有效途径。

(2) 我国堆焊技术的发展趋势 我国堆焊技术自20世纪50年代起，与焊接技术得到了同步发展。经过了70多年的历程，各种焊接新技术的出现、自动控制及精密加工等技术的进步，促进了堆焊技术不断发展。

围绕着“优质、高效、低稀释率”这一堆焊发展目标，我国相继开发了电弧堆焊（多丝、单带极、多带极）、电渣堆焊（窄带极、宽带极）、高能束堆焊，并研发了节能型堆焊、复合堆焊和绿色摩擦堆焊等技术。熔敷效率实现可控化，其中多带极电弧堆焊的熔敷速度达到了70kg/h。各种堆焊新方法的出现使稀释率从电弧堆焊的30％～50％降低到等离子弧堆焊、激光堆焊的5％，以及冷堆焊的3％左右。结合计算机技术、数控技术与高能束技术，研发了以激光熔覆和等离子熔覆为代表的增材再制造技术，使堆焊技术向增材制造方向发展，进而实现复杂形状和个性化零部件的制备。

我国在堆焊基础理论的研究方面与国外工业发达国家相比并不逊色，堆焊新工艺、新方法不断涌现。但堆焊设备的自动化、个性化和智能化水平，精密高效堆焊、增材制造的精度控制、计算机及模拟仿真技术在堆焊中的应用水平等方面与国外存在一定差距，因此，研究开发出优质、高效、低耗、清洁、柔性化的先进堆焊技术，并将其广泛应用于制造业，使我国堆焊技术走向世界前列，仍需要科研工作者的不懈努力。我国堆焊市场在近期、中期和长期的需求见表5-6。

表5-6 我国堆焊市场需求

方法	近期	中期	长期
常用单一堆焊方法	依据不同产品需求，选择不同的单一堆焊方法	应用低成本、高效的堆焊方法	设备更完善，高质及专机化
高效堆焊方法	快速、高效，制备复合结构件	堆焊层宽度、高度、平面平整度可任意调控，稀释率可控	高效、高质、专机化，质量反馈
复合堆焊方法	工艺简单，质量稳定，满足特殊需求	工艺简单，质量稳定，满足特殊需求	工艺简单，质量稳定，堆焊质量可调控
“3D打印”增材制造技术	精度要求不高，生产特殊产品	精度要求有所提高，有一定的生产效率	精度高，构件组织性能可控，个性化制备

堆焊技术和工艺的发展目标是实现智能化、复合化、专业化、个性化、微纳化和功能化。具体内容如下。

① 堆焊技术的智能化

a. 堆焊技术方案的智能化设计。

b. 堆焊过程参数反馈控制或逻辑程序控制。

② 堆焊技术的复合化

a. 两种以上电源的复合。

b. 堆焊材料如药芯焊丝与实芯焊丝复合。

c. 堆焊技术与其他表面技术的复合，实现优势互补。

③ 堆焊技术的专业化

a. 针对个性化产品研发专用的堆焊技术和专用设备。

b. 建立堆焊成形技术的专业生产线，提升再制造产品质量。

c. 实现规范化和标准化。

④ 堆焊技术的功能化

a. 机械零部件的堆焊成形满足相关的力学、组织结构和化学性能。

b. 特殊功能的器件表面获得电、磁、声、光等功能性堆焊层。

c. 零部件的再制造堆焊技术可任意组合。

d. 研发和创新拓展用于再制造成形的先进表面成形技术群、三维体积成形技术群等，使再制造成形零件的精度更高、性能更好、寿命更长，确保再制造产品的质量和性能。

5.4 金属增材制造技术

5.4.1 增材制造技术概述

(1) 基本原理　增材制造技术是由美国提出并商品化的一项集机械、计算机、数控和材料于一体的全新制造技术，后迅速扩展至欧洲、亚洲等地，于 20 世纪 90 年代初引入我国。该技术发展时间虽短，但其在复杂结构快速制造、个性化定制方面显现出独特的优势，不但改变了传统的加工模式，还是大规模生产向定制化制造转变的有效实现手段之一，因而受到了各国、各行各业的高度重视。

增材制造是基于离散-堆积原理，以三维 CAD 设计数据为基础，将离散材料（液体、粉末、线材或片材等）逐层累加来制造实体零件的技术。它从原理上突破了传统制造技术受结构复杂性制约的难题，实现了材料从微观组织到宏观结构的可控成型，真正意义上实现了“设计引导制造、功能性优先设计、拓扑优化设计”转变。增材制造基本原理如图 5-28。首先通过三维绘图软件或扫描实体等方式构建出所加工零件的三维实体模型，并将三维模型文件转换为切片软件能够识别的 STL 格式的文件；再利用 CAD 软件对三维模型进行离散化处理，并用切片软件按照一定厚度进行切片分层，得到每层切片的二维平面信息，生成该切片的最佳扫描路径。计算机根据最佳扫描路径控制着增材制造设备，通过对材料进行熔结、黏结、焊接、聚合或化学反应等技术手段制造出一系列层片，并自动将它们连接起来，从而快速制造出实体零件。

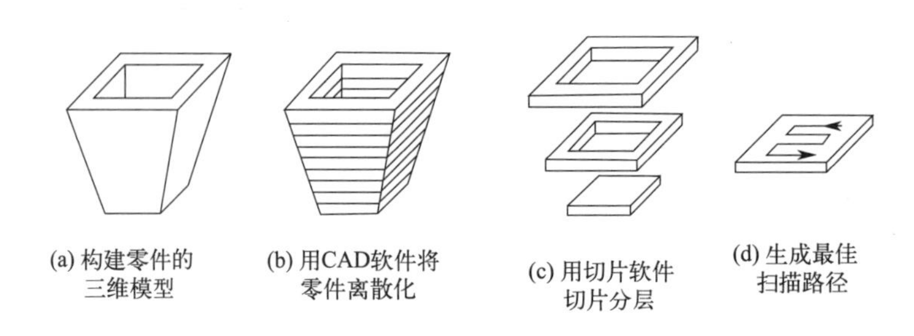

图 5-28　增材制造基本原理

相对于以车、铣、刨、磨为代表的减材制造和以铸、锻为代表的等材制造技术，增材制造技术与上述传统制造技术相比具有本质区别。增材制造是一种“自下而上”材料累加的制造过程，无须毛坯和工装模具，直接根据计算机建模数据对材料进行逐层叠加，使零件实体不断增长，实现零件从无到有的过程。增材制造可以快速、高效地实现新产品和新零件的制造，并为实现材料设计-制造-功能一体化目标提供了快捷技术途径。

近30年来，增材制造技术取得了快速的发展，其间也被称为材料累加制造（Material Increase Manufacturing）、快速成型（Rapid Prototyping）、分层制造（Layered Manufacturing）、实体自由制造（Solid Free-form Fabrication）、3D打印（3D Printing）等。名称各异的叫法分别从不同侧面表达了该制造技术的特点。目前，增材制造技术通常被俗称为3D打印技术。

（2）典型的增材制造工艺 增材制造技术综合了机械工程、材料科学、计算机等多领域知识，属于一种多学科交叉的先进制造技术。增材制造技术包含多种工艺类型，根据材料堆积方式，可分为立体光固化、粉末床熔融、黏结剂喷射、材料喷射、定向能量沉积、材料挤出和薄材叠层七大类，如表5-7所示。每种工艺类型有特定的适用材料和应用范围，可用于模型制造、零部件的直接制造以及受损件修复等不同场合。

表5-7 增材制造工艺类型比较

工艺类型	基本原理	典型技术	原材料	成形尺寸	优点	缺点
立体光固化	液态光敏树脂通过光聚合反应而固化	光固化成型(SLA)、数字光处理(DLP)	光敏树脂	小尺寸	精度高，表面光洁度好	通常需要支撑材料，主要使用光敏树脂
粉末床熔融	热源选择性地熔化成形粉末床区域内的材料	激光选区烧结(SLS)、激光选区熔化(SLM)、电子束选区熔化(EBSM)	金属、陶瓷、热塑性塑料、复合材料	中小尺寸	粉末床作为一体化支撑结构，占地面积小，多种材料选择	速度相对缓慢，尺寸有限，表面粗糙度取决于粉末颗粒大小
黏结剂喷射	液体黏结剂喷在薄层粉末上，将颗粒黏结在一起，逐层形成零件	三维立体喷印(3DP)、多射流熔融(MJF)	塑料、金属、陶瓷、石膏、砂、纤维、复合材料	尺寸范围大	不需要支撑材料，设计自由，成形速度快，成本相对较低	部件易碎，力学性能不高，需要后期处理
材料喷射	成形材料以微滴形式按需喷射沉积	聚合物喷射(PolyJet)、多喷头喷射打印(MJP)、纳米粒子喷射(NPJ)	光敏树脂、塑料、金属、陶瓷、生物制品	小尺寸	液滴沉积精度高，浪费少，多种材料，彩色打印	通常需要支撑材料，主要使用光聚合物和热固性树脂
定向能量沉积	聚焦热源将材料同步熔化并沉积	激光工程化近净成型(LENS)、电子束熔丝沉积(EBFF)、电弧增材制造(WAAM)	金属	范围广	晶粒结构可控，零件质量好，可用于产品维修	表面质量和打印速度需要平衡
材料挤出	材料通过喷嘴或孔口被挤出	熔融沉积成型(FDM)	热塑性塑料、金属	中小尺寸	价格便宜，使用广泛	不适合打印细节
薄材叠层	片材/箔片逐层黏结形成零件	分层实体成型(LOM)、超声波增材制造(UAM)	纸、塑料膜、金属箔、陶瓷膜	中等尺寸	速度高，成本低，物料易处理	零件的强度和完整性取决于使用的黏结剂，表面需要后处理，材料使用率有限

增材制造技术的发展包括智能软件系统、成形技术和材料的发展，其中材料是增材制造技术的基础，也是决定该技术应用范围的关键因素。目前，增材制造的材料主要包括塑料、树脂、陶瓷和部分金属材料等。此外，橡胶类材料、石膏材料、生物细胞原料以及一些食品材料也在增材制造领域得到了应用。这些原材料都是专门针对增材制造设备和工艺而研发的，与普通的塑料、石膏、树脂等有所区别，其形态一般有丝状、粉末、层片和液体等。通常，根据增材制造设备类型及操作条件的不同，所需耗材的形态也不相同。例如，熔融沉积成型工艺需要丝状材料，其丝材直径多为1.8mm或3mm；而激光选区烧结工艺需要粉末颗粒，粒径为1～100μm，为了使粉末保持良好的流动性，一般要求粉末要具有高球形度。

(3) 增材制造技术的优缺点

增材制造具有如下优点：

① 高度柔性化　增材制造属于数字制造，借助建模软件将产品结构数字化，驱动机器设备加工制造成零件。数字化文件可通过网络传递，实现异地分散化制造。

② 可制造任何形状的零件　增材制造逐层叠加的特性意味着制造任何形状的零件均不需要模具、工装、夹具等工具，适合小批量、复杂化、轻量化、个性化定制和功能一体化零部件的制造。

③ 节省材料　不同于减材制造，增材制造在生产中几乎不产生废料，也不用去除边角料，因而大大提高了材料的利用率。

④ 生产方便快捷　零件制造从CAD设计到加工完毕，只需几到几十个小时，复杂零件的成形速度比传统成形方法要快很多，可以大大缩短新产品开发周期。

增材制造具有如下缺点：

① 大批量生产相对成本高、工时长　当进行大批量生产时，增材制造相对而言仍是比较昂贵的技术，其耗材、设备成本较高，同时制造效率也略低。因此在大规模生产的情况下，传统制造业中的减材制造、模具制造仍更胜一筹。

② 所用材料受限　目前增材制造技术的局限和瓶颈主要体现在材料上。所用材料绝大部分是塑料，并且种类也非常有限，不仅缺乏性能优异的工程塑料，而且能够打印的金属种类较少，这一点也大大限制了增材制造的应用范围。

③ 精度和质量问题　由于增材制造技术固有的成型原理以及发展还不完善，制造出的零件精度、物理性能及化学性能等与传统制造方法相比，仍然存在一定的差距。

5.4.2 金属增材制造工艺

金属增材制造是最前沿和最有潜力的增材制造技术，是先进制造技术的重要发展方向。经过30多年的发展，出现了多种金属增材制造工艺，包括粉末床熔融、定向能量沉积、金属熔融三维直写、黏结剂喷射成形、液体金属挤出成形等。其中，黏结剂喷射成形、液体金属挤出成形还处于实验室阶段；金属熔融三维直写和液体金属挤出成形工艺只能成形熔点较低的金属材料；而粉末床熔融和定向能量沉积是目前商业化最好的金属增材制造工艺。

粉末床熔融技术是将金属粉末按一定厚度铺在粉末床上，然后用激光束或电子束选择性地将粉末逐层熔化形成固体构件的技术，主要包括激光选区熔化和电子束选区熔化。

金属定向能量沉积技术是以激光、电子束或电弧作为热源，熔化同步输送的粉末、丝材等添加材料在构件表面形成熔池，随后快速凝固沉积，依此逐点、逐道、逐层扫描，通过

“点-线-面-体”近终成型，获得只需少量加工的零件毛坯，主要包括激光工程化近净成型、电子束熔丝沉积和电弧增材制造。以下介绍几种典型的金属增材制造工艺。

(1) 激光选区熔化 (Selective Laser Melting, SLM) 该技术是目前金属增材制造中发展最成熟、应用最广泛的技术。SLM 技术采用精细聚焦的激光束有选择地扫描预先铺置在粉末床上的薄层金属粉末，使粉末逐层熔化、快速凝固而堆积成组织致密、呈冶金结合的实体。SLM 技术的加工过程如图 5-29 所示。先在计算机上利用三维造型软件设计出零件的三维实体模型，然后通过专用软件对该三维模型进行切片分层，得到各截面的轮廓数据，这些轮廓数据生成填充扫描路径，然后计算机逐层读入扫描路径的信息文件，通过控制扫描振镜在 X-Y 方向的偏转使激光束按规划的路径进行扫描。

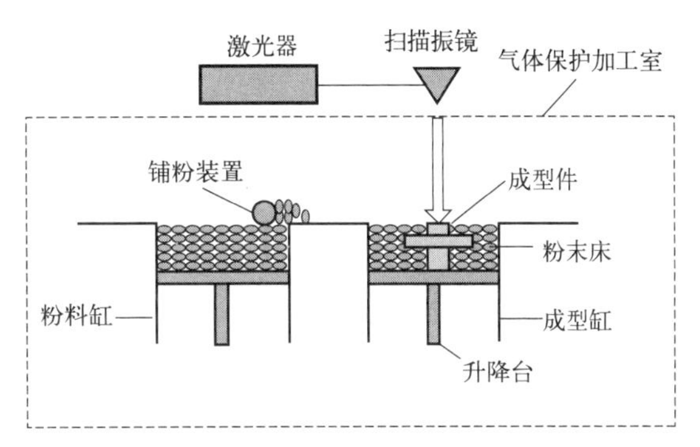

图 5-29　激光选区熔化技术原理

激光束开始扫描前，铺粉装置先把金属粉末平铺到成型缸的升降台上，然后激光束按当前层的填充轮廓信息选择性地熔化粉末床上的金属粉末，加工出当前层；接下来成型缸下降一个与当前层厚度相同的距离，同时粉料缸也上升一定的距离，铺粉装置再在已加工好的当前层上铺好金属粉末。之后设备再调入零件下一层轮廓的数据进行加工，如此层层加工，直至整个加工过程完毕，得到与三维实体模型相同的三维金属零件。整个加工过程在通有惰性气体保护的加工室中进行，以避免金属在高温下与其他气体发生反应。SLM 成型设备通常由光路单元、机械单元、控制单元、工艺软件和保护气体密封单元几个部分组成。机械单元主要包括铺粉装置、成型缸、粉料缸、成型室密封设备等。

SLM 制造的金属零件致密性接近 100%，强度可达到同成分的锻件水平，制造精度远高于精铸工艺，尺寸精度达 20～50μm，表面粗糙度达 20～30μm。但该技术受到激光器功率和扫描振镜偏转角度的限制，无法成型出大尺寸的零件。SLM 技术主要用于加工中小型复杂精密构件，尤其是具有复杂内腔结构和个性化需求的零件。

(2) 电子束选区熔化 (Electron Beam Selective Melting, EBSM) 该技术是在真空环境下，以电子枪产生的高能电子束为热源，高速扫描并加热预置的金属粉末，使之逐层熔化和凝固，获得组织致密的三维零件。EBSM 成型原理如图 5-30 所示。首先，在升降台上铺一层预设厚度的粉末，电子束在偏转线圈和聚焦线圈的作用下，由计算机控制将粉末层的特定区域扫描熔化，使熔化区域的粉末形成冶金结合；未被熔化的粉末仍呈松散状，可作为支撑。一层加工完成后，工作台下降一个层厚的高度，再进行下一层铺粉和熔化，同时新熔化层与前一层金属熔为一体，重复上述过程直至零件加工结束。

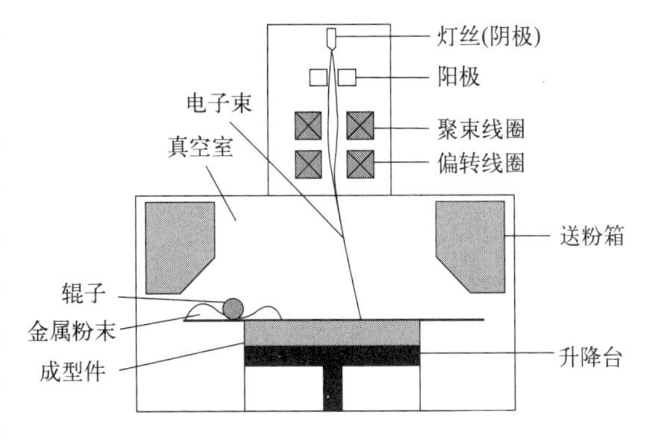

图 5-30　电子束选区熔化技术原理

EBSM技术的原理与SLM技术类似。SLM的优势是在大气环境下采用气体保护就可以进行加工，适应性强。但由于金属对激光的吸收率很低，SLM粉末层的厚度只有20～100μm，金属粉末粒径范围为5～50μm。与目前使用较多的激光束相比，电子束的热能转换效率更高，材料对电子束的吸收率更高，因此电子束选区熔化可以形成更高的熔池温度，成型一些高熔点材料甚至陶瓷。由于电子束在真空环境下工作，避免了材料的氧化，更适用于活泼材料。此外，电子束的穿透能力更强，可以完全熔化更厚的粉末层。在EBSM工艺中，粉末层厚度可超过75μm，甚至达到200μm。而且EBSM工艺在保持高沉积效率的同时，依然能够保证良好的层间结合质量。对粉末的粒径要求较低，可成型的金属粉末粒径范围为45～105μm，降低了粉末耗材的成本。EBSM技术可成型出结构复杂、性能优良的金属零件，但是成型精度不及激光选区熔化技术，且设备价格较贵，零件的形状和尺寸受到真空室的限制。目前，EBSM成型材料涵盖了钛合金、铝合金、不锈钢、铜合金、铌合金、钛铝金属间化合物、镍基高温合金等材料。

(3) 激光工程化近净成型（Laser Engineered Net Shaping，LENS） 这是20世纪90年代新兴的一种金属增材制造技术。由于许多大学和机构是分别独立进行研究的，因此这一技术的名称较多，如直接金属沉积（Direct Metal Deposition，DMD）、直接激光成型（Directed Laser Fabrication，DLF）、激光快速成型（Laser Rapid Forming，LRF）等。LENS技术是在激光熔覆基础上发展而来的，即利用高能激光束将同步送入的金属粉末熔化并逐层沉积在基体上生成沉积件。LENS技术的成型系统包括激光器、偏转和聚焦系统、送粉器、工作头、数控工作台、运动控制系统及其他辅助装置，其原理如图5-31所示。首先激光器发出的激光通过聚焦后形成一个较小的光斑作用于基体，并在基体表面上形成一个较小的熔池，同时粉末输送系统将金属粉末通过喷嘴汇集后输送到熔池中，粉末经熔化、凝固后形成一个致密的金属点。随着激光在零件上的移动，逐渐形成线和面，最后通过面的累加形成三维金属零件。

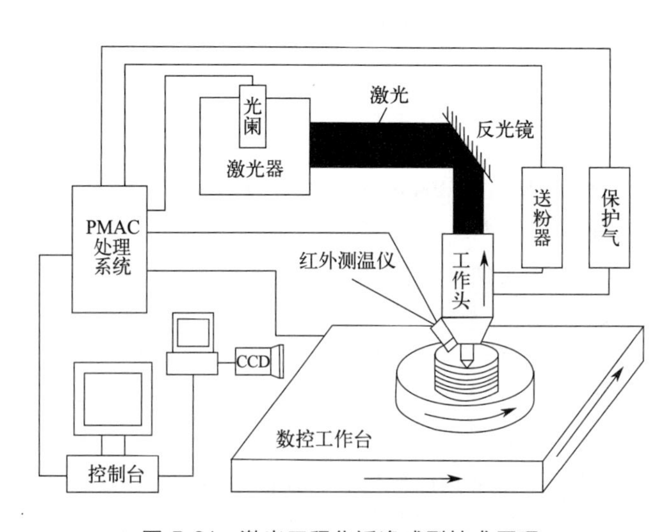

图5-31 激光工程化近净成型技术原理

与SLM技术相比，LENS技术的成型尺寸基本不受限制，仅取决于设备的运动幅度，可以直接制造出大尺寸的金属零件毛坯。通过调整工艺参数可实现同一构件上多种材料的任意复合和梯度结构的制造，其生产效率也高于SLM。但LENS技术无粉末床的支撑作用，对复杂结构成型较困难，且成型精度低于 SLM，制造出的工件需要经过二次加工后才能使用。与采用传统热源对零件进行修复相比，LENS 技术因具有激光的能量可控、位置可达性高等特点，逐渐成为一种关键的修复技术。目前，应用 LENS 技术已制造出铝合金、钛合金、钨合金等半精化的毛坯，性能达到甚至超过锻件，在航天航空、造船、国防等领域具有极大的应用前景，也可应用于机械、能源等领域核心、高附加值零部件的快速修复。

(4) 电子束熔丝沉积 前面几种增材制造工艺都是采用金属粉末作为原材料，其研究和应用已经非常广泛。但金属粉末的沉积速度较低，原材料成本较高，所以制造体积较大的结构件时成本较高。为此，熔丝沉积方式应运而生，其特点是原材料采用金属丝材。

电子束熔丝沉积技术是熔丝沉积方式的一种，又称为电子束自由成形制造技术（Electron Beam Freeform Fabrication，EBFF）。电子束熔丝沉积增材制造的原理如图 5-32 所示。利用真空环境下的高能电子束作为热源，直接作用于工件表面，在前一层增材或基板上形成熔池。送丝系统将金属丝材从侧面送入，丝材被电子束加热熔化后形成熔滴。随着工作台的移动，熔滴沿着一定的路径逐滴沉积进入熔池，熔滴之间紧密相连，从而形成新一层的增材；沉积层不断堆积，直至成形出与设计形状相同的三维实体金属零件。

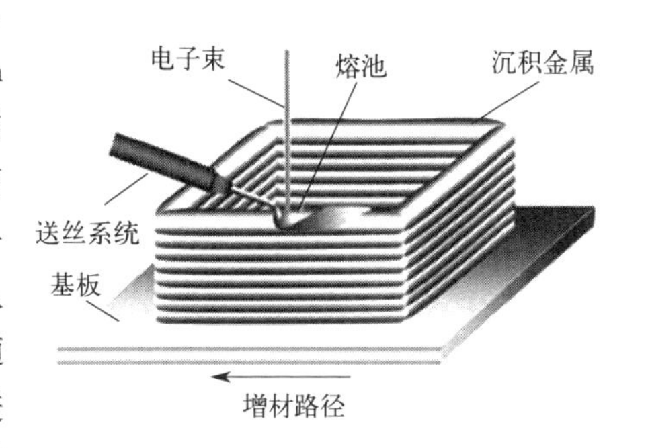

图 5-32 电子束熔丝沉积技术原理

电子束熔丝沉积使用金属丝材，其沉积效率高，成形速度快，在大型金属结构件的成形方面优势明显。电子束形成的熔池相对较深，能够消除层间未熔合现象，零件内部质量好，力学性能接近或相当于锻件性能；但精度较差，对原材料的塑性要求较高。电子束熔丝沉积适用于金属材料，包括钛合金、不锈钢和铝合金等。

(5) 电弧增材制造（Wire Arc Additive Manufacture，WAAM） 又称为电弧法熔丝沉积成形。该技术以电弧作为热源将金属丝材熔化，按照预设路径在基板上逐层堆积，直至形成所需的三维实体，其原理如图 5-33 所示。

WAAM 技术主要包括熔化极气体保护焊（GMAW）、非熔化极气体保护焊（GTAW）和等离子弧焊（PAW）等工艺方法。该技术具有高度柔性、技术集成度高、沉积效率高、材料利用率高、设备成本低和生产效率高等优点，具有广阔的发展前景。但电弧增材制造的成形件表面精度相对较低，一般需要进一步机械加工。与激光、电子束增材制造相比，电弧增材制造技术的主要应用方面是大尺寸复杂构件的低成本、高效快速近净成形，适合于钛合金件、不锈钢件、铝合金件等金属件的制造。

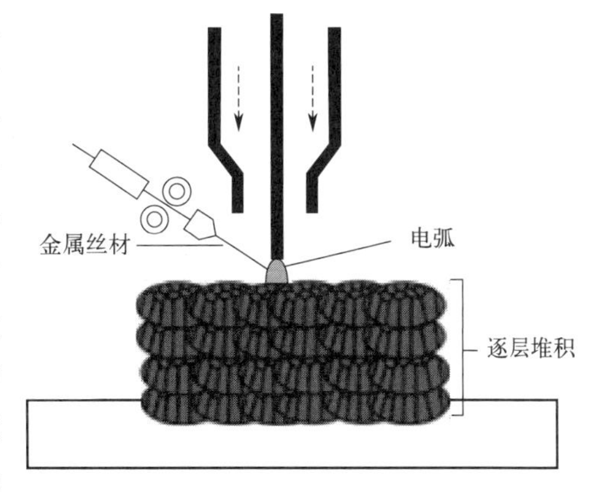

图 5-33 电弧增材制造技术原理

5.4.3 金属增材制造研究进展

金属增材制造在增材制造产业中发展最为迅速。金属增材制造是使用三维数字模型直接打印产品的一种生产方式，将金属粉末或金属丝材按照烧结、熔融、喷射等方式逐层堆积，制造出实体物品。目前几种主要的金属增材制造工艺，如喷粉（激光熔融沉积）、铺粉（激光选区熔化、电子束选区熔化）、电弧增材制造等在不断地发展中。目前，金属增材制造技术主要的应用场景为：成形传统工艺制造难度大的零件、制备高成本材料零件、快速成形小批量非标件、修复受损零件、异质材料的组合制造、结合拓扑优化的轻量化制造等。随着技术的进步，通过金属增材制造技术制造的零部件越来越多地被应用于航空航天、国防军工、医疗器械、汽车制造、注射模具等领域。

(1) 金属增材制造材料研究进展 金属增材制造使用的原材料按形态主要分为金属粉末和金属丝材两类，目前金属粉末使用最为广泛。原材料按照合金种类主要分为5个体系，即钛合金体系、铝合金体系、镁合金体系、铁基合金体系、高温合金体系。各个材料体系的合金牌号及特点见表5-8。

表5-8　金属增材制造主要材料体系分类

材料体系	主要牌号	材料性能
钛合金体系	TC4,TC11,TC21,Ti5553,Ti-8Al-1Er,Ti6A17Nb	比强度高,耐腐蚀,耐高温,生物相容性好
铝合金体系	AlSi12, AlSi7Mg, AlSi10Mg, Al7Si0.6Mg, AlSi9Cu3	密度低,比强度高,耐高温,耐腐蚀,塑性好
镁合金体系	Mg-9%Al,AZ91D,AZ31	密度低,比强度高,塑性好
铁基合金体系	316L,304L,M2高速钢,H3模具钢	耐腐蚀,耐高温,强度高,力学性能好
高温合金体系	Inconel625, Inconel718, Waspaloy, Inconel939, Ni-Ti形状记忆合金	耐腐蚀,耐高温,抗氧化,塑性好,高温力学性能好

目前，增材制造用金属材料的种类日趋丰富，除了表5-8所述5种合金体系，高性能金属粉末、高熵合金、金属基复合材料等新材料的研发成为关注热点。

H. C. JX日本矿业金属公司推出了一系列雾化的钽和铌粉末，具有优异的颗粒度、均匀度、球形度和流动性，能满足增材制造粉末床熔融工艺所用材料的关键特性。法国Z3DLAB公司发布了一种新的纳米级钛合金粉末，内部含有质量分数为1%的锆元素，该粉末比标准的钛合金粉末具有优异的特性。重庆材料研究院有限公司采用等离子球化技术，将经过分散的非球形粉体通过等离子区域快速熔化，熔滴因表面张力形成球形，再经过快速凝固，制备出增材制造用难熔金属球形粉末。该粉末装填密度达到非球形粉料装填密度的2倍，球形度达到90%以上，球化率达到85%以上，平均粒径小于40μm。西安增材制造国家研究院有限公司和苏州英纳特公司研发出氢脆法制粉系统和射频等离子制粉设备，可制备出高球形度的低氧含量的活泼金属粉末（钛、锆、铪、钽及合金）。

高熵合金是指由五种或五种以上金属元素组成，每种元素的摩尔分数为5%～35%的新型合金。高熵合金在微观结构上呈现出简单固溶体相结构，而性能上表现为优异的力学性能、耐热性、耐蚀性、高电阻率、抗辐照性等，其综合性能明显超过了传统的金属材料，拓宽了材料的应用领域。目前，大多数高熵合金采用熔炼的方式制备，由于合金具有多种主元，流动性较差，成分偏析严重，难以制备大尺寸高熵合金铸锭，阻碍了高熵合金的工业化应用及发展。而金属增材制造超越传统均质材料的设计理念，以激光、电弧、电子束等作为热源熔化金属，具有冷却速率高、原材料利用率高、一体成形等特点，可以获得简单的固溶体相和超细均质组织，且所制备的零部件的硬度、抗拉强度等均优于传统工艺，而且有制造更大、结构更复杂的高熵合金零件的潜力，有望实现高熵合金的工业应用。例如，L. Huang 等采用 LENS 工艺制备了 AlCoCrFeNi2.1 高熵合金，发现该合金由层状共晶、不规则共晶和过共晶组织组成。试样最大抗拉强度达到 1312MPa，断裂伸长率为 17.92%，比铸造件分别提高了 19.7%和 56.4%。J. Ren 等通过 SLM 技术制备了 CoCrFeMnNi 高熵合金，探究了 3.5%的 NaCl 溶液环境下的腐蚀动电位极化和电化学阻抗谱。与铸造法相比，SLM 制备的 CoCrFeMnNi 合金具有更宽的钝化区、更高的极化电阻和更高的点蚀电位，耐蚀性更好。

金属基复合材料是由连续的金属或合金基体和增强体所构成。基体包括铝基、镁基、钛基、钢基、铜基等多种，增强体的类型有纤维、晶须和颗粒。金属基复合材料由于兼有金属的塑性和韧性以及增强体的高强度和高刚度，不但密度低，而且具有耐热、耐磨、热胀系数小、抗疲劳性能好等优点，已成为发展潜力巨大的高性能新材料之一。然而，在面向复杂金属基复合材料构件的成形过程中，传统的制备与成形方法存在着两方面问题。一是材料制备与零件成形过程分离，工艺流程长，灵活度低；二是复合材料界面结合困难，性能难以控制。而增材制造技术有望突破传统制造方法难以成形金属基复合材料的瓶颈，制备出性能优异、结构复杂的精密构件。

国内外众多机构都在进行金属基复合材料的增材制造研究，例如，加利福尼亚州立大学研究了陶瓷增强钛合金，迪肯大学探索将氮化硼和钛合金混合制造在一起。克拉科夫大学则将 Inconel625 和碳化钨结合在一起。2013 年，上海交通大学金属基复合材料国家重点实验室研制了多种高性能铝基复合材料及构件，并成功应用于“玉兔号”月球车的移动分系统和“嫦娥三号”光学系统。2016 年，上海交通大学和日立金属株式会社合作，开展了碳纳米管/铝合金复合材料研究，并取得碳纳米管优选、高含量碳纳米管与铝粉均匀分散复合、高含量碳纳米管与铝合金粉末成形致密化三个重要进展。2017 年，西安交通大学机械制造系统工程国家重点实验室研究了“连续纤维增强金属基复合材料 3D 打印工艺”。通过调节打印速度来控制纤维在复合材料中的分散程度，配合对纤维走向的宏观设计，可实现金属基复合材料中纤维分布从宏观到微观的一体化设计。2020 年，澳大利亚埃迪斯科文大学研究团队与山东大学研究团队合作开发了一种使用激光选区熔化技术生产的多孔铁基玻璃复合材料。该复合材料由非晶和晶态结构组成，并应用于污水处理方面的催化性能研究。

(2) 金属增材制造技术研究进展 金属增材制造是工程中需求迫切和应用价值巨大的技术。高精度、大尺寸、高效率、多功能关键金属结构批量化和绿色化生产是未来金属增材制造的发展方向。以下介绍金属粉末床熔融、金属定向能量沉积、增等减材复合制造、新型多材料金属构件增材制造、金属增材再制造的研究进展。

① 金属粉末床熔融增材制造技术 该技术属于金属增材制造中制件精度高、综合性能优良的工艺方法，所成形的零件具有较高的尺寸精度和较好的表面质量以及近乎 100%的致密度，并且能够自由设计。与传统工艺相比，基本不需要后续再加工，大大缩短了加工周期，避免了材料的浪费，已广泛应用于航空、航天、船舶、核电、医疗、汽车等行业。但成形尺寸小、生产效率低、成本高成为该技术实现广泛应用所面临的挑战。目前，我国金属粉末床熔融增材制造技术发展迅速，处于国际先进水平，但是在装备稳定性方面依旧与国外存在差距，需要进一步提升工艺稳定性和成熟度，发展复合工艺，探索粉末床熔融增材制造新工艺。

② 金属定向能量沉积技术　该技术在大型整体复杂钛合金、高温合金、高强度钢、铝合金等金属构件的成形制造中具有快速响应、周期短、成本可控等优势，特别适合于研制期间小批量件的快速成形。未来可以满足诸如飞机主承力钛合金眼镜框、超高强度钢起落架、三维复杂钛合金框梁、航空发动机整体叶盘、重型运载火箭连接环、船舶螺旋桨、核反应堆耐压壳体等多领域大型整体金属构件的制造需求，市场前景广阔。目前，我国在大型构件的激光、电子束和电弧定向能量沉积技术等方面处于领先水平，但仍面临专用材料短缺、设备自动化和智能化水平低、缺乏评价标准等难题。

③ 增等减材复合制造技术（Additive Forging/Subtractive Hybrid Manufacturing，AF-SHM）该技术是一种将产品设计、软件控制与增材、等材、减材制造相结合的新技术。它运用逐层堆叠的增材制造、随动相压/锤击以及适时的切削加工，使零件在同一台机床上实现增材成形-等材锻造-减材精整的连续或同步制造过程，如图5-34所示。对于具有内腔、内孔、内流道的复杂零件，在工艺制定阶段，可以将其分段制造、逐段增材、逐段切削，完成内腔的加工，以此来保证质量。增等减材复合制造技术不仅能成形复杂的零件，提高材料的利用率，而且与传统的锻件制造流程相比，其周期大为缩短，设备及工序显著减少，锻件成形尺寸范围大幅增加，能耗及材料消耗急剧减少，同时兼顾了减材加工质量高与精度高的优势，因此已成为目前全球制造业关注的重点与焦点。

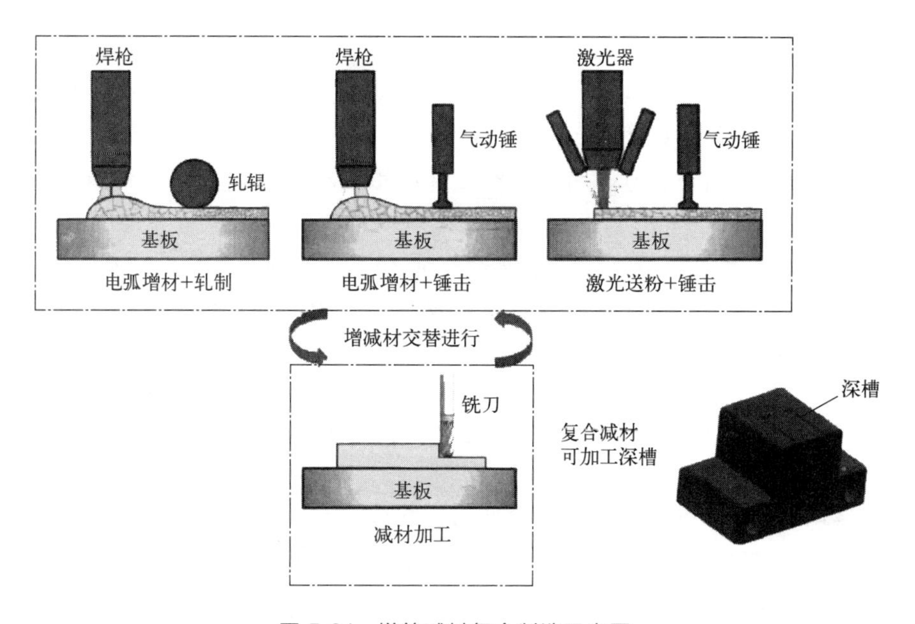

图5-34　增等减材复合制造示意图

④ 新型多材料金属构件增材制造　新型多材料主要包括新型二元或多元合金、纳米颗粒改性金属基复合材料、原位增强金属基复合材料及金属层状和梯度结构材料等类型。新型多材料金属构件的设计、成形及应用目标是在同一个成形金属构件内部的不同位置布局不同的材料，并通过跨尺度结构及界面调控来满足构件不同部位的差异化性能和功能需求。通过调控新型二元或多元合金中的合金成分，选择合适的纳米颗粒及原位增强相，增强组织的过冷能力，使增材制造中由高冷却速率和高温度梯度诱导产生的柱状晶粒转变为完全等轴状的细晶组织，从而实现材料性能的突破。在增材制造工艺装备方面，目前基于激光直接能量沉积技术与设备，可通过计算机控制集成机器人、激光器、送粉器等设备的协同运作，实现构

件在不同位置处用不同的工艺参数、不同材料的成形，获得独特的微观结构和相的结合。对于激光粉末床熔化技术，目前采用的点对点送粉及吸粉多材料激光增材制造工艺，可实现层内和不同层的多材料结合。

⑤ 金属增材再制造　该技术以金属增材制造技术为基础，对服役失效零件及误加工零件进行几何形状及力学性能恢复。通过重构损伤区域三维数模，优选性能并匹配材料，利用增材制造方式进行三维实体恢复，可直接用于精密、异型及复杂形状零件修复。在以绿色、智能、服务为发展方向的未来制造中，金属增材再制造在高端装备高附加值损伤件的修复方面具有明显优势，可广泛应用于冶金、矿山、机械、交通、能源动力、航空航天等领域。目前，金属增材再制造数模处理的三维扫描、点云处理、模型构建、分层切片、轨迹规划等环节主要依赖人工操作，精度不高、效率较低，无高质量的专用软件支撑，难以实现批量化作业。此外，增材制造应用的大部分合金都是针对铸造或变形加工设计的成分，数百种合金中满足增材再制造要求的仅有少数几种，且由于冶金过程的复杂性，极易产生缺陷。目前再制造件的拉伸强度基本可达到锻件水平，但因热应力等因素导致的抗疲劳、抗冲击等性能与使用要求存在较大的差距。

参考文献

[1] 陈祝年，陈茂爱．焊接工程师手册．3 版．北京：机械工业出版社，2019.

[2] 中国机械工程学会焊接分会．焊接手册．焊接方法与设备：第 1 卷．3 版．北京：机械工业出版社，2016.

[3] 王娟．表面堆焊与热喷涂技术．北京：化学工业出版社，2004.

[4] 王新洪，邹增大，曲仕尧．表面熔融凝固强化技术：热喷涂与堆焊技术．北京：化学工业出版社，2005.

[5] 徐滨士，朱绍华，刘世参．材料表面工程技术．哈尔滨：哈尔滨工业大学出版社，2014.

[6] 孙希泰．材料表面强化技术．北京：化学工业出版社，2005.

[7] 曾晓雁，吴懿平．表面工程学．2 版．北京：机械工业出版社，2016.

[8] 钱苗根，姚寿山，张少宗．现代表面技术．2 版．北京：机械工业出版社，2016.

[9] 王军．钨极-熔化极间接电弧焊电弧行为及其特性研究．哈尔滨：哈尔滨工业大学，2010.

[10] 姜晓飞．CMT 法 30CrMnSi 钢板表面熔覆 CuSi3 工艺研究．哈尔滨：哈尔滨工业大学，2006.

[11] 吕世雄，杨士勤，王海涛．铜/钢 TIG 堆焊氦-氩混合比对泛铁的影响．焊接学报．2007，28（12）：101-104.

[12] 徐巍．快速成型技术之熔融沉积成型技术实践教程．上海：上海交通大学出版社，2015.

[13] 强颖怀．材料表面工程技术．北京：中国矿业大学出版社，2016.

[14] 中国机械工程学会焊接分会．焊接技术路线图．北京：科学普及出版社，2016.

[15] 陈国清．选择性激光熔化 3D 打印技术．西安：西安电子科技大学出版社，2016.

[16] 王西彬，焦黎，周天丰．精密制造工学基础．北京：北京理工大学出版社，2018.

[17] 王迪，杨永强．3D 打印技术与应用．广州：华南理工大学出版社，2020.

[18] 刘少岗，金秋．3D 打印先进技术及应用．北京：机械工业出版社，2020.

[19] 王好臣，刘江臣．工程训练．北京：机械工业出版社，2020.

[20] 郝秀清．微纳制造前沿应用．北京：北京工业大学出版社，2020.

[21] 吴超群，孙琴．增材制造技术．北京：机械工业出版社，2020.

[22] 杨永强，王迪，宋长辉．金属 3D 打印技术．武汉：华中科学技术大学出版社，2020.

[23] 苏仕方．铸造手册．第 5 卷：铸造工艺．4 版．北京：机械工业出版社，2021.

[24] 陈智勇．3D 建模和 3D 打印技术．西安：西安电子科技大学出版社，2021.

[25] 卢秉恒，李涤尘，王磊．增材制造前沿技术——增材制造技术专利分析．北京：机械工业出版社，2021.

[26] 庄明辉，李慕勤．耐磨高硼铁基堆焊合金的组织与性能．北京：化学工业出版社，2021.

[27] 中国机械工程学会．中国机械工程技术路线图．2021 版．北京：机械工业出版社，2022.

[28] 张彦华．工程材料与成型技术．北京：北京航空航天大学出版社，2015.

[29] 吕迎，李俊刚，吴明忠，等．全自动气保焊制备Fe基堆焊层组织与性能研究．电焊机，2018，48 (5)：109-113.
[30] 杨俊．基于双丝三电弧的堆焊工艺研究．哈尔滨：哈尔滨工业大学，2015.
[31] 吕迎，李俊刚，武淑艳，等．V含量对Fe-Cr-C-Mo堆焊层组织及性能的影响．焊接技术，2018，47 (7)：4-7.
[32] 朱胜，杜文博．电弧增材再制造技术研究进展．电焊机，2020，50 (9)：251-254.
[33] Ma Z，Zhuang M H，Li M Q，et al. Effect of main arc voltage on arc behavior and droplet transfer in tri-arc twin wire welding. Journal of Materials Research and Technology，2020，9 (3)：4876-4883.
[34] Ma Z，Li X X，Liao P，et al. Microstructure and two-body abrasive wear behavior of Fe-B surfacing alloys with different chromium and vanadium contents. Materials Today Communications，2023，34：1-8.
[35] 张朝瑞，钱波，张立浩，等．金属增材制造工艺、材料及结构研究进展．机床与液压，2023，51 (9)：180-196.
[36] 郭义乾，郭正华，李智勇，等．高熵合金高能束增材制造及性能的研究进展．稀有金属材料与工程，2023，52 (8)：2965-2977.
[37] 邱贺方，袁晓静，罗伟蓬，等．增材制造AlCoCrFeNi2.1共晶高熵合金研究进展．材料工程，2024，52 (1)：70-82.

第6章　电镀和化学镀技术

电镀和化学镀是非常重要的表面工程技术，可获得防护性镀层、装饰性镀层及功能性镀层，被广泛地应用于工业生产，尤其在电子行业中起着重要作用。电镀和化学镀是芯片和印制电路板制造中常用的表面工程技术，计算机硬盘的磁记录介质也通常采用电镀或化学镀来获得磁性镀层。

6.1　电镀定义及分类

6.1.1　电镀的定义

电镀（Electroplating）又称槽镀，它是将待镀零件作为阴极，电解液中的金属离子在直流电的作用下，在零件表面上发生还原反应，沉积出金属、合金或复合镀层的技术。电镀层的厚度只有几微米到几十微米，却可以改善基体表面外观，赋予表面各种物理化学性能，如耐蚀性、耐磨性、装饰性、钎焊性以及导电性、磁性、光学性能等。电镀具有设备简单、操作方便、加工成本低、操作温度低等优点，是目前应用最广泛的表面工程技术之一。电镀层的种类很多，包括单金属电镀、合金电镀，以及一些特殊的电镀工艺如复合电镀、非晶态合金电镀、非金属电镀等。

电镀的历史悠久。早在1805年意大利的L. Brugnatelli教授就首次提出镀银工艺，1840年G. R. Elkington正式获得镀银专利。经过200多年的应用和发展，电镀已经成为许多工业部门的重要组成部分。大量的金属和非金属制品，飞机、汽车和轮船的配件都要经过电镀加工，以提高其使用价值和经济效益。仅机械产品中，需要电镀的零件高达70%～80%。在电子元器件制造领域，作为唯一能够实现纳米级电子逻辑互连和微纳结构制造加工成型的关键技术，电镀成为芯片制造、三维集成和器件封装、微纳器件制造、微型机电系统、传感器、军用电子设备及元器件等高端电子产品生产中的基础性、通用性、不可替代性技术。从芯片的铜互连技术、封装中电极凸点电镀技术、引线框架的电镀表面处理到印制电路板、接插件的各种功能性镀层，电镀技术的应用贯穿于高端电子制造的全部流程。

6.1.2　镀层的分类

镀层分类方法主要有两种：一是按镀层的用途分类；二是按镀层与基体金属的电化学活性分类。

(1) 按镀层的用途分类

① 防护性镀层　主要用来防止金属在大气或其他环境下的腐蚀，如钢材表面镀Zn、

Cd、Ni、Sn、Zn-Ni 等防护层。

② 防护装饰性镀层 既能防止金属腐蚀又具有美观装饰性的镀层。由于单一金属镀层很难满足上述要求，所以这类镀层常采用多层镀层，如 Cu-Ni-Cr、Cu-Sn-Cr、Ni-Cu-Ni-Cr 等。此外，Au 和 Cu-Zn 仿金镀层及彩色镀层也属于此类镀层。

③ 功能性镀层 赋予材料表面某些特殊性能的镀层。包括耐磨镀层，如镀硬铬、松孔铬等镀层；减摩镀层，如 Sn、Pb-Sn、Co-Sn、Ag-Sn 等镀层；抗高温氧化镀层，如 Ni、Cr 镀层以及特殊场合中使用的 $Ni\text{-}Al_2O_3$、$Ni\text{-}ZrO_2$ 和 $Cr\text{-}ZrO_2$ 等复合镀层；导电性镀层，如 Au、Ag、Cu、Au-Co、Ag-Pb 等镀层；磁性镀层，如 Ni-Fe、Co-Ni、Co-P、Co-Ni-P 等镀层；可焊性镀层，如 Sn-Pb、Cu、Sn、Ag 等镀层。此外还有吸热镀层、反光镀层、防渗镀层、生物活性镀层等。

(2) 按电化学性质分类 按镀层与基体金属的电化学活性，可将电镀层分为阳极性镀层和阴极性镀层两大类。

① 阳极性镀层 镀层金属的标准电极电位低于基体金属，当镀层与基体金属形成腐蚀原电池时，镀层金属作为阳极而首先溶解。阳极性镀层不仅能对基体起机械保护作用，还能起电化学保护作用。如在钢上镀 Zn、Cd 及其合金层等属于阳极性镀层，即使镀覆层存在微孔，它们对基体仍有保护作用，多用于在大气、淡水和海水环境下工作的金属装备的防护。

② 阴极性镀层 镀层金属的标准电极电位高于基体金属，当镀层与基体金属形成腐蚀原电池时，镀层为阴极。阴极性镀层仅对基体金属起机械保护作用，如钢上镀 Sn、Pb、Ni、Cr 及其合金层，当镀层孔隙率较高或完整性遭到破坏后，反而会加速基体金属的腐蚀破坏。

6.2 电镀的基本原理及工艺

6.2.1 电镀的基本原理

(1) 电化学反应 电镀是一种电化学过程，也是一种氧化还原过程。图 6-1 是电镀装置示意图，以被镀工件为阴极，与电源的负极相连；镀层金属作为阳极，与电源正极相连；将阴极和阳极浸入含有镀层金属的电解质溶液中。在直流电的作用下，镀液中的金属离子向阴极移动，在阴极获得电子被还原成金属原子，并以电结晶的形式沉积于阴极表面形成镀层。现以酸性溶液镀铜为例简述电镀过程的基本原理。

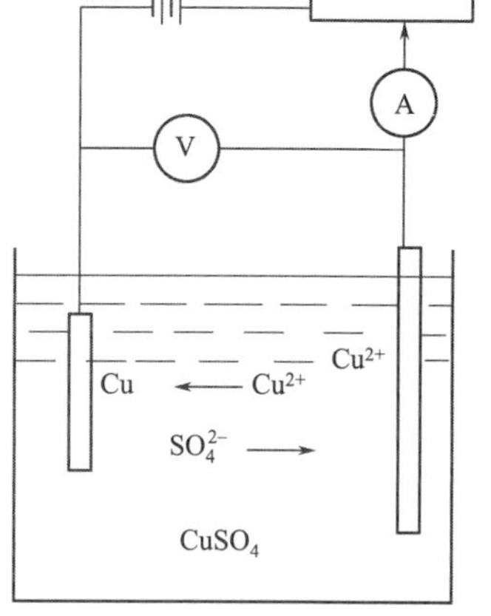

图 6-1 典型电镀装置及离子运动方向

在阳极上，金属 Cu 溶解，失去电子变成 Cu^{2+}，这是主要反应，有时还存在副反应，其阳极反应式为：

$$Cu - 2e = Cu^{2+}$$

$$4OH^- - 4e = 2H_2O + O_2\uparrow$$

在阴极上，从镀液内部扩散到电极和镀液界面的 Cu^{2+} 得到电子被还原成金属 Cu，同时还存在氢离子还原为氢的副反应，其阴极反应式为：

$$Cu^{2+} + 2e = Cu$$

$$2H^+ + 2e = H_2\uparrow$$

(2) 电极反应机理

① 平衡电极电位　在没有外电流通过的情况下，当金属电极与溶液接触时，由于其具有自发腐蚀的倾向，金属就会变成离子进入溶液，留下相应的电子在金属表面上，结果使得金属表面带负电，而与金属表面相接触的溶液带正电。这样就在金属/溶液两相界面间自发地形成双电层，如图6-2所示。由于双电层的建立，金属与溶液之间产生了电位差，这种电位差就叫电极电位。随着时间的推移，进入溶液的离子越来越多，留在表面的电子也越来越多，由于电子对离子的吸引力，金属的离子化倾向愈来愈困难，最后体系达到动态平衡状态，此时的电极电位称为平衡电极电位，简称平衡电位，以$E_{平}$表示。当溶液温度为25℃，金属离子的有效浓度是1mol/L（即活度为1）时，所测得的平衡电位叫标准电极电位，用E^0表示。任意活度下的平衡电极电位可以用能斯特（Nernst）方程来确定：

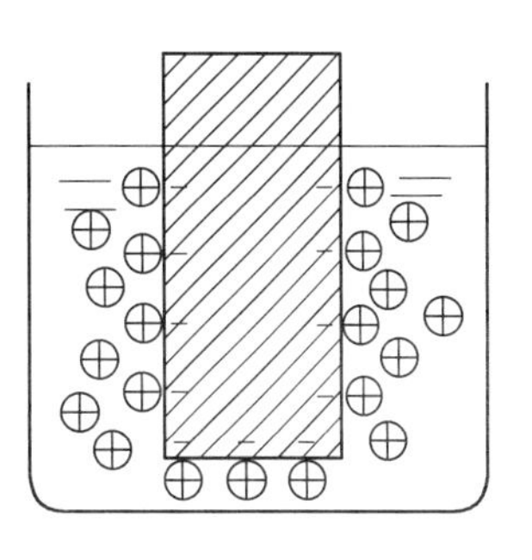

图6-2　双电层结构

$$E_{平}=E^0+\frac{RT}{ZF}\ln\alpha \tag{6-1}$$

式中，$E_{平}$为平衡电极电位；E^0为标准电极电位；R为气体常数，$R=8.315\text{J/(mol·K)}$；T为电解质温度，K；Z为参加反应的电子数；F为法拉第常数，$F=96485\text{C/mol}$；α为金属离子的平均活度。

由式(6-1)可以看出，平衡电极电位除了与该电极的标准电极电位大小有关，还与该金属的本性、电解质溶液的温度和浓度有关。根据平衡电极电位可以判断电极反应的方向。电极构成原电池时，在相同的温度和活度下，电极的平衡电位越负，电极上越容易发生氧化反应；而电极的平衡电位的正值越大，电极上越容易发生还原反应。

② 电极极化与过电位　所谓电极极化就是指当有电流通过电极时，电极电位偏离平衡电位的现象。阴极的电极电位向降低的方向偏移，叫作阴极极化；阳极的电极电位向升高的方向偏移，叫作阳极极化。

通常把某一定电流密度下，电极电位与平衡电位的差值称为过电位。过电位η可用式(6-2)表示：

$$\eta=E_{析}-E_{平} \tag{6-2}$$

阴极极化时，$\eta<0$；阳极极化时，$\eta>0$。η绝对值的大小反映了该电极极化作用程度的大小。此外，把表示电极电位随电流密度而改变的关系曲线称为极化曲线。在极化曲线中，通常用横坐标表示电流密度，纵坐标表示电极电位。

电极极化产生的原因主要是电化学极化和浓差极化。

a. 电化学极化　电极上电化学反应速度小于电子运动速度而造成的极化，称为电化学极化。图6-3是阴极电化学极化曲线。它表示阴极电位$E_{析}$与电流密度i_k的关系。可以看出，电化学极化的特征是：当阴极上发生电化学极化时，在较小的电流密度下，阴极电位就急剧降低，也就是出现了较大的极化值，阴极过电位较大。

b. 浓差极化　电解质溶液中离子扩散的速度小于电子运动速度而造成的极化，称为浓差极化。图6-4是阴极浓差极化曲线。浓差极化的特征是：阴极的电流密度较小时，浓差过电位的值不大；当阴极电流密度很大并接近极限电流密度（i_1）时，阴极过电位才迅速增大，从而达到完全的浓差极化。

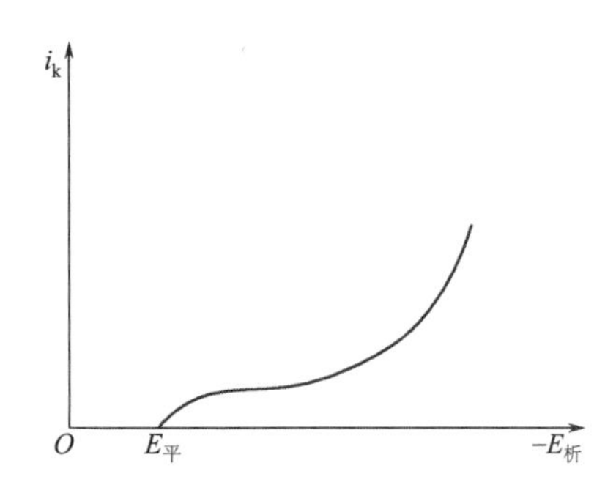

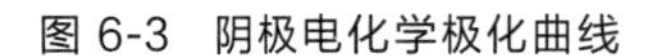
图 6-3　阴极电化学极化曲线

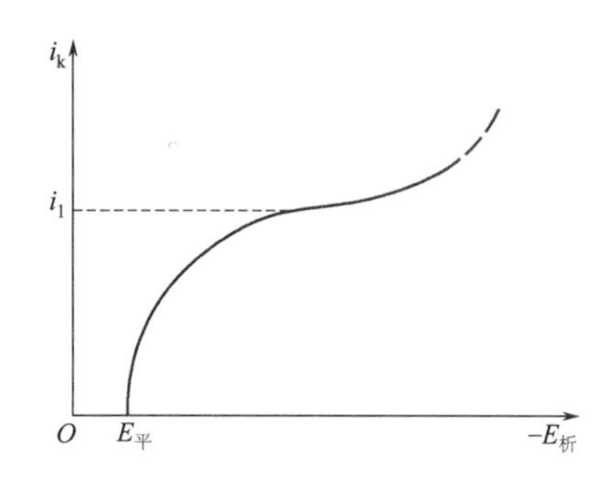

图 6-4　阴极浓差极化曲线

在电镀过程中，电化学极化和浓差极化是同时存在的，只是在不同条件下各自所占的比重不同。一般情况下，当使用的电流密度较小时，常以电化学极化为主；而在高电流密度时，浓差极化往往占有主要地位。

③ 析出电位　金属在阴极上开始析出的电位就叫析出电位，又称为沉积电位，常用 $E_{析}$ 表示。由式(6-2) 可知，析出电位值 $E_{析}$ 等于它的平衡电位 $E_{平}$ 与过电位 η 之和，即：

$$E_{析}=E_{平}+\eta \tag{6-3}$$

将式(6-1) 代入式(6-3)，得到析出电位的计算式如下：

$$E_{析}=E^{0}+\frac{RT}{ZF}\ln\alpha+\eta \tag{6-4}$$

由析出电位的表达式(6-4) 可知，金属离子在水溶液中能否还原，离子的浓度有一定影响，但最关键还是过电位的影响。过电位对电镀的电结晶过程有重要意义。金属的电结晶过程与盐溶液中盐的结晶过程相似。在平衡电位下，金属是不会析出的。只有在阴极极化后，即阴极在一定的过电位下，金属才能在阴极上结晶析出。与盐溶液结晶过程相比，可认为平衡电位状态相当于溶液的饱和状态，而阴极的过电位则相当于溶液的过饱和度。溶液在析出金属时的阴极极化作用越大，过电位就越高，生成晶核的速度就越快，镀层的晶粒就越细；反之，晶核的形成速度低于生长速度，镀层的晶粒就越粗。因此，阴极极化对电镀镀层质量起着十分重要的作用。在电沉积过程中，主要靠提高阴极极化的办法来实现结晶细密的目的。

6.2.2　电镀溶液的基本组成

电镀溶液由多种成分组成，包括主盐、络合剂、导电盐、缓冲剂、阳极活化剂以及添加剂等。各成分相互间只有合理组合才能获得良好的效果。但并非每一种镀液都含这些成分，而是根据要求选用。

(1) 主盐　主盐是指电镀液中含镀层金属的盐类，用于提供金属离子。如镀镍溶液中的 $NiSO_4$，酸性镀铜溶液中的 $CuSO_4$，这类盐是简单的金属化合物，称为单盐；又如锌酸盐镀锌溶液中的 $Za_2Zn(OH)_4$（四羟基合锌酸钠）是络合物，也称络盐。因此，电镀溶液中的主盐可以是单盐，也可以是络盐。

在其他条件不变的情况下，主盐浓度越高，则浓差极化越小，结晶形核速率降低，所得镀层组织较粗大。这种作用在电化学极化不显著的单盐镀液中更为明显。稀溶液的阴极极化作用虽然比浓溶液大，但其导电性较差，不能采用较大的阴极电流密度。

(2) 络合剂　一般来讲，如果主盐为单盐，其电镀溶液的阴极极化作用很小，极化数值只有几十毫伏，使得镀层晶粒粗大，因此需要采用含络合离子的镀液。获得络合离子的方法是加入络合剂。能与络合主盐中的金属离子形成络合物的物质称为络合剂，如氰化物镀液中的 NaCN 或 KCN，或焦磷酸盐中的 $K_4P_2O_7$ 或 $Na_4P_2O_7$。

络合物在溶液中可分离为简单离子和复杂络合离子。络合离子由中心离子和配位体构成，它们的结合比较牢固，使得络合离子在镀液中的解离能力较小，比简单盐离子稳定。络合作用使金属离子在阴极上的还原过程变得困难，从而提高了阴极极化作用，因此镀层的结晶较为细致、紧密。

(3) 导电盐　导电盐是指能提高溶液导电性的盐类。导电盐不参与电极反应，有时还能提高阴极极化作用。导电盐一般是某些碱金属或碱土金属的盐类，如镀镍溶液中的 Na_2SO_4 和 $MgSO_4$ 等。

(4) 缓冲剂　在弱酸性或弱碱性镀液中，能使其 pH 值在一定范围内维持基本恒定的物质称为缓冲剂，如镀镍溶液中的 H_3BO_3，焦磷酸盐溶液中的 Na_2HPO_4 等。任何缓冲剂都只能在一定的 pH 值范围内有较好的缓冲作用，超过了 pH 值范围，它的缓冲作用会下降或甚至完全丧失。

(5) 阳极活化剂　在电镀过程中金属离子被不断消耗，多数镀液依靠可溶性阳极来补充，使金属的阴极析出量与阳极溶解量相等，保持镀液成分平衡。加入阳极活性剂能提高阳极开始钝化的电流密度，保证阳极处于活化状态而能正常地溶解。阳极活化剂含量不足时，阳极溶解不正常，主盐的含量下降较快，影响镀液的稳定；含量严重不足时，阳极发生钝化，电压升高，电流逐渐下降，电镀不能正常进行。阳极活化剂的含量过高，会影响镀液或镀层的性能。如镀镍溶液中的 Cl^-，镀铜溶液中的酒石酸盐等为阳极活化剂。

(6) 添加剂　添加剂是指为了改善电镀溶液性能和镀层质量，在电镀溶液中加入的少量物质。根据在镀液中所起的作用，添加剂可分为光亮剂、整平剂、润湿剂和应力消除剂等。

6.2.3　金属的电沉积过程

电镀过程是一种电沉积过程，它是指电解液中的金属离子（或络合离子）在外电场的作用下，经过电极反应还原成金属原子，并在阴极上沉积成一定厚度镀层的过程。图 6-5 是电沉积过程示意图，金属完成电沉积过程必须经过液相传质、电化学反应和电结晶三个步骤。

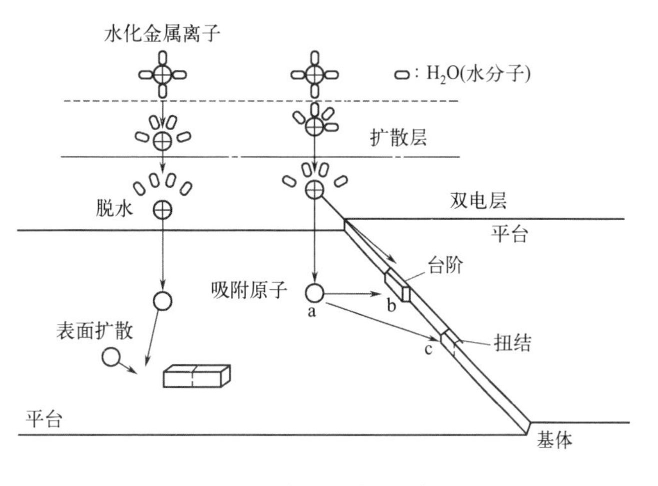

图 6-5　电沉积过程示意图

(1) 液相传质　液相传质是指镀液中的离子向电极表面的转移，有电迁移、对流与扩散三种方式。金属离子的沉积使得边界层内沉积离子贫乏，必须得到补充，补充来自主体溶液，通过这三种途径来完成。

在通常的无搅拌镀液中，电迁

移和对流可略去不计。扩散传质是溶液里存在浓度差时出现的一种现象，是物质由浓度高的区域向浓度低的区域的迁移过程。镀液中的水化金属离子或络合离子由于浓度差的原因，从溶液内部向阴极（工件）表面迁移，到达阴极的双电层溶液一侧。因此，扩散总是存在的，它是液相传质的主要方式。

(2) 电化学反应　水化金属离子或络离子通过双电层到达阴极表面后，不能直接放电生成金属原子，而必须先经过在电极表面的转化过程。即水化程度较高的简单金属离子转化为水化程度较低的简单离子，而配位数较高的络合离子则配位数减少或发生配位体交换，去掉它周围的水化分子或配位体层。然后，才能在阴极上进行金属离子的还原反应。

例如，在碱性氰化物镀锌时发生如下转化：

$$[Zn(CN)_4]^{2-}+4OH^- = [Zn(OH)_4]^{2-}+4CN^- \quad \text{（配位体交换）}$$

$$[Zn(OH)_4]^{2-} = Zn(OH)_2+2OH^- \quad \text{（配位数减少）}$$

$$Zn(OH)_2+2e = Zn+2OH^- \quad \text{（脱去配位体）}$$

(3) 电结晶　电结晶是指金属原子进入晶格形成晶体的过程，也就是电沉积新相形成的过程。位于电极表面不同位置的金属原子具有不同的能量，图6-5中的a、b、c三个位置的能量依次降低。因此，金属电结晶过程是金属离子在晶面放电后形成吸附原子（a处），吸附原子再进行表面扩散，即从晶面到台阶（b处），再到扭结点（c处），在脱去水化膜的同时进入晶格。

电沉积形成新相是一个晶核形成和晶体长大的过程。磷酸钙类盐电结晶过程如图6-6所示。在沉积的最早期，晶粒首先在有利于形核的地方形核，如图6-6(a)、(b)。随着电沉积时间的延长，晶粒的形核部位增多，晶粒有所长大，如图6-6(c)。当沉积的时间达到30min时，晶粒的生长速度大于形核速度，如图6-6(d)。随着沉积时间的增加，晶体逐渐长大，呈棒状或针状，沉积层厚度也随着电沉积时间的延长而增加，如图6-6(e)、(f)。

图6-6　磷酸钙类盐电结晶过程

根据成核理论，晶核的形成概率W与过电位η有如下关系：

$$W = B\exp(-\frac{b}{\eta^2}) \tag{6-5}$$

式中，B 和 b 是常数。由式(6-5) 可知，过电位越大，晶核形成概率以及晶核形成数目就越多，则镀层组织就越细致，因此过电位是决定电结晶的主要因素。

电镀时，液相传质、电化学反应、电结晶三个步骤是同时进行的，但进行的速度不同。速度最慢的一个称为整个沉积过程的控制性环节。假如传质作为电沉积过程的控制环节，则电极以浓差极化为主，很容易产生镀层缺陷，所以电镀生产中不希望将传质步骤作为电沉积过程的控制环节。假如电化学步骤作为电沉积过程的控制环节，则电极以电化学极化为主。电化学极化对获得良好的细晶镀层非常有利，它是人们寻求最佳工艺参数的理论依据。

6.2.4　电镀工艺过程

(1) 镀前预处理　镀前预处理的目的是得到干净新鲜的金属表面，为最后获得高质量镀层做准备。不同基体的金属所选择的预处理方法是不一样的。常用金属的预处理工艺流程见表 6-1。

表 6-1　常用金属的预处理工艺流程

基体金属	预处理工艺流程
钢铁件	除油→盐酸洗→磨、抛光→除油→活化→预镀铜或镍
铜及其合金	除油→磨、抛光→除油→活化→预镀铜或镍
铝及其合金	化学抛光或机械抛光→除油→活化→浸锌或镍→预镀
锌铝压铸件	磨、抛光→除油→弱浸蚀→活化→预镀铜或镍

(2) 电镀工艺流程　在电镀工艺流程中，每道工序之间均有一道水洗工序。这道工序十分重要，因为如果水洗不净，就会将上一道工序的溶液带入到下一道镀槽内，造成交叉污染，结果使镀槽出现故障，严重时会导致停产。

下面以钢铁件镀三层镍-铬为例，说明电镀的工艺流程。

毛坯检查→粗除油→热水洗→冷水洗→酸洗→冷水洗→中和→磨光→化学除油→电化学除油→热水洗→冷水洗→弱酸腐蚀→冷水洗→镀半亮镍→镀高硫镍→镀全亮镍→水洗回收→冷水洗→镀亮铬→回收Ⅰ→回收Ⅱ→冷水洗→干燥→检验→包装入库。

(3) 镀后处理

① 钝化处理　钝化处理是指在一定的溶液中进行化学处理，使镀层上形成一层坚实致密的、稳定性高的薄膜。钝化处理使镀层的耐蚀性大大提高，并能增加表面光泽和抗污染能力。电镀 Zn、Cu 及 Ag 等后，都可进行钝化处理。

② 除氢处理　为了消除氢脆，往往在电镀后，将镀件在一定的温度下热处理数小时，称为除氢处理。

6.3　单金属电镀

电镀一般分为单金属电镀、合金电镀、复合电镀、非金属电镀等几种类型。其中单金属电镀是最简单的一种电镀形式。单金属电镀是指镀液中只含有一种金属离子，电沉积后形成单一金属镀层的方法。常用的单金属镀层有锌镀层、铜镀层、镍镀层、铬镀层等。

6.3.1 电镀锌

(1) 镀锌层的性能及用途 Zn是一种银白色的既能与酸作用又能与碱作用的两性金属。常温下较脆，原子量是65.38，密度为7.17g/cm^3，熔点420℃。在大气环境中，纯Zn表面易形成一层致密的氧化物薄膜，该膜阻止了内层锌的进一步氧化，使它在空气中的稳定性大大提高。

电镀锌在电镀行业中占有重要地位，约占电镀总量的60%以上。镀锌层主要应用于250℃以下钢铁等黑色金属的防腐，涉及机械、电子、仪表、轻工等领域。镀锌层厚度一般为6～12μm。在环境比较恶劣的条件下，镀锌层需要20μm以上，最高达到50μm左右。但抗拉强度大于1240MPa的钢制零件不宜镀锌。

(2) 镀锌工艺 电镀锌工艺可采用酸性和碱性两种镀液，其配方及工艺条件见表6-2。酸性镀液价廉且电流效率高，电镀速度快，缺点是均镀能力差；碱性镀液价格虽高，但均镀能力好。其中以氰化物镀锌、锌酸盐镀锌、氯化盐镀锌、硫酸盐镀锌最常用。氰化物镀锌的镀液中锌离子主要通过与氰化物发生络合反应形成络合物，在电流的作用下，锌的配位离子传输到阴极待镀工件表面，发生还原反应生成锌金属层沉积在工件上。但镀液中氰化物有剧毒且污染环境，因此氰化物镀锌工艺开始向低氰和无氰方向发展。

表6-2 电镀锌溶液的配方及工艺条件

溶液组成及其工艺条件	酸性镀锌		碱性镀锌	
	氯化盐镀锌	硫酸盐镀锌	氰化物镀锌	锌酸盐镀锌
氯化锌($ZnCl_2$)/(g/L)	60～70			
硫酸锌($ZnSO_4$)/(g/L)		200～320		
氧化锌(ZnO)/(g/L)			35～45	8～12
氯化钾(KCl)/(g/L)	180～220			
硼酸(H_3BO_3)/(g/L)	25～35	25～30		
氰化钠(NaCN)/(g/L)			80～90	
氢氧化钠(NaOH)/(g/L)			70～90	100～120
硫化钠(Na_2S)/(g/L)			0.5～5	
光亮剂/(g/L)	适量	适量	适量	适量
pH	4.5～6	4.2～5.2		
温度/℃	10～55	10～45	10～35	10～40
阴极电流密度/(A/dm^2)	1～4	10～30	1～3	1～3

6.3.2 电镀铬

(1) 镀铬层的性能及用途 Cr是稍带蓝色的银白色金属。Cr的原子量为51.99，密度为6.9～7.1g/cm^3，熔点1890℃，硬度750～1050HV。Cr在空气中极易钝化，在表面形成一层极薄的氧化膜，能长久地保持原光泽而不变色。镀铬层化学稳定性好，在碱液和许多酸液中均不发生作用，但能溶于氢卤酸和热的浓硫酸中。镀铬层的硬度高达1000HV，镀层的摩擦系数低，耐磨性和润滑性很好；具有较好的耐热性，在空气中加热到500℃时，镀层的外观和硬度都没有明显的变化，热硬性优良。镀铬层按用途主要分防护装饰性镀铬和功能性镀铬两类。

防护装饰性镀铬的镀层很薄，厚度只有0.25～2μm。镀层平滑且光亮美观，广泛应用于仪器仪表、日用五金、家用电器、飞机、汽车、摩托车、自行车等的外露部件上。为了提高零件电镀后的耐腐蚀性，对钢铁、锌合金和铝合金等零件必须采用多镀层体系，如Cu-Ni-Cr、Ni-Cu-Ni-Cr、半亮镍-光亮镍-铬、三层镍-铬、低锡青铜-铬等。

功能性镀铬则包括镀硬铬、松孔铬（多孔铬）、黑铬、乳白铬等。硬铬镀层厚度为10～100μm，具有很高的硬度和耐磨性能，应用于各种工具、量具、切削刀具及易磨损零件。松孔铬镀层是在零件镀铬后进行阳极松孔处理，使镀层的网状裂纹扩大并加深，以储存润滑油、降低摩擦系数，主要用于内燃机气缸内腔、转子发电机、内腔活塞环等零件表面。黑铬镀层主要用在要求降低反光性能的仪表、光学仪器和照相器材等零件上。乳白铬镀层主要用在各种量具上。

（2）镀铬工艺　镀铬溶液分为六价铬镀液和三价铬镀液两大类。工业生产大多数采用六价铬镀液，其主盐是铬酐，此外仅含少量起催化作用的硫酸、氟化物、氟硅酸。常用镀铬溶液的配方及工艺条件见表6-3。六价镀铬溶液的成分简单，稳定性好，而且不需采用光亮剂，已沿用近百年。但六价铬毒性大，对人体和环境造成严重危害，所以近年来三价铬镀铬工艺得到了很大的发展。

表6-3　常用镀铬溶液的配方及工艺条件

溶液组成及其工艺条件	防护装饰性镀铬	镀硬铬
铬酐(CrO_3)/(g/L)	250～400	240
硫酸(H_2SO_4)/(g/L)	2.5～4.0	1.2
氟硅酸(H_2SiF_6)/(g/L)		2.25
温度/℃	50～55	50～60
电流密度/(A/dm^2)	15～30	15～60

三价铬镀铬采用$CrCl_3$或$Cr_2(SO_4)_3$作为主盐，并加入络合剂、导电盐、缓冲剂和添加剂等组分。镀液中三价铬含量低，仅为5～20g/L，降低了废水处理成本，也减少了对环境的污染。但镀液对杂质敏感，成分控制要求严格，镀层光亮度比六价铬镀铬暗，硬度也低。所以三价铬目前还没有广泛使用，仅用于装饰性镀层。

6.3.3　电镀镍

（1）镀镍层的性能及用途　Ni是银白微黄的金属，具有铁磁性。Ni的密度为8.9g/cm^3，熔点为1453℃，原子量为58.69。Ni在空气中能迅速地形成一层极薄的钝化膜，具有较高的化学稳定性，表面能保持经久不变的光泽。常温下，Ni能很好地防止大气、水、碱液的侵蚀；在硫酸和盐酸中溶解缓慢，但易溶于稀硝酸。

一般镀镍层都是多孔的，所以Ni常常作为打底层和中间层，并与其他金属镀层构成多层组合，才能达到防腐蚀的目的。如Cu-Ni-Cr、Ni-Cu-Ni-Cr等，这些多层组合镀层广泛用于日用五金、轻工、家电等行业。

（2）镀镍工艺　Ni是铁族元素，属于电化学极化较大的元素，即使在很小的电流密度下，也会产生显著的极化作用。因此，镀液均由单盐组成，不需要络合剂和添加剂。镀镍溶液的种类很多，有瓦特镍型、氯化物型、硫酸盐型、氨基磺酸盐型等。从镀层外观看，有无光泽镍（暗镍）、半光亮镍、全光亮镍、黑镍等。常用镀镍溶液的配方及工艺条件见表 6-4。

表 6-4 常用镀镍溶液的配方及工艺条件

溶液组成及其工艺条件	瓦特镍型	氯化物型	氨基磺酸盐型	硫酸盐型
硫酸镍($NiSO_4 \cdot 7H_2O$)/(g/L)	240			300
氯化镍($NiCl_2 \cdot 6H_2O$)/(g/L)	45	300		
氨基磺酸镍[$Ni(NH_2SO_3)_2 \cdot 4H_2O$]/(g/L)			450	
硼酸(H_3BO_3)/(g/L)	35	30	30	40
pH	3.8～4.5	2.0	3～5	3～5
温度/℃	40～60	55～70	40～60	46
阴极电流密度/(A/dm^2)	2.0～10	2.5～10	2～30	2.5～10

6.3.4 电镀铜

（1）镀铜层的性能及用途 Cu 呈玫瑰红色，具有良好的延展性、导热性和导电性。Cu 的密度为 8.9g/cm^3，熔点为 1083℃，原子量为 63.54。Cu 的化学稳定性较差，它在空气中易氧化，氧化后将失掉本身的颜色和光泽。

Cu 镀层一般不单独用作防护镀层，常作为 Au、Ag、Ni 等金属镀层的底层，以提高表面镀层与基体金属的结合力。采用“厚铜层（打底镀层）/薄镍层”的组合，不仅可以有效地减少镀层孔隙率，还能节约金属镍的用量。

由于碳和氮在铜层中的扩散渗透很困难，所以常以镀铜层来保护在化学热处理时不需要渗碳的部位，称为防渗碳（氮）镀铜。此外，在铁丝上镀上一定厚度的铜来代替纯铜导线，已在电力工业中应用。在电子领域，芯片的制造和封装需要应用铜互连电镀、硅通孔垂直互连电镀铜填充、芯片表面再布线电镀铜、键合凸点电镀铜/锡工艺。在收藏行业，工艺品镀铜后用硫化物等将铜层氧化，并经过适当的后处理可达到仿古效果。

（2）镀铜工艺 镀铜溶液的种类很多，工业生产中广泛应用的镀铜溶液主要有氰化物镀液、硫酸盐镀液和焦磷酸盐镀液。常用镀铜溶液的配方及工艺条件见表 6-5。

表 6-5 常用镀铜溶液的配方及工艺条件

溶液组成及其工艺条件	氰化亚铜镀液	硫酸铜镀液	焦磷酸铜镀液
氰化亚铜($CuCN$)/(g/L)	20～45		
总氰化钠($NaCN$)/(g/L)	34～65		
游离氰化钠($NaCN$)/(g/L)	12～15		
硫酸铜($CuSO_4 \cdot 5H_2O$)/(g/L)		150～250	
硫酸(H_2SO_4)/(g/L)		50～70	
焦磷酸铜($Cu_2P_2O_7$)/(g/L)			55～85
焦磷酸钾($K_4P_2O_7 \cdot 3H_2O$)/(g/L)			210～350
硝酸铵(NH_4NO_3)/(g/L)			3～6
氨水($NH_3 \cdot H_2O$)/(mL/L)			4～11
温度/℃	50～60	10～30	50～60
阴极电流密度/(A/dm^2)	1～3	1～4	2～4

6.4 合金电镀

两种或两种以上的金属离子在阴极上共同沉积，形成均匀细致的合金镀层的过程称为合金电镀。合金镀层中最少组分的质量分数通常在 1%以上。但某些镀层如 Zn-Fe、Zn-Co、Sn-Se 等，微量的 Fe、Co、Se 就对镀层性能产生很大的影响，也可称为合金镀层。合金镀层根据金属的组分，可分为二元合金和三元合金。

合金电镀始于 1835～1845 年，最早得到的合金镀层是 Au、Ag 等贵金属合金及 Cu-Zn 合金，之后又出现了各种功能性合金电镀，主要有二元和三元合金。近些年来，随着新型材料的不断涌现，非晶态合金和纳米合金镀层的研究和应用已引起人们的极大兴趣。

6.4.1 合金电镀的特点

与单金属镀层相比，合金镀层有如下主要特点。

① 合金镀层更平整、光亮，结晶细致。

② 合金镀层的耐磨、耐蚀、耐高温性能优于单金属镀层，并有更高的硬度和强度，但延展性和韧性通常有所降低。

③ 合金镀层具有单一金属所没有的特殊物理性能，如 Ni-Fe、Ni-Co 或 Ni-Co-P 合金具有导磁性，低熔点合金镀层如 Pb-Sn、Sn-Zn 合金可用作钎焊镀层等。

④ 通过控制工艺条件可改变镀层色调，获得各种颜色的 Ag 合金、彩色镀 Ni 及仿金合金镀层等。

⑤ 可获得非常致密、性能优异的非晶态合金镀层，如 Ni-P、Co-P、Fe-W 等。

6.4.2 合金共沉积的条件

(1) 共沉积的基本条件　对于单金属电镀，金属离子在溶液中达到析出电位就可以在阴极上还原析出。而要实现两种金属离子共沉积，还应具备以下两个基本条件。

① 两种金属中至少有一种金属能单独从其盐的水溶液中沉积出来。有些金属如 W、Mo、Ti 等金属不能从其盐溶液中单独电镀出来，但可在铁族元素（Fe、Co、Ni）的诱导下与之共沉积。

② 共沉积的两种金属的析出电位必须十分接近或相等。如果两种金属的析出电位相差太大，则电位较正的金属将优先沉积出来，甚至完全排斥电位较负金属的沉积，这样就不能形成合金镀层。

由式(6-4) 可知，单金属沉积时的析出电位表示为：

$$E_{析}=E^{0}+\frac{RT}{ZF}\ln\alpha+\eta \tag{6-6}$$

当 A 和 B 两种金属共沉积时，则要求：

$$E_{析_{A}}\approx E_{析B}$$

即

$$E_{A}^{0}+\frac{RT}{ZF}\ln\alpha_{A}+\eta_{A}\approx E_{B}^{0}+\frac{RT}{ZF}\ln\alpha_{B}+\eta_{B} \tag{6-7}$$

式(6-6)、式(6-7) 表明，两种金属能否在同一阴极电位下共沉积，与它们的标准电极电位、离子活度及阴极极化程度有关。

（2）实现共沉积的方法　要使两种或两种以上金属共沉积，就必须采用各种方法使它们在沉积时的析出电位接近。一般可采用如下方法。

① 改变金属离子的浓度　降低电位比较正的金属离子的浓度，使它的电位负移；或增大电位比较负的金属离子的浓度，使它的电位正移，从而使它们的析出电位接近。根据公式(6-7)计算，从理论上是可行的，但在实践中离子的浓度受盐类溶解度的限制，所以通过改变金属离子浓度的方法来实现共沉积是困难的。

② 加入络合剂　加入络合剂是使电位相差较大的金属离子实现共沉积的最有效方法。在镀液中加入合适的络合剂，形成金属络合离子，降低离子的有效浓度，使电位较正金属的平衡电位负移，与另一种离子的析出电位接近而实现共沉积。

③ 加入的添加剂　有些添加剂能显著地增大或降低阴极极化，明显地改变金属的析出电位。但这种作用对金属离子是有选择性的。

6.4.3　合金共沉积的类型

根据镀液组成和工作条件的各个参数对合金沉积层组成的影响特征，可将合金共沉积分为正常共沉积和非正常共沉积两大类，如图6-7所示。

（1）正常共沉积　正常共沉积分为规则共沉积、不规则共沉积和平衡共沉积三种类型，其共同特征是电位较正的金属优先沉积，这样就可以依据它们在溶液中的平衡电位来定性地推断出合金镀层中的金属相对含量。其中，规则共沉积过程基本上受扩散控制，电位较正的金属在镀层中的含量随阴极扩散层中金属离子总浓度的增大而提高，主要出现在单盐镀液中。不规则共沉积的特征是过程受扩散控制的程度小，主要受阴极电位的控制，常见于络合物镀液体系中。平衡共沉积则在低电流密度情况下发生，合金镀层中的金属含量比等于镀液中的金属离子的浓度比，仅有很少几个共沉积过程属于平衡共沉积体系。

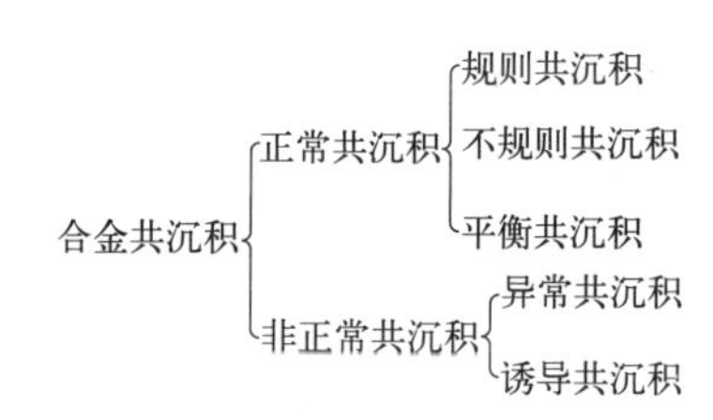

图6-7　合金电镀的类型

（2）非正常共沉积　非正常共沉积分为异常共沉积和诱导共沉积两种类型，其共同特征是电位较负的金属反而优先沉积，不遵循电化学理论，故称为非正常共沉积。对于给定的镀液，只有在某种浓度和电解条件下才出现异常共沉积，因此非正常共沉积较少见；对于W、Mo、Ti等金属不能从水溶液中单独沉积，但可与铁族金属实现共沉积，这一过程称诱导共沉积。同其他共沉积相比较，诱导共沉积更难推测各个电镀参数对合金组成的影响。

6.4.4　合金电镀的应用

单金属镀层仅10多种，远不能满足对金属表面性能的要求。而采用合金电镀，已获得260多种合金体系，具有实用价值的大约40多种，在满足装饰性、耐蚀性、耐磨性、焊接性、导电性和导磁性等方面的要求中起到很大的作用。因此，合金电镀在工业上得到广泛的应用。

常用的电镀合金有锌合金、锡合金、镍合金、贵金属合金等镀层。此外，非晶态合金和纳米合金镀层的研究和应用也引起了重视。

(1) 锌合金镀层 主要有Zn-Ni、Zn-Co、Zn-Fe、Zn-Sn等合金。锌合金镀层的抗腐蚀性能大大优于锌镀层，例如Zn-Ni合金对于钢铁具有优异的保护作用，特别是含13%Ni的Zn-Ni合金镀层是最理想的钢材防腐镀层，其耐蚀性是纯锌的5倍，硬度可达250～300HV，使用温度可达204℃；Zn-Co合金镀层具有较好的耐蚀性，经钝化处理后在海洋大气和SO_2气体中的耐蚀性大大提高。

(2) 锡合金镀层 Sn-Ni合金镀层致密，外观似亮银，在盐水中有较高的耐蚀性。Sn-Ni镀层用于印制电路板的防蚀，是唯一低成本、高性能的镀层，使用温度可达343℃。含0.1%～0.5%Ni的Sn-Ni具有特别优异的焊接性和流动性，适于电子元件的低温焊接。锡镍合金镀液主要为碱性体系，以焦磷酸盐体系为主。Sn-Pb合金镀层的韧性、耐蚀性、可焊性及抗氧化性能良好，特别是含2%～10%Pb的Sn-Sb合金镀层能避免在电流和电场作用下晶须的生长，因此在电子工业中可代替银镀层。Sn-Co合金镀层的色泽类似于铬镀层，因而可替代镀铬而主要应用于塑料产品的表面装饰。

(3) 镍合金镀层 Ni-Fe合金镀层可作为计算机存储装置的铁磁性薄板，以含80%Ni的Ni-Fe为基的三元合金磁性薄膜现已用于信息储存装置中。Ni-Zn和Ni-Mo合金镀层称为黑镍，主要用于光学仪器内部元件的消光和其他黑色精饰。近年来，根据市场的需求，常在铜或黄铜镀层上电镀黑镍，然后抛除部分铜或黄铜，形成明暗相间的仿古铜色。

(4) 贵金属合金镀层 电镀贵金属合金的研究主要围绕装饰性、功能性和经济性三个方面。在装饰性贵金属合金方面，开发出18K和14K金的Au-Co、Au-Ni、Au-Ni-Co等合金镀层；在功能性贵金属合金方面，在不锈钢表面电镀Au-Ag、Au-Cu、Au-Pd等合金，提高了不锈钢的可焊性；从节约贵金属的经济角度出发，开发出许多低K合金镀层，如低K的Au-Cu-Zn三元合金镀层，其颜色可从黄色到玫瑰色变化。

(5) 非晶态合金镀层 非晶态合金是一种微观上近程有序和远程无序的结构，不存在晶体金属所具有的晶界、相界、缺陷、偏析和析出物等。这种结构和成分上的特殊性使其具有许多晶态金属所不具备的优异性能，如高强度、高耐蚀性、高透磁率、超导性和化学选择性等。

获取非晶态合金层的方法很多，如离子注入法、激光表面改性、电子束表面改性、气相沉积法等。电镀和化学镀获取非晶态合金层在二十世纪八九十年代得到应用与发展。目前采用电镀法制备的非晶态合金已达40多种，而采用化学镀可制备出含P和B的两类非晶态合金镀层。表6-6列出了电镀和化学镀获得的部分非晶态合金镀层的种类和应用。

表6-6 电镀和化学镀制备的部分非晶态合金镀层的应用

非晶态合金镀层种类	特性	应用
Ni-12%P、Ni-2%Cu-P	耐腐蚀性比纯镍层好	用于耐蚀、耐磨层
Co-P、Ni-Co、Ni-Co-P	硬磁性层	多用于磁盘、磁鼓、磁带等存储件
Co-P、Ni-B、Ni-P	电阻率高，温度系数小	多用于电阻件
Ni-Mo-P、Co-W、Fe-W、Fe-Mo、Co-M、Ni-Cr-P	热稳定性高，结晶化温度600～800℃，抗氧化	多用于热交换器、散热器等耐热、耐磨、耐腐蚀件
Ir-O	低于300～500℃，铱氧非晶层具有电致发光性能	用于指示元件

6.5 电刷镀

电刷镀是电镀的一种特殊方式。它是指不用镀槽而采用浸有专用镀液的镀笔与镀件做相对运动，通过电解而获得镀层的电镀过程。电刷镀不需要将整个工件浸入电镀溶液中，所以能够完成许多槽镀（常规电镀）不容易完成的电镀工作。

电刷镀技术设备简单，操作容易，镀层结合牢固，经济效益显著，目前主要用于机械设备的维修，也用来改善零部件的表面性能。如机床导轨在使用过程中不可避免地会发生损伤，其中以划伤、导轨面磨损、点蚀坑等损伤形式最多，对于导轨这种大型零部件表面损伤的修复，用槽镀很难实现，而电刷镀技术则是最有效、最经济的手段之一。

6.5.1 电刷镀原理及特点

(1) 电刷镀原理　电刷镀也是一种电化学沉积过程，其原理和电镀基本相同，如图6-8所示。电刷镀采用专用的直流电源设备，将表面处理好的工件与电源的负极相连，作为刷镀的阴极；镀笔与电源的正极连接，作为刷镀的阳极。镀笔通常采用高纯细石墨块作阳极材料，石墨块外面包裹上棉花和耐磨的涤棉套。刷镀时使浸满镀液的镀笔以一定的相对运动速度在工件表面上移动，并保持适当的压力。在镀笔与工件接触的部位，镀液中的金属离子在电场力的作用下扩散到工件表面，并在工件表面获得电子被还原成金属原子，这些金属原子在工件表面沉积结晶形成镀层。随着刷镀时间的增长，镀层逐渐增厚，直至达到需要的厚度。

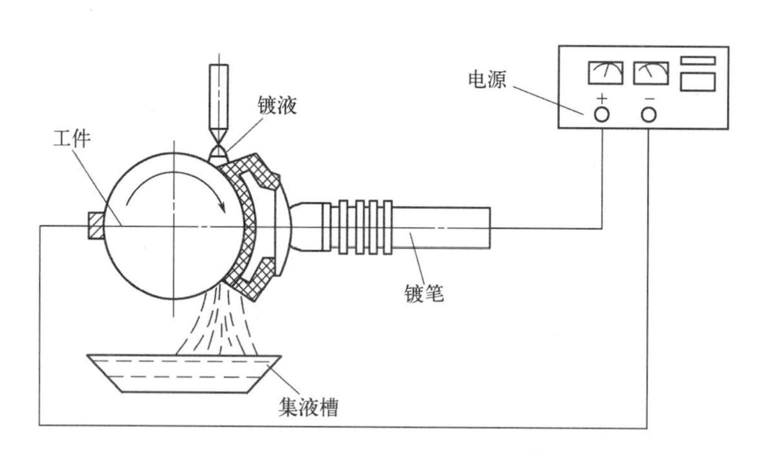

图6-8　电刷镀基本原理示意图

电刷镀区别于槽镀的最显著特点是阳极镀笔与阴极工件必须始终保持相对运动，因此镀层的形成是一个断续结晶过程，镀液中的金属离子只是在镀笔与工件接触部位放电还原结晶。镀笔的移动限制了晶粒的长大和排列，因此镀层中存在大量的超细晶粒和高密度的位错，这是镀层强化的重要原因。

(2) 电刷镀特点　与槽镀相比，电刷镀具有以下优点。

① 电刷镀不需要镀槽、挂具，设备体积小，重量轻。凡镀笔能触及的地方均可电镀，特别适用于不解体机件的现场维修和野外检修。

② 由于镀笔与工件有相对运动，散热条件好，在使用大电流密度刷镀时，工件不易产生过热。刷镀的电流密度比槽镀大数十倍，沉积速度快 5～50 倍。

③ 电刷镀溶液大多数是金属有机络合物水溶液，络合物在水中有很大的溶解度，镀液性能稳定。镀液中金属离子的浓度通常比电镀高几倍到几十倍。在使用过程中不必调整金属离子浓度。

④ 采用电刷镀可制备多种金属和合金镀层，镀层与基体材料的结合力强，镀层晶粒细小，分布均匀，具有更高的硬度和耐磨性。

⑤ 电刷镀劳动强度大，刷镀过程中途不能停顿；停顿时间过长时，必须重新返工。另外，镀液和阳极包裹材料消耗较大。

6.5.2 电刷镀设备

电刷镀设备通常包括专用直流电源、镀笔、供液和集液装置。

(1) 专用直流电源　电刷镀专用直流电源不同于其他电镀所使用的电源，由整流电路、正负极性转换装置、过载保护电路及安培计（或镀层厚度计）等几部分组成。

(2) 镀笔　镀笔是电刷镀的重要工具，由阳极、绝缘手柄和散热装置组成，镀笔结构见图 6-9。根据需要刷镀零件的大小与尺寸不同，可以选用不同类型的镀笔。

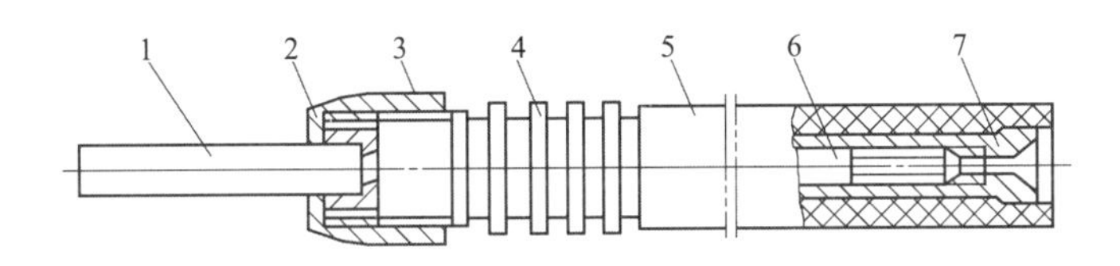

图 6-9　镀笔结构示意图

1—阳极；2—O 形封闭圈；3—锁紧螺母；4—散热器；5—绝缘手柄；6—导电杆；7—电缆线插座

刷镀阳极材料要求具有良好的导电性，能持续通过高的电流密度，不污染镀液，易于加工等。通常使用高纯石墨、铂-铱合金或不锈钢等不溶性阳极。根据被镀零件的表面形状，阳极可以加工成不同形状，如圆柱、月牙、长方、半圆和扁条等，其表面积通常为被镀面的 1/3。阳极表面需用棉花和针织套进行包裹，其作用是贮存电镀溶液，防止阳极与被镀件直接接触短路，过滤阳极溶解下来的石墨粒子。

(3) 供液和集液装置　刷镀时，根据被镀零件的大小，可以采用不同的方式给镀笔供液，如蘸取式、浇淋式和泵液式。关键是要连续供液，以保证金属离子的电沉积能正常进行。流淌下来的溶液一般采用塑料桶、塑料盘等容器收集，以供循环使用。

6.5.3 电刷镀溶液

电刷镀溶液是刷镀技术中必不可少的物质条件。镀液质量的好坏，直接影响着镀层的性能。随着刷镀技术的广泛应用，对镀液种类的要求也越来越广。电刷镀溶液分为表面预处理溶液、单金属镀液、合金镀液、退镀液和钝化液五大类。目前，国内研制成功的镀液共 18 个系列，100 多个品种，如表 6-7 所示。

表 6-7　电刷镀溶液的分类

类别	系列	品种
表面预处理溶液	电净液	0号、1号
	活化液	1～8号、钴活化液、银汞活化液
单金属镀液	镍系列	特殊镍、快速镍、半光亮镍、致密镍、酸性镍、中性镍、碱性镍、低应力镍、高温镍、高堆积镍、高平整半光亮镍、轴镍、黑镍
	铬系列	中性铬、酸性铬
	铜系列	高速铜、酸性铜、碱铜、合金铜、高堆积碱铜、半光亮铜、轴承铜
	铁系列	半光亮中性铁、半光亮碱性铁、酸性铁
	钴系列	碱性钴、半光亮中性钴、酸性钴
	锡系列	碱性锡、中性锡、酸性锡
	铅系列	碱性铅、酸性铅、合金铅
	锌系列	碱性锌、酸性锌
	银系列	低氢银、中性银、厚银
	镉系列	低氢脆镉、碱性镉、酸性镉、弱酸镉
	金系列	中性金、金518、金529
	其他	碱性铟、砷、锑、镓、铑、钯
合金镀液	二元合金	镍钴、镍钨、镍铁、镍磷、钴钨、钴钼、锡锌、锡铟、锡锑、铅锡、金锑、金钴、金镍
	三元合金	镍铁钴、镍铁钨、镍钴磷、镍铅锑
钝化液		锌钝化液、镉钝化液
退镀液		镍、铜、锌、镉、铜镍铬、钴铁、铅锡

电刷镀镀液应具有不燃、不爆、无毒、抗腐蚀性好、导电性好、稳定性高等特点。电刷镀镀液种类繁多，以下仅介绍几种常用的单金属和合金镀液。

(1) 特殊镍镀液　特殊镍镀液呈酸性，pH值为0.3～1.0。特殊镍镀液主要由主盐、辅助盐和添加剂组成。主盐主要是硫酸镍。辅助盐主要是一些碱性金属或碱土金属的盐类，其作用是提高镀液的导电性能，改善溶液的分散能力，提高阴极极化作用。添加剂主要有络合剂、润湿剂、缓冲剂、增光剂和整平剂等，用以改善镀层的性能和形貌特征。常见特殊镍镀液的组成成分见表6-8。工作电压为10～18V，阴阳极相对运动速度为6～20m/min，最佳值为10～15m/min。

特殊镍镀液所得镀层与大多数金属具有极好的结合力，但沉积速度慢，厚度一般在2～5μm，所以特殊镍通常作为黑色金属和有色金属的打底层或中间层。若应用于抛光的金属基体上，可获得光亮如镜的镀层。

(2) 快速镍镀液　快速镍镀液为中性略偏碱性，pH值为7.2～8，呈蓝绿色，有氨水气味，是电刷镀技术中应用最广泛的镀液之一。

快速镍镀层具有多孔倾向和良好的耐磨性，在钢、铁、铝、铜和不锈钢等金属表面都有较好的结合力。沉积速度快，正常每分钟12.7μm，主要用于恢复尺寸和作耐磨镀层，是一种质优价廉的镀液。其工作电压为8～20V，阴阳极相对运动速度为6～35m/min，最佳值为12～15m/min。

表 6-8 几种常见电刷镀镍溶液的组成成分

溶液组成及其工艺条件	特殊镍			快速镍		
	1	2	3	1	2	3
硫酸镍($NiSO_4 \cdot 7H_2O$)/(g/L)	396	330	330	254	250	265
氯化镍($NiCl_2 \cdot 6H_2O$)/(g/L)	15					
盐酸(HCl)/(g/L)	21					
乙酸($C_2H_4O_2$)/(g/L)	69	30	30			
柠檬酸($C_6H_8O_7$)/(g/L)		60				
柠檬酸铵($C_6H_{17}N_3O_7$)/(g/L)				56	30	100
硼酸(H_3BO_3)/(g/L)		20				
氨基乙酸($C_2H_5NO_2$)/(g/L)			20			
乙酸铵($C_2H_7NO_2$)/(g/L)				23		30
草酸铵($C_2H_8N_2O_4 \cdot H_2O$)/(g/L)				0.1		
氨水($NH_3 \cdot H_2O$)/(g/L)				105	100	调 pH 值

(3) 铜镀液 铜镀层呈粉红色，具有延展性好、机械加工性能好、易抛光等特点，并具有良好的导电性，因此，铜镀液是仅次于镍的常用镀液之一。电刷镀铜溶液沉积速度较快，镀层致密，结合力好，因此常用作快速恢复尺寸镀层，也常作为过渡镀层、钎焊层、导电层、防渗碳层、防渗氮层，也是很好的装饰镀层。

铜镀液分为酸性和碱性两大类。常见的品种有高速酸铜、酸性铜、碱铜、高堆积碱铜、半光亮铜和轴承铜等。

(4) Ni-W 合金镀液 Ni-W 合金镀液为酸性溶液，pH=1.4～2.4，呈深绿色，有轻度醋酸味。Ni-W 合金镀层致密，硬度与快速镍相近，但耐磨性优于所有单金属镀层，而且具有耐热性，经不同温度回火处理后，硬度下降较少，主要用于耐磨镀层。

但 Ni-W 合金镀液获得的镀层很薄，仅有 0.03～0.05mm，太厚则会产生裂纹。为解决这一问题，人们在它的基础上加入少量的 $CoSO_4$ 及其他添加剂，研究出 Ni-W-Co 合金镀液。Ni-W-Co 合金镀层的残余应力极低，所以可沉积 0.20～0.30mm 的较厚镀层而不降低其强度、硬度和耐磨性。

6.5.4 电刷镀工艺

电刷镀工艺是指利用该技术对机件进行修复和强化的全过程，主要包括镀前预处理、镀件刷镀和镀后处理三大部分工序。电刷镀的镀层比较厚，一般情况下需要依次刷镀打底层、尺寸镀层和工作镀层。操作过程中，每道工序完毕后需立即用清水彻底冲洗镀件表面，有助于去除油污、杂质、残留镀液，防止镀液相互污染。电刷镀的一般工艺过程如表 6-9 所示。实际操作中，可视不同的基体材料和表面要求，增加或减少相应的工序。

(1) 镀前预处理

① 表面准备 待镀件的表面必须平整光滑。可采用机械加工方法去除镀件表面存在的毛刺、锥度和疲劳层等，以获得正确的几何形状和暴露出基体金属的正常组织。一般修整后的镀件表面粗糙度 Ra 应在 5μm 以下。

当镀件表面存在大量的油污和锈斑时，可采用化学和机械等方法进行清理。如果镀件表面所沾油污和锈斑很少，则直接采用下述电净和活化的方法去除即可。

表 6-9　电刷镀的一般工艺

工序号	工序名称	操作内容及目的	主要设备及材料
1	表面准备	被镀部位机加工修磨表面； 机械或化学法除油污和锈蚀	机床、砂轮、砂纸等
2	电净	电化学除油	电源、镀笔、电净液
3	水冲洗	去除上道工序的残留镀液	清水
4	活化	电解刻蚀，除锈、除疲劳层	电源、镀笔、活化液
5	水冲洗	去除上道工序的残留镀液	清水
6	镀打底层	使基体与镀层结合良好	电源、镀笔、打底层镀液
7	水冲洗	去除上道工序的残留镀液	清水
8	镀尺寸层	快速恢复工件尺寸	电源、镀笔、恢复尺寸镀液
9	水冲洗	去除上道工序的残留镀液	清水
10	镀工作层	达到尺寸精度，满足表面性能	电源、镀笔、工作层镀液
11	水冲洗	去除上道工序的残留镀液	清水
12	镀后处理	吹干，烘干，除油，低温回火，打磨，抛光等	抛光轮、砂布、防锈油、油石

② 电净处理　电净处理的实质就是电化学除油。根据基体金属材质，可选择阴极除油、阳极除油和联合除油方法，详见第 3 章相关内容。电净后的表面应无油迹，对水润湿良好，不挂水珠。

③ 活化处理　活化处理实质就是电化学除锈。活化时，一般采用阳极活化。

（2）刷镀过程

① 刷镀打底层　打底层可使镀层与基体结合牢固，其厚度一般为 1～10μm。应根据不同的基体材料选择不同的打底层镀液。

对于碳钢、合金钢、淬火钢、不锈钢等金属基体，一般常用酸性的特殊镍作打底层；对于组织疏松的铸铁、铸钢以及铝、锡等软金属，其表面不能直接用酸性镀液打底，以防止酸液对基体的腐蚀，通常采用碱铜、中性镍或快速镍镀液打底；对防护性的锌、镉镀层，一般不需要镀打底层，活化处理后即可直接电刷镀。

② 刷镀尺寸镀层　对于磨损较严重或加工超差比较大的零件，常选用沉积速度快的镀液，在零件上形成较厚镀层以迅速恢复其尺寸，这种镀层称为尺寸镀层。尺寸镀层介于打底层和工作层之间，可以是单一镀层，也可以是多种镀层叠加。

每种单一镀层都有一个安全厚度。当镀层厚度超过安全厚度时，镀层粗糙，内应力增大，镀层结合强度下降。所以，一旦修复尺寸超过了单一镀层的安全厚度，就需要在尺寸镀层中间夹镀一层或几层过渡性质的镀层，以改善镀层的应力分布，防止开裂剥落。这种中间夹镀的镀层，称为夹心镀层。常用作夹心镀层的镀液有低应力镍、快速镍、特殊镍和碱铜等，夹心镀层的厚度一般不超过 50μm。

③ 刷镀工作层　工作层是在工件上最后刷镀，直接承受工作负荷并起耐磨、减摩、防腐等作用的镀层。

根据工作层的性能要求来选择合适的电刷镀溶液。例如对于静配合表面，一般选用快速镍、半光亮镍；对要求耐磨的表面，可用 Ni-W、Co-W 合金等；对于要求耐腐蚀的表面，可选用 Ni、Zn、Cd 等；对要求防黏着并减摩的表面，可镀 In 或 Sn；对于装饰表面则镀 Au、Ag、Cr、半光亮镍等；要求防渗碳的表面则需镀碱铜。

(3) 镀后处理　电刷镀完毕后，要立即彻底清除镀件表面的水迹、残留镀液等残积物，采取烘干、打磨、抛光、涂油等适当的保护方法，以保证电刷镀零件有较长的贮存期和使用寿命。

6.5.5　电刷镀的应用

电刷镀主要应用于以下几个方面。

(1) 对工件表面进行强化和防护　用来提高零件表面的硬度、耐磨性、减摩性、抗氧化能力等。如在气体压缩机的铸铁或铸钢缸套内壁上刷镀镍层以提高耐磨性，在模具型腔表面刷镀非晶态镀层以延长使用寿命等。对要求有良好防腐特性的部件，还可在表面交替刷镀阴极性和阳极性镀层，获得比一般防护镀层更优越的耐蚀性。

(2) 修复加工超差和表面失效的工件　对于表面磨损、腐蚀、加工超差的工件，采用电刷镀方法修复是非常经济而有效的手段。如大型轧机变速箱的齿轮轴轴颈的磨损部位修复，制造金刚石主机的增压器缸体、生产塑料板材的出板滚压筒等重要零部件表面划伤沟槽、压坑修复，以及补救超差的产品等。

(3) 改善工件表面的特性和状态　根据镀层种类的不同，电刷镀可以赋予工件表面以导电性、导磁性、钎焊性、光学性能、配合性能、密封性能、自润滑性能等特性。例如，在氯碱生产的电解槽汇流铜排搭接部位可以刷镀银层以减小电阻和降低温升，计算机电路接点刷镀金以减小接触电阻和防止氧化，小轿车摇臂和挺杆的接触面上刷镀锡合金以降低摩擦系数、提高耐磨性等。

电刷镀已经在许多工业部门中得到较为广泛的应用，取得了很大的经济效益。但电刷镀不能代替槽镀，对于大批量的中小型零件、大面积工件进行装饰性电镀或尺寸电镀时，刷镀就不如槽镀。

6.6　化学镀

化学镀（Chemical Plating 或 Electroless Plating）是指在无外加电场的情况下，镀液中的金属离子在还原剂的作用下，通过催化在工件表面上发生的还原沉积过程，又称无电镀或自催化镀。从本质上讲，化学镀仍然是电化学过程。化学镀不需要电源，因此工件可以是金属、非金属和半导体。在工业上应用较成功的有化学镀 Ni、Cu、Ag、Au、Co、Pd、Pt 等金属及合金，最常用的是化学镀 Ni 和 Cu。化学镀也可获得复合镀层和非晶态合金镀层。

化学镀技术具有悠久的历史，以往由于镀层的性能和溶液较昂贵等方面的原因，工业化应用受到较大限制。自 20 世纪 70 年代以来，化学镀在镀层结合力、直接镀取光亮镀层和镀液的使用寿命等方面取得了突破性进展，使用成本大幅度降低。特别是在 21 世纪之后，随着电子工业的不断发展，手机等移动电子器件向小型化、多功能化方向发展，化学镀工艺在电子元器件制备中的应用越来越广。目前，已被广泛应用于印制电路板、芯片封装载板、柔性电路、集流体、传感器、电磁屏蔽、导热散热、防腐装饰及多种功能性镀层等制造中。化学镀被学者积极研究用于芯片制造中的阻挡层、种子层、孔填充金属互连、铜柱凸点之间的金属低温湿制程键合等。

6.6.1 化学镀原理与特点

（1）基本原理 化学镀是一个在催化条件下发生的氧化-还原反应过程。化学镀溶液由金属离子、还原剂、络合剂、稳定剂、缓冲剂等组成。化学镀时，将镀件浸入镀液中，还原剂在溶液中提供电子使金属离子还原沉积在镀件表面。化学镀的反应式为：

$$AH_n + Me^{n+} = A + Me + nH^+ \quad (6\text{-}8)$$

式中，AH_n 为还原剂，Me^{n+} 为被沉积的金属离子，A 为类金属物质。

化学镀具有局部原电池的电化学反应机理，如图6-10所示。还原剂分子 AH_n 先在经过处理的基体表面形成了吸附态分子 $A \cdot H_n$，被催化的基体金属活化后，共价键减弱，直至失去电子被氧化为产物A（化合物、离子或单质），释放出 H^+ 或 H_2。金属离子获得电子还原成金属，同时吸附在基体表面的类金属物质A与金属原子共沉积形成了合金镀层。化学镀层的厚度通常较薄，一般在0.5～20μm之间，其镀层厚度受到离子浓度、沉积时间和温度等多种因素的影响。

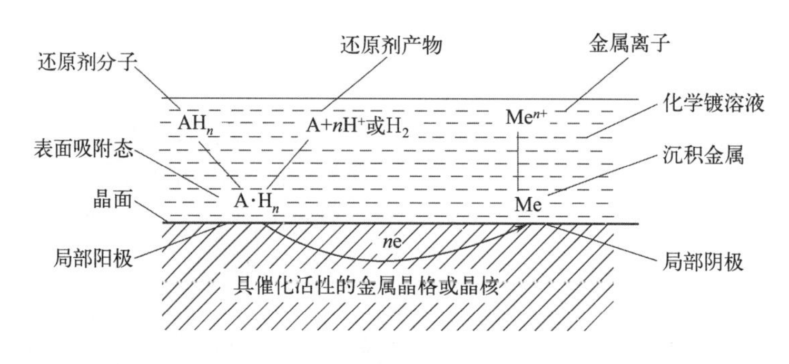

图6-10　化学镀电化学反应示意图

化学镀的关键点包括以下两方面。

① 还原剂的选择　常用的还原剂有次磷酸盐、甲醛、肼、硼氢化物、胺基硼烷和它们的某些衍生物等。硼氢化物和胺基硼烷虽价格较贵，但工艺性能比次磷酸盐好。

② 催化作用　化学镀是一个催化的还原过程，还原反应仅仅发生在催化表面上。如果被镀金属本身是反应的催化剂，则化学镀的过程就具有自动催化作用，使反应不断继续下去，镀层厚度逐渐增加，获得一定的厚度。具有自动催化作用的金属有钢铁、镍、钴、钯、铑等；对于塑料、玻璃、陶瓷等不具有自动催化表面的非金属制件，化学镀前需要经过特殊的预处理，使其表面活化而具有催化作用。

（2）化学镀的特点 与电镀相比，化学镀的优点有：化学镀不需外加直流电源，设备简单，操作容易；几何形状复杂的镀件也可获得厚度均匀的镀层；镀层致密，孔隙率低，耐蚀性更好；可在金属、非金属以及半导体上进行化学镀。

化学镀的不足之处是镀液稳定性差，使用温度高，寿命短，而且镀覆速度较慢、镀覆成本高、可镀金属种类较少。随着科技的发展，化学镀的缺点正逐步得到改善，如使用低温高速长效型的镀液体系，通过气体或超声波搅拌以及精密过滤提高镀液的稳定性；采用物理手段如外加磁场、紫外线照射、脉冲电流辅助、激光等强化化学镀过程来提高镀层性能。

6.6.2 化学镀镍

化学镀镍是目前国内外发展速度最快的表面强化工艺之一。化学镀镍层结晶细致，镀层均匀，孔隙率低，硬度高，磁性好，已广泛用于航空、机械、电子、汽车、石油、化工等领域。

化学镀镍所用还原剂有次磷酸盐、肼、硼氢化钠和二甲胺基硼烷等。用次磷酸钠作还原剂的镍层含一定量的磷，是一种 Ni-P 合金。以硼氢化钠或胺基硼烷作还原剂得到的镀层为 Ni-B 合金。只有用肼为还原剂得到的镀层才是纯镍层，含镍量达到 99.5%以上。目前得到应用的主要有 Ni-P 和 Ni-B 合金镀层。

(1) 化学镀 Ni-P 合金

① 化学镀 Ni-P 机理　化学镀 Ni-P 多采用次磷酸钠为还原剂，可在具有自催化作用的金属表面发生 Ni 和 P 的化学共沉积。其电化学反应机理认为，次磷酸根被氧化释放出电子，使 Ni^{2+} 还原为金属 Ni。Ni^{2+}、$H_2PO_2^-$、H^+ 吸附在镀件表面形成原电池，电池的电动势驱动化学镀镍过程不断进行。在原电池阳极与阴极将分别发生下列反应：

局部阳极反应　$H_2PO_2^- + H_2O = H_2PO_3^- + 2H^+ + 2e$

局部阴极反应　$Ni^{2+} + 2e = Ni \downarrow$

$H_2PO_2^- + 2H^+ + e = P \downarrow + H_2O$

$2H^+ + 2e = H_2 \uparrow$

金属化反应　$3P + Ni = NiP_3$

以 $NiSO_4$ 为主盐，以 NaH_2PO_2 为还原剂，在 T2 紫铜表面化学镀镍，获得的 Ni-P 合金层表面形貌见图 6-11 所示。可以看出，化学镀镍层致密，由球形的沉积颗粒组成。在化学镀过程中晶核一旦形成，表面催化反应以这些晶核为反应活性点向外延伸和生长，使镍原子和磷原子在新生的表面不断沉积，逐渐形成镀层。

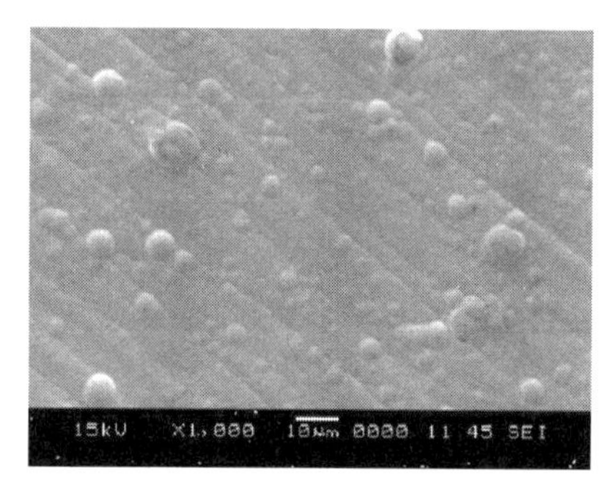

图 6-11　紫铜表面化学镀 Ni-P 合金层形貌

② 化学镀 Ni-P 溶液　以次磷酸钠作还原剂的化学镀镍溶液可分为酸性和碱性两大类，其典型镀液成分及性能见表 6-10。酸性镀液沉积速度快，镀层中磷的含量高，耐腐蚀性好，但施镀温度高，能耗大；碱性镀液稳定性高，操作温度不高，适合在不能经受高温的基体（如塑料）上沉积，但沉积速度较慢，镀层中磷的含量较低，耐蚀性较差。

③ Ni-P 镀层性能及应用　化学镀 Ni-P 合金按含磷量可分低磷、中磷和高磷三种镀层。随着镀层中含磷量的增加，Ni-P 合金镀层由晶态连续向非晶态变化，而且镀层的物理化学性能差别也很大。此外，经热处理后的镀层性能也有较大的改变。

低磷镀层含磷量为 1%～4%，其结构为晶态。镀层硬度达 600～700HV，高于中磷和高磷镀镍层。它在碱性介质中的耐蚀性特别好，并具有良好的钎焊性，许多轻金属元件可用低磷镀层改进可焊性，因此广泛应用于电子行业。

中磷镀层含磷量为 7%～9%，其结构为非晶态。由于没有晶界等缺陷，所以耐腐蚀性特别优良。中磷镀层在工业中应用最广泛，如用于汽车电子产品、办公用品、精密机械等。经 300～400℃ 热处理后，镀层发生由非晶态向晶态的转变，镀层硬度可高达 900～

1050HV，很多国家用于代替镀硬铬，特别是形状复杂的零件。

表6-10　几种化学镀镍溶液成分和性能

镀液组成及其工艺条件	酸性镀液		碱性镀液	
	1	2	1	2
硫酸镍($NiSO_4 \cdot 7H_2O$)/(g/L)	20	25	25	30
次磷酸钠($NaH_2PO_2 \cdot H_2O$)/(g/L)	24	24	25	30
丁二酸($C_4H_6O_4 \cdot 6H_2O$)/(g/L)		16		
乳酸($C_3H_6O_3$)/(mL/L)	25			
苹果酸($C_4H_6O_5$)/(g/L)		24		
焦磷酸钠($Na_4P_2O_7 \cdot 10H_2O$)/(g/L)			50	60
三乙醇胺($C_6H_{15}O_3N$)/(mL/L)				100
pH值	4.4～4.8	5.8～6	10～11	10
操作温度/℃	90～94	90～93	65～75	30～35
沉积速度/(μm/h)	10～13	48	15	10
镀层中含磷量/%	8～9	8～11	5	4

高磷镀层含磷量为10%～12%，其结构为非晶态。由于具有非磁性，大量用于铝制硬盘的基底镀层、电子仪器、半导体电子设备防电磁波干扰的屏蔽层等。

(2) 化学镀Ni-B合金　和Ni-P合金镀层一样，Ni-B合金镀层的性能随硼含量的改变而变化，低硼含量（0.2%～3%）合金镀层最适用于工业应用。用二甲胺基硼烷为还原剂获得的低硼镀镍层具有相当高的电导率和硬度，可焊性优于Ni-P镀层，广泛用于电接触件。用接近中性的二甲胺基硼烷或高碱性的硼氢化钠镀液得到含硼3%～6%的高硼镀镍层，其润滑性、耐磨性优于Ni-P镀层，且保持良好的延展性，在严峻的耐磨环境中获得应用。Ni-B合金还可以实现Ni-B-Al_2O_3、Ni-B-SiC化学复合镀，能获得耐磨、减摩以及附着力优良的镀层，所以被大量应用于各种耐磨零部件、模具等，延长了使用寿命。但由于所用还原剂的价格高，限制了化学镀Ni-B的广泛应用。

(3) 其他化学镀镍合金　在化学镀镍溶液中加入第三物质，如Fe、Co、Cu、W等，可以改善镀层的性能，满足新的使用要求。例如：具有软磁性能的Ni-Fe-P镀层、磁盘内记录媒体的Co-Ni-P镀层以及垂直记录媒体的Co-Ni-Re-P镀层；具有优良耐蚀性、耐磨性、抗磁性以及低电阻抗的Ni-Cu-P镀层等；Ni-P合金的化学复合镀，如Ni-P-MoS_2、Ni-P-SiC等，主要用在对耐磨性要求较高的场合。

(4) 化学镀法制备包覆型复合粉体　采用化学镀制备包覆型复合粉体，具有成本低、设备简单、包覆效果好、粉体分散均匀等优点，是最具实用性和发展潜力的包覆型粉体制备方法。目前，关于金属包覆陶瓷粉末的研究报道较多，如Ni、Co包覆Al_2O_3、SiC_p、ZrO_2、Cr_2C_3、BN；Cu包覆SiC_p、Al_2O_3；Ni、Co、Ag包覆空心微球；Pd包覆储氢材料等。

例如，对热喷涂用B_4C粉体表面化学镀镍后，可获得Ni-P/B_4C包覆粉，将其添加到镍或铁基自熔性合金喷涂粉末中，可提高热喷涂涂层的耐磨性。将B_4C粒子在无水乙醇中清洗，再用少量的NaCl饱和溶液浸泡，进行2～3min的预处理后干燥。配制$NiSO_4$、NaH_2PO_2、NH_4Cl以及柠檬酸三钠溶液的化学镀液，用NaOH及H_2SO_4溶液调节pH值至9.0，镀液温度为50℃。将处理后B_4C粒子作为被镀粉末，浸入到化学镀液中，搅拌

60min。经化学镀后发现，B_4C 颗粒表面获得了均匀致密的白色 Ni-P 包覆层，其形貌如图 6-12 所示。

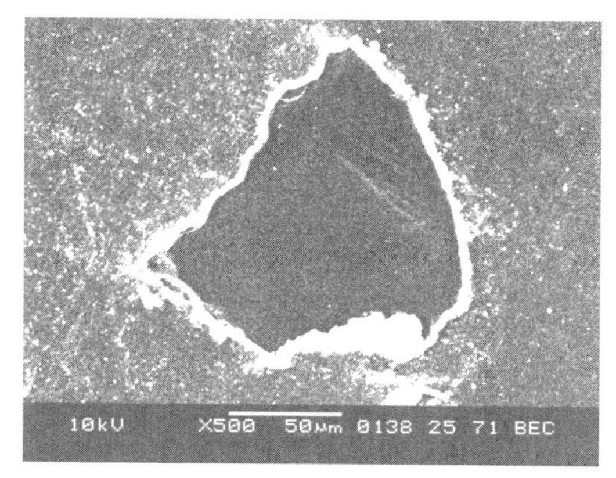

图 6-12 B_4C 颗粒表面化学镀镍形貌

6.6.3 化学镀铜

(1) 化学镀铜机理 化学镀铜也是自催化还原反应，常采用硫酸铜为主盐，用甲醛作还原剂。甲醛的还原作用与溶液的 pH 值密切相关，只有在 pH>11 的碱性条件下，甲醛才具有还原铜的能力。电化学反应机理认为，化学镀铜时，甲醛提供电子，Cu^{2+} 得到电子在催化表面还原成金属铜。其反应式如下：

在局部阳极 $2HCHO+4OH^- -2e = 2HCOO^- +H_2\uparrow +2H_2O$

在局部阴极 $Cu^{2+}+2e = Cu$

(2) 化学镀铜溶液 化学镀铜溶液稳定性较差，在碱性溶液中还会发生如下有害反应，即：

$$2Cu^{2+}+HCHO+5OH^- = Cu_2O\downarrow +HCOO^- +3H_2O$$

生成的 Cu_2O 被甲醛还原：

$$Cu_2O+2HCHO+2OH^- = 2Cu\downarrow +H_2+2HCOO^- +H_2O$$

化学镀铜的副反应会生成 Cu_2O 和 Cu 粉，使镀铜溶液容易自然分解，所以需要加入稳定剂来抑制上述副反应。经过不断努力，人们发明了一些高速稳定的化学镀铜新工艺，溶液可以连续使用几个月以上，并逐步实现了对镀液的自动控制和调整。几种较稳定的化学镀铜溶液的组成及性能比较列于表 6-11 中，其中的酒石酸钾钠、EDTA 二钠为络合剂，它可与铜离子形成络合物，防止铜离子在碱性条件下形成 $Cu(OH)_2$ 沉淀；α，α′-联吡啶等是溶液的稳定剂，只需极少量即可有效地抑制 Cu_2O 的生成和它的进一步还原。

化学镀铜液有低稳定性和高稳定性及低速沉积和高速沉积之分。工艺上已由高温高速发展为常温高速。在替代有毒害物甲醛的化学镀铜研究上已取得了较大的进展，已报道的替代物有次磷酸钠、二甲胺基硼烷、乙醛酸等。

表 6-11 几种化学镀铜溶液成分和性能

镀液组成及其工艺条件	1	2	3
硫酸铜($CuSO_4\cdot 5H_2O$)/(g/L)	7～9	10～15	6～10
油石酸钾钠($KNaC_4H_4O_6\cdot 4H_2O$)/(g/L)	40～50		
EDTA 二钠/(g/L)		30～45	30～40
甲醛(质量分数 36%)/(g/L)	11～13	5～8	10～15
氢氧化钠(NaOH)/(g/L)	7～9	7～15	7～10
α,α′-联吡啶/(g/L)		0.05～0.10	0.05～0.10
操作温度/℃	25～32	25～40	60～70
pH 值	11.5～12.5	12～13	12～13
搅拌	无油压缩空气	无油压缩空气	无油压缩空气
适用范围	塑料金属化	印制电路板	塑料金属化、印制电路板

(3) 化学镀铜的应用 化学镀铜层的导电性、导热性和延展性均很好，主要用于非导体材料的金属化处理。迄今为止，化学镀铜最重要的工业应用是印制电路板制造中的通孔镀工序。20世纪50年代以前，在电路板上安装电子元件或者双面板电路的互连只能依靠铜制的空心铆钉。由于印制电路板基材为电绝缘体，所以不能直接通孔电镀。而化学镀铜无电场分布问题，能使非导体的孔壁和导线上生成厚度均匀的镀铜层，极大地提高了印制电路的可靠性。

6.7 复合镀

复合镀是指在电镀或化学镀溶液中加入不溶性固体微粒，并使其与基质金属在阴极上共同沉积形成镀层的工艺，也称为分散镀或弥散镀。复合镀层的特点是具有两相组织，基质金属为金属相，固体微粒为分散相，所以复合镀层实际上是一种金属基复合材料。由于综合了组成相的优点，复合镀层具有高硬度、高耐磨性和良好的自润滑性、耐热性、耐蚀性等功能特性，已成为现代表面工程技术中最具活力的领域之一。

6.7.1 复合镀层的种类及特点

(1) 复合镀层的种类 所沉积的金属或合金被称为复合镀层的基质，固体微粒被称为分散剂。理论上，凡是能够电镀或化学镀覆的金属或合金都可作为基质金属，但研究和应用较多的是Ni、Cu、Co、Fe、Cr、Au、Ag等。作为固体分散剂的有Al_2O_3、ZrO_2、SiC、WC、MoS_2等无机化合物，还有尼龙、聚四氟乙烯等有机化合物。这两类分散剂都是非导体或半导体。此外，石墨、Al、Cr、Ag、Ni等导体微粒也可作为分散剂。近些年还出现了两种或两种以上固体微粒同时用于一种复合镀层中。常见复合镀层的种类见表6-12。

表6-12 常见复合镀层的种类

基质金属	分散固体微粒
Ni或Ni合金	Al_2O_3、TiO_2、ZrO_2、ThO_2、SiO_2、Cr_2O_3、SiC、TiC、Cr_3C_2、WC、B_4C、BN、MoS_2、PTFE、$(CF)_n$、金刚石
Cu	Al_2O_3、TiO_2、ZrO_2、SiO_2、Cr_2O_3、SiC、WC、ZrC、BN、MoS_2、PTFE、$(CF)_n$
Co	Al_2O_3、Cr_2O_3、Cr_3C_2、WC、TaC、BN、ZrB_2、Cr_3B_2、PTFE、金刚石
Fe	Al_2O_3、Fe_2O_3、SiC、WC、MoS_2、PTFE、$(CF)_n$
Cr	Al_2O_3、CeO_2、ZrO_2、TiO_2、SiO_2、SiC、WC、ZrB_2、TiB_2
Au	Al_2O_3、SiO_2、TiO_2、ThO_2、CeO_2、Y_2O_3、TiC、WC、Cr_3B_2、BN、PTFE、$(CF)_n$
Ag	Al_2O_3、TiO_2、La_2O_3、BeO、SiC、BN、MoS_2、$(CF)_n$
Zn	Al_2O_3、ZrO_2、SiO_2、TiO_2、Cr_2O_3、SiC、TiC、Cr_3C_2、Al、PTFE、$(CF)_n$
Cd	Al_2O_3、Fe_2O_3、B_4C
Pb	Al_2O_3、TiO_2、TiC、BC、Si、Sb

注：PTFE为聚四氟乙烯，$(CF)_n$为氟化石墨。

(2) 复合镀的特点 与熔渗法、热挤压法、粉末冶金法相比，复合镀具有明显的优越性。

① 不需要高温即可获得复合镀层 用热加工法一般需要500～1000℃或更高温度处理或烧结，故很难制取含有有机物的材料，而复合镀大多是在水溶液中进行，很少超过90℃。

② 设备简单，成本低 对一般的电镀和化学镀工艺稍加调整，加入不溶性固体颗粒，

即可获得复合镀层，不需要另外添置昂贵的设备和提供高温、真空等条件。

③ 分散剂微粒品种多样化　凡能稳定存在于镀液中的固体微粒都可以成为复合镀层的分散相，包括金属微粒、陶瓷微粒及有机物微粒等，甚至某些遇热易分解的物质颗粒或纤维，均可形成各种类型的复合镀层。

④ 镀层性能独特　调整镀层基质金属或合金与不溶性颗粒的种类、比例等，能够制备出具有高耐磨性、高耐热性、高耐腐蚀性和良好自润滑性等多种优良性能的复合镀层。

6.7.2　复合镀的原理

固体微粒经过杂质消除、润湿处理和表面活性剂处理后，加入到镀液中，形成均匀的悬浮液。分散粒子会吸附表面活性剂和镀液中的各种离子，包括将被沉积的金属离子。当微粒子表面吸附的结果是正离子占优势时，即微粒子表面带正电荷后，才有可能与金属离子共沉积形成复合镀层。

(1) 复合镀共沉积机理　在电镀中实施的复合镀工艺中，共沉积大致经历如下过程。

① 在电场的作用下，带正电荷的固体微粒有向阴极靠近的倾向，但微粒子的电泳速度与搅拌形成的运动相比是微弱的。

② 在搅拌的作用下，微粒子被带到阴极表面，与阴极表面碰撞并被阴极俘获。

③ 在电场的作用下，微粒吸附在阴极表面，这是一种弱吸附。在静电场力作用下，粒子脱去水化膜，与阴极表面直接紧密接触，形成化学吸附的强吸附。未形成强吸附的粒子在液流冲击下又会脱附而离开阴极，吸附与脱附处于动态平衡。

④ 微粒吸附的金属离子及未被吸附的金属离子在阴极上放电沉积进入晶格，固体微粒子被沉积金属埋没而镶嵌在镀层中，形成金属/固体微粒的复合镀层。

在化学复合镀中，没有外电场的作用，但带正电的微粒子与镀件表面碰撞，由于金属基质在水溶液中有弱的负电性，同样可以俘获粒子。催化还原使金属离子沉积在镀件表面，掩埋俘获吸附的固体粒子而形成复合镀层。可见，无论是电镀还是化学镀，复合镀层共沉积过程的关键步骤是相似的。

(2) 复合镀的条件　要制备良好的复合镀层，对不溶性固体微粒还有如下要求。

① 微粒在镀液中是充分稳定的，既不会发生任何化学反应，也不会造成镀液分解。

② 微粒的粒度要适当。微粒过粗，易于沉淀，且不易被沉积金属包覆，导致镀层粗糙；微粒过细，易于结团成块，难以均匀悬浮。通常使用粒度为 0.1～10μm 的微粒，但以 0.5～3μm 最好。近几年，用一些特殊的方法也可将纳米微粒用于复合镀中。

③ 复合镀前要进行表面预处理，使固体微粒亲水及表面带正电荷，有利于向阴极迁移。

④ 复合镀时要有适当的搅拌，这是保持微粒均匀悬浮的必要措施，也是使粒子高效输送到阴极表面并与阴极碰撞的必要条件。

6.7.3　复合镀层的应用

(1) 耐磨复合镀层　复合镀层中以耐磨复合镀层应用最多。以 Ni、Co、Cr 等为基质金属，以硬固体微粒如 Al_2O_3、SiC、TiC、WC 等为分散剂所得到的复合镀层，具有高的硬度和耐磨性能。例如，电镀 Ni-SiC 复合镀层的耐磨性能比普通镀镍层提高 40%～70%，可取代硬铬镀层，用于汽车发动机铝合金零件和气缸内腔的表面强化，还可以降低成本 20%～30%。

(2) 自润滑复合镀层　自身具有润滑性能的微粒，如石墨、氟化石墨、聚四氟乙烯等，与Cu、Ni、Fe、Cu-Sn合金等基质金属可以形成自润滑复合镀层，也可称为减摩复合镀层。另外，金刚石颗粒与Ni共沉积形成的复合镀层，可用来制备各种磨削工具，如金刚石砂轮、钻头、什锦锉以及金刚石滚轮等。

(3) 耐蚀复合镀层　耐蚀复合镀层是工业上应用最早的复合镀层。例如，要提高Ni-Cr和Cu-Ni-Cr体系的耐蚀性，可先将非导电微粒如TiO_2、SiO_2、$BaSO_4$等加入镀镍溶液中，获得Ni-TiO_2、Ni-SiO_2复合镀层后，继续电镀铬以获得微孔铬层，这样可大幅度降低腐蚀电流密度，进而提高体系的耐蚀性能。

(4) 弥散强化复合镀层　以金属粉末作为分散相微粒，使之在电镀液中与基质金属共沉积，可获得金属微粒弥散分布于另一金属之中的复合镀层；然后再对复合镀层进行热处理，即可得到具有一定组成的新合金镀层。通过这种方法，可以得到从水溶液中难以共沉积的合金镀层。例如，在瓦特镀镍溶液中加入铬粉（平均粒径为5μm），电镀生成Ni-Cr复合镀层，然后通过1000℃以上的热处理，可以得到Ni-Cr合金镀层。

(5) 电接触复合镀层　Au和Ag具有高的导电性和低的接触电阻，广泛用作电接触材料，但是它们的硬度不高，摩擦系数较大，耐磨性差。而采用复合镀制备的Au-WC、Au-BN、Ag-Al_2O_3、Ag-MoS_2等复合镀层则可在保持良好导电性能前提下，显著提高它们的耐磨性和使用寿命。

6.8 非金属材料的电镀

随着非金属材料应用的日益广泛，其表面电镀金属层已成功用于工业生产。在塑料、陶瓷、玻璃、石膏等非金属表面镀上金属层后，其零件就具备了非金属和金属的特性。如对汽车上某些需要装饰的不太重要零件（仪表框、拉手、散热格栅）可用塑料电镀，既可减轻重量又能降低成本；在印制电路中，可采用电镀在塑料基片上镀出导电通路；对电子仪器的塑料外壳电镀，可防止外部电磁波的干扰。

由于非金属通常是不导电的，所以电镀前先要进行金属化处理，使其表面形成一导电层，然后再进行电镀。非金属表面金属化处理的方法较多，如喷涂、浸镀、涂导电胶、气相沉积和烧渗银法等。目前应用最广泛的是化学镀。

6.8.1 塑料电镀

塑料电镀是非金属材料电镀中应用最广泛的一类。与金属制件相比，电镀后的塑料件具有装饰性的金属光泽，能减轻制品重量；具有导电性、导磁性和可焊性，抗老化性能和力学性能提高。在节能减排、绿色发展的工业时代，轻量化技术已成为汽车工业可持续发展的关键。而塑料成为用量最多的汽车轻量化非金属材料，目前车用塑料防护兼装饰性的典型电镀层为Cu/Ni/Cr体系。

电镀所使用的塑料有ABS塑料、聚丙烯、尼龙、聚碳酸酯、酚醛玻璃纤维增强塑料等很多种，尤其以ABS塑料电镀应用最广，电镀效果最好。ABS塑料（Acrylonitrile-Butadiene-Styrene Copolymer），是丙烯腈-丁二烯-苯乙烯三元共聚物，具有较高的强度、延展性、化学稳定性能，容易成型且表面光洁平整，价格低廉，在机械、电子、轻工、汽车、飞机、轮船等领域得到广泛应用。

塑料电镀的工艺流程为：除油→粗化→敏化→活化→化学镀→电镀。下面以 ABS 塑料为例说明其电镀过程。

(1) 化学除油　可采用有机溶剂或碱液除油。ABS 塑料通常只采用碱液除油。

(2) 粗化　通过化学腐蚀使塑料的微观表面变得粗糙，从憎水变为亲水，提高塑料基体与镀层的结合力。粗化液为硫酸（60%～80%）加入铬酐（CrO_3）至饱和，温度为 60～70℃，处理 10～30min。有时也可用磷酸代替部分硫酸。

(3) 敏化　采用敏化溶液处理，使塑料表面吸附一层易于氧化的物质，以便在活化处理时，把具有催化作用的金属还原出来。敏化溶液一般采用 $SnCl_2$ 的酸性溶液。

(4) 活化　活化的目的是使塑料表面生成一层贵金属薄膜，以此作为化学镀时氧化还原反应的催化剂。活化液多为 Au、Ag、Pd、Pt 等贵金属的盐溶液，其中以硝酸银和氯化钯应用最多。

当经过敏化后的塑料件浸入含有银离子或钯离子的溶液中时，贵金属离子立即被二价锡还原成贵金属微粒，紧紧附着在塑料表面，其反应式如下：

$$2Ag^{+} + Sn^{2+} \xlongequal{} Sn^{4+} + 2Ag\downarrow$$

$$Pd^{2+} + Sn^{2+} \xlongequal{} Sn^{4+} + Pd\downarrow$$

这些具有催化活性的 Ag 或 Pd，就成为化学镀的催化结晶中心。

(5) 化学镀　在塑料表面形成一层金属导电膜，为后续的电镀打下基础。通常采用化学镀铜。

(6) 电镀　经过化学镀后，塑料表面就会附着一层金属导电膜，膜层厚度很薄，一般为 0.05～0.8μm，往往不能满足产品性能的使用要求。因此化学镀后常采用电镀方法来加厚金属层，可电镀 Cu、Ni、Cr 等金属或合金。

6.8.2 玻璃和陶瓷电镀

陶瓷和玻璃电镀件由于具有高的介电常数，所制成的电容器具有体积小、重量轻、稳定性好和膨胀系数小等优点，因此在电子工业中得到广泛的应用。在玻璃产品表面电镀金属，利用不同金属的质感表现出不同的视觉效果，还可以提高产品的装饰性能。

(1) 玻璃电镀　玻璃上电镀通常采用化学镀法和热扩散法。

① 化学镀法　工艺流程为：粗化→烘烤→敏化→活化→化学镀→电镀。

② 热扩散法　工艺流程为：清洗→涂银浆→热扩散→二次涂银浆→二次热扩散→电镀金属。

a. 清洗　一般用工业酒精和煤油等有机溶剂清洗。

b. 涂银浆　银浆的组成为：氧化银（化学纯）90g，硼酸铅（化学纯）1.4g，松香（特级）9g，松节油（医用）37.5mL，蓖麻油（医用）5.7g。将上述各组分必须研磨得很细，并均匀混合后涂在玻璃表面。

c. 热扩散　涂覆银浆的玻璃制品，先在烘箱中用 80～100℃预烘 10min，然后将制品放入马弗炉中，以 100～150℃/h 的速度缓慢升至 200℃，保温 10～15min；再继续升温至 520℃，保温 25～30min。当温度在 300～520℃时，氧化银分解为金属银；而在 500～520℃时，玻璃、银和助熔剂熔解，银渗入玻璃基体，与玻璃表面熔成玻璃状组织，结合牢固。

渗银完毕后，制品随炉冷却至 50℃时，取出冷至室温。为保证渗银质量，可采用二次或三次渗银处理。

d. 电镀　渗银后的玻璃制品即可按常规电镀工艺电镀铜或其他金属。

(2) 陶瓷上电镀 在陶瓷上电镀，与玻璃上电镀类似，也有化学镀法和热扩散法。

6.8.3 石膏和木材电镀

石膏和木材的表面比较疏松且多孔，所以电镀时首先要进行封闭处理，将工件表面的孔隙封闭。

(1) 石膏电镀

① 封闭处理 将石膏制品浸入温度为105℃的熔融石蜡中约0.5h，取出滴干和冷却；也可选用树脂胶等进行封闭处理。

② 喷涂ABS塑料 将熔融的ABS塑料黏状液体喷涂在石膏制品表面，尽可能地喷涂均匀、致密，不宜过厚，表面尽量光滑平整。

然后类似塑料电镀，进行除油→粗化→敏化→活化→化学镀铜→电镀。

(2) 木材电镀

① 封闭处理 表面涂覆一层含有氧化亚铜粉体的催化活性树脂胶层。

② 稀硫酸处理 将封闭处理后的表层用软磨轮磨光，然后用稀硫酸处理，使表面胶层中的氧化亚铜与酸发生反应，在表面生成金属铜，具有一定的导电性。

③ 化学镀 若封闭层导电性良好，可直接化学镀铜。通常为使其表面具有高导电性，需对封闭层进行敏化和活化处理，然后化学镀铜。

④ 电镀 对于石膏和木材，有时候也可在制品表面喷涂既能封闭表面又能使表面成为导体的致密型导电胶，然后就可以进行电镀。

6.9 电镀的发展趋势

电镀为各种工业产品提供了防护性、装饰性和功能性镀层，在制造业中具有不可替代的地位。但电镀生产中排放出大量的废水、废气和固体废弃物，对环境的污染极大。如废水中的阴离子CN^-、F^-，阳离子Cd^{2+}、Cr^{6+}、Pb^{2+}等都属于高毒物质，造成水源污染、土壤毒化，并危害人体健康。电镀已经是当今全球三大污染工业之一。据统计，目前我国约1.5万家电镀企业，每年排放电镀废水约40亿立方米，废水产生约1000万吨电镀污泥。因此，环境保护是电镀可持续发展中最值得关注的问题。为实现工业绿色转型，减少环境污染、节约资源，电镀行业正向节能、降耗、无公害、智能化、精细化方向发展，主要表现在以下几个方面。

(1) 采用低毒、无毒电镀工艺 在保证镀层质量的前提下，应尽量采用低毒或无毒电镀工艺，这是控制电镀对环境污染的主要途径。

① 无氰电镀替代氰化物电镀 目前已广泛采用氯化物镀锌或碱性锌酸盐镀锌来代替氰化物镀锌工艺，已经占镀锌的90%左右。由于新型添加剂的研究和应用，无氰镀锌的质量有了明显提高。此外，无氰镀铜、无氰镀银和无氰镀金等工艺也取得了一定的进展。

② 替代六价铬电镀 六价铬是电镀工业中最严重、最难处理的主要污染源之一。六价铬的毒性很大，约为三价铬的100倍。水中六价铬的含量超过0.1mg/L时，就会对人体产生毒性作用。六价铬的废水、废物不能自然降解，是一种毒性极强的强烈致癌物质，也是严重的腐蚀介质。采用三价铬电镀、合金电镀、复合电镀、化学镀等取代六价铬电镀也是其工艺发展的主要方向。如使用化学镀Ni-P、Ni-B合金，电镀Ni-W、Ni-Co、Sn-Ni、Sn-Cu合金及Ni-P-SiC、Ni-Co-ZrO_2复合镀等工艺来代替镀铬正在不断地研究和开发，并且在产品

的表面装饰、镀层硬度、耐磨性、耐腐蚀性方面也取得一定进展。

③ 无氰和无铅电镀 由于 Pb 的毒性比较大，实际上很少有单位使用镀铅工艺。但镀 Sn、镀 Sn-Pb 合金镀液中的氟化物和氟硼酸盐还占有相当的比例。这些含氟物质的腐蚀性很强，对人体危害极大，且三废处理比较困难。人们从环境保护和清洁生产出发，研究并开始应用氨基磺酸、甲磺酸、酚磺酸盐镀液等无氟镀液来代替氟化物镀液。近年来，各国都在积极研发无氟无铅的可焊性镀层，以取代氟化物电镀 Sn-Pb 合金，如硫酸盐等体系的 Sn-Bi、Sn-Ag、Sn-Cu 等。

(2) 采用低浓度表面处理工艺 电镀车间废水中的污染物主要是由镀件从镀槽中带出的溶液物质，一般来说，带出物质的量与镀液中的浓度成正比。这样既浪费了原材料，又增加了处理废水的负担。因此，采用低浓度的镀液配方，是目前电镀行业应当大力发展的新途径。一些低浓度镀液工艺如低铬酸镀铬、低铬酸钝化、低浓度镀镍、低锌或无锌磷化、低铬酐抛光、无“黄烟”铝合金抛光等工艺都已经取得很好的应用。

(3) 采用逆流清洗技术 电镀行业从废水中排放的重金属占原材料的比率是相当高的。以镀铬为例，铬酐作为镀铬层的沉积量仅占总量的 15%～25%，而排入大气、水环境中的要占 75%～85%，其中 40%～50%的铬酐是在零件清洗过程中流失的。如果能够对电镀清洗工序进行改革，把敞开式的清洗系统改变为封闭式清洗系统，不仅可实现不排或少排清洗水，而且可将进入这一工序的溶液返回到电镀工序中重复利用，这种技术就叫逆流清洗技术。逆流清洗技术是节约用水、实现闭路循环、预防污染比较理想的方法，并得到迅速的应用。我国在 20 世纪 80 年代初，在镀硬铬生产线上就应用了间歇逆流清洗技术。目前，以逆流清洗技术为基本手段的各种组合工艺，如逆流清洗-蒸发浓缩、逆流清洗-离子交换、逆流清洗-化学处理等防治技术正在使用和发展，已成为我国防治电镀废水的主要发展趋势。

(4) 优化电镀废水处理工艺 电镀废水中存在着大量的锰、铜、钴、锌等重金属离子和氰化物，对环境的危害极大。应对废水进行综合治理，形成闭路循环应用。采用“物化”和“生化”组合工艺，结合废水中具体的污染物及其形态，选择合适的工艺单元进行组合。例如，利用硝化和反硝化作用去除污染物，采用氧化方法去除废水中总镍、总铬、总锌、总铁、总铜和总磷残留。利用化学沉积、絮凝、吸附、离子交换技术以及膜过滤技术开展废水处理。研究成本低、检测快的智能化电镀废水重金属监测技术，提高废水处理效率，实现达标排放；建立合理的智能化污染评估体系。

(5) 发展替代电镀工艺的清洁技术 随着人们对环境保护的重视和科学技术的飞速发展，许多表面工程技术正逐步得到发展和广泛应用，如真空蒸发镀膜、溅射镀膜、离子膜镀、激光熔覆、离子注入、化学气相沉积等技术。用这些技术替代相应的电镀技术，既不产生废水，也不产生废气或只有轻微污染，因而受到普遍的关注。

(6) 开发智能化电镀技术 随着电子产品、汽车装饰件、艺术创作等方面使用电镀产品越来越多，需要开发智能化封闭电镀生产线，减少人员与电镀液和电镀产品的接触。采用高精度的镀液金属主盐在线浓度检测系统，有效地控制金属主盐浓度，以保证镀层质量。通过计算机技术模拟材料电镀过程，建立电镀工艺模型，分析界面电化学反应过程、电极表面极化规律和反应速率。

(7) 拓展电镀的应用领域 拓展电镀技术在镁合金、储氢材料、电池材料和芯片材料的应用。镁合金经电镀后可提高耐蚀和耐磨性能。储氢合金电极和电池材料通过电镀在其表面形成一层致密的单金属层、非金属或者合金镀层，可以保护电极材料、促进电催化。在芯片纳米级光刻线槽内获得导电层的电子电镀是芯片外连（封装）以及印制电路板制造过程重要的技术。需要研发智能化芯片电镀的电源、镀液及添加剂、工艺参数，创新在线监测和质量检测技术，开展电镀过程的计算机模拟应用研究，为芯片制造的快速发展提供重要的基础数据支持。

参考文献

[1] 陈亚，李士嘉，王春林，等．现代实用电镀技术．北京：国防工业出版社，2003.

[2] 屠振密，韩书梅，杨哲龙，等．防护装饰性镀层．2版．北京：化学工业出版社，2014.

[3] 张允诚，胡如南，向荣．电镀手册．4版．北京：国防工业出版社，2023.

[4] 朱立群．功能膜层的电沉积理论与技术．北京：北京航空航天大学出版社，2005.

[5] 张胜涛．电镀工程．北京：化学工业出版社，2002.

[6] 陈国华，王光信．电化学方法应用．北京：化学工业出版社，2003.

[7] 姜晓霞，沈伟．化学镀理论及实践．北京：国防工业出版社，2000.

[8] 安茂忠．电镀理论与技术．哈尔滨：哈尔滨工业大学出版社，2018.

[9] 曾华梁，倪百祥．电镀工程手册．北京：机械工业出版社，2010.

[10] 杨绮琴，方北龙，童叶翔．应用电化学．2版．广州：中山大学出版社，2005.

[11] 陈国华，王光信．电化学方法应用．北京：化学工业出版社，2003.

[12] 倪百祥．电镀工入门．北京：机械工业出版社，2006.

[13] 宾胜武．刷镀技术．北京：化学工业出版社，2003.

[14] 宣天鹏．表面镀覆层失效分析与检测技术．北京：机械工业出版社，2012.

[15] 姜银方，王宏宇．现代表面工程技术．2版．北京：化学工业出版社，2014.

[16] 黎樵燊，白晓军，朱有兰．表面工程．北京：中国科学技术出版社，2001.

[17] 钱苗根，姚寿山，张少宗．现代表面技术．2版．北京：机械工业出版社，2019.

[18] 曾晓雁，吴懿平．表面工程学．2版．北京：机械工业出版社，2016.

[19] 宣天鹏．材料表面功能镀覆层及其应用．北京：机械工业出版社，2008.

[20] 李金桂，吴再思．防腐蚀表面工程技术．北京：化学工业出版社，2003.

[21] 赵文轸．材料表面工程导论．西安：西安交通大学出版社，1998.

[22] 徐滨士，朱绍华．表面工程的理论与技术．2版．北京：国防工业出版社，2010.

[23] 王章忠．机械工程材料．3版．北京：机械工业出版社，2019.

[24] 张蓉，钱书琨．模具材料及表面工程技术．北京：化学工业出版社，2008.

[25] 高岩．工业设计材料与表面处理．2版．北京：国防工业出版社，2008.

[26] 胡翔，陈建峰，李春喜．电镀废水处理技术研究现状及展望．新技术新工艺，2008（12）：5-9.

[27] 陈曙光，刘君武，丁厚福．化学镀的研究现状、应用及展望．热加工工艺，2000（2）：43-45.

[28] 张丽，张彦．化学镀的研究进展及发展趋势．表面工程，2017，46（12）：104-109.

[29] 余德超，谈定生，王松泰．化学镀镍技术在电子工业的应用．电镀和涂饰，2007，26（4）：42-45.

[30] 左锦中，江静华，林萍华，等．化学镀金属包覆陶瓷粉体的研究与应用进展．新材料新工艺，2007（7）：110-114.

[31] 李钒，王习东，张梅，等．化学镀制备镍包覆BN陶瓷颗粒的工艺参数与优化．硅酸盐学报，2006，34（9）：1112-1116.

[32] 吴明忠．喷涂用Ni60-B_4C复合粉的制备及其涂层耐磨性的研究．佳木斯：佳木斯大学，2005.

[33] 冯丽蓉．无氰电镀金合金研究进展．电镀和涂饰，2008，27（10）：10-12.

[34] 屠振密，安茂忠，张景双，等．电镀合金的应用及前景展望．电镀与精饰，2002，24（5）：26-32.

[35] 杨一兵，黎炜，徐艳，等．ABS塑料化学镀镍工艺．电镀和涂饰，2006，25（10）：14-15.

[36] 陈娇娇．工程材料．北京：北京航空航天大学出版社，2022.

[37] 王鑫博．玻璃雕塑创作中电镀表现的独特性研究．长春：吉林艺术学院，2018.

[38] 韩昕辰．ABS树脂表面电镀前处理无铬微蚀工艺的研究．哈尔滨：哈尔滨工程大学，2018.

[39] 喻涛．膜诱导印制电路电镀互连的研究．成都：电子科技大学，2019.

[40] 何守锁．AZ91D镁合金电镀镍钴合金工艺及性能研究．沈阳：沈阳理工大学，2020.

[41] 邓正平，田志斌，詹益腾，等．代六价铬电镀现状及趋势．电镀与涂饰，2020，39（7）：440-443.

[42] 卢然，王宁，伍思扬，等．电镀地块污染成因分析与源头防控对策．电镀与涂饰，2020，39（23）：1682-1686.

[43] 梁智聪．电镀废水处理技术研究进展．山东化工，2021，50（22）：77-79.

[44] 何柳．O_3/H_2O_2-A/O组合工艺深度处理电镀废水效能研究．哈尔滨：哈尔滨工业大学，2021.

[45] 詹楚娴．电镀常用金属主盐浓度检测系统设计与研究．天津：天津大学，2022.

[46] 朱晶，卓鸿俊，朱立群．电化学沉积等表面技术在集成电路制造中的作用．中国表面工程，2022，35（4）：248-256.

[47] 叶淳懿，邬学贤，张志彬，等．芯片制造中的化学镀技术研究进展．化学学报，2022，80（12）：1643-1663.

[48] 朱晶，卓鸿俊，朱立群．电化学沉积等表面技术在集成电路制造中的作用．中国表面工程，2022，35（4）：248-256.

[49] 刘仁志．电镀技术的再认识．表面工程与再制造，2023（3）：3-6.

[50] 程俊，戴卫理，高飞雪，等．芯片制造电子电镀表界面科学基础．表面工程与再制造，2023，23（5）：16-23.

[51] 吴志强，蔡春芳，齐锐丽，等．汽车轻量化背景下塑料的应用及其电镀工艺．电镀与精饰，2023，45（4）：88-93.

[52] 刘泉宇，彭程，黄东方，等．表面处理技术在储氢材料中的应用研究进展．材料导报，2024，38（20）：1-17.

第7章　金属转化膜技术

金属转化膜技术是表面工程技术中的重要分支之一，可以在金属表面生成具有装饰、防腐、强化、耐热、耐磨等性能的膜层，例如钢铁的氧化和磷化、铝及铝合金的阳极氧化、锌的铬酸盐钝化等。金属转化膜技术已广泛地应用于机械、电子、冶金、汽车、船舶、航空航天等生产领域。

7.1　金属转化膜的基本特性及用途

7.1.1　金属转化膜的形成方法

金属转化膜是指通过化学或电化学方法，使金属表面形成稳定的化合物薄膜的技术。转化膜的形成方法是：将金属工件浸渍于化学处理液中，使金属表面的原子层与某些介质的阴离子发生化学或电化学反应，形成一层难溶的化合物膜层。转化膜的形成可用下式表示：

$$mM+nA^{z-}\longrightarrow M_mA_n+nze \tag{7-1}$$

式中，M 为表层的金属原子，A^{z-} 为介质中价态为 z 的阴离子，e 为电子。

由式(7-1) 可知，转化膜不同于电镀、化学镀等覆层技术，它的生成必须有基体金属的直接参与，与介质中的阴离子反应生成自身转化的产物（M_mA_n），因此，转化膜与基体金属的结合强度较高。但转化膜很薄，其防腐蚀能力较电镀层和化学镀层要差得多，通常要有补充防护措施。

转化膜几乎在所有的金属表面都能生成，目前工业上应用较多的是 Fe、Al、Zn、Cu、Mg 及其合金的转化膜。

7.1.2　金属转化膜的分类

金属转化膜的分类方法很多，按是否存在外加电流，分为化学转化膜与电化学转化膜两类，后者常称为阳极氧化膜。按膜的主要组成物类型，可分为氧化物膜、磷酸盐膜和铬酸盐膜等。氧化物膜是金属在含有氧化剂的溶液中形成的膜，其成膜过程叫氧化；磷酸盐膜是金属在磷酸盐溶液中形成的膜，其成膜过程称磷化；铬酸盐膜是金属在含有铬酸或铬酸盐的溶液中形成的膜，其成膜过程在我国习惯上称钝化。本章将重点介绍一些应用最多、最具有实用价值的金属材料转化膜技术。

7.1.3　金属转化膜的主要用途

金属转化膜在金属制品的生产、存放、使用过程中所起的作用极大，其主要用途有金属表面防护、耐磨或减摩、装饰、涂装底层、绝缘和防爆等。

(1) 防锈耐蚀 由于转化膜降低了金属表面活性且将金属与环境介质隔离，故对一般防锈要求的零件可直接作为耐蚀层使用，如铝合金门窗。

(2) 涂镀底层 转化膜与基体金属结合良好，膜层薄且结晶细腻，常作为涂料层、搪瓷层、热浸镀、金属热喷涂及黏结前的底层，可提高涂镀层的结合强度。

(3) 耐磨或减摩 铝合金硬质阳极氧化膜和微弧氧化膜都具有较高的硬度和耐磨性。钢铁磷酸盐膜具有较低的摩擦系数和良好的吸油性，因而可减轻滑动摩擦表面的磨损，可用于发动机凸轮、活塞等耐磨零件；也可用于改善塑性加工的工艺性能，如钢管、钢丝冷拉前的磷化处理。

(4) 表面装饰 转化膜不仅自身外表美观，而且靠其多孔性质能够吸附各种色料，形成美观的装饰膜，例如铝合金的自然着色法、电解着色法和吸附着色法以及近些年发展起来的微弧电解着色法可在铝合金表面形成二三十种颜色，Cu、Zn、Ni、不锈钢的着色技术在近代也得到发展，并已广泛应用于仪器仪表、建筑、工艺美术、装潢等行业。

(5) 电绝缘 磷酸盐膜层为电的不良导体，很早就用它作为硅钢板的绝缘层。这种绝缘层的特点是占空系数小、耐热性良好，而且在冲裁加工时可减少工具磨损等。

(6) 其他用途 一些转化膜具有特殊的性能，可用来提高表面的绝热性、吸附和粘接能力、对光的吸收或反射性能等。

7.2 化学氧化

化学氧化（Chemical Oxidation）是指金属表面与介质中的阴离子发生氧化反应生成自身的氧化膜，一般在钢铁、Al、Cu等金属及合金上进行。化学氧化处理具有成本低、设备简单、快速方便、应用范围广等优点。在某些国家，化学氧化的规模甚至超过了电镀和电化学氧化。

7.2.1 钢铁的化学氧化

钢铁的化学氧化是在含有氧化剂的溶液中进行处理，使其表面生成一层均匀的蓝色到黑色的稳定膜层，工业上称为钢铁的“发蓝”或“发黑”。其膜厚度只有0.5～1.5μm，膜主要成分为Fe_3O_4。

(1) 钢铁化学氧化原理 钢铁化学氧化常采用强碱溶液，称为碱性氧化法。即将钢件浸入含氢氧化钠、硝酸钠或亚硝酸钠的溶液中，在130～150℃温度下处理15～90min，使表面形成Fe_3O_4膜。该过程包括以下三个阶段：

钢铁表面在热碱溶液和氧化剂（硝酸钠或亚硝酸钠）的作用下生成亚铁酸钠（Na_2FeO_2）：

$$3Fe+NaNO_2+5NaOH = 3Na_2FeO_2+H_2O+NH_3\uparrow$$

亚铁酸钠被氧化剂进一步氧化成铁酸钠（$Na_2Fe_2O_4$）：

$$6Na_2FeO_2+NaNO_2+5H_2O = 3Na_2Fe_2O_4+7NaOH+NH_3\uparrow$$

铁酸钠与亚铁酸钠相互反应生成磁性氧化铁（Fe_3O_4）：

$$Na_2Fe_2O_4+Na_2FeO_2+2H_2O = Fe_3O_4+4NaOH$$

在钢铁表面附近生成的Fe_3O_4，其在浓碱性溶液中的溶解度极小，很快就从溶液中结晶析出，并在钢铁表面形成晶核，而后晶核逐渐长大形成一层连续致密的黑色氧化膜。

在生成 Fe_3O_4 的同时，部分铁酸钠可能发生水解而生成氧化铁的水合物：

$$Na_2Fe_2O_4+(m+1)H_2O=Fe_2O_3\cdot mH_2O+2NaOH$$

含水氧化铁在较高温度下失去部分水而形成红色沉淀物附在氧化膜表面，或称“红霜”，这是钢铁氧化过程中常见的问题，应尽量避免。

(2) 化学氧化工艺　碱性氧化工艺可分为单槽法和双槽法，其工艺条件见表 7-1。表 7-1 中配方 1、2 为单槽氧化法，特点是操作简单，使用较广；配方 3、4 为双槽氧化法，即先后在两种浓度和工艺条件不同的氧化溶液中进行两次处理，特点是氧化膜较厚，耐蚀性较好，并且还能消除零件表面的红色挂霜。氧化处理后，需要用肥皂液、重铬酸钾溶液钝化处理或浸油处理，才能提高膜层的耐蚀性及润滑性。

表 7-1　钢铁碱性氧化工艺

溶液组成及其工艺条件	1	2	3		4	
			第 1 槽	第 2 槽	第 1 槽	第 2 槽
氢氧化钠(NaOH)/(g/L)	550～650	600～700	500～600	700～800	550～650	700～800
亚硝酸钠($NaNO_2$)/(g/L)	150～200	200～250	100～150	150～200		
硝酸钠($NaNO_3$)/(g/L)					100～150	150～200
重铬酸钾($K_2Cr_2O_7$)/(g/L)		25～35				
温度/℃	135～145	130～137	135～140	145～150	130～135	140～150
时间/min	60～90	15	10～20	45～60	15～20	30～60
膜层特点	通用配方，膜层美观光亮	含重铬酸钾，氧化速度快，膜层致密，但光亮度稍差	氧化膜呈光亮的蓝黑色，防护性较好，1.5～2.5μm		氧化膜呈黑色，膜层较厚	

由于碱性发蓝在高温下进行，操作条件差，因此，近年来低温氧化工艺的开发受到重视。

(3) 膜层性能及应用　由于氧化膜很薄，对零件的尺寸和精度几乎没有影响，所以钢铁的化学氧化常用于机械零件、精密仪器与仪表、武器和日用品的防护与装饰。化学氧化在碱性溶液中进行，氧化后没有氢脆影响，像弹簧钢、细钢丝及薄钢片也常用氧化膜作为防护层。

我国已制定了钢铁零件的化学氧化膜质量的评定标准，详见 GB/T 15519—2002《化学转化膜　钢铁黑色氧化膜　规范和试验方法》。

7.2.2　铝及铝合金的化学氧化

(1) 化学氧化原理　Al 为两性金属，既能溶于酸也能溶于碱。从图 7-1 中 Al 的电位-pH 图可见，当 pH 范围在 4.45～8.38 时，铝表面才会生成稳定的 $Al_2O_3\cdot H_2O$ 膜。但这层天然氧化膜厚度仅为 5～15nm，耐蚀能力很差。

将铝及铝合金置于酸性、碱性溶液或沸水中，即可发生化学氧化而生成以 Al_2O_3 为主的氧化膜，其厚度一般控制在 0.5～4μm。

铝浸在沸水中，在局部电池的阳极上就发生如下反应：

$$Al \longrightarrow Al^{3+} + 3e$$

同时阴极上发生如下反应：

$$3H_2O + 3e \longrightarrow 3OH^- + \frac{3}{2}H_2 \uparrow$$

阴极反应导致金属与溶液界面液相区的碱度提高，于是进一步发生有：

$$Al^{3+} + 3OH^- \longrightarrow AlOOH + H_2O$$

产生在界面液层中的AlOOH转化为难溶的γ-$Al_2O_3 \cdot H_2O$晶体并吸附在表面上，就形成了氧化膜。由于所形成的氧化膜致密无孔，氧化作用很快停止。要使膜层增厚，溶液必须能适当地溶解。当铝浸入酸性或碱性溶液中时，将同时发生膜的生成或溶解作用，得到一定厚度的膜层。工业上的化学氧化处理采用碱性溶液加适当的缓蚀剂。

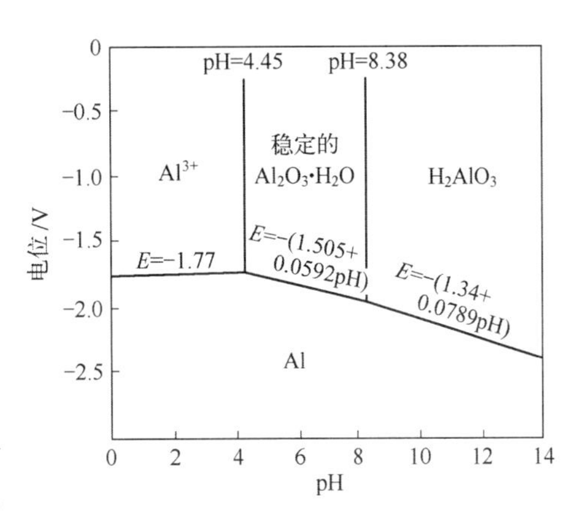

图7-1 25℃时Al的电位-pH图

(2) 化学氧化工艺 传统的铝及铝合金化学氧化溶液都是含有氧化剂的碱性溶液，一般采用添加铬酸盐、硅酸盐、磷酸盐的碳酸钠溶液。铝及铝合金化学氧化最早使用的是工艺简单、经济实用的MBV法，此法的溶液由碳酸钠和铬酸钠组成，其浓度和工作温度范围比较宽，最佳配方及工艺见表7-2。

表7-2 典型MBV法配方及工艺

配方	无水碳酸钠/(g/L)	铬酸钠/(g/L)	重铬酸钠/(g/L)	温度/℃	时间/min
1	50	15	—	90～95	5～10
2	60	—	15	90～95	5～10

MBV法获得的转化膜层组成为75%（体积分数）的$Al_2O_3 \cdot H_2O$+25%（体积分数）的$Cr_2O_3 \cdot H_2O$。此膜层不透明，略带灰绿色，有较好的耐蚀性，经硅酸钠封孔后能耐海水等介质的腐蚀，但溶液使用寿命不长。此后，在MBV法的基础上经过改进又推出了EW、VAW、Plyumin等化学氧化方法。随着环保意识的增强，含六价铬废液的排放受到严格的限制，因此，开发新型的、耐蚀性好、工艺操作稳定的无铬化学转化膜替代传统的铬酸盐处理工艺，成为铝合金化学氧化工艺的发展方向。

(3) 膜层性能及应用 铝及铝合金的化学氧化膜层具有质地软、吸附性强的特点，可作为有机涂层的底层，但其耐磨性和耐蚀性均不如阳极氧化膜好。

铝及铝合金的化学氧化膜在海水、过氧化氢、碱金属的硫酸盐、钙和锌的氯化物的溶液中，以及在果汁、酸奶、乙醇等腐蚀性介质中都具有良好的耐蚀性能，所以常被用于牛奶场和啤酒厂的铝合金器械的防护。膜层在2%的水玻璃溶液中封闭处理后，其防护性能可进一步提高。

7.3 阳极氧化

阳极氧化（Anodic Oxidation）实际上是电化学氧化，它是将零件作为阳极放入特定的电解质溶液中，在外加电流作用下，使表面形成具有保护性氧化膜的表面处理方法。阳极氧化膜的厚度可达几十到几百微米，赋予材料表面耐蚀性、耐磨性、装饰性、绝缘、隔热、光学等性能，普遍用于有色金属的表面处理。铝及其合金的阳极氧化技术在航空航天、汽车制造、民用工业上都得到了广泛的应用，故本节重点介绍铝及其合金阳极氧化的原理及工艺。

7.3.1　铝及铝合金阳极氧化机理

阳极氧化时，以铝件作阳极，以铅板作阴极。所用电解液一般为中等溶解能力的酸性溶液，如硫酸、草酸等。当通入直流电时，在阳极上首先发生水的电解，产生初生态的氧[O]，并与铝发生氧化反应生成 Al_2O_3 氧化膜。

在阳极发生的反应如下：

$$H_2O-2e \longrightarrow [O]+2H^+$$

$$2Al+3[O] \longrightarrow Al_2O_3$$

在阴极发生的反应如下：

$$2H^+ +2e \longrightarrow H_2 \uparrow$$

同时酸对铝和生成的氧化膜进行化学溶解，其反应如下：

$$2Al+6H^+ \longrightarrow 2Al^{3+} +3H_2 \uparrow$$

$$Al_2O_3 +6H^+ \longrightarrow 2Al^{3+} +3H_2O$$

阳极氧化过程中，氧化膜的电化学生成与化学溶解是同时发生的；只有当膜的生成速度大于溶解速度时，氧化膜才能生长和加厚。阳极氧化膜的生长过程可用测得的电压-时间曲线来说明，如图7-2。该曲线大致分为三段：

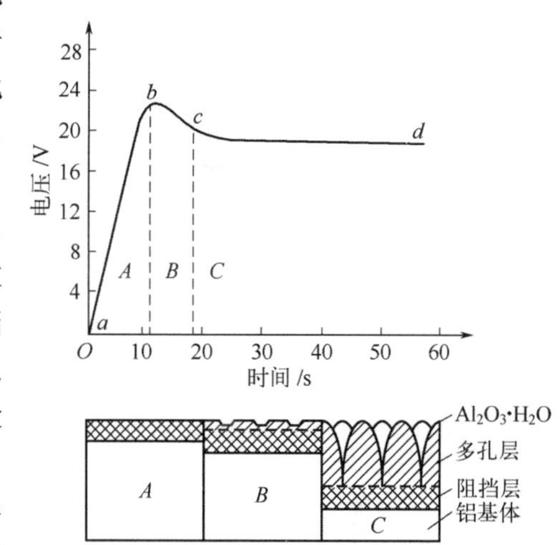

图7-2　铝阳极氧化特性曲线与氧化膜生长示意图

(1) 曲线 *ab* 段　阻挡层形成。通电瞬间，由于氧和铝亲和力很强，铝表面迅速生成一层致密的无孔层，它具有较高的绝缘电阻，称为阻挡层。随着膜层加厚，电阻增大，槽电压呈直线急剧地上升。阻挡层的厚度与槽电压成正比，一般约0.01～0.015μm。

(2) 曲线 *bc* 段　膜孔的出现。阻挡层一形成，电解液就对膜产生溶解作用。膜层的某些部位由于溶解较多，被电压击穿，出现空穴，这时电阻减小而电压下降。

(3) 曲线 *cd* 段　多孔层增厚。经过约20s的阳极氧化，电压下降到 *c* 点后趋向平稳。随着氧化的进行，电压稍有增加，但幅度很小。这说明阻挡层在不断地被溶解，空穴逐渐变成孔隙而形成多孔层，电流通过每一个膜孔，新的阻挡层又在生成。这时阻挡层的生成和溶解速度达到动态平衡，阻挡层的厚度基本保持不变，而多孔层则不断增厚。当多孔层的生成和溶解速度达到动态平衡时，氧化膜的厚度不会再继续增加。该平衡到来的时间越长，氧化膜越厚。

7.3.2 阳极氧化膜的结构和性质

(1) 膜层组成与结构　阳极氧化膜由两部分组成：内层为薄而致密的阻挡层，硬度高，由无定形的 Al_2O_3 组成；外层为多孔层，硬度低，由带结晶水的 Al_2O_3 组成。Keller 等人通过电子显微镜观察证实，多孔层是由多孔六面柱体的胞状结构组成，每个单元的中心有一小孔，孔一直贯通到铝表面的阻挡层，孔壁为较致密的氧化物，如图 7-3 所示。

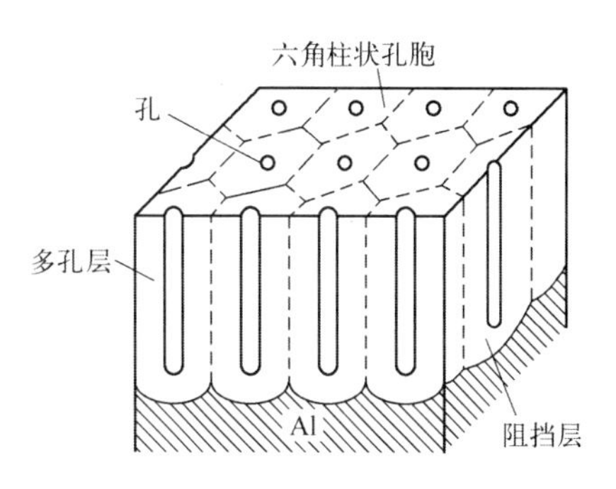

图 7-3　阳极氧化膜的结构示意图

铝合金在不同电解液中获得阳极氧化膜的结构基本相似，只是孔径、孔隙率等具体数值不同而已，不同电解液中得到的氧化膜特征如表 7-3 所示。

表 7-3　不同电解液中形成的阳极氧化膜层特征

溶液(质量分数)/%	温度/℃	电压/V	阻挡层厚度/(nm/V)	孔径/nm	孔壁厚/(nm/V)	孔隙数/($\times10^9$/cm^2)	孔穴体积/%
2%草酸	25	60	1.18	17	0.97	5.7	2
3%铬酸	40	40	1.25	24	1.09	8.0	4
4%磷酸	25	60	1.19	33	1.10	4.1	4
15%硫酸	10	15	1.00	12	0.80	77.0	7.5

膜的微观结构对性能起重要作用，如阻挡层或多孔层的厚度、孔径大小、孔壁厚度及孔隙率等均会影响膜的硬度、耐磨性和着色等性能。

(2) 膜层性能　铝及铝合金阳极氧化获得的常规氧化膜厚度范围为 5～20μm，硬质阳极氧化膜的厚度为 250～300μm，其性能特点如下。

① 硬度高　常规氧化膜的硬度在 100～300HV 之间。硬质膜在铝合金上可达 400～600HV，在纯铝上可达 1500HV。

② 吸附性强　氧化膜为多孔的蜂窝状结构，对许多涂料、胶黏剂、染料等都有很强的吸附能力，故可作为涂层的底层；也易于将氧化膜着色获得不同颜色，使其具有装饰特性。

③ 绝缘性能好　铝阳极氧化膜具有很高的绝缘电阻和击穿电压，可用作铝制品电器的绝缘层和电解电容器的电介质层。

④ 绝热抗热性好　铝的阳极氧化膜热导率很低，为 0.419～1.26W/(m·K)，其耐热温度可达 1500℃，而纯铝只能耐 660℃。

⑤ 结合强度高　氧化膜是由基体金属直接参与成膜反应而生成的，所以膜与基体金属结合得十分牢固。即使膜层随基体弯曲直至破裂，膜层与基体金属仍保持良好的结合。

⑥ 耐蚀性较好　碱能强烈地腐蚀氧化膜，在无水玻璃缓蚀剂存在的情况下，甚至连碳酸钠和其他洗涤剂都能腐蚀铝及其氧化膜，所以在恶劣环境中使用的阳极氧化膜应当用清漆、蜡或润滑油等进行封闭处理，使膜的耐蚀性提高。

7.3.3 阳极氧化工艺

阳极氧化的工艺流程为：表面整平→除油→浸蚀或抛光→阳极氧化→着色处理→封闭处

理→干燥。每道工序间需用清水冲洗。

铝及铝合金阳极氧化的电解液种类很多，有酸性液、碱性液和非水液等三大类，通常采用酸性液。以下主要介绍工业生产中常用的硫酸阳极氧化、铬酸阳极氧化、草酸阳极氧化、硬质阳极氧化和瓷质阳极氧化。

(1) 硫酸阳极氧化 在稀硫酸电解液中通过直流或交流电对铝及铝合金进行氧化处理，可获得5～20μm厚的无色透明氧化膜，其吸附力强，易于染色，硬度高，是铝及铝合金主要的防护和装饰方法。经封闭处理后，具有较强的抗蚀能力。此法工艺简单，操作方便，溶液稳定，允许杂质含量范围较大，应用最广。硫酸阳极氧化的工艺规范见表7-4。

表7-4 硫酸阳极氧化的工艺规范

溶液组成及其工艺条件	直流法		交流法
	1	2	
硫酸/(g/L)	150～200	160～170	100～150
铝离子(Al^{3+})/(g/L)	<20	<20	<25
温度/℃	15～25	0～3	15～25
阳极电流密度/(A/dm^2)	0.8～1.5	0.4～6	2～4
电压/V	18～25	16～20	18～30
氧化时间/min	20～40	60	20～40
适用范围	一般铝及铝合金装饰	纯铝和铝镁合金装饰	一般铝及铝合金装饰

影响阳极氧化膜质量的因素很多，如硫酸浓度、温度、电流密度、时间、杂质等。

① 硫酸浓度的影响 硫酸是电解液的主要成分，它影响成膜速度及膜层性能。硫酸浓度较低时，膜的化学溶解速度降低，生长速度较快，膜孔隙率较低，耐磨性好，着色性能差；硫酸浓度较高时，膜的化学溶解速度加快，所生成的膜薄且软，孔隙多，吸附力强，染色性能好。

② 温度的影响 一般地，随着电解液温度的升高，氧化膜的耐磨性、耐蚀性降低，因此需要对溶液进行搅拌和强制循环。但温度低于13℃时，镀层发脆，因此电解液温度一般控制在15～20℃之间。

③ 电流密度的影响 电流密度对氧化膜的生长影响很大。在一定范围内提高电流密度，可以加速膜的生长速度，膜较硬，耐磨性好。但当达到一定的阳极电流密度极限值后，则会因焦耳热的影响，使膜层溶解作用增加，导致膜的生长速度反而下降。

④ 时间的影响 阳极氧化时间可根据电解液的质量浓度、温度、电流密度和所需要的膜厚来确定。在相同条件下，随着时间延长，氧化膜的厚度增加，孔隙增多。但达到一定厚度后，生长速度会减慢下来，到最后不再增加。

⑤ 杂质的影响 电解液中可能存在的杂质有Cl^-、F^-、NO_3^-、Al^{3+}、Cu^{2+}、Fe^{2+}等。其中阴离子的影响较大，如少量的Cl^-、F^-、NO_3^-足以使膜层粗糙疏松，甚至造成局部腐蚀。通常这些杂质在电解液中的允许含量为：$Cl^- < 0.05g/L$，$F^- < 0.01g/L$，$NO_3^- < 0.02 g/L$。因此必须严格控制水质，一般要求用去离子水或蒸馏水配制电解液。

电解液中的Al^{3+}主要来源于阳极的溶解。当Al^{3+}含量增加时，往往会使制件表面出现白点或斑状白块，并使膜的吸附性能下降，造成染色困难。一般将Al^{3+}的浓度控制在20g/L以下。

(2) 铬酸阳极氧化 铬酸阳极氧化膜不透明，为浅灰色或乳白色，氧化膜厚度只有2～

5μm，孔隙率低，所以零件仍能保持原来的精度和表面粗糙度，故该工艺适用于精密零件。但膜层质软，耐磨性较差，不易染色。表 7-5 是铬酸阳极氧化工艺规范。

① 铬酐的质量浓度 铬酐含量过高或过低，氧化能力都降低，但稍微偏高是允许的；铬酐含量过低的电解液不稳定，会造成膜层质量下降。

② 杂质 铬酸阳极氧化电解液中的 Cl^-、SO_4^{2-} 和 Cr^{3+} 都是有害的杂质。Cl^- 会引起零件的蚀刻；SO_4^{2-} 数量的增加会使氧化膜从透明变为不透明，并缩短铬酸液的使用寿命；Cr^{3+} 过多会使氧化膜变得暗而无光。

③ 电压 在阳极氧化开始的 15min 内，使电压从 0V 逐渐升至 40V，每次上升不超过 5V，以保持电流在规定的范围内；当槽电压达 40V 后，一直保持到氧化结束。

表 7-5 铬酸阳极氧化的工艺规范

溶液组成及其工艺条件	1	2	3
铬酐(CrO_3)/(g/L)	30～40	50～60	95～100
温度/℃	38～42	33～37	35～39
阳极电流密度/(A/dm^2)	0.2～0.6	1.5～2.5	0.3～2.5
电压/V	40	40	40
氧化时间/min	60	60	35
适用范围	经过抛光的零件	一般切削加工件和钣金件	纯铝及包铝零件

(3) 草酸阳极氧化 草酸是一种弱酸，对铝及铝合金的腐蚀作用较小，所以草酸阳极氧化易于制取较厚的膜层，一般为 8～20μm，最厚可达 60μm。

草酸氧化膜硬度较高，孔隙率低，耐蚀性好，具有良好的电绝缘性能。但此法成本高，为硫酸阳极氧化的 3～5 倍，溶液有毒性且稳定性较差，因此应用受到一定的限制。一般用于特殊要求的表面，如制作电气绝缘保护层、日用品的表面装饰等。

草酸阳极氧化电解液对 Cl^- 非常敏感，其质量浓度超过 0.04g/L 时膜层就会出现腐蚀斑点。Al^{3+} 的质量浓度也不允许超过 3g/L。

(4) 硬质阳极氧化 硬质阳极氧化膜又称厚膜氧化，膜层厚度可达 250～300μm，硬度很高，一般为 400～600HV。由于硬质氧化膜优良性能，在工业上的应用日益广泛，主要用于要求高硬度的耐磨零件，如活塞、气缸、轴承、导轨等，以及用于要求绝缘的零件，耐气流冲刷的零件和瞬时经受高温的零件。

为获得厚而硬的氧化膜，需要降低膜的溶解速度，增加膜的生长速度。因此硬质阳极氧化处理条件为：高电流密度、低温、搅拌。电流密度为普通阳极氧化的 2～3 倍；低温是为了抑制溶液对膜的溶解，通过搅拌来降温。

若采用硫酸作电解液，由于硫酸腐蚀性大，故要求温度小于 10℃，称为硫酸硬质阳极氧化法。若是硫酸中添加有机酸（如苹果酸、乳酸、丙二酸等）则可在常温下氧化，称为混合酸硬质阳极氧化法。这两种方法是目前生产中应用较多的方法。

(5) 瓷质阳极氧化 瓷质阳极氧化实际上是由铬酸或草酸等阳极氧化衍生而来的一种特殊的氧化方法。利用铝及其合金在电解溶液中生成阳极氧化膜，同时，一些灰色物质吸附在正成长着的氧化膜中，从而获得均匀、光滑、有光泽且不透明的灰色膜，其外观类似瓷釉、搪瓷，也被称为仿釉氧化膜。

瓷质阳极氧化获得的膜层致密，厚度约为 6～20μm，具有较高的硬度，良好的耐蚀性、耐磨性、耐热性和电绝缘性能，是一种多功能膜层。瓷质膜的硬度取决于铝材成分及氧化工艺，它的硬度高于铬酸氧化膜，而低于硬质氧化膜，其电绝缘性也高于铬酸氧化膜或普通硫酸氧化膜。膜层还具有较好的吸附能力，能染上不同的色泽，具有良好的装饰效果。瓷质阳极氧化处理一般不会改变零件表面的粗糙度，也不影响其尺寸精度，适用于仪器、仪表等精密零件和日用品的表面防护和装饰。

7.3.4　阳极氧化膜的着色

由于阳极氧化膜呈多孔结构，具有极强的吸附能力，通过着色处理可获得各种鲜艳的颜色，在起装饰作用的同时还能提高膜层的耐蚀性、耐磨性。铝及铝合金的着色方法可分为三类：整体着色法（自然着色法）、吸附着色法、电解着色法，如图7-4所示。

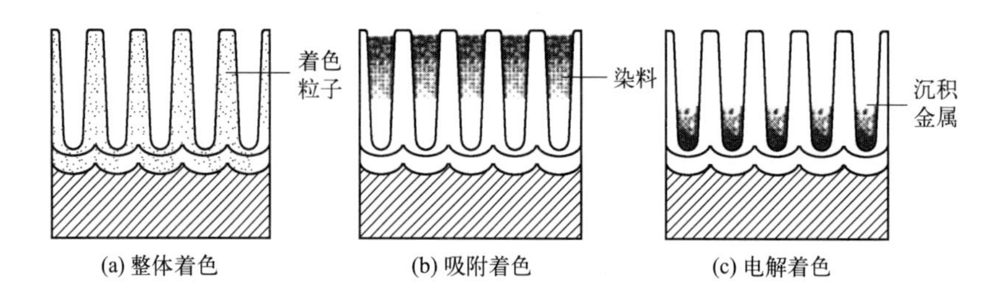

图7-4　不同着色膜示意图

(1) 整体着色法　采用特定成分的铝合金或在特殊的电解液中阳极氧化时，获得氧化膜的同时而着上不同颜色，称为整体着色法，又称自然着色法。阳极氧化时，不透明的微小颗粒分散在多孔层的内壁和阻挡层上，由于入射光的散射而产生不同色彩，如图7-4(a)所示。这些微小颗粒来自铝合金或电解液中有机物的分解产物。在特定的铝合金（Al-Si、Al-Mn、Al-Cr、Al-Cu等）上或在特定的电解液（芳香酚、苯磺酸、磺基水杨酸等）中进行阳极氧化时，都可以获得这种整体着色膜。

整体着色法能耗较大，成本高，废水处理困难，着色膜色泽不鲜艳，因而使用范围有限，逐渐被电解着色所取代。

(2) 吸附着色法　将阳极氧化后的铝制品浸渍到带有染料的溶液中，则多孔层外表面能吸附各种染料而呈现出染料的色彩，称为吸附着色法。由于吸附着色中的染料存在于多孔层的表层，如图7-4(b)，故其耐光、耐晒、耐磨性较差，不宜作室外用或耐磨件的装饰。吸附着色可分为无机盐着色和有机染料着色两大类。

① 无机盐着色　无机盐着色主要依靠物理吸附作用，盐分子吸附于膜层微孔的表面进行填充。与有机染料着色不同，无机盐着色要在两种溶液中交替浸渍，直至两种盐在氧化膜中的反应生成物数量满足所需的色调为止。无机盐着色耐晒性较好，但色种较少，色调不鲜艳，与基体结合力差，现在应用较少。表7-6所示为部分无机盐着色的工艺规范。

表7-6　无机盐着色工艺规范

颜色	溶液组成	质量浓度/(g/L)	温度/℃	时间/min	生成的有色盐
红色	醋酸钴[$Co(C_2H_3O_2)_2$]	50～100	室温	10～15	$Co_3[Fe(CN)_6]_2$
	铁氰化钾[$K_3Fe(CN)_6$]	10～50	室温	10～15	

续表

颜色	溶液组成	质量浓度/(g/L)	温度/℃	时间/min	生成的有色盐
黄色	铬酸钾(K_2CrO_4)	50～100	室温	10～15	$PbCrO_4$
	醋酸铅[$Pb(C_2H_3O_2)_2 \cdot 3H_2O$]	100～200	室温	10～15	
绿色	铁氰化钾[$K_3Fe(CN)_6$]	10～50	室温	10～15	$Cu_3[Fe(CN)_6]_2$
	醋酸铜($CuSO_4 \cdot 5H_2O$)	10～100	室温	10～15	
蓝色	亚铁氰化钾[$K_4Fe(CN)_6 \cdot 3H_2O$]	10～50	室温	10～15	$Fe_4[Fe(CN)_6]_3$
	氯化铁($FeCl_3$)	10～100	室温	10～15	
黑色	醋酸钴[$Co(C_2H_3O_2)_2$]	50～100	60～70	10～15	CoS
	硫化钠(Na_2S)	50～100	60～70	20～30	

② 有机染料着色　有机染料着色时，染料分子除物理吸附于膜孔外，还能与氧化铝发生化学作用，使反应生成物进入孔隙而显色。如染料分子的磺基与氧化铝形成共价键；酚基与氧化铝形成氢键；酸性铝橙与氧化铝形成络合物等。有机染料着色的色泽鲜艳，颜色范围广，但耐晒性差。部分有机染料着色的工艺规范见表 7-7 所示。

表 7-7　有机染料着色工艺规范

颜色	染料名称	质量浓度/(g/L)	温度/℃	时间/min	pH 值
红色	铝火红(ML)	3～5	室温	5～10	5～6
	铝枣红(RL)	3～5	室温	5～10	5～6
	直接耐晒桃红(G)	2～5	60～75	1～5	4.5～5.5
金黄色	茜素黄(R)	0.3	70～80	1～3	4.5～5.5
	茜素红(S)	0.5	70～80	1～3	4.5～5.5
	活性艳橙	0.5	70～80	5～15	4～5
绿色	酸性绿	5	60～70	15～20	5～5.5
	铝绿(MAL)	3～5	室温	5～10	5～6
蓝色	直接耐晒蓝	3～5	15～30	15～20	4.5～5.5
	活性艳蓝	5	室温	1～5	4.5～5.5
	酸性湖蓝(B)	10～15	室温	3～8	5～5.5
棕色	直接耐晒棕(RTL)	15～20	80～90	10～15	6.5～7.5
	铝红棕(RW)	3～5	室温	5～10	5～6
黑色	酸性黑(ATT)	10～15	室温	10～15	4.5～5.5
	酸性粒子元(NBL)	10～15	60～70	10～15	5～5.5
紫色	铝紫(CLW)	3～5	室温	5～10	5～6

(3) 电解着色法　铝制品经阳极氧化后，再在含金属盐的电解液中进行交流电解，则在多孔层孔隙底部沉积金属或金属化合物而显色，如图 7-4(c) 所示。电解着色所用电压越高，时间越长，颜色越深。电解着色膜的耐晒性、耐气候性、耐磨性等均良好，目前在建筑装饰用铝型材上得到了广泛的应用。表 7-8 是部分电解着色工艺规范。

表 7-8　电解着色工艺规范

颜色	组成	质量浓度/(g/L)	交流电压/V	温度/℃	时间/min	pH 值
青铜色→黑色	硫酸镍	25	10～17	20	2～15	4.4
	硫酸镁	20				
	硫酸铵	15				
	硼酸	25				

续表

颜色	组成	质量浓度/(g/L)	交流电压/V	温度/℃	时间/min	pH值
黑色	硫酸钴 硫酸铵 硼酸	25 15 25	17	20	13	4～4.5
赤紫色	硫酸铜 硫酸镁 硫酸	35 20 5	10	20	5～20	1～1.3
金黄色	硝酸银 硫酸	0.5 5	10	20	3	1
褐色	草酸铵 草酸钠 醋酸钴	20 20 4	20	20	1	5.5～5.7

7.3.5　氧化膜的封闭处理

铝及铝合金经阳极氧化后，无论是否着色都需及时进行封闭处理，其目的是把染料固定在微孔中，防止渗出，同时提高膜的耐磨性、耐晒性、耐蚀性和绝缘性。封闭的方法有热水封闭法、水蒸气封闭法、重铬酸盐封闭法、水解封闭法和填充封闭法。

(1) 热水封闭法　热水封闭过程是使非晶态氧化铝产生水化反应转变成结晶质的氧化铝，其化学反应式如下：

$$Al_2O_3+nH_2O=\!=\!=Al_2O_3\cdot nH_2O \tag{7-2}$$

式(7-2) 中，n 为1或3。当 Al_2O_3 水化为一水合氧化铝（$Al_2O_3\cdot H_2O$）时，其体积可增大约33%；生成三水合氧化铝（$Al_2O_3\cdot 3H_2O$）时，其体积增大几乎100%。由于氧化膜表面及孔壁的 Al_2O_3 水化的结果，体积增大而使膜孔封闭。

热水封闭工艺为：热水温度90～100℃，pH值6～7.5，时间15～30min。封闭用水应采用去离子水或蒸馏水，而不能用自来水，否则会降低氧化膜的透明度和色泽。

水蒸气封闭法的原理与热水封闭法相同，其效果比热水封闭好，不受水的纯度和pH值的影响，但成本较高。

(2) 重铬酸盐封闭法　此法是在较高温度下，将铝制品放入具有强氧化性的重铬酸钾溶液中，使氧化膜和重铬酸盐产生化学反应，反应产物碱式铬酸铝和碱式重铬酸铝沉积于膜孔中。同时热溶液使氧化膜层表面产生水化，加强了封闭作用，故可认为是填充及水化双重封闭作用。上述过程的化学反应式如下：

$$2Al_2O_3+3KCr_2O_7+5H_2O=\!=\!=2AlOHCrO_4+2AlOHCr_2O_7+6KOH$$

重铬酸盐的封闭工艺为：重铬酸钾浓度50～70g/L，温度90～100℃，时间15～30min，pH值6～7。

重铬酸盐封闭法处理过的氧化膜呈黄色，耐蚀性较好，适用于以防护为目的的铝合金阳极氧化后的封闭，不适用于以装饰为目的着色氧化膜的封闭。

(3) 水解封闭法　镍盐、钴盐的极稀溶液被氧化膜吸附后，即发生如下的水解反应：

$$NiSO_4+2H_2O=\!=\!=Ni(OH)_2\downarrow+2H_2SO_4 \tag{7-3}$$

$$CoSO_4+2H_2O=\!=\!=Co(OH)_2\downarrow+2H_2SO_4 \tag{7-4}$$

式(7-3)、式(7-4) 生成的 $Ni(OH)_2$ 或 $Co(OH)_2$ 沉积在氧化膜的微孔中，而将孔封闭。

因为少量的 $Ni(OH)_2$ 或 $Co(OH)_2$ 几乎是无色的，所以此法特别适用于着色氧化膜的封闭处理，不会影响制品的色泽，而且还会和有机染料形成络合物，从而增加颜色的耐晒性。

(4) 填充封闭法 除上面所述的封闭方法外，阳极氧化膜还可以采用有机物质，如透明清漆、熔融石蜡、各种树脂和干性油等进行封闭。

我国已经建立了一些关于铝及铝合金阳极氧化及其质量评定的标准，例如：GB/T 19822—2025《铝及铝合金硬质阳极氧化膜规范》、GB/T 8013.1—2018《铝及铝合金阳极氧化膜与有机聚合物膜 第1部分：阳极氧化膜》、GB/T 12967.4—2022《铝及铝合金阳极氧化膜及有机聚合物膜检测方法 第4部分：耐光热性能的测定》、GB/T 8753.3—2005《铝及铝合金阳极氧化 氧化膜封孔质量的评定方法 第3部分：导纳法》等。

7.3.6 其他金属的阳极氧化

除了铝以外，许多有色金属也可以进行阳极氧化处理来获得氧化物膜层。镁合金阳极氧化处理获得的阳极氧化膜，其耐蚀性、耐磨性和硬度等一般比化学氧化法高。缺点是膜层脆性较大，对复杂制件难以获得均匀的膜层。镁合金阳极氧化可以在酸性和碱性介质中进行，氧化条件不同，氧化膜可以呈不同的结构和颜色。进入20世纪90年代，随着镁合金在汽车、通信、计算机和声像领域的应用，镁合金阳极氧化技术得到了较快的发展。

铜及铜合金在氢氧化钠溶液中阳极氧化处理后可得到黑色氧化铜膜层，该膜薄而致密，与基体结合良好，且处理后几乎不影响精度，被广泛应用于精密仪器等零件的表面装饰上。阳极氧化也是提高钛合金耐磨和抗蚀性能的一种方法，在航空航天领域有较广泛的应用。

此外，Si、Ge、Ta、Zn、Cd及钢也可以进行阳极氧化处理。

7.4 等离子体微弧氧化

等离子体微弧氧化简称微弧氧化（Microarc Oxidation，MAO），它是一种直接在铝合金、镁合金和钛合金等金属表面原位生长陶瓷层的新技术。采用该技术可制备厚度达10～200μm的高硬度、高结合强度、低孔隙、具有瓷质感的氧化膜，其耐蚀性和耐磨性都很好。由于该法操作方便，工艺稳定，效率高，并且无污染，已引起人们的广泛关注。

7.4.1 微弧氧化原理

所谓微弧氧化就是把Al、Mg、Ti、Zr、Ta、Nb等有色金属或合金置于电解液中作为阳极，以不锈钢作阴极，利用高压下电解液中的气体电离产生微弧放电，在热化学、等离子体化学、电化学、高温氧化等反应作用下，直接在有色金属表面原位生成陶瓷膜，从而提高其耐腐蚀、耐磨损、绝缘性、抗高温氧化性能和生物活性等的技术。

微弧氧化技术是在阳极氧化的基础上发展起来的，其过程包括电化学反应和等离子体化学反应。一般认为当工件浸入电解液中，会在表面形成双电层。随着电压升高，金属表面会形成一层氧化膜，在某些位置被电压击穿形成微弧，微弧的持续作用使金属表面熔融。熔融物和电解液中的离子及溶解的氧发生反应生成氧化物，受到电解液的冷却作用沉积到金属表面形成膜层；随着时间的延长，膜层逐渐增厚。由图7-5所示的钛合金表面微弧氧化制备Ca-P-Ag膜层的透射电镜图片分析膜层的形成过程。在外加电压未达到临界击穿电压之前，在阳极钛合金基体表面发生普通的电化学反应，生成一层很薄的非晶态氧化膜，见A所指的白色区域；当外加电压达到临界击穿电压后，膜层上最薄弱的部位首先被击穿形成圆形内圆，见 B 区；随着电压继续增加，氧化膜表面出现微弧放电现象，形成等离子体。微弧瞬间温度极高，不仅使微弧区的钛合金基体发生熔融，也使周围的液体汽化并产生极高的压力，形成外圆，见 C 区，如图 7-5(a) 所示。在高温高压作用下，基体表面原有的氧化膜发生晶态转变，可形成纳米晶粒，经高分辨透射电镜分析其成分为 TiO_2，如图 7-5(b)、(c) 所示。电解液中的氧离子和其他离子也通过放电通道进入到微弧区，和熔融的基体发生等离子体化学反应，反应产物沉积在放电通道的内壁上。随着微弧继续在试样表面其他薄弱部位放电，均匀的氧化膜逐渐形成。

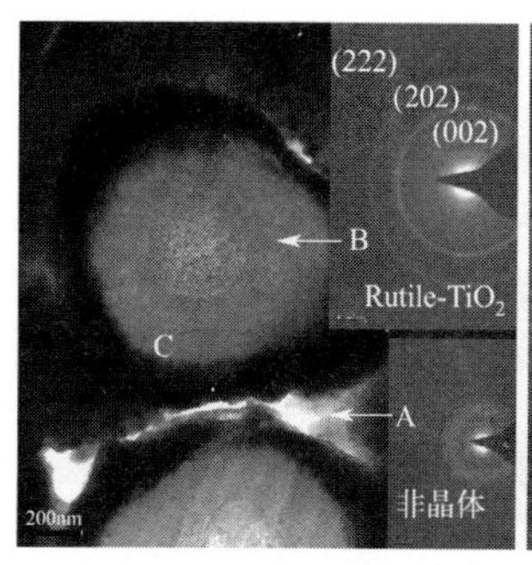

(a) TEM与选区电子衍射花样

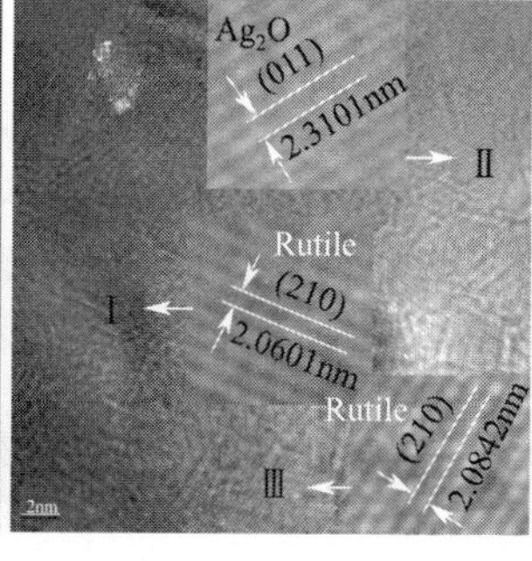

(b) 高分辨透射电镜分析

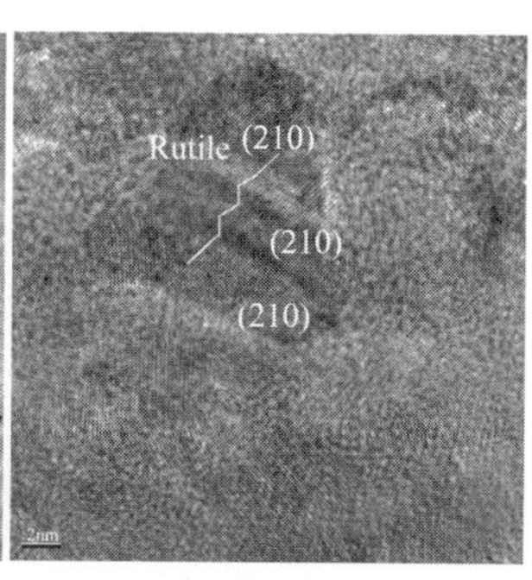

(c) 高分辨透射电镜分析

图 7-5　钛基载银微弧氧化生物膜层的 TEM、HRTEM 形态与选区电子衍射花样

7.4.2　微弧氧化装置及工艺

微弧氧化装置如图 7-6 所示，类似于普通阳极氧化装置，主要由专用高压电源、电解槽、冷却系统和搅拌系统组成。微弧氧化法制备陶瓷膜的工艺流程一般为：表面清洗→微弧氧化→自来水冲洗→自然干燥。而常规阳极氧化工艺相对要复杂得多。

微弧氧化工艺主要涉及电源类型、电解液成分、电参数等的选择。电参数主要包括恒压或恒流模式、正反电压比、电流密度、频率、时间、占空比等。微弧氧化法多采用弱碱性电解液，常用的电解液有氢氧化钠、硅酸钠、铝酸钠、磷酸钠或偏磷酸钠等。上述电解液可以单独使用或混合使用，还可加入少量添加剂改善膜层性能。施加的电压可以是直流、交流、脉冲或交直流叠加。其工作电压随电解液体系而异，一般不低于 100V，高时可达 1000V 以上。电流密度通常根据膜层厚度、耐磨、耐蚀、耐热等要求在 $2\sim40A/dm^2$ 范围内选定。微弧氧化法对电解液温度的要求并不十分苛刻，槽液温度在 60℃以下均可正常工作。但由于微弧氧化时，微区内瞬间温度很高，释放的热量很大，如果不能及时排除热量，微区周围的溶液温度急剧上

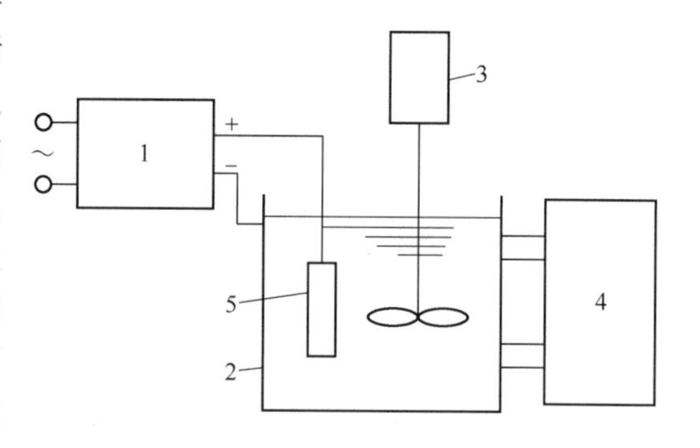

图 7-6　微弧氧化装置简图

1—电源及调压控制系统；2—电解槽；3—搅拌系统；4—循环冷却系统；5—工件

升，这会促使膜层溶解，因此一般需对溶液进行冷却及强制循环。

7.4.3　微弧氧化膜的结构与性能

目前，微弧氧化技术的研究主要集中在 Al、Ti、Mg 合金上，在 Ta、Nb、Zr 甚至钢材表面上也有研究，但相关文献不多。研究表明，微弧氧化陶瓷膜由疏松层、致密层和过渡层组成。钛合金表面微弧氧化膜层截面的形貌如图 7-7 所示。对于钛合金的微弧氧化膜来说，其最外层为表面疏松层，存在许多孔洞，孔隙较大；致密层为微弧氧化层的主体，约占总厚度的 70%，存在着很小的孔隙；过渡层呈深灰色，与基体结合紧密，没有明显的界线，这一点决定了微弧氧化陶瓷膜的高结合强度。钛合金微弧氧化膜表面疏松层的微观形貌如图 7-8 所示。

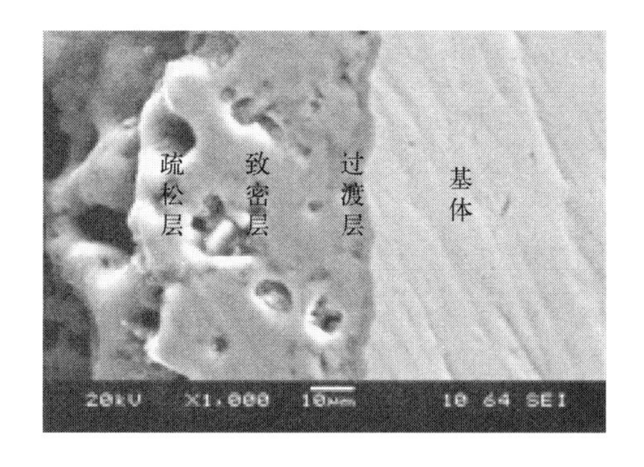

图 7-7　钛合金微弧氧化膜层截面形貌

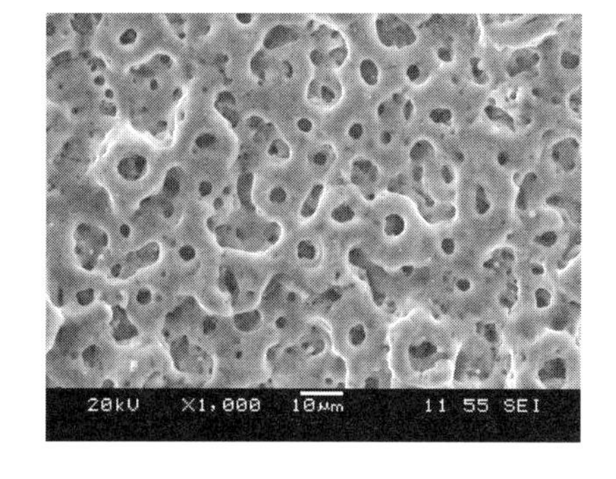

图 7-8　钛合金微弧氧化膜层表面形貌

微弧氧化技术由阳极氧化发展而来，但两者在工艺及氧化膜层的性能上都有许多不同之处。微弧氧化方法中，由于采用了局部阳极放电的等离子体增强技术，因而极大地提高了膜层的综合性能。铝合金微弧氧化与硬质阳极氧化工艺及膜层性能对比见表 7-9。由此可见，微弧氧化形成的陶瓷膜具有显著的综合性能。

表 7-9　铝合金微弧氧化与硬质阳极氧化工艺及膜层性能比较

比较项目	微弧氧化膜层	硬质阳极氧化膜层
电压/V	<700	20～120
电流密度/(A/dm²)	大	小
工作温度/℃	<45	−8～10
溶液性质	碱性溶液	酸性溶液
工艺流程	简单	较复杂
处理效率	10～30min(50μm)	1～2h(50μm)
最大厚度/μm	300	300
硬度/HV	800～2500	400～600
孔隙相对面积/%	0～40	>40
粗糙度 Ra	可加工至 0.037μm	一般
5%盐雾试验/h	>1000	>300(K_2CrO_4 封闭)
膜层的均匀性	内外表面均匀	产生"尖边"缺陷
膜层柔韧性	韧性好	较脆
膜层微观结构	含 α-Al_2O_3、γ-Al_2O_3 晶相组织	非晶组织

7.4.4　微弧氧化的应用

(1) 微弧氧化的应用领域　微弧氧化技术是在 20 世纪 70 年代发展起来的新技术，目前在国内外均未进入大规模工业应用阶段。但由于微弧氧化膜具备了阳极氧化膜和陶瓷喷涂层两者的优点，可以部分替代它们的产品，在军工、航空、航天、机械、纺织、汽车、医疗、电子、生物材料、装饰等许多领域将有着广泛的应用前景。微弧氧化陶瓷层的部分应用领域见表 7-10。

表 7-10　微弧氧化技术的部分应用领域

应用领域	应用举例	基体材料	应用性能
航天、航空、机械	气动元件、密封件、叶片、轮箍	铝、镁、钛合金	耐磨性、耐蚀性
石油、化工、船舶	阀门、动态密封环	铝、钛、钛合金	耐磨性、耐蚀性
医疗卫生	人工关节	钛合金、镁合金	耐磨性、耐蚀性
日常用品	电熨斗、水龙头	铝合金	耐磨性、耐蚀性
汽车	喷嘴、活塞	铝合金	耐磨性、耐热冲击性
轻工机械	压掌、纺杯、传动元件	铝合金、镁合金	耐磨性
仪器仪表	电气元件、探针、传感元件	铝、镁、钛合金	耐磨性
现代建筑装饰	装饰材料	铝合金、镁合金	装饰性

（2）微弧氧化的应用实例

① 在汽车工业中的应用　西安理工大学研制的微弧氧化系列设备已应用于一汽红旗世纪星轿车的发动机壳体、镁合金高压热水交换管、镁合金轮毂、铝合金微型冲锋枪托架、铝合金发动机缸体、147kW 柴油发动机活塞的表面处理。

采用复合碱性硅酸盐电解质溶液，利用双极性脉冲微弧氧化电源，在铸造铝合金成型的干式点火线圈绕线轴和汽车进气管表面制备了微弧氧化涂层，可明显提高铝合金表面的硬度、耐磨性和耐蚀性，延长了使用寿命。绕线轴和进气管表面微弧氧化处理前后的外观见图 7-9 和图 7-10。

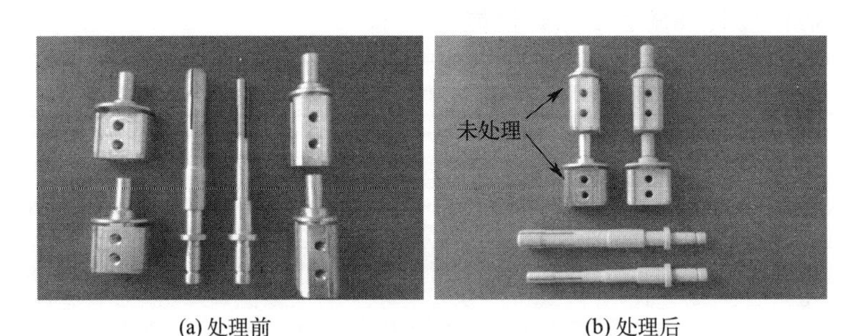

(a) 处理前　　(b) 处理后

图 7-9　干式点火线圈绕线轴微弧氧化前后外观

② 在生物涂层中的应用　采用微弧氧化处理在镁合金表面制备生物涂层，不但提高了基体的耐磨损、耐腐蚀性能，而且通过在溶液中添加 Ca、P、Ag 等离子，还可形成具有生物活性和抗菌性的生物涂层，提高了生物相容性。

镁基生物涂层选用 $CaCO_3$-$Na_3PO_4 \cdot 12H_2O$-KOH 电解液。根据人体及人体骨中所必需元素含量的安全值，添加 0.02g/L、0.05g/L、0.08g/L 和 0.11g/L $AgNO_3$，制备镁基载银生物活性涂层。图 7-11 为 $AgNO_3$ 加入量与生物涂层厚度及孔隙率的关系。随 $AgNO_3$ 浓度的增加，涂层孔隙率由 21%～30%先增加后降低，在 $AgNO_3$ 浓度为 0.05g/L 时涂层表面孔隙率最大为 30%。镁基单一钙、磷涂层表面的孔隙率为 23%，镁基载银涂层与之相比，其孔隙率增加了2%～7%。

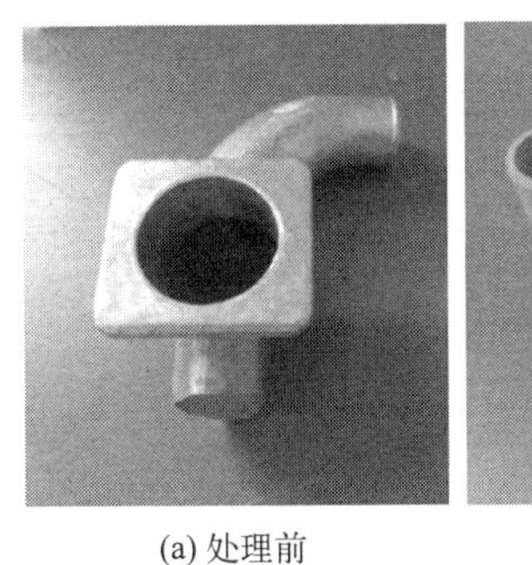
(a) 处理前

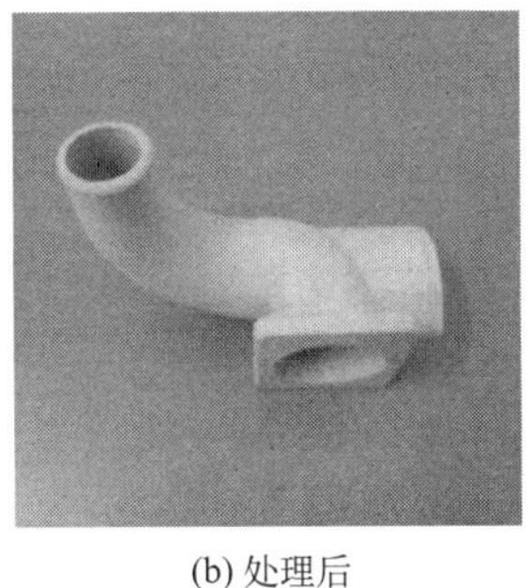
(b) 处理后

图 7-10 进气管微弧氧化处理前后外观

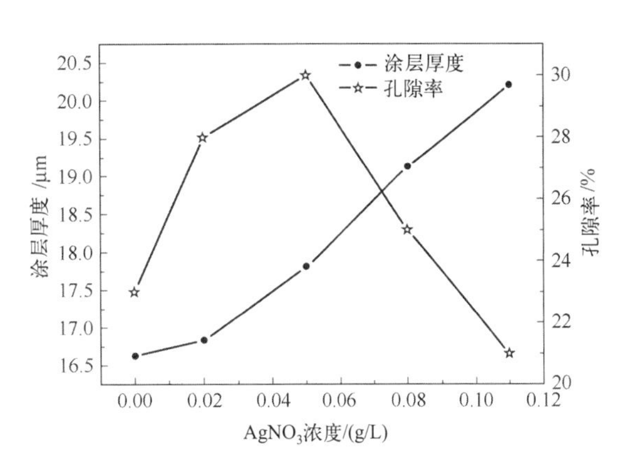

图 7-11 镁基载银生物涂层厚度及孔隙率

图7-12为镁基载银生物涂层的TEM形貌及析出粒子对应的选区电子衍射花样。由图7-12(a)、(b)所示的TEM明场相与暗场相可知，通过微弧氧化的高温放电击穿烧结与超声波细化镀层晶粒等作用可在镁基载银生物涂层中生成均匀分布的纳米级晶态粒状体，粒径为10～67nm。涂层中纳米粒子为方镁石型MgO，图7-12(c)为MgO的(200)、(220)、(222)晶面的相应衍射环，同时也有基体Mg的(101)、(210)、(204)晶面的相应衍射环。在析出粒子的衍射环中出现了基体Mg，说明MgO是由基体镁氧化生成的。纳米MgO具有抗菌、催化及化学吸附等许多奇异功能，因此镁基涂层由纳米级MgO粒子组成，这有利于改善生物陶瓷层的脆性与提高涂层抗细菌感染能力。

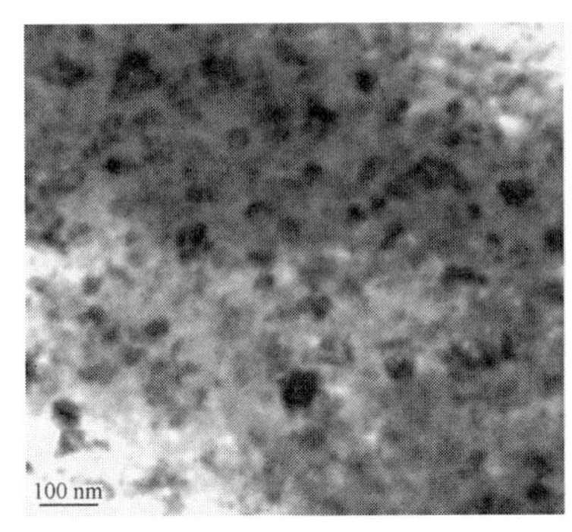

(a) TEM明场

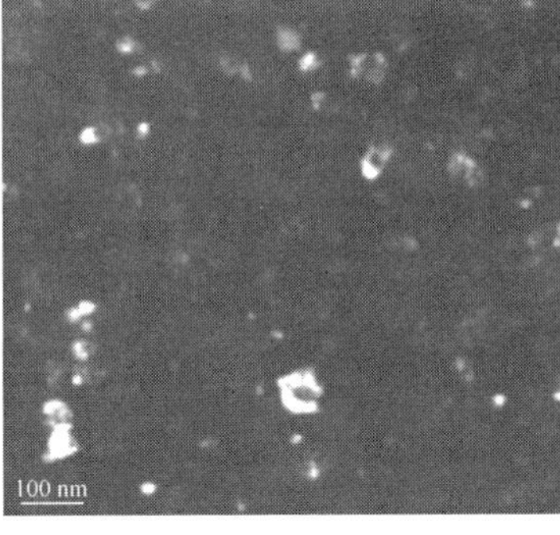

(b) TEM暗场

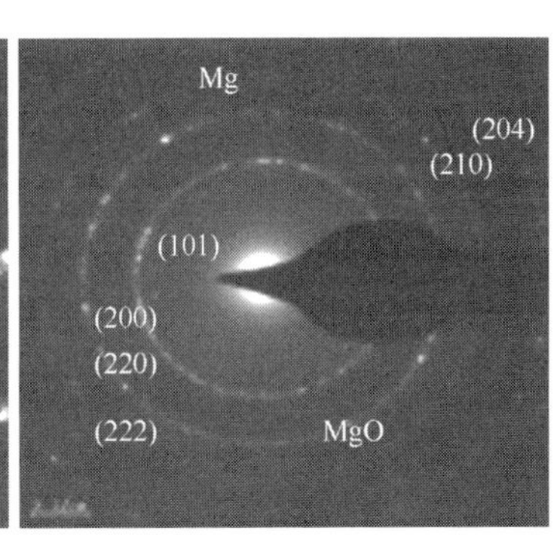

(c) 选区电子衍射花样

图 7-12 镁基载银生物涂层的TEM形态与选区电子衍射花样

镁基载银生物涂层表面的高分辨透射电镜图像如图7-13所示。可见镁基载银涂层中不仅有方镁石型MgO纳米级晶态微粒生成，还有具有优异抗菌性能的Ag_2O及具有一定生物活性的$Ca_9MgNa(PO_4)_7$相生成。在图7-13(b)中可见涂层中镁熔化形成的椭圆状的痕迹，而液滴以外区域形成了明显晶格，为MgO的(200)晶面；涂层中形成了液滴熔化痕迹，加之瞬间涂层快速冷却，形成有序的晶体结构。

镁基载银生物涂层在人体模拟体液环境中摩擦磨损性能变化如图7-14所示。磨损开始阶段，与球对磨件首先接触的是涂层表面的疏松层，在磨损过程中易发生脱落，为不稳定摩

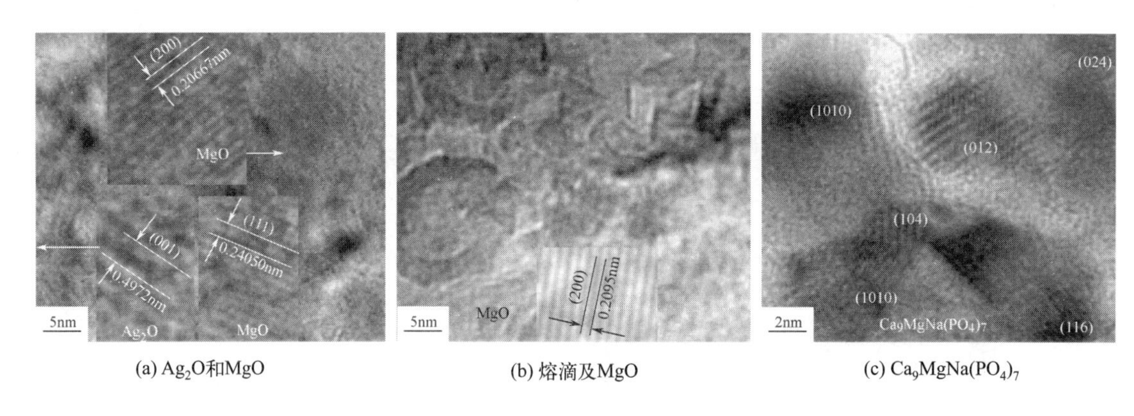

(a) Ag_2O和MgO　　(b) 熔滴及MgO　　(c) $Ca_9MgNa(PO_4)_7$

图 7-13　镁基载银生物涂层的 HRTEM 图像

擦磨损阶段，此阶段的摩擦系数波动较大；涂层的致密层耐磨性好，不易被磨穿，进入稳定摩擦磨损阶段时，摩擦性能较稳定。在稳定摩擦磨损阶段，无银的 Ca-P 涂层在模拟体液中的摩擦系数为 0.55，而载银 Ca-P 涂层的摩擦系数降低了 0.18～0.32。

在人体的复杂环境中，金属基植入材料常因耐蚀性差而导致降解速率过快或产生腐蚀性离子对人体造成伤害，因此需要考察植入材料在人体环境中的耐蚀性能。图 7-15 为镁基载银涂层在模拟体液中的动电位极化曲线，镁基载银涂层的腐蚀电位 E_{corr} 比无银涂层提高了 11～102mV，而腐蚀电流 i_{corr} 分别降低约 1～2 个数量级。

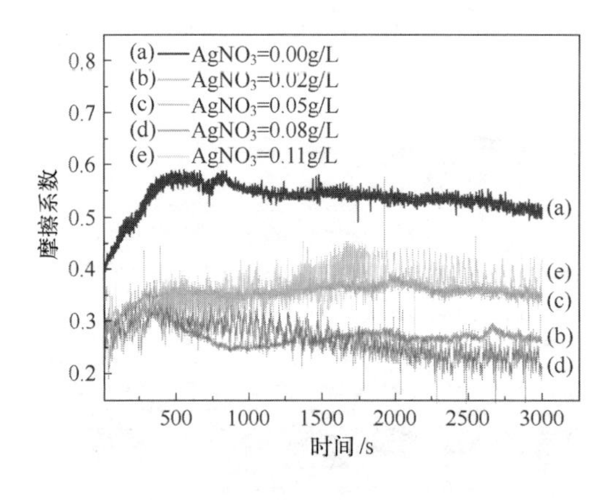

图 7-14　镁基生物涂层在模拟体液中的摩擦系数

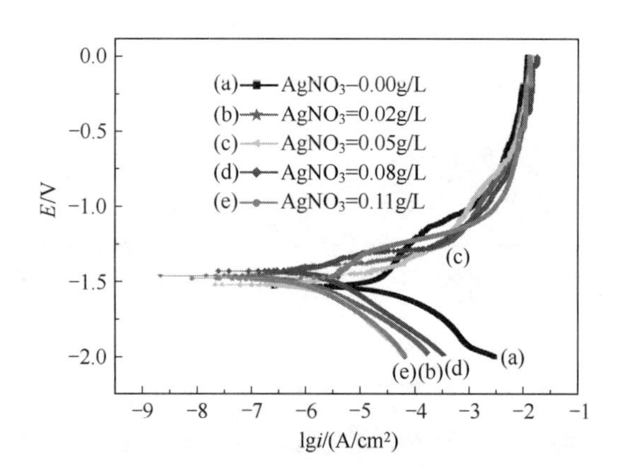

图 7-15　镁基生物涂层在模拟体液中的极化曲线

生物涂层的多孔结构及优异的生物性能为成骨细胞的生长提供了良好的环境，同时为细菌附着提供了便利场所，大肠杆菌等骨科常见致病菌可在生物涂层表面黏附，形成细菌生物被膜而导致慢性感染。因此制备抗菌涂层并研究其抗菌性能显得尤为重要。两种微弧氧化镁基生物涂层抗菌试样表面大肠杆菌培养后的细菌菌落数如图 7-16 所示。微弧氧化镁基无银生物涂层培养基中的细菌菌落数明显大于载银生物涂层培养基中的细菌菌落数。采用平板计数法及相关抗菌标准计算抗菌率，载银涂层抗菌率为 90%～96%，并且随涂层中载银量的增加，涂层抗菌率逐渐增加，当载银量达到一定程度时抗菌率不再增加。研究表明，镁基载银生物涂层具有优异的抗磨损性能、抗腐蚀性能和抗菌性能。通过这些基础研究，期望为镁合金作为骨固定材料的应用提供理论依据。

针对镁合金降解过快导致植入器械过早失效以及细胞相容性问题成为限制其应用的关键

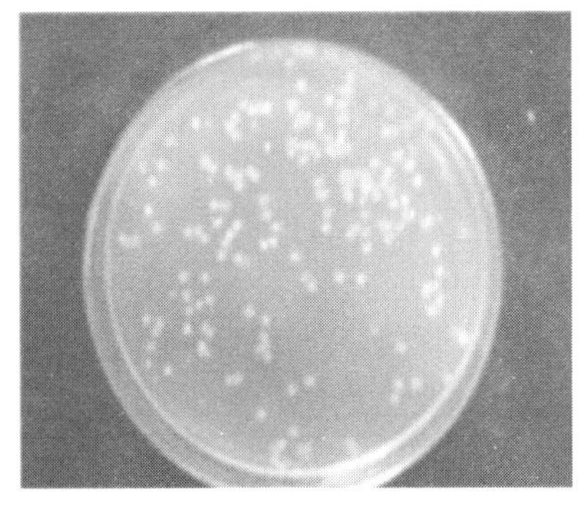

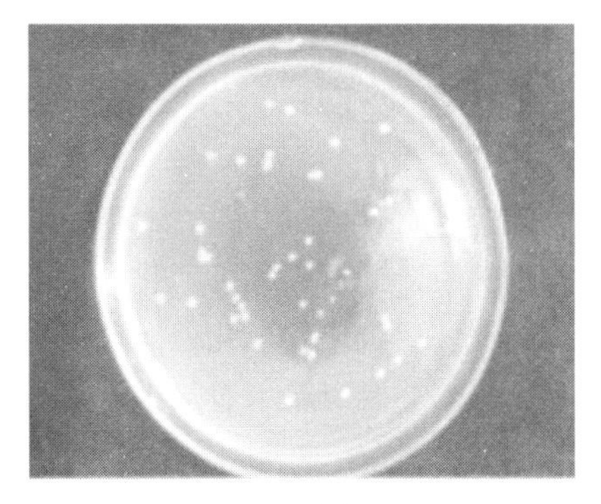

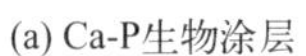

(a) Ca-P生物涂层　　(b) Ca-P-Ag生物涂层

图 7-16　抗菌试样表面大肠杆菌培养后的细菌菌落数

问题，李慕勤等提出将微弧氧化技术与层层自组装技术复合，在镁合金表面构建亲水-疏水-亲水复合涂层，用以调控镁的降解速度和细胞相容性，制备了带有微弧氧化涂层的可降解骨内固定材料，并进行植入研究。可降解镁合金骨板、骨钉动物植入及细胞实验形貌见图 7-17。

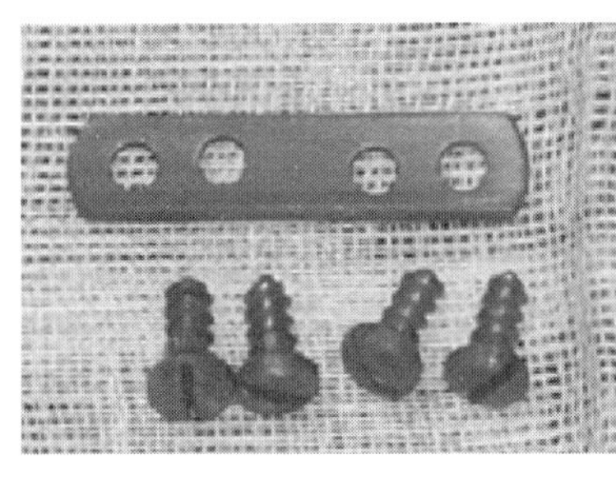

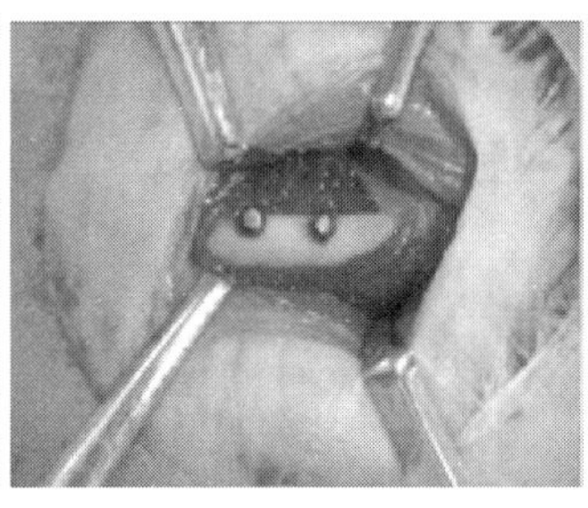

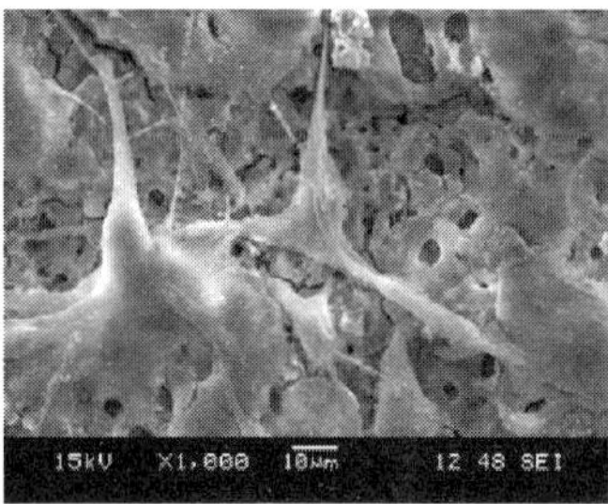

(a) 骨钉和骨板　　(b) 植入操作　　(c) 细胞实验微观形貌

图 7-17　可降解镁合金骨板、骨钉动物植入及细胞实验

李慕勤等利用超声-微弧氧化技术，在钛合金表面设计功能性生物涂层并制成植入体，进行了口腔牙种植体的植入研究，如图 7-18 所示。

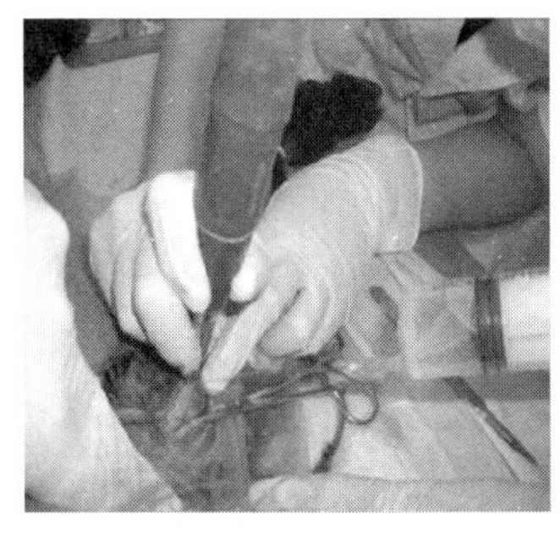

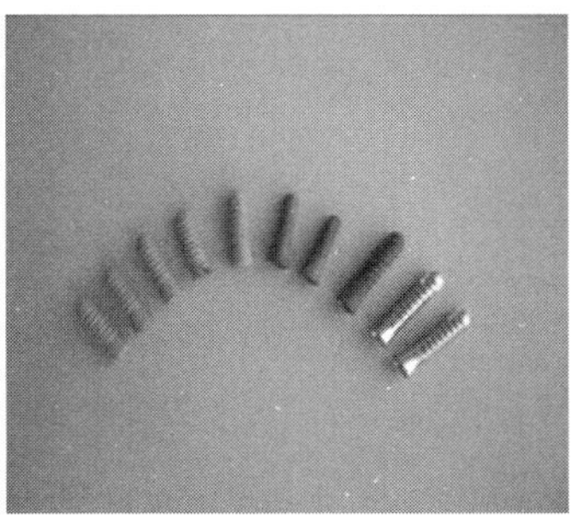

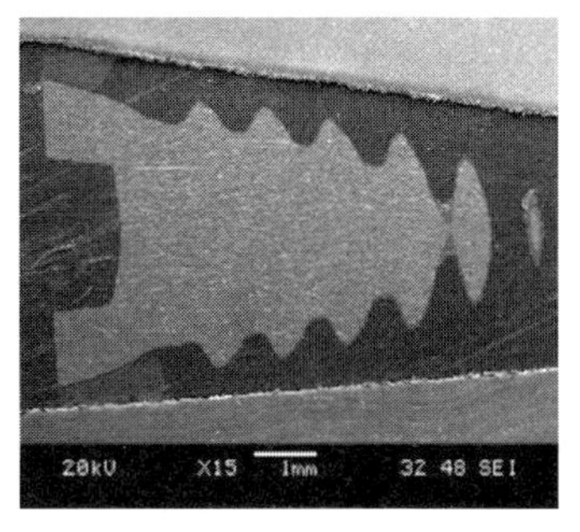

(a) 植入过程　　(b) 植入体外观　　(c) 植入后截面形貌

图 7-18　微弧氧化钛合金口腔牙种植体及植入图

7.5 钢铁的磷化处理

把金属放入含有 Zn、Mn、Fe 的磷酸盐溶液中进行化学处理，使其表面生成一层难溶于水的磷酸盐保护膜，此过程称为磷化处理（Phosphating），所生成的膜层称为磷化膜。目前以钢铁磷化处理应用最广。磷化处理所需设备简单，操作方便，成本低，生产效率高，被广泛用于汽车、船舶、航空航天、机械制造及电器等工业生产中。

7.5.1 磷化膜形成机理

磷化处理通常在含有 Zn、Mn、Fe 的磷酸二氢盐等组成的酸性稀水溶液中进行。磷酸二氢盐是溶于水的，可用通式 $M(H_2PO_4)_2$ 表示，其中 M 代表 Zn^{2+}、Mn^{2+}、Fe^{2+} 等二价金属离子。在一定的浓度和 pH 值条件下，磷化溶液中会产生如下的电离平衡（以锌盐为例）：

$$Zn(H_2PO_4)_2 \rightleftharpoons ZnHPO_4 + H_3PO_4 \tag{7-5}$$

$$3ZnHPO_4 \rightleftharpoons Zn_3(PO_4)\downarrow + H_3PO_4 \tag{7-6}$$

由反应式(7-5)、式(7-6) 可知，在磷化液中存在的主要物质是尚未分解的磷酸二氢锌和它分解以后生成的磷酸氢锌、磷酸锌（沉淀）和游离的磷酸。

钢件是铁碳合金，当浸入磷化液后，Fe 和渗碳体（Fe_3C）表面形成无数腐蚀原电池。在阳极微区发生铁的溶解反应：

$$Fe \longrightarrow Fe^{2+} + 2e$$

在阴极微区发生析氢反应：

$$2H^+ + 2e \longrightarrow H_2\uparrow$$

钢铁表面与游离磷酸发生如下的化学反应：

$$Fe + 2H_3PO_4 \longrightarrow Fe(H_2PO_4)_2 + H_2\uparrow \tag{7-7}$$

此时，式(7-7) 中 H_2 的析出，使钢与溶液界面处的酸度下降，pH 值升高，导致式(7-5)、式(7-6) 中的磷酸根各级解离平衡向右移动；当钢件表面附近溶液中的 Zn^{2+}、Fe^{2+} 等离子浓度与 PO_4^{3-} 离子浓度的乘积达到溶度积时，不溶性的磷酸盐结晶 $Zn_3(PO_4)_2 \cdot 4H_2O$ 和 $Zn_2Fe(PO_4)_2 \cdot 4H_2O$ 就会在钢铁表面上沉积并形成晶核；随着晶核的增多和晶粒的成长，逐渐在钢铁表面上生成连续的、附着牢固的磷化膜。其化学反应过程为：

$$3Zn(H_2PO_4)_2 \longrightarrow \underset{\text{(磷化膜)}}{Zn_3(PO_4)_2 \cdot 4H_2O}\downarrow + 4H_3PO_4$$

$$Fe(H_2PO_4)_2 + 2Zn(H_2PO_4)_2 \longrightarrow \underset{\text{(磷化膜)}}{Zn_2Fe(PO_4)_2 \cdot 4H_2O}\downarrow + 4H_3PO_4$$

钢铁表面溶解下来的 Fe^{2+}，一部分成为磷化膜的组成部分，另一部分则与溶液中的氧化剂发生反应，生成不溶性的磷酸铁沉渣（$FePO_4$）沉于槽底。假如被处理的金属是锌和锌合金，由于没有铁的溶解，所形成的磷化膜完全由 $Zn_3(PO_4)_2 \cdot 4H_2O$ 所组成。

7.5.2 磷化膜的性能及应用

（1）磷化膜的性能　除钢铁件在碱金属或铵的磷酸二氢盐溶液中所形成的磷化膜层是无

定形结构外，其他类型的磷化膜层结构均呈结晶状。根据基体材料和磷化工艺的不同，磷化膜外观呈浅灰色至黑灰色。

磷化膜的厚度一般在1～50μm。膜层的结晶越粗大，膜层越厚。实际应用中通常采用单位面积的膜层质量（g/m^2）区分膜的厚度。根据膜层质量一般可分为薄膜（<$1g/m^2$）、中等膜（1～$10g/m^2$）和厚膜（>$10g/m^2$）三种。

磷化膜呈微孔结构，与基体结合牢固，具有良好的吸附性、润滑性、耐蚀性、不黏附熔融金属（Sn、Al、Zn）性及较高的电绝缘性等。当磷化膜配合油漆作为涂料的底层对钢材料进行防护时，其保护效果有时大于金属镀层，从表7-11可以看出这种处理方法的优越性。

表7-11　各种防护膜对钢的防护性

各种不同处理层	3%NaCl盐雾中开始出现锈点的时间/h	各种不同处理层	3%NaCl盐雾中开始出现锈点的时间/h
未处理	0.1	未磷化+硝基清漆	125
红丹漆	30	油漆膜(未磷化)	40
镀镍	6	磷化+油漆膜	531
磷化+油	100		

(2) 磷化膜的应用　钢铁材料是磷化处理的主要对象，其应用主要包括：

① 防护　一般选择Zn系或Mn系较厚的磷化膜，磷化后涂油（或脂、蜡等）提高耐蚀能力。

② 涂料底层　一般选择Zn系或Zn-Ca系较薄的磷化膜。

③ 冷加工润滑　一般采用Zn系磷化膜，可改善钢管与钢丝的冷拉、钢件冷挤压与深冲成型等工艺性能，并能延长模具工作寿命。

④ 减摩　主要采用Mn系磷化膜，可减小两滑动件接触表面的摩擦系数并能降低运动噪声，如制冷压缩机活塞、凸轮与齿轮等。

⑤ 电绝缘　一般选用Zn系磷化膜，如用在电动机及变压器硅钢片中，可提高其电绝缘性能。

7.5.3　钢铁的磷化工艺

钢铁典型的磷化工艺流程为：除油→水洗→酸洗→水洗→表面调整→磷化→水洗→钝化（封闭处理）→水洗→干燥。

(1) 预处理　预处理除了包括常规的除油、酸洗等工序外，还可作涂装底层用的磷化膜。为获得结晶细致、低膜重、耐蚀好的膜层，磷化前还须进行表面活化处理，又称为表面调整。对于非涂装用的厚膜磷化层，表面调整也可大大提高其防护性。

表面调整所用的表调剂大致有三类：酸性表调剂、表面活性剂和金属盐表调剂。金属盐表调剂中的胶体磷酸钛是目前使用最多的低温磷化表调剂，通常可在市场上购买到。

(2) 磷化　磷化处理主要采用浸渍、喷淋和浸喷组合三种方法施工。根据磷化温度可将钢铁磷化工艺分为高温磷化、中温磷化、低（常）温磷化，其工艺规范见表7-12。

表 7-12　钢铁磷化处理的配方及工艺条件

溶液组成及工艺条件	高温		中温		低(常)温	
	1	2	3	4	5	6
磷酸二氢锰铁盐/(g/L)	30～40	30～40	40		40～60	
磷酸二氢锌/(g/L)		55～65		30～40		50～70
硝酸锌/(g/L)			120	80～100	50～100	80～100
硝酸锰/(g/L)	15～25		50			
亚硝酸钠/(g/L)						0.2～1
氧化钠/(g/L)					4～8	
氟化钠/(g/L)					3～4.5	
乙二胺四乙酸/(g/L)			1～2			
游离酸度/点①	3.5～5	6～9	3～7	5～7.5	3～4	4～6
总酸度/点①	36～50	40～58	90～120	60～80	50～90	75～95
温度/℃	94～98	88～95	55～65	60～70	20～30	15～35
时间/min	15～20	8～15	20	10～15	30～45	20～40

①“点”表示用酚酞作指示剂中和 10mL 磷化液所需的 0.1mol/L 的 NaOH 溶液的毫升数，磷化工艺中习惯以“点”表示酸浓度。

① 高温磷化　在 90～98℃的温度下处理 10～30min。其优点是膜层较厚，耐蚀性能及结合力较好，磷化速度快；缺点是加温时间长，溶液蒸发量大，成分变化快，且结晶粗细不均，沉渣较多。

② 中温磷化　在 50～70℃温度下处理 10～15min。其优点是膜层耐蚀性接近高温磷化膜，溶液稳定，磷化时间短，生产效率高，是应用很广泛的工艺；缺点是溶液成分较复杂，调整麻烦。

③ 低（常）温磷化　在 15～35℃的温度下进行处理。由于工作温度低，必须采用强促进剂。其优点是一般不需加热，节约能源，成本低，溶液稳定；缺点是处理时间较长，膜层较薄，结合力欠佳。当前对这类磷化的研究最活跃，进步也最快。

④“四合一”磷化　钢铁零件“四合一”磷化，就是指除油、除锈、磷化和钝化四个主要工序在一个槽中完成。这种综合工艺可以简化工序，缩短工时，减少设备，提高效率，也可对于大型机械和管道进行原地刷涂。

(3) 后处理　为了提高磷化膜的防护能力，磷化后应对磷化膜进行填充和封闭处理。填充处理可在 30～50g/L 重铬酸钾和 2～4g/L 碳酸钠组成的溶液中进行，温度为 90～98℃，时间为 5～10min。填充后，可以根据需要在锭子油、防锈油或润滑油中进行封闭。如需涂漆，应在钝化处理干燥后进行，工序间隔不超过 24h。

金属磷酸盐转化膜的质量评定详见国家标准 GB/T 11376—2020《金属及其他无机覆盖层　金属的磷化膜》。当采用磷化膜作为涂装底层时，其质量检验应采用 GB/T 6807－2001《钢铁工件涂漆前磷化处理技术条件》。转化膜膜层质量的测定方法见 GB/T 9792—2003《金属材料上的转化膜　单位面积膜质量的测定　重量法》。

7.6 铬酸盐钝化处理

把金属或金属镀层放入含有某些添加剂的铬酸或铬酸盐溶液中，通过化学或电化学方法使金属表面生成由三价铬和六价铬组成的铬酸盐膜的方法，叫做金属的铬酸盐钝化处理

(Chromating)。

铬酸盐钝化处理多在室温下进行，具有工艺简单、处理时间较短和适用性强等优点。铬酸盐钝化处理主要用于钢材表面电镀锌、电镀镉的后处理工序，也可作为Al、Mg、Cu等金属及合金的表面防护层。铬酸盐膜耐蚀性高，锌镀层经过钝化处理后，其耐蚀性可提高6～8倍。铝和铝合金上的铬酸盐膜虽然很薄，防护性却较好，不仅单独用作防护膜，也用作涂料底层。

虽然铬酸盐处理工艺成熟，获得的转化膜性能稳定，但其缺点是溶液中含有六价铬离子，废液不易处理，污染环境。从环保的角度出发，目前一些学者正在进行代替铬酸盐处理的研究。

7.6.1 铬酸盐膜的形成机理

铬酸盐处理是在金属/溶液界面上进行的多相反应，过程十分复杂，其中最关键的是金属与Cr^{6+}之间的还原反应。一般认为铬酸盐膜形成过程大致分为以下三个步骤。

① 表面金属被氧化并以离子的形式进入溶液，同时有氢气在表面析出。

② 所析出的氢促使一定数量的Cr^{6+}还原成Cr^{3+}，并由于金属/溶液界面处的pH值升高，Cr^{3+}以胶体的氢氧化铬形式沉淀。

③ 氢氧化铬胶体自溶液中吸附和结合一定数量的六价铬，在金属界面构成具有某种组成的铬酸盐膜。

下面以锌的铬酸盐处理为例，说明其反应过程。

锌浸入铬酸盐溶液后被溶解：$Zn+H_2SO_4 \longrightarrow ZnSO_4+H_2\uparrow$

析氢引起锌表面的重铬酸离子的还原：$2Na_2Cr_2O_7+3H_2 \longrightarrow 2Cr(OH)_3+2Na_2CrO_4$

由于上述溶解反应和还原反应，锌/溶液界面处的pH值升高，从而生以氢氧化铬为主体的胶体状的柔软不溶性复合铬酸盐膜：

$$2Cr(OH)_3+Na_2CrO_4 \longrightarrow Cr(OH)_3 \cdot Cr(OH) \cdot CrO_4+2NaOH$$

铬酸盐钝化膜很薄，一般不超过1μm厚，但膜层与基体结合力强，化学稳定性好，大大提高了金属的耐蚀性。

7.6.2 铬酸盐膜的特性

铬酸盐膜为无定形膜，主要由三价铬和六价铬的化合物组成。三价铬化合物为膜的不溶部分，具有足够的强度和稳定性，成为膜的骨架；六价铬化合物为膜的可溶部分，分散在骨架的内部起填充作用。当钝化膜受到轻度损伤时，可溶性六价铬化合物能使该处再钝化，使膜自动修复。这就是铬酸盐钝化膜耐蚀性特别好的根本原因。

各种金属上的铬酸盐膜大都具有某种色泽，其深浅与基体金属的材质、成膜工艺条件和后处理方法均有关。一般说，色泽最浅（无色或透明）和最深（黑色）的膜，是在特殊的处理条件下取得的；在通常条件下取得的膜则多半介于这两种极端情形之间。各种金属上铬酸盐膜的颜色变化范围见表7-13。

表7-13 各种金属上铬酸盐膜的颜色

基体金属	色泽	基体金属	色泽
Zn和Cd	白,微带彩色,彩黄,金黄,黄褐,黄绿,灰绿,棕色,黑色	Mg及其合金	白,彩色,金黄,棕,黑色
Al及其合金	透明,彩黄,棕色	Sn	透明,黄灰色
Cu及其合金	白,黄色	Ag	透明,浅黄

7.6.3 铬酸盐钝化工艺

(1) 预处理 采用常规的预处理工艺去除工件表面的油脂、污物及氧化皮。对于电镀层，只需把刚电镀完的零件清洗干净即可进行钝化。

(2) 钝化处理 铬酸盐钝化液主要由六价铬化合物和活化剂组成。常用的六价铬化合物有铬酐、重铬酸钠或重铬酸钾。活化剂的作用是促进金属的溶解，缩短成膜时间，改进膜的性质和颜色。常用的活化剂有硫酸、硝酸、卤化物、硝酸盐、醋酸盐或甲酸盐等。

成膜一般在室温（15～30℃）下进行，低于15℃时成膜速率很慢，升温虽可得到更硬的膜，但结合力差且成本高，一般不宜采用。浸渍时间一般在5～60s之间，Al和Mg为1～10min。溶液的pH值对钝化有一定影响，一般在酸性范围1～1.8之间。各种金属及合金的铬酸盐处理工艺条件见表7-14。

表7-14 各种金属及合金的铬酸盐处理工艺条件

材料	溶液	溶液的质量浓度	温度/℃	处理时间/s	材料	溶液	溶液的质量浓度	温度/℃	处理时间/s
Zn	铬酐 硫酸 硝酸 冰醋酸	5g/L 0.3mL/L 3mL/L 5mL/L	室温	3～7	Al及其合金	铬酐 重铬酸钠 氟化钠	3.5～4g/L 3.0～3.5g/L 0.8g/L	30	180
Cd	铬酐 硫酸 硝酸 磷酸 盐酸	50g/L 5mL/L 5mL/L 10mL/L 5mL/L	10～50	15～120	Cu及其合金	重铬酸钠 氟化钠 硫酸钠 硫酸	180g/L 10g/L 50g/L 6mL/L	18～25	300～900
Sn	铬酸钠 重铬酸钠 氢氧化钠 润湿剂	3g/L 2.8g/L 10g/L 2g/L	90～95	3～5	Mg及其合金	重铬酸钠 硫酸镁 硫酸锰	150g/L 60g/L 60g/L	80～100	600～1200

(3) 老化处理 钝化膜形成后的烘干称为老化处理。新生成的钝化膜较柔软，容易磨掉，加热可使钝化膜变硬，成为憎水性的耐腐蚀膜。但老化温度不应超过75℃，否则钝化膜失水，产生网状龟裂，同时可溶性的六价铬转变为不溶性的，使膜失去自修复能力。若老化温度低于50℃，成膜速度太慢，所以一般采用60～70℃。

铬酸盐转化膜质量评定标准请参见GB/T 9800—1988《电镀锌和电镀镉层的铬酸盐转化膜》和GB/T 9791—2003《锌、镉、铝-锌合金和锌-铝合金的铬酸盐转化膜 试验方法》

参考文献

[1] 李异．金属表面转化膜技术．北京：化学工业出版社，2009.
[2] 钱苗根，姚寿山，张少宗．现代表面技术．2版．北京：机械工业出版社，2019.
[3] 李金桂，吴再思．防腐蚀表面工程技术．北京：化学工业出版社，2003.
[4] 陈亚，李士嘉，王春林，等．现代实用电镀技术．北京：国防工业出版社，2003.
[5] 屠振密，韩书梅，杨哲龙，等．防护装饰性镀层．北京：化学工业出版社，2004.
[6] 曾晓雁，吴懿平．表面工程学．2版．北京：机械工业出版社，2016.
[7] 蔡珣，石玉龙，周建．现代薄膜材料与技术．上海：华东理工大学出版社，2007.
[8] 孙希泰．材料表面强化技术．北京：化学工业出版社，2005.

[9]　姚寿山，李戈扬，胡文彬．表面科学与技术．北京：机械工业出版社，2005.
[10]　吴小源，刘志铭，刘静安．铝合金型材表面处理技术．北京：冶金工业出版社，2009.
[11]　张圣麟．铝合金表面处理技术．北京：化学工业出版社，2009.
[12]　唐春华．金属表面磷化技术．北京：化学工业出版社，2009.
[13]　朱祖芳．铝合金阳极氧化与表面处理技术．北京：化学工业出版社，2004.
[14]　郑瑞庭．铝合金表面氧化问题处理问答．北京：化学工业出版社，2007.
[15]　赵树萍，吕双坤，郝文杰．钛合金及其表面处理．哈尔滨：哈尔滨工业大学出版社，2003.
[16]　许振明，徐孝勉．铝和镁的表面处理．上海：上海科学技术文献出版社，2005.
[17]　温鸣，武建军，范永哲．有色金属表面着色技术．北京：化学工业出版社，2007.
[18]　Rama K L, Sudha P A, Sundararajan G A. Comparative study of tribological behavior of microarc oxidation and hard-anodized coatings. Wear, 2006, 261 (10): 1095-1101.
[19]　Gu W C, Lv G H, Chen H, et al. Characterisation of ceramic coatings produced by plasma electrolytic oxidation of aluminum alloy. Materials Science and Engineering A, 2007, 447 (1-2): 158-162.
[20]　Chen F, Zhou H, Yao B, et al. Corrosion resistance property of the ceramic coating obtained through microarc oxidation on the AZ31 magnesium alloy surfaces. Surface and Coatings Technology, 2007, 201 (9-11): 4905-4908.
[21]　Sun X T, Jiang Z H, Xin S G, et al. Composition and mechanical properties of hard ceramic coating containing α-Al_2O_3 produced by microarc oxidation on Ti-6Al-4V alloy. Thin Solid Films, 2005, 471 (1-2): 194-199.
[22]　Guo H F, An M Z, Huo H B, et al. Microstructure characteristic of ceramic coatings fabricated on magnesium alloys by micro-arc oxidation in alkaline silicate solutions. Applied Surface Science, 2006, 252 (22): 7911-7916.
[23]　Song W H, Jun Y K, Han Y, et al. Biomimetic apatite coatings on micro-arc oxidized titania. Biomaterials, 2004, 25 (17): 3341-3349.
[24]　白文昌，孙景林，王祝堂．微弧电解氧化新进展．轻合金加工技术，2009，37 (2)：3-5.
[25]　祝晓文，韩建民，崔世海，等．铝、镁合金微弧氧化技术研究进展．材料科学与工艺，2006，14 (3)：366-369.
[26]　刘耀辉，李颂．微弧氧化技术国内外研究进展．材料保护，2005，38 (6)：36-40.
[27]　张爱琴．超声辅助微弧氧化镁基、钛基生物涂层的研究．佳木斯：佳木斯大学，2010.
[28]　陈志民．现代化学转化膜技术．北京：机械工业出版社．2018.
[29]　苗景国．金属表面处理技术．北京：机械工业出版社．2018.
[30]　郭蓓，李冬冬，束俊杰，等．铝合金表面化学转化膜制备技术的研究进展．材料保护，2021，54 (9)：106-113.
[31]　姜蕊，吴晓鸣．铸造镁合金表面处理现状及发展趋势．铸造，2020，69 (10)：1044-1047.
[32]　董海荣，马颖，郭惠霞，等．不同加压方式下镁合金微弧氧化膜结构及耐蚀性的变化规律．稀有金属材料与工程，2017，46 (6)：1656-1661.
[33]　李俊刚．Mg-7Li合金微弧氧化涂层形成及其腐蚀和摩擦性能研究．哈尔滨：哈尔滨工业大学，2013.
[34]　Li J G, Lv Y, Wang H W, et al. Corrosion characterization of microarc oxidation coatings formed on Mg-7Li alloy. Materials and Corrosion, 2013, 64 (5): 426-432.
[35]　Wu G, Chan K C, Zhu L L, et al. Dual-phase nanostructuring as a route to high-strength magnesium alloys. Nature, 2017, 545 (7652): 80-83.

第8章 气相沉积技术

气相沉积技术是指将含有沉积元素的气相物质，通过物理或化学方法沉积在材料表面形成薄膜的一种新型镀膜技术。根据成膜过程的原理不同，气相沉积技术可分为物理气相沉积和化学气相沉积。

气相沉积技术不仅可以沉积金属膜、合金膜，还可以沉积各种化合物、非金属、半导体、陶瓷、塑料膜等。根据使用要求，目前几乎可在任何基体上沉积任何物质的薄膜。自20世纪70年代以来，气相沉积技术飞速发展，已经成为当代真空技术和材料科学中最活跃的研究领域。它们与包括光刻腐蚀、离子刻蚀、离子注入和离子束混合改性等在内的微细加工技术一起，成为微电子及信息产业的基础工艺，在促进电子电路小型化、功能高度集成化方面发挥着关键的作用。

8.1 物理气相沉积概述

物理气相沉积（Physical Vapor Deposition，PVD）是指在真空条件下，利用各种物理方法，将镀料气化成原子、分子或使其电离成离子，直接沉积到基片（工件）表面形成固态薄膜的方法。

8.1.1 物理气相沉积基本过程

PVD包括气相物质的产生、气相物质的输送、气相物质的沉积三个基本过程。PVD系统如图8-1所示。

(1) 气相物质的产生 产生气相物质的方法之一是使镀料加热蒸发，沉积到基片上，称为蒸发镀膜；另一方法是用具有一定能量的离子轰击靶材（镀料），从靶材上击出的镀料原子沉积到基片上，称为溅射镀膜。

(2) 气相物质的输送 气相物质的输送要求在真空中进行，这主要是为了避免与气体碰撞妨碍气相镀料到达基片。在高真空度的情况下（真空度为10^{-2}Pa），镀料原子很少与残余气体分子碰撞，基本上是从镀料源直线前进到达基片；在低真空度时（如真空度为10Pa），镀料原子会与残余气体分子发生碰撞而绕射，但只要不过于降低镀膜速率，还是允许的；若真空度过低，镀料原子频繁碰撞会相互凝聚为微粒，则镀膜过程无法进行。

(3) 气相物质的沉积 气相物质在基片上的沉积是一个凝聚过程。根据凝聚条件的不同，可以形成非晶态膜、多晶膜或单晶膜。镀料原子在沉积时，还可能与其他活性气体分子发生化学反应而形成化合物膜，称为反应镀。在镀料原子凝聚成膜的过程中，也可以同时用

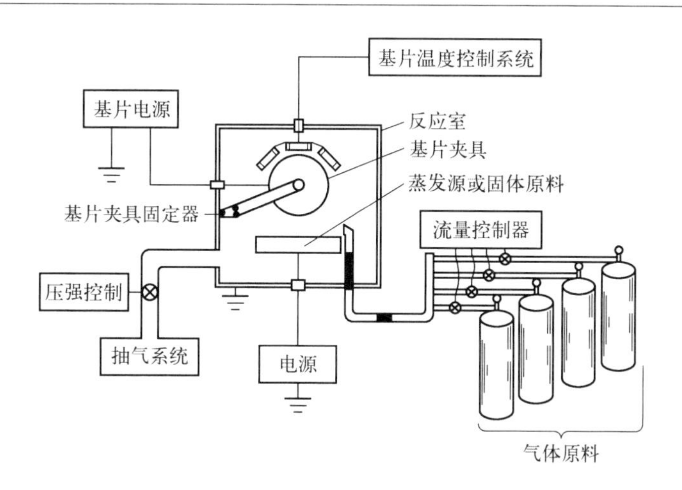

图 8-1　物理气相沉积系统

具有一定能量的离子轰击膜层，目的是改变膜层的结构和性能，这种镀膜技术称为离子镀。蒸发镀膜和溅射镀膜是物理气相沉积的两类基本镀膜技术。以此为基础，又衍生出反应镀和离子镀。其中反应镀在工艺和设备上变化不大，可以认为是蒸发镀膜和溅射镀膜的一种应用；而离子镀在技术上变化较大，所以通常将其与蒸发镀膜和溅射镀膜并列为另一类镀膜技术。

8.1.2　物理气相沉积的分类及特点

PVD 主要分为蒸发镀膜、溅射镀膜和离子镀膜三大技术。根据使用的热源和高能激活源，每种技术又可以具体分类。物理气相沉积技术的分类见图 8-2。

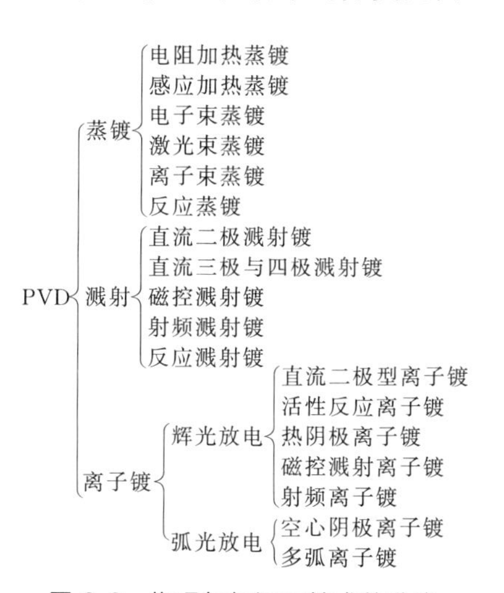

图 8-2　物理气相沉积技术的分类

物理气相沉积方法具有以下特点。

(1) 镀膜材料来源广泛　镀膜材料可以是金属、合金、化合物等，无论导电或不导电，低熔点或高熔点，液相或固相，块状或粉末，都可以使用。

(2) 沉积温度低　工件一般无受热变形或材料变质的问题，如用离子镀制备 TiN 等硬质膜层，其工件温度可保持在550℃以下，这比化学气相沉积法制备同样膜层所需的1000℃要低得多。

（3）膜层附着力强　膜层厚度均匀而致密，膜层纯度高。

（4）工艺过程易于控制　主要通过电参数控制。

（5）真空条件下沉积　无有害气体排出，对环境无污染。

PVD技术不足之处是设备较复杂，一次性投资大。但由于具备诸多优点，PVD法已成为制备集成电路、光学器件、磁光存储元件、敏感元件等高科技产品的最佳技术手段。

8.2 真空蒸发镀膜

真空蒸发镀膜（Vacuum Evaporation）简称蒸镀，是最早用于工业生产的一种PVD方法。相对后来发展起来的溅射镀膜及离子镀膜，其设备简单，沉积速度快，价格便宜，工艺容易掌握，可进行大规模生产。

8.2.1 蒸发镀膜基本原理

（1）蒸发镀膜过程　真空蒸发镀膜是在$10^{-3}\sim10^{-4}$Pa的真空条件下，用蒸发源加热镀膜材料，使其气化（或升华）并向基片输运，在基片上冷凝形成固态薄膜的方法，如图8-3所示。镀料可以是固态或液态。大多数镀料是先达到熔点后从液相中蒸发，某些材料如镉、锌、硅等可以从固态直接升华到气态。

镀料的蒸发过程是其蒸气与其固态或液态间的非平衡过程；镀料蒸气在真空中的迁移过程，则可看成气体分子的运动过程；而镀料在基片表面的凝聚过程，则是气体分子与固体表面碰撞、吸附和形核长大的过程，这就构成了真空蒸镀的三个主要过程。镀膜在高真空环境进行，可以防止薄膜的氧化和污染，获得洁净致密的薄膜。

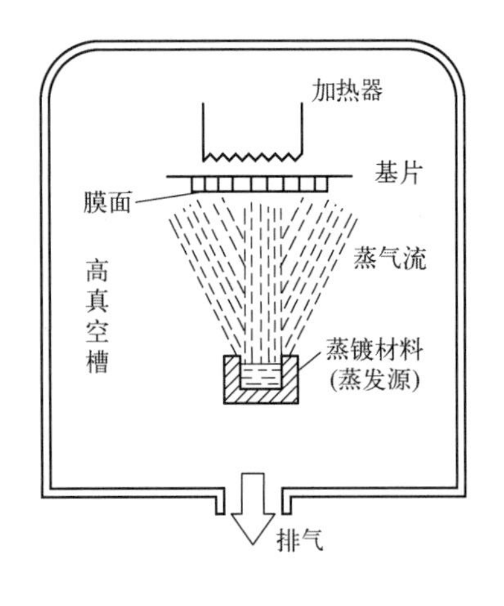

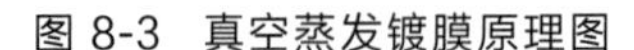
图8-3　真空蒸发镀膜原理图

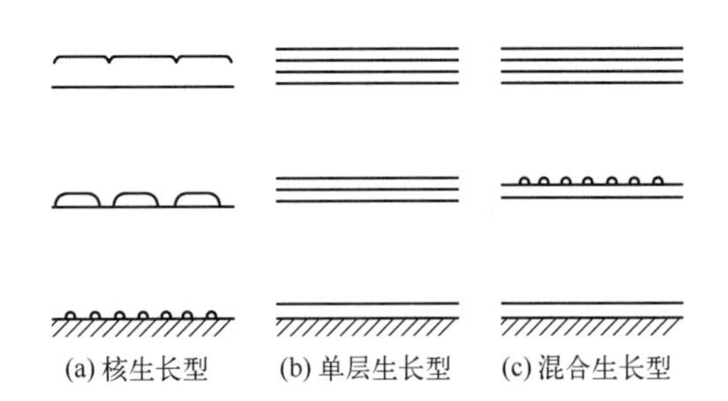

图8-4　薄膜生长的三种类型

（2）成膜机理　真空蒸镀时，薄膜的生长有三种基本类型：核生长型、单层生长型和混合生长型，如图8-4所示。核生长型是蒸发原子在基片表面上形核并生长、合并成膜的过程，大多数薄膜沉积属于这种类型。单层生长型是在基片表面以单分子层均匀覆盖，逐层沉积形成膜层，如在 Au 单晶基片上生长 Pd，在 Fe 单晶基片上生长 Cu，在 PbS 单晶基片上生长 PbSe 薄膜等，最典型的例子则是同质外延生长及分子束外延。混合生长型是在最初的一两个单原子层沉积之后，再以形核与长大的方式进行，一般在清洁的金属表面上沉积金属时容易产生，如在 Cd 表面沉积 Ge 薄膜属于这种生长模式。

薄膜以何种形式生长，是由薄膜物质的凝聚力与薄膜-基片间吸附力的相对大小、基片温度等因素决定的，其详细机理目前还没有彻底研究清楚。图 8-5 所示为核生长型薄膜的形成过程，认为可分以下五个步骤。

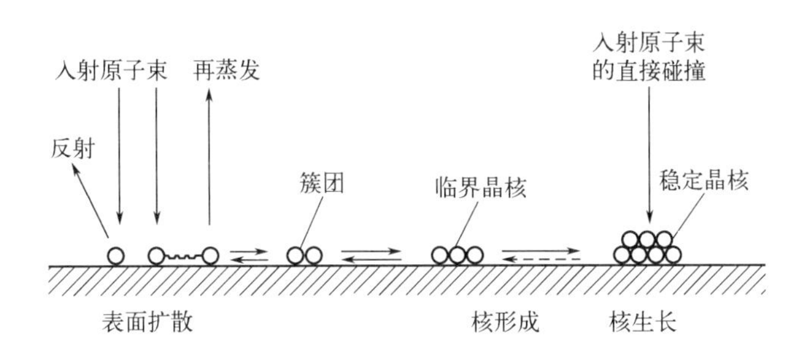

图 8-5　基片表面上的形核与生长

① 从蒸发源射出的蒸发粒子和基片碰撞，少部分产生反射和再蒸发，大部分在基片表面被吸附。

② 吸附原子在基片表面上发生表面扩散，沉积原子之间产生二维碰撞，形成原子簇团。

③ 原子簇团和表面扩散原子相互碰撞，或吸附单原子，或放出单原子，这种过程反复进行，当原子数超过某一临界值时就变成稳定晶核。

④ 稳定晶核通过捕获表面扩散原子或靠入射原子的直接碰撞而长大。

⑤ 稳定晶核继续生长，和邻近的稳定核合并，进而变成连续膜。

沉积到基片表面的蒸气原子，能否凝结、成核进而生长为连续薄膜，存在一个临界温度。当基片温度高于临界温度时，先沉积的滞留原子会重新蒸发；当单位时间沉积与重新蒸发的原子数量相等时，将不会凝结成膜。基片温度低于临界温度时，容易成膜。因此，真空蒸镀时，基片温度通常为室温或稍高于室温。真空蒸镀时，蒸发粒子动能为 0.1～1.0eV，膜层与基体附着力较弱，膜层较疏松，因而耐磨性和耐冲击性能不高。

8.2.2　蒸发源

加热镀料并使之挥发的器具称为蒸发源，也称加热器。最常用的蒸发源是电阻加热蒸发源和电子束蒸发源，此外还有高频感应、电弧、激光等加热蒸发源。

(1) 电阻加热蒸发源　将高熔点金属做成适当形状的蒸发源，其上装有镀料，接通电源后镀料蒸发，这便是电阻加热蒸发源。电阻蒸发源的结构简单，成本低廉，操作方便，应用广泛。

对电阻蒸发源材料的基本要求是：高熔点，低蒸气压，不与镀料发生反应，具有一定的机械强度，易于加工成型。常用 W（熔点 3380℃）、Mo（熔点 2610℃）、Ta（熔点 3100℃）等高熔点金属制作电阻蒸发源。根据镀料形状要求，可将蒸发源制成丝状、带状和板状等多种形状，如图 8-6 所示。此种方法主要用于 Au、Ag、Cu、Al、氧化锡等低熔点金属或化合物的蒸发。

(2) 电子束蒸发源 将镀料放入水冷铜坩埚中，用电子束直接轰击镀料表面使其蒸发，称为电子束蒸发源。它是真空蒸镀中最重要的一种加热方法。

电子枪的类型很多，按电子束的轨迹不同，有直射式枪、环形枪和e型电子枪。图8-7所示为e型电子枪加热蒸发源的工作原理。电子是由隐蔽在坩埚下面的热阴极发射出来的，这样可以避免阴极灯丝被坩埚中喷出的镀料液滴沾污而形成低熔点合金，这种合金容易使灯丝烧断。由灯丝发射的电子经6～10kV的高压加速后进入偏转磁铁，被偏转270°之后轰击镀料。由于镀料装在水冷铜坩埚内，只有被电子轰击的部位局部熔化，所以不存在坩埚被污染的问题。

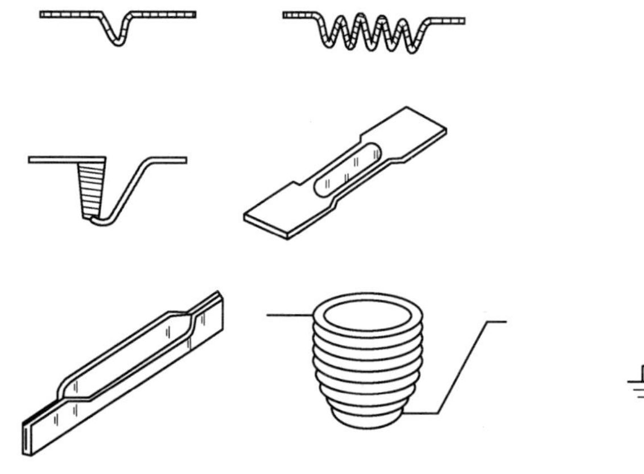

图8-6 电阻蒸发源几种典型形状

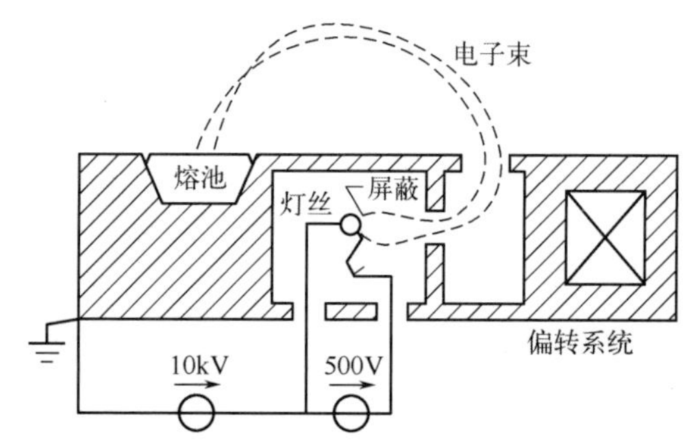

图8-7 e型电子枪加热蒸发源

电子束加热蒸发源的优点是能量密度高，克服了一般电阻加热蒸发的许多缺点，特别适合制备高熔点和高纯度的薄膜材料。

8.2.3 合金膜和化合物膜的制备

(1) 合金膜的镀制 若要沉积合金，则在整个基片表面和膜层厚度范围内都必须得到均匀的组分。但两种或两种以上元素组成的合金，由于每种元素的蒸发速度不一样，蒸发速度快的元素将比蒸发速度慢的元素先蒸发完，故得到的薄膜成分一般不同于镀料，即发生所谓的分馏现象。为解决这个问题，通常采用以下两种方法。

① 瞬间蒸发法 又称闪蒸法。是将合金镀料做成粉末或者细颗粒，再一粒一粒地放入高温蒸发源中，使之一瞬间完全蒸发，这样可以保证薄膜成分与镀料相同，其装置如图8-8所示。

② 双蒸发源蒸发法 采用两个蒸发源，分别蒸发两个组分，并分别控制它们的蒸发速率，即可得到所需成分的合金，其装置如图8-9所示。

(2) 化合物膜的镀制 化合物膜通常是指金属元素与O、C、N、B、S等非金属的化合物所构成的膜层。大多数化合物蒸发时会发生分解或与加热器材料发生化学变化，所以蒸发时应采取适当的措施。化合物的蒸镀主要采取以下几种方法。

① 直接蒸镀法 主要适于那些蒸发时组成不发生变化的化合物，如SiO等。

② 反应蒸镀法 是在充满活性气体的条件下蒸发固体材料，使之在基片上进行反应获得化合物薄膜的方法。例如通过下列反应式可获得Al_2O_3薄膜：

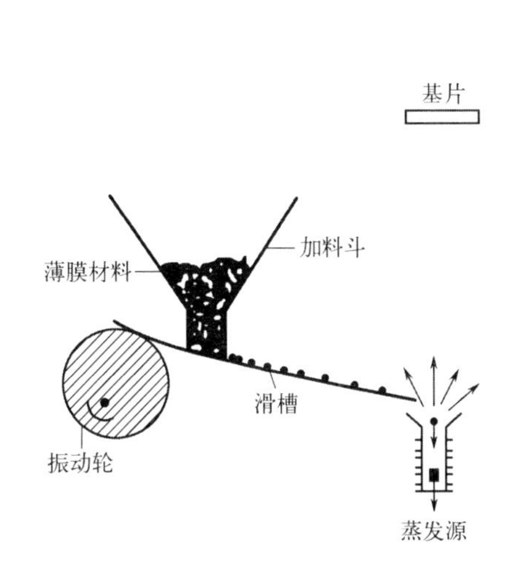

图 8-8　瞬间蒸发法装置示意图

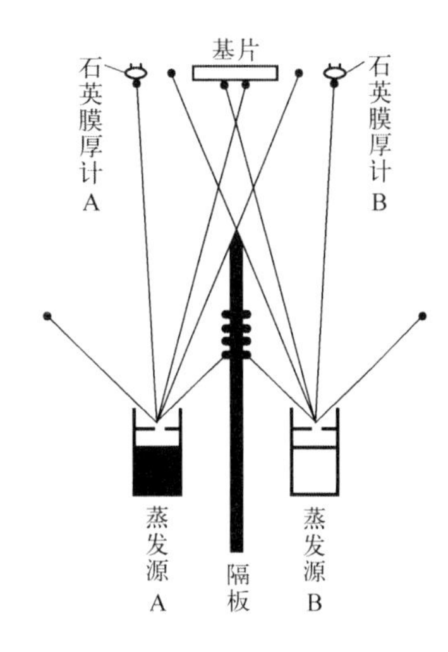

图 8-9　双蒸发源法装置示意图

$$Al(激活蒸气)+O_2(活性气体)\longrightarrow Al_2O_3(固相沉积)$$

反应蒸镀法常用来镀制高熔点的 Al_2O_3、Cr_2O_3、ZrN、TiN、TiC、SiC 等化合物薄膜，其制备工艺条件见表 8-1。

表 8-1　反应蒸镀法制备的一些化合物薄膜的工艺条件

薄膜	蒸发材料	反应气体	蒸发速率/(nm/min)	反应气体压力/Pa	基板温度/℃
Al_2O_3	Al	O_2	0.4～0.5	10^{-3}～10^{-2}	400～500
Cr_2O_3	Cr	O_2	约 0.2	2×10^{-3}	300～400
SiO_2	SiO	O_2 或空气	约 0.2	约 10^{-2}	100～300
Ta_2O_3	Ta	O_2	约 0.2	10^{-2}～10^{-1}	700～900
AlN	Al	NH_3	约 0.2	约 10^{-2}	300(多晶) 400～1400(单晶)
ZrN	Zr	N_2	约 0.1	10^{-3}～10^{-2}	300
TiN	Ti	N_2 或 NH_3	约 0.3	5×10^{-2}	室温
SiC	Si	C_2H_2	—	4×10^{-4}	约 900
TiC	Ti	C_2H_2	—	4×10^{-3}	约 300

8.2.4　蒸发镀膜的应用及发展

(1) 蒸发镀膜的应用　蒸发镀膜用于镀制对结合强度要求不高的功能膜，主要应用于光学、电子、轻工和装饰等工业领域。

蒸镀用于镀制合金膜时，在保证合金成分这点上，要比溅射困难得多。但在镀制纯金属时，蒸镀却表现出镀膜速度快的优势。蒸镀纯金属膜中，90%是铝膜。铝膜有广泛的用途，目前在制镜工业中已经广泛采用蒸镀，以铝代银，节约贵重金属。集成电路上镀铝进行金属化，然后再刻蚀出导线。在聚酯塑料或聚丙烯塑料上蒸镀铝膜具有多种用途：制造小体积的电容器；制作防止紫外线照射的食品软包装袋；可着色成各种颜色鲜艳的装饰膜。双面蒸镀铝的薄钢板可代替镀锡的马口铁制造罐头盒。

近些年，真空蒸发镀膜在柔性材料的应用也越来越多。如利用卷绕镀膜技术，在真空环境下将镀膜材料加热蒸发，在将近千米的塑料表面连续镀膜；然后根据产品尺寸，裁剪出不同宽度的电容器膜。

（2）蒸发镀膜的发展　为实现产品的大面积蒸镀和批量生产，保证镀料沉积的致密性，蒸镀的设备及工艺都需要不断地改进。目前，蒸镀设备正从简单小规模型向具有更高生产能力和大面积蒸镀方向发展，同时一些新的工艺也被开发出来，如分子束外延、离子束辅助蒸发和激光蒸发镀膜等。

分子束外延（MBE）是指在10^{-6}～10^{-8}Pa的超高真空中，采用蒸发运动方向几乎相同的分子流，在单晶基底上生长出位向相同的同类单晶体或者生长出具有共格或半共格联系的异类单晶体的方法。分子束外延法能制备极薄（<1nm）的膜层，膜层厚度可以均匀分布，也可以周期性变化，生产重复性好。目前已研制出原子层超晶格的GaAs和AlAs等材料，并在光电器件、固体微波器件、多层周期结构器件和单分子层薄膜等方面得到应用。

离子束辅助蒸发镀膜是近些年来发展迅速、应用广泛的成膜技术。一般采用考夫曼离子源和霍尔离子源。这两种离子源都具备镀膜前对基片进行离子清洗和辅助蒸发镀膜的功能。在镀膜过程中，离子束辅助蒸发是用低能量的离子束轰击正在增长的薄膜。由于膜料蒸气原子和轰击离子间的一系列物理化学作用，在基片上形成具有特定性能的薄膜。实验表明，该技术可以消除蒸镀膜层中的柱状结构，提高光学性能（如折射率），也极大地提高了薄膜的稳定性、致密性和机械强度。

激光蒸发镀膜是采用能量密度大于10^6W/cm^2的激光束作为热源进行蒸发镀膜的方法。由于激光束加热温度高，能蒸发任何高熔点材料；镀料蒸发速度快，沉积合金膜时不产生分馏现象。由于在较高的真空度（约5×10^{-6}Pa）中镀膜，制备的膜层纯度高。同时，由于膜层粒子具有较高的能量，工件不用加热即可获得良好的结晶。因此，激光蒸发镀膜适合沉积介质膜、半导体膜、金属膜和化合物膜。

8.3　溅射镀膜

溅射镀膜（Sputtering Plating）可实现大面积、快速地沉积各种功能薄膜，并且镀膜密度高，附着性好。从20世纪70年代以来，它就已经成为一种重要的薄膜制备技术。

8.3.1　溅射镀膜原理及特点

（1）溅射现象　当高能粒子轰击固体表面时，固体表面的原子、分子与这些高能粒子交换动能，从而由固体表面飞溅出来，这种现象称为溅射。由于离子易于在电磁场中加速或偏转，所以高能粒子一般为离子。当离子轰击材料表面时，除了产生溅射外，还会引起许多效应，如图8-10所示。溅射可以用来刻蚀、成分分析和镀膜等。

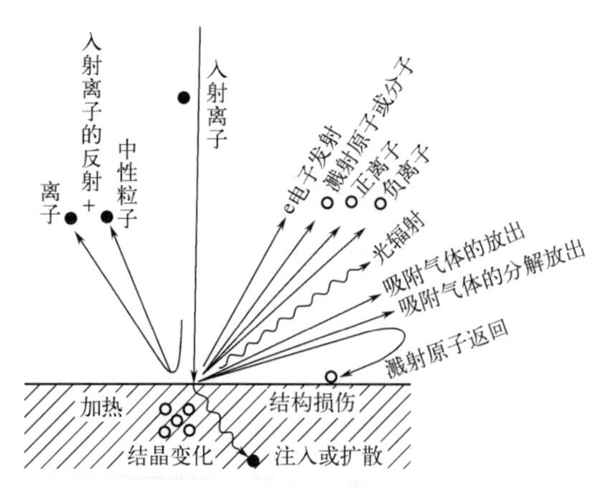

图8-10　离子轰击固体表面所引起的各种效应

（2）溅射镀膜原理　溅射镀膜是指在真空室中，利用高能粒子（通常是由电场加速的正离子）轰击材料表面，通过粒子的动量传递打出材料中的原子及其他粒子，并使其沉积在基体上形成薄膜的技术。在溅射镀膜中，被轰击的材料称为靶材。由于常对靶材施加负偏压，故溅射镀膜也可称为阴极溅射镀膜。

溅射出来的粒子大部分为中性原子和少量分子，离子一般在 10%以下。溅射出来的原子具有 1～10eV 的动能，比蒸镀时原子动能（0.1～1.0eV）大 10～100 倍，因此溅射镀膜的附着力高于蒸发镀膜。

（3）溅射速率 溅射速率是描述溅射特性的一个重要参数，它表示一个入射正离子轰击靶阴极时，所溅射出的原子个数，又称溅射产额或溅射系数，单位是原子/离子，一般用 S 表示。S 的量级一般为 10^{-1}～10 个原子/离子。显然，S 越大，生成膜的速度就越快。

影响溅射速率的因素很多，主要包括以下几方面。

① 与入射离子有关　包括入射离子的能量、入射角和入射离子种类等。当入射离子的能量低于某一值时，S 为零，这个能量值称为溅射阈值。大多数金属的溅射阈值在 20～40eV 范围内。当入射离子的能量超过溅射阈值后，S 先是随着离子能量提高而增加，而后逐渐达到饱和。当离子能量增加到数万电子伏以上时，S 开始降低，此时离子对靶材产生注入效应。S 与入射离子能量关系见图 8-11。

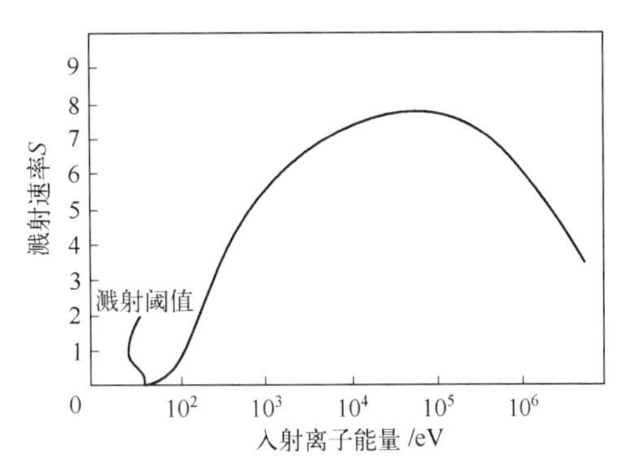

图 8-11　溅射速率与入射离子能量的关系

入射角是指离子入射方向与靶材表面法线之间的夹角。在低离子能量情况下，随着入射角由零增加到 60°左右，S 单调增加，这表明倾斜入射有利于提高 S；当入射角为 60°～80°时，S 达到最高；入射角再增加时，S 将急剧下降。S 对角度的依赖性与靶材也密切相关。如 Au、Pt 和 Cu 等高溅射速率的靶材一般与入射角度关系不大，而 Ta 和 Mo 等低溅射速率的靶材与入射角度有明显关系。

惰性气体的 S 值一般较大。从经济性考虑，通常采用氩气作为工作气体。

② 与靶材原子序数有关　一般规律是，入射离子相同时，靶材元素的原子序数越大，S 值也越大，即 Cu、Ag、Au 等最高，而 Ti、Zr、Nb、Hf、Ta、W 等最低。

③ 与靶材温度有关　对于某一给定材料，当靶材温度低于与靶材升华能相关的某一温度时，S 几乎不变。但超过此温度时，S 将急剧增加。因此，在溅射时应注意控制靶材温度，防止发生 S 急剧增加的现象。

（4）辉光放电 溅射所需要的轰击离子通常由辉光放电获得。辉光放电是指在 10^{-2}～10Pa 的真空度范围内，在两个电极之间加上高压时产生的放电现象。由于气体放电时的电离系数较高，因而产生了较强的激发、电离过程，所以可以看到辉光。辉光放电所产生的正离子轰击靶阴极，将靶阴极的原子或分子打出来，并飞向基片，这就是一般的溅射。如果在两极间施加的是交流电，并且频率提高到无线电波发射范围即采用射频时，所产生的辉光放电称为射频辉光放电，射频辉光放电引起的溅射称为射频溅射。

（5）溅射镀膜的特点 与其他薄膜沉积方法相比，溅射镀膜具有明显的优点。

① 靶材广泛　任何材料均可作靶材，特别适合高熔点金属、合金、半导体和各类化合物的镀覆，所获得的镀覆层成分与靶材成分几乎完全相同。

② 薄膜质量高　膜层针孔少、密度高、厚度均匀。由于不存在真空蒸镀时的坩埚污染

现象，因此膜层纯度较高；与基体的附着力高于真空蒸镀法。

③ 成膜面积大　可实现大面积快速沉积，适宜镀膜玻璃等产品的自动化连续生产。

④ 绕射性差　膜层质量与靶材的相对位置有关，面对靶材方向的部位所沉积的膜层质量较高。

8.3.2 溅射镀膜方法

溅射技术的成膜方法较多，具有代表性的有直流溅射、射频溅射、磁控溅射和反应溅射等。

(1) 直流溅射　直流二极溅射是最基本、最简单的溅射镀膜，其装置见图8-12。真空室中只有阴极和阳极两个电极。靶材作为阴极（必须是导体），接1～5kV负偏压；工件放在支架上，作为阳极（通常接地）。两极间距一般为数厘米至10cm左右。先将真空室抽真空至10^{-2}～10^{-3}Pa，然后通入氩气。当压力升到1～10Pa时接通电源，阴极靶上的负高压在两极间产生辉光放电并建立起一个等离子区，其中带正电的氩离子在电场力的作用下加速轰击阴极靶，被溅射出来的靶材原子在基片上沉积成膜；同时阴极靶的一些电子也被溅射出来，称为二次电子。

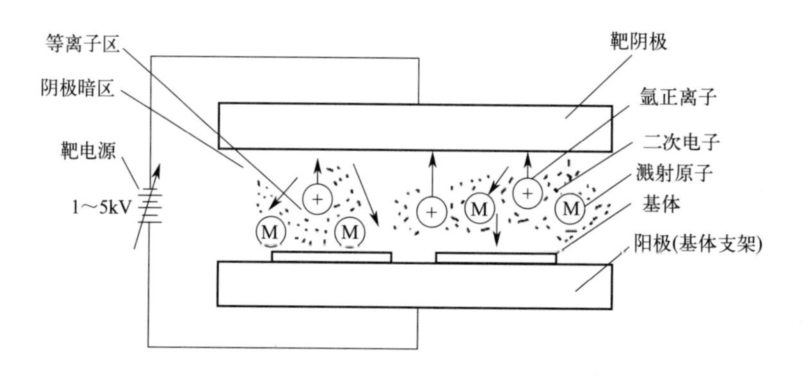

图8-12　直流二极溅射装置示意图

二极溅射的最大优点是结构简单，控制方便。但工作压力较高，膜层有沾污；沉积速率低，不能沉积10μm以上的厚膜；大量二次电子直接轰击基片，使基片温升过高。为获得高密度的等离子体，提高溅射速率，改善膜层质量，在二极溅射的基础上又研究出了三极溅射和四极溅射装置。

(2) 射频溅射　由于直流溅射是以靶材为阴极，所以只能沉积导电膜，而不能沉积绝缘膜。因为当靶材是绝缘体时，由于撞击到靶表面上的离子电荷无法中和，于是会在靶表面积累电荷，使靶的电位升高，离子加速电场逐渐变小，致使离子不能继续对靶进行轰击，而停止放电和溅射。为此，可采用射频溅射解决绝缘靶的镀膜问题。

射频溅射是以射频交流电作为电源，通常采用的频率是13.56MHz。靶电极通过电容耦合加上射频电压，且基板通过机壳接地。在一个周期内，正离子与电子交替对靶进行轰击，靶表面有正电荷积累；当靶极处于射频电压的正半周时，电子轰击靶，中和了靶上积累的正电荷，又为下一周期的溅射创造了条件。这样既加强溅射，又有中和，使绝缘材料的溅射继续进行。

射频溅射的特点是能溅射沉积导体、半导体、绝缘体在内的几乎所有材料，获得的薄膜致密、纯度高，与基片附着牢固，溅射速度大，工艺重复性好。常用来沉积各种合金膜、磁性膜、超声波换能器的铌酸锂和钛酸钡压电薄膜以及其他功能薄膜。但大功率的射频电源价格较贵，使用时必须采取辐射防护措施。因此，射频溅射不适于大规模工业生产应用。

(3) 磁控溅射　前面介绍的几种溅射镀膜方法，主要缺点是沉积速率较低，尤其是二极溅射，其放电过程中只有大约 0.3%～0.5%的气体分子被电离。为了在低气压条件下实现溅射沉积，必须提高气体的离化率。

磁控溅射（Magnetron Sputtering）是 20 世纪 70 年代迅速发展起来的新型溅射技术，目前已成为工业化生产中最重要的薄膜制备方法。这是由于磁控溅射的气体离化率可达 5%～6%，沉积速率比二极溅射提高了一个数量级，具有高速、低温、低损伤等优点。高速是指沉积速率快；低温和低损伤是指基片的温升低、对膜层的损伤小。

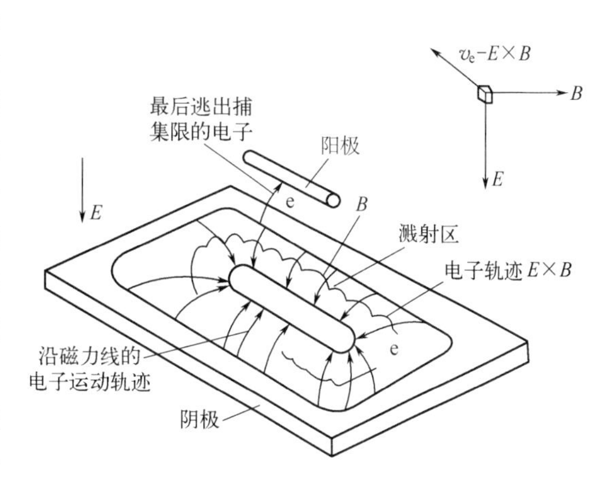

图 8-13　平面磁控溅射源工作原理图

① 磁控溅射原理　磁控溅射的关键技术是在阴极靶表面的平行方向上增设一个环形磁场，并使磁场方向和电场方向相互垂直，如图 8-13 所示的平面磁控溅射靶结构。电场和磁场的这种正交布置，目的是有效地控制离子轰击靶材时放出的二次电子。二次电子在加速飞向基体时受到电场和磁场的共同作用，以摆线和螺旋线状的复合形式做圆周运动。

这些电子的运动路径不仅很长，而且被电磁场束缚在靠近靶表面的等离子体区域内，沿跑道转圈，在此过程中不断地碰撞电离出大量的 Ar^+ 来轰击靶材，从而实现了高溅射速率。电子经数次碰撞后能量逐渐降低，逐步远离靶面，最后以很低的能量跑向阳极基体，这使得基体的温升也较低。磁控溅射的电压和气压都远低于直流二极溅射，通常分别为 500～600V 和 10^{-1}～10Pa，靶电流密度可达 5～30mA/cm^2。因此磁控溅射有效地解决了基片温升高和沉积速率低两大难题。

采用直流磁控溅射技术在单晶硅表面制备 Ta 膜，为提高膜层与基体的结合力，先沉积一层 Ti-Si 膜作打底层。以 Ta、Ti-Si 作为靶材，靶材与硅片的间距为 9cm，磁控溅射电压为 500V，工作气压为 0.5Pa，Ar 气流量为 11mL/min，Ti-Si 膜沉积时间为 5min，Ta 膜沉积时间为 30min。不同溅射电流下所制备的膜层截面形貌见图 8-14(a)，下方深灰色区域是基体 Si 片，中间灰亮条状部分为 Ti-Si 膜，Ti-Si 膜上方灰色宽条部分为 Ta 膜。

② 磁控溅射靶类型　磁控溅射靶可分为圆柱靶、平面靶和锥面靶三种类型，如图 8-15 所示。

圆柱靶分为实心柱状靶和空心柱状靶。实心柱状靶由圆柱状靶和围绕它的支撑基片的圆筒状阳极所构成，其结构简单，但其形状限制了它的用途［图 8-15(a)］。空心柱状靶由处于中心位置上的圆筒状支撑基片电极与围绕此电极的同轴圆筒靶构成，适于在外形复杂的部件上镀膜[图 8-15(b)]。

平面靶是以矩形或圆形的平板作靶阴极，与支撑基片的电极平行放置，基片与靶的距离为 5～10cm。这种结构便于安放平面型基片，适合大面积和大规模的工业化生产[图 8-15(c)]。

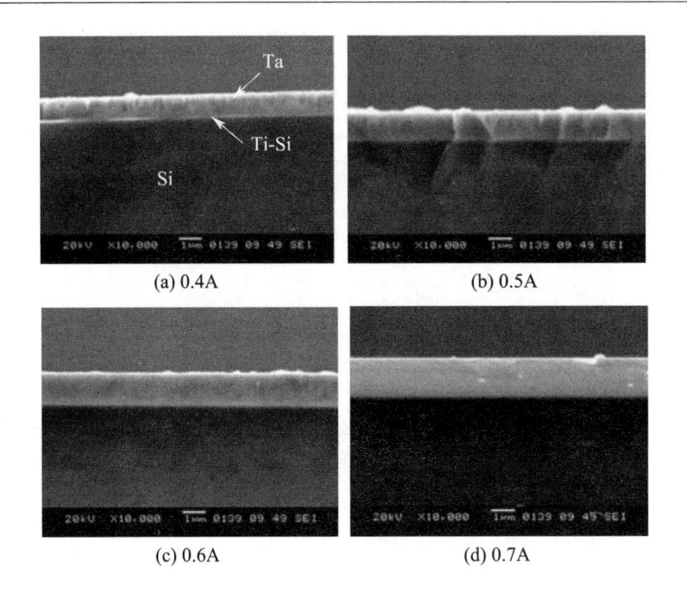

(a) 0.4A (b) 0.5A

(c) 0.6A (d) 0.7A

图 8-14 不同溅射电流下制备的 Ta 膜层截面形貌

锥面靶是采用倒圆锥状靶阴极，阴极中心是圆盘状阳极。阳极上方为行星式夹具，用来固定基片。此种结构又称S枪。基片和阳极完全分开，目的是进一步减少电子和离子对基片的轰击[图 8-15(d)]。为使靶面尽可能与磁力线的形状保持相似，S枪在结构设计中，将靶面做成倒圆锥形，溅射最强的地方是位于靶径向尺寸的 4/5 处，这种靶材的利用率较高，可达 60%～70%。

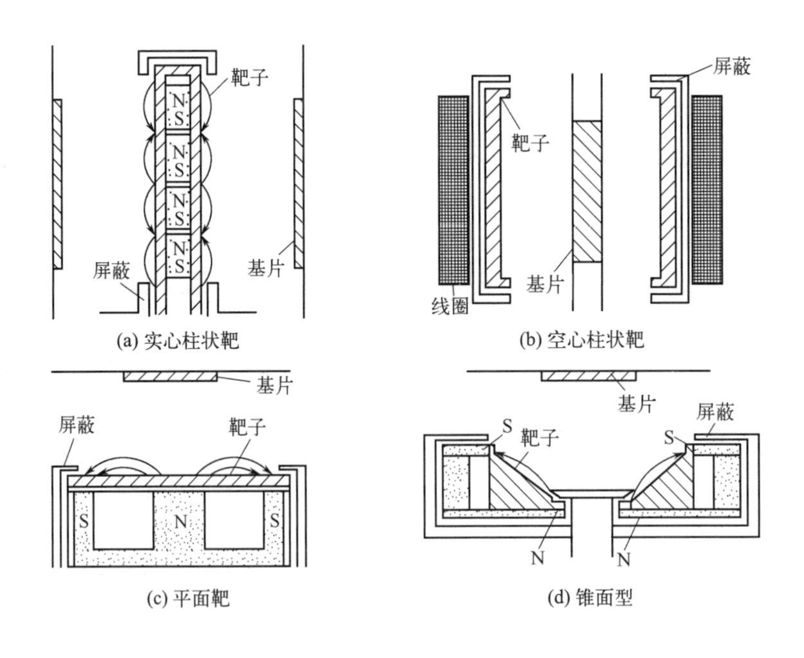

(a) 实心柱状靶 (b) 空心柱状靶

(c) 平面靶 (d) 锥面型

图 8-15 磁控溅射靶的类型

(4) 反应溅射 化合物薄膜占全部薄膜的 70%。大多数化合物薄膜可采用 CVD 法制备，但 PVD 也是制备化合物薄膜的一种好方法。反应溅射是指在金属靶材进行溅射镀膜的同时，向真空室内通入活性反应气体（如 O_2、N_2、NH_3、CH_4、H_2S 等），使金属原子与反应气体在基片上发生化学反应，从而获得化合物膜。

反应溅射可采用直流二极溅射和射频溅射这两种方法。至于其实际装置，除了为导入混合气体需要设置两个气体引入口，以及将基片加热到 500℃ 以外，与二极溅射和射频溅射并无多大区别。

8.3.3 合金膜和化合物膜的制备

(1) 合金膜的镀制 溅射镀膜是 PVD 技术中最容易控制合金成分的方法，制备合金膜的方法有合金靶溅射、镶嵌靶溅射和多靶共溅射。

① 合金靶溅射 采用合金靶进行溅射而不必采用任何控制措施，就可得到与靶材成分完全一致的合金膜。对于一个由 A、B 两种元素组成的合金靶，当 A、B 两种元素的溅射速率不等时，溅射速率较高的元素，例如 A 会自动逐渐贫化，直到膜层的成分与靶材一致时，靶材表面的含 A 量才不再下降。此后靶面成分达到恒稳状态，总是保持着确定成分的贫 A 层。

② 镶嵌靶溅射 是将两种或多种纯金属按设定的面积比例镶嵌成一块靶材，同时进行溅射。镶嵌靶的设计是根据膜层成分要求，考虑各种元素的溅射速率，就可以计算出每种金属所占靶面积的份额。

③ 多靶共溅射 只要控制各个靶的溅射参数，就能得到一定成分的合金膜。

(2) 化合物膜的镀制 利用化合物直接作为靶材也可以实现溅射，但有时会出现分解的现象，为此可以调整溅射室内的气体组成和压力，抑制化合物分解过程的发生。另一方面，也可以采用反应溅射方法来制备化合物膜。

8.3.4 溅射镀膜应用和发展

(1) 溅射镀膜的应用 溅射镀膜的材料不受限制，而且膜层的附着力较高，合金成分容易控制，可用来制备各种机械功能膜和物理功能膜，广泛地应用于机械、电子、化学、光学、塑料及太阳能利用等行业中。例如，利用直流反应溅射和磁控溅射制备的幕墙玻璃已成为建筑物外装修的一种流行趋势。磁控溅射大规模生产的氧化铟锡（ITO）透明导电玻璃已成为液晶显示器件的基础材料。利用化合物溅射镀膜得到的 TiN、TiC、TiCN、TiAlN 等广泛地应用于切削刀具、量具、模具和耐磨零件的硬质膜层。表 8-2 列出了溅射镀膜的典型应用。

(2) 溅射镀膜的发展 溅射镀膜自 20 世纪 70 年代实现工业应用以来，由于其独特的沉积原理和方式得以迅速发展，新的工艺技术日益完善，所制备的新型材料层出不穷。

传统的直流磁控溅射等离子体中，以气体离子、中性的金属原子为主，靶材金属的离化率极低（约 1%）。为了提高溅射镀膜时靶材金属的离化率，最近几十年发展了多种离化的物理气相沉积技术，包括感应耦合等离子磁控溅射、电子回旋共振磁控溅射、空心阴极磁控溅射、自持放电磁控溅射、等离子体增强磁控溅射和高功率脉冲磁控溅射等。其中，等离子体增强磁控溅射和高功率脉冲磁控溅射以其较高的金属离化率受到广泛关注。

等离子体增强磁控溅射技术（Plasma Enhanced Magnetron Sputtering，PEMS）是在传统的磁控溅射机中增设热灯丝作为独立的电子发射源。在交流电加热下，热灯丝发射高密度的高能电子流，与中性气体分子或原子发生碰撞，极大地提高了等离子体的密度和靶材的溅射速率。由于等离子体均匀地分布于真空室内，生长中的薄膜受到高密度的离子轰击，膜层的致密度、硬度、韧性和结合力均优于传统的磁控溅射膜。热丝增强磁控溅射镀膜技术使得用磁控溅射镀膜沉积纳米多层膜、纳米复合超硬涂层成为可能，应用前景广泛。

表 8-2　溅射镀膜的应用

应用领域	功能	膜层材料
电子工业	电极引线	Al、Ti、Pt、Au、Mo-Si、TiW
	绝缘层、表面钝化膜	SiO_2、Si_3N_4、Al_2O_3
	透明导电膜	InO_2、SnO_2
	光色膜	WO_3
	软磁性膜	Fe-Ni、Fe-Si-Al、Ni-Fe-Mo、Mn-Zn、Ni-Zn
	硬磁性膜	γ-Fe_2O_3、Co、Co-Cr、Mn-Bi、Mn-Al-Ge
	磁头缝隙材料	Cr、SiO_2、玻璃
	超导膜	Nb、Nb-Ge
	电阻薄膜	Ta、Ta-N、Ta-Si、Ni-Cr
	印刷机薄膜热写头	Ta-N、Ta-Si、Ta-SiO_2、Cr-SiO_2、Ni-Cr、Au、Ta_2O_3
	压电薄膜	ZnO、PZT、$BaTiO_3$、$LiNbO_3$
太阳能利用	太阳能电池	Si、Ag、Ti、In_2O_3
	选择吸收膜	金属碳化物、氮化物
	选择反射膜	In_2O_3
光学应用	反射镜	Al、Ag、Cu、Au
	光栅	Cr
机械工业	润滑	MoS_2、Au、Ag、Cu、Pb、Cu-Au、Pb-Sn
	耐磨	Cr、Pt、Ta、TiN、TiC、CrC、CrN、HfN
	耐蚀	Cr、Ta、TiN、TiC、CrC、CrN
	耐热	Al、W、Ti、Ta、Mo、Co-Cr-Al系合金
塑料工业	塑料装饰、硬化	Cr、Al、Ag、TiN

1999年，瑞典的V. Kouznetsov等人首次采用高功率脉冲作为磁控溅射的供电模式，提出了高功率脉冲磁控溅射技术（High Power Pulsed Magnetron Sputtering，HPPMS），并沉积了Cu薄膜。高功率脉冲电源的峰值功率高达1000～3000W/cm^2，是普通磁控溅射的100倍；等离子体密度高达$10^{18}m^{-3}$量级，溅射材料离化率极高，Cu靶的离化率高达70%。高功率脉冲磁控溅射制备的膜层表面光滑、无大颗粒缺陷，膜层组织致密、膜-基结合力高，具有优异的性能；镀膜时绕射性好，可实现复杂的表面或深孔的薄膜沉积；沉积温度低，可以在聚四氟乙烯上镀膜。该技术在降低涂层内应力与提高涂层致密性、均匀性等方面具有显著优势，被认为是PVD发展史上近30年来最重要的一项技术突破。

此外，利用溅射方法制备新型材料也引起了关注。例如，纳米硅薄膜被视为新型硅基薄膜太阳能电池的核心材料，它不仅具有非晶硅的高吸收系数，也兼具单晶硅的良好光学稳定性。采用溅射法可以沉积出具有高品质的纳米硅薄膜材料，与传统的化学气相沉积方法相比，溅射法所用设备价格低廉，工艺简单，无需使用硅烷等有毒气体，大幅地降低了生产成本；又如，梯度薄膜材料由于其成分、组织、性能呈梯度变化，在表面改性中具有独特的优势。已有学者采用镶嵌靶溅射或多靶共溅射的方法制备出了Ti/N、Cu/Cr、ZrW_2O_8/Cu、$MoSi_2$/SiC等梯度薄膜材料。

8.4 离子镀膜

离子镀（Ion Plating）技术是美国Sandia公司的D. M. Mattox于1963年首先提出来的，它是在真空蒸发镀膜和溅射镀膜的基础上发展起来的新型镀膜技术。与上述两种方法相比较，离子镀除具有二者的特点外，还具有膜层的附着力强、绕射性好、可镀材料广泛等一系列优点，因此受到人们的重视。

8.4.1 离子镀膜原理及特点

(1) 离子镀膜原理　离子镀是在真空条件下，利用气体放电使气体或被蒸发物质部分离化，在气体离子或被蒸发物离子轰击作用的同时把蒸发物或其反应物沉积在基片上。离子镀膜的技术基础是真空蒸镀，其过程包括镀膜材料的受热、蒸发、离子化和电场加速沉积的过程。

图8-16为Mattox采用的直流二极型离子镀装置示意图。当真空室抽至10^{-4}Pa时，通入氩气使真空度达到10^{-1}～1Pa，工件基片加上1～5kV负偏压。接通高压电源后产生辉光放电，在阴极和蒸发源之间形成一个等离子区。由于基片处于负高压并被等离子体包围，不断受到正离子的轰击，因此可以有效地清除基片表面的气体和污物。与此同时，镀料被蒸发后，镀料原子进入等离子区，与离化的或被激发的氩原子及电子发生碰撞，部分被电离成正离子。被电离的镀料离子与气体离子一起受到电场加速，以较高的能量轰击工件和膜层表面。这种轰击作用一直伴随着离子镀的全过程。

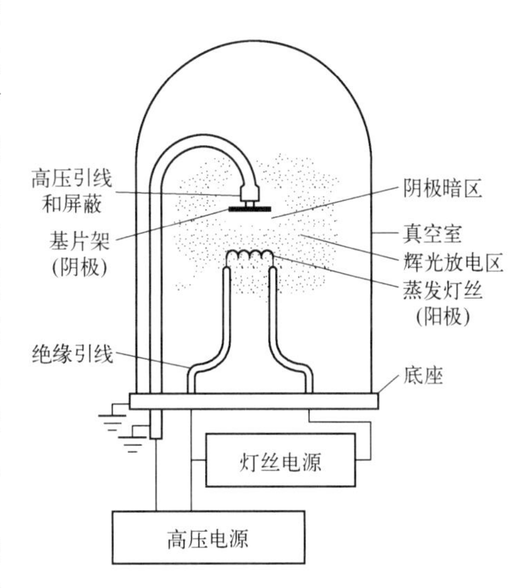

图8-16　直流二极型离子镀装置示意图

离子镀过程一般来说是离子轰击膜层，实际上有些离子在行进中与其他原子发生碰撞时，可能发生电荷转移而变成中性原子，但其动能并没有变化，仍然继续前进轰击膜层。因此，离子轰击确切地说应该既有离子又有原子的粒子轰击，粒子中不但有镀料粒子，还有氩粒子，在镀膜初期还会有由基片表面溅射出来的基材粒子。可以看出，离子镀的不足是氩离子的轰击会使膜层中的氩含量升高，另外由于择优溅射会改变膜层的成分。

(2) 离子轰击作用　离子镀膜过程中，离子轰击产生如下作用。

① 离子轰击使基片产生溅射，可有效地清除基片表面所吸附的气体、各类污染物和氧化物。

② 离子轰击促进共混过渡层的形成。过渡层是由基片和膜层界面上的镀料原子与基片原子共同构成的，它可降低在界面上由于基片与膜层膨胀不一致而产生的应力。如果离子轰击的热效应足以使界面处产生扩散层，形成冶金结合，则更有利于提高结合强度。

③ 离子轰击产生压应力，而膜层的残余应力为拉应力，所以可抵消一部分拉应力。

④ 离子轰击可以提高镀料原子在膜层表面的迁移率，这有利于获得致密的膜层。

离子镀膜时，若离子能量过高，则会使基片温度升高，使镀料原子向基片内部扩散，这时获得的就不再是膜层而是渗层，离子镀就转化为离子渗镀了。

(3) 离子离化率与能量　离子镀膜区别一般真空蒸镀的特征是：离子和高速中性粒子参与镀膜过程，并且离子轰击存在于整个镀膜过程中。离子的作用与离化率和离子能量有关。

离化率是指被电离的原子数占全部蒸发原子数的百分比，它是离子镀的一个重要指标。离子镀的发展就是一个不断提高离化率的过程，几种离子镀装置的离化率比较见表8-3。

表8-3　几种离子镀装置的离化率

离子镀装置	Mattox二极型	射频激励型	空心阴极型	电弧放电型
离化率/%	0.1～2	10	22～40	60～68

离子镀中轰击离子的能量取决于基片加速电压，一般为50～5000eV。而溅射原子的能量大约1～50eV，真空蒸镀的原子能量仅0.1～1.0eV，这正是离子镀膜层结合力高于真空蒸镀膜的原因之一。

(4) 离子镀膜的特点

① 离子镀可在较低温度下进行　一般化学热处理和化学气相沉积均需在900℃以上进行，故处理后要考虑晶粒细化和变形问题；而离子镀可在600℃下进行，可作为成品件的最终处理工序。

② 膜层与基片结合强度高　离子镀膜的结合强度远高于蒸镀和溅射薄膜。

③ 绕镀能力强　蒸发物质由于在等离子区被电离为正离子，这些正离子随电场的电力线运动而终止在带负电的基片的所有表面，因而在基片的正面、反面甚至基片的内孔、凹槽、狭缝等都能沉积上薄膜，这就解决了蒸镀和溅射镀膜绕镀性差的问题。

④ 沉积速率高，膜层质量好　镀前对工件清洗处理较简单，所获得的膜层组织致密，气孔少。而且成膜速度快，可达0.1～50μm/min，而溅射只有0.01～0.5μm/min。离子镀可镀制厚达30μm的膜层，是制备厚膜的重要手段。

⑤ 工件材料和镀膜材料选择性广　工件材料除金属以外，陶瓷、玻璃、塑料均可以；镀膜材料可以是金属和合金，也可以是碳化物、氧化物和玻璃等，并可进行多元素多层镀覆。

8.4.2　常用离子镀方法

离子镀的种类很多，按镀料的气化方式分，有电阻加热、电子束加热、高频感应加热、等离子体束加热等；按气体分子或原子的离化方式分，有辉光放电型、电子束型、热电子束型、等离子电子束型和高真空弧光放电型等。以下简要介绍几种常用的离子镀方法。

(1) 空心阴极离子镀　又称空心阴极放电离子镀（Hollow Cathode Discharge，HCD），是利用空心热阴极放电产生等离子体电子束，使镀料蒸发并发生离子化，在金属表面沉积成膜的方法。其装置如图8-17所示。

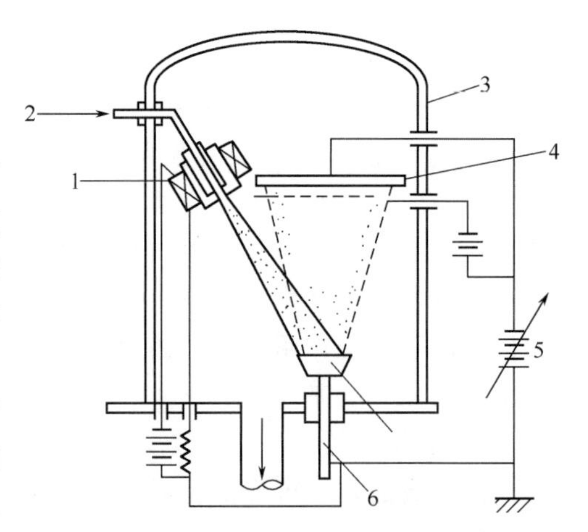

图8-17　空心阴极离子镀装置示意图

1—HCD枪；2—Ar气；3—钟罩；4—工件；5—高压电源；6—水冷铜坩埚

用钽管特制的空心薄壁枪是电子发射源，安装在真空室壁上，接电源负极；钽管开口端附近设有引弧作用的辅助阳极。盛放镀料的水冷坩埚是蒸发源，位于真空室底部，接电源的正极。工件安置在坩埚上方的转架上，施加负偏压。工作时，先将镀膜室抽真空至 10^{-2}～10^{-3}Pa，由钽管向镀膜室通入氩气，然后接通引弧电源。当钽管端部的气压达到一定条件时便产生辉光放电。氩气在钽管内被电离后，氩离子在电场作用下不断地轰击钽管内壁，使钽管温度升高到 2000～2100℃，此时从钽管表面发射出大量的热电子，辉光放电转变为弧光放电而形成等离子束。这时接通正极主弧电源，并切断引弧电源。在主弧电压电场作用下，等离子体的电子束经聚焦偏转后射向坩埚中，使金属镀料蒸发。金属蒸气通过等离子电子束区域时，受到高密度电子流中电子的碰撞而离化，然后在工件负偏压的作用下以较大能量沉积到工件表面成膜。可以看出，空心阴极枪产生的等离子体电子束既是镀料气化的热源，又是蒸气粒子的离化源。

HCD 法的特点是：HCD 枪是在低电压（40～70V）、大电流（50～300A）条件下工作，操作安全可靠；基片温度低，金属粒子和工作气体的离化率高，可达 20%～40%；可镀材料广泛，既可以镀单质膜，也可以镀化合物膜。目前 HCD 技术主要用于沉积 Ag、Cu、Cr、石英及 CrN、AlN、TiN、TiC 等薄膜。

(2) 多弧离子镀 多弧离子镀采用真空电弧放电的方法在固体的阴极靶材上直接蒸发金属，这种装置不需要熔池。图 8-18 是多弧离子镀装置示意图。将被蒸发的膜材做成阴极靶，安装在镀膜室的四周或顶部。镀膜室和阴极靶分别接主弧电源的正、负极，基体接负偏压。抽真空至 10^{-2}Pa 后，向镀膜室内通氩气或反应气，当室内的真空度达 10～10^{-1}Pa 时即可引弧。引弧是通过引弧电极与阴极靶的接触与分离来引发弧光放电。放电中在阴极表面产生强烈发光的阴极辉点，这种电流局部集中产生的热使该区域内的材料爆发性地蒸发并电离，发射电子和离子，同时也放出熔融阴极材料的粒子。阴极辉点以每秒几十米的速度做无规则运动，使整个靶面不断地被消耗。由此可知，弧源既是材料的蒸发源，又是离子源。

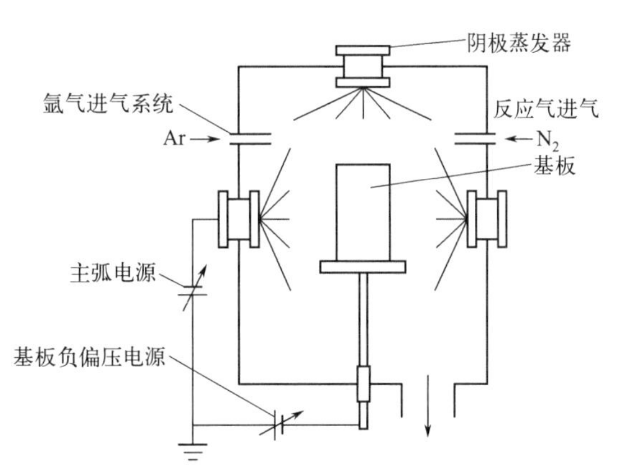

图 8-18 多弧离子镀装置示意图

多弧离子镀的特点是：从阴极直接产生等离子体，不用熔池，弧源可任意方位布置；设备结构较简单，不需要工作气体，也不需要辅助的离子化手段；离化率高，一般可达 60%～80%，沉积速率高；入射粒子能量高，沉积膜的质量和附着性能好。

多弧离子镀的应用面广，应用性强，尤其在高速钢刃具和不锈钢板表面镀覆 TiN 膜层等方面发展最为迅速。

(3) 活性反应离子镀 活性反应离子镀（Activated Reactive Evaporation，ARE）是指在镀膜过程中，在真空室中通入与金属蒸气起反应的气体，如 O_2、N_2、C_2H_2、CH_4 等，代替 Ar 或掺在 Ar 之中，并用各种不同的放电方式使金属蒸气和反应气体的分子激活、离化，促进其间的化学反应，在工件表面形成化合物膜的方法。

各种离子镀装置均可改成活性反应离子镀，如图 8-19 所示。真空室分镀膜室和电子枪工作室，其间以差压板相隔，一般分别采用独立的抽气系统，以保证工作时两室有一定的压差。在蒸发源与工件之间装有探极，呈环状或网状，其上加有20～40V的正偏压，以便吸引空间电子。在探极和蒸发源之间形成放电的等离子体，促进了镀料蒸气和反应气体的加速离化和活性化。这种采用探极的离子镀实际上属于三极离子镀。

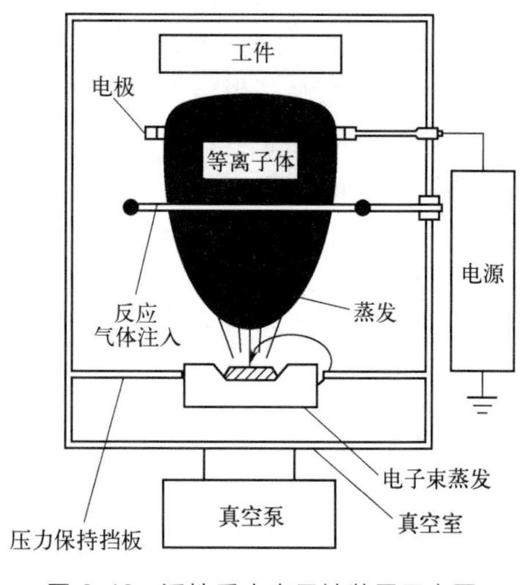

图 8-19　活性反应离子镀装置示意图

ARE法具有以下特点：

① 基片加热温度低。因电离增加了反应物的活性，在500℃以下的较低温度就能获得硬度高、附着性良好的膜层。

② 可获得多种化合物膜。通过导入各种反应气体，就可以得到各种化合物。几乎所有过渡族元素均能形成氮化物、碳化物。

③ 可在任何基体上涂覆。由于使用了高功率密度的电子束蒸发源，因此几乎可以蒸镀所有的金属和化合物，也可在陶瓷、玻璃等非金属材料上镀膜。

④ 沉积速率高。可达几微米每分钟，比溅射高一个数量级。

由于AER应用广泛，近几年又在此基础上开发出许多新类型，如偏压活性反应离子镀（BARE）、增强活性反应离子镀（EARE）等。

（4）磁控溅射离子镀　磁控溅射离子镀（Magnetron Sputtering Ion Plating，MSIP）是将磁控溅射和离子镀有机结合而形成的新技术。它是在一个装置中实现氩离子对磁控靶材（镀料）的大面积稳定的溅射。与此同时，在基片负偏压的作用下，高能靶材离子到达基片进行轰击、溅射、注入及沉积过程。

磁控溅射离子镀的原理如图8-20所示。工作时，真空室内通入氩气，使气压维持在10^{-2}～10^{-3}Pa。在辅助阳极和阴极磁控靶之间加上400～1000V的直流电压，产生低压气体辉光放电。氩离子在电场作用下轰击磁控靶面，溅射出靶材原子。靶材原子在飞越放电空间的过程中部分离化，靶材离子经基片负偏压的加速作用，与高能中性原子一起在基片上沉积成膜。

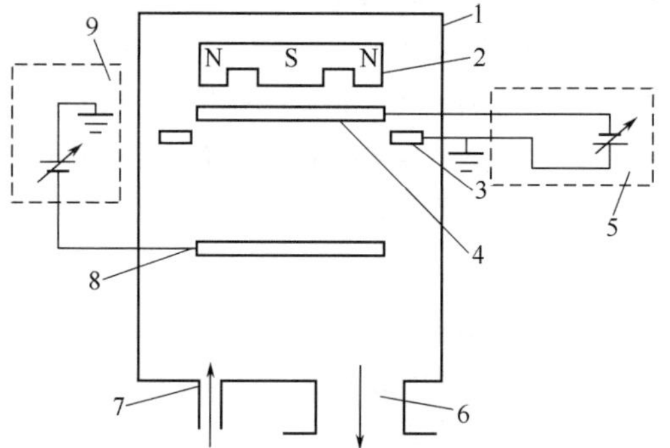

图 8-20　磁控溅射离子镀原理示意图

1—真空室；2—永久磁铁；3—磁控阳极；4—磁控靶；5—磁控电源；6—真空系统；7—Ar气充气系统；8—工件；9—离子镀供电系统

磁控溅射离子镀可以使膜材/基材界面形成明显的界面混合层，因此膜层的附着性能良好；能消除柱状晶，形成均匀的颗粒状晶体；能使材料表面合金化，提高金属材料的疲劳强度。磁控溅射离子镀可用来代替电镀锌、电镀镉及电镀铬等技术；利用此法在切削刀具、模具表面制备的TiN膜层已经得到实际应用。

8.4.3　离子镀膜的应用及发展

（1）离子镀膜的应用　离子镀具有沉积速度快、膜层质量高、结合力强等特点，可以在金属、非金属、塑料、纸、丝绸等基材上沉积各种固体材料膜，使表面获得耐磨、抗蚀、耐热及所需特殊性能，因而在机械、建筑、装饰、核能、电子工业等领域得到了极其广泛的应用。离子镀的一些典型应用如表 8-4 所示。

表 8-4　离子镀的一些典型应用

应用领域	镀膜材料	基体材料	用途
耐磨	TiN、TiC、Ti(CN)、TiAlN、ZrN、Si_3N_4、BN、HfN、Al_2O_3、DLC	硬质合金、高速钢	刀具、模具、机械零件
耐蚀	Al、Zn、Cd	高强钢、低碳钢螺栓	飞机、船舶、一般结构用材料
耐热	Al、W、Ti、Ta	普通钢、耐热钢、不锈钢	排气管、枪炮、耐火金属材料
抗氧化	MCrAlY	镍基或钴基高温合金	发动机叶片
固体润滑	Pb、Au、Ag、MoS_2	高温合金、轴承钢	发动机轴承、高温旋转部件
装饰	Au、Ag、TiN、TiC、Al	不锈钢、黄铜、塑料	手表、装饰品、建筑物装饰、着色膜层
塑料	Ni、Cu、Cr	ABS 塑料	汽车零件、电器零件
电子工业	Au、Ag、Cu、Ni	硅	电极、导电膜
	W、Pt	铜合金	触点材料
	Cu	陶瓷、树脂	印制电路板
	Ni-Cr	耐火陶瓷绕线管	电阻
	SiO_2、Al_2O_3	金属	电容、二极管
	Fe、Cr、Ni、Co-Cr	塑料带	磁带
	Be、Al、Ti、TiB_2	金属、塑料、树脂	扬声器振动膜
	DLC	固化丝绸、纸	防静电包装材料
	Pt	硅	集成电路
	Au、Ag	铁镍合金	导线架
	NbO、Ag	石英	耐火陶瓷-金属焊接
	In_2O_3-SnO_2	玻璃	液晶显示
光学	SiO_2、TiO_2	玻璃	镜片耐磨防护层
	玻璃	透明塑料	眼睛用镜片
	DLC	硅、镍、玻璃	红外光学窗口(保护膜)
核防护	Al	铀	核反应堆
	Mo、Nb	锆合金、铝合金	核聚变装置
	Au	铜壳体	加速器

注：DLC 为类金刚石膜。

(2) 离子镀膜的发展　近年来，离子镀技术取得了巨大的进步，并在世界范围内形成了相当规模的产业。目前，在工具硬质膜层的应用中，以多弧离子镀为主流技术，空心阴极离子镀和热阴极离子镀也在采用，非平衡磁控溅射离子镀和中频磁控溅射离子镀正在渗入其中，逐步为生产企业所接受；在装饰镀膜行业中，以各种磁控溅射离子镀和电弧离子镀为主；在电子和光学膜领域，则以活性反应离子镀和磁控溅射离子镀为主。今后的研究将集中在对现有技术的改进和完善，以及各种离子镀与相关技术的综合利用与发展。正在研发的复合离子镀技术有电弧-磁控溅射复合离子镀、电子束蒸发-电弧-磁控溅射复合离子镀、离子源-离子镀复合等技术。

8.5 物理气相沉积工艺及方法比较

8.5.1 PVD 工艺流程

PVD 工艺流程中的每一个环节都会对沉积效果产生很大的影响。即使是同一台设备，不同的使用者操作同样的刀具沉积 TiN 之后，刀具寿命提高的倍数可能差别很大。PVD 工艺可分为镀前处理、真空沉积以及镀后处理三部分。

(1) 镀前处理

① 镀件清洗　镀件表面清洁程度对镀膜质量影响很大，因此，镀前必须对镀件认真清洗。常用的金属零件清洗工艺流程如下：去油→去污→流水冲洗→去离子水冲洗→脱水→装炉。

② 装卡及抽真空　镀件装卡应使用干净的工具，绝对不允许用手拿，镀件装卡应当牢固。为保证膜层质量，尽量减少残余空气的污染，PVD 技术要求有较高的基础真空度。因此，均需采用高真空机组抽至 10^{-2}～10^{-3}Pa。有时还需根据情况通入惰性气体 Ar 或反应气体 N_2、O_2、C_2H_2 等。

③ 预热　镀膜时对工件进行适当的预烘烤加热，可以增加膜层与基体的结合强度。工件加热方式有：外热源烘烤或离子、电子轰击工件表面使之升温。

④ 预轰击净化　工件加热至所需温度后，还可以根据设备特点利用离子轰击净化，可以将表面吸附的气体、杂质原子以至工件表面层原子碰撞下来，而露出金属新鲜的表面层，以提高膜层的附着力。

(2) 真空沉积　当工件温度升至预定的温度，表面经过轰击净化后，便可以进行气相沉积。在整个成膜过程中，应保持恒温、恒压、恒定的镀料蒸气与反应气的比例，才能保证气体放电稳定进行，使溅射、离化、化学反应和沉积过程稳定化，以保证膜层质量。操作中需根据试验各参数的影响规律，综合最佳条件来制定合理的工艺参数。

(3) 镀后处理　全部沉积过程结束后，工件在真空中冷至 200℃左右后，即可取出工件，一般不需要进行其他的后处理。对于装饰性真空蒸发镀膜，因为膜层很薄，必须要涂面涂层。面涂层可以是单涂层，也可以在面涂层上再涂彩色或硬涂层。涂料可以采用醇酸树脂涂料、环氧树脂涂料、紫外光固化涂料和聚氨酯涂料等。

8.5.2 PVD 三种基本方法的比较

PVD 技术包括真空蒸发镀膜、溅射镀膜和离子镀膜三种基本方法，其沉积工艺、膜层性能特点的比较见表 8-5。

表 8-5　物理气相沉积基本方法的比较

特点		蒸发镀膜	溅射镀膜	离子镀膜
沉积工艺特点	薄膜材料气化方式	热蒸发	溅射	热蒸发、电离、溅射
	沉积粒子及能量/eV	原子或分子：0.1～1	主要为原子：1～10	大量离子或原子：50～5000
	沉积速率/(μm/min)	0.1～70	0.01～0.5	0.1～50
	气孔	多(低温下)	少	少
	密度	低(低温下)	高	高
	内应力	拉应力	压应力	依工艺条件而定
	附着性	一般	较好	很好
	绕射性	差	差	较好
	膜/基体界面	突变界面	突变界面	准扩散界面
镀膜原理及特点		工件不带电。在真空条件下金属加热蒸发沉积到工件表面。沉积粒子的能量与蒸发时的温度相对应	工件为阳极，靶材为阴极。利用氩离子的溅射作用将靶材原子击出而沉积在工件表面上。沉积原子的能量由被溅射原子的能量分布决定	工件为阴极，蒸发源为阳极。进入等离子区的镀料原子离化后沉积在工件表面，镀膜过程中伴随着离子轰击。离子的能量取决于基片加速电压

8.6 化学气相沉积

化学气相沉积（Chemical Vapor Deposition，CVD）是一种气相生长法，它是将含有薄膜元素的化合物或单质气体通入反应室内，利用气相物质在衬底（工件）表面发生化学反应而形成固态薄膜的工艺方法。CVD 的基本步骤与 PVD 不同的是：沉积粒子来源于化合物的气相分解反应。

CVD 可在常压或低压下进行。通常 CVD 的反应温度范围大约 900～1200℃，它取决于沉积物的特性。为克服传统 CVD 的高温工艺缺陷，近年来开发出了多种中温（800℃以下）和低温（500℃以下）CVD 新技术，由此扩大了 CVD 技术在表面工程技术领域的应用范围。中温 CVD 的典型反应温度大约 500～800℃，它通常是采用金属有机化合物在较低温度的分解来实现的，所以又称金属有机化合物 CVD。等离子体增强 CVD 以及激光辅助 CVD 中的气相化学反应由于等离子体的产生或激光的辐照得以激活，也可以把反应温度降低。

8.6.1 化学气相沉积装置

最常用的常压 CVD 装置主要由供气系统、加热反应室和废气处理排放系统组成，如图 8-21 所示。

(1) 供气系统　供气系统的作用是将初始气体以一定的流量和压力送入反应室中。

初始气体是气态物质，可直接通入反应室中，常用的有惰性气体（如 N_2、Ar)、还原气体（如 H_2）以及各种反应气体（如 CH_4、CO_2、Cl_2、水蒸气、氨气等)。

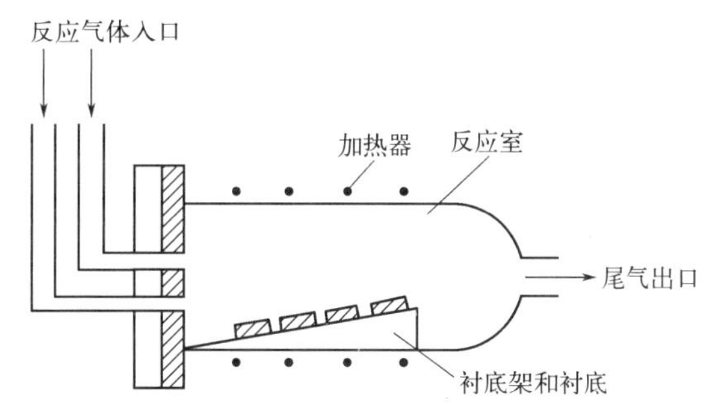

图 8-21　CVD 装置的基本组成

初始气体也可来源于液体或固体。液体通常是室温下具有高蒸气压的四氯化钛（$TiCl_4$)、四氯化硅（$SiCl_4$）和甲基三氯硅烷（CH_3SiCl_3)，可将其加热到合适的温度（一般低于 60℃），再用载气（如 N_2、Ar、H_2)，把蒸气带入反应室。有时也把固态金属或化合物转换成蒸气来作为初始气体，如气化铝就是通过金属铝与氯气或盐酸蒸气的反应而形成的。

(2) 加热反应室　反应室是 CVD 装置中最基本的部分，通常采用电阻加热或感应加热将反应室加热到所要求的温度。有些反应室的室壁和原料区都不加热，仅沉积区一般用感应加热，称为冷壁 CVD，它适合于反应物在室温下是气体或者具有较高的蒸气压；若用外部加热源加热反应室壁，热流再从反应室壁辐射到工件，则称热壁 CVD，它可防止反应物的冷凝。

(3) 废气处理排放系统　反应气体从反应室排出后，进入气体处理系统，其目的是中和废气中的有害成分，去除固体微粒，并在废气进入大气以前将其冷却。这些系统可以是简单的洗气水罐，也可能是一整套复杂的中和冷却塔，这取决于混合气体的毒性和安全要求。

采用常压 CVD 法制备 TiC 的装置如图 8-22 所示。工件置于 H_2 保护下，加热到 1000～1050℃，然后以 H_2 作载流气体把初始气体 $TiCl_4$ 和 CH_4 带入炉内反应室中，使 $TiCl_4$ 中的

Ti 与 CH_4 中的碳（以及钢件表面的碳）化合，形成 TiC。反应的副产物则被气流带出室外，其沉积反应如下：

$$TiCl_4(g)+CH_4(g) \longrightarrow TiC(s)+4HCl(g)$$

$$TiCl_4+C(\text{钢中})+2H_2(g) \longrightarrow TiC(s)+4HCl(g)$$

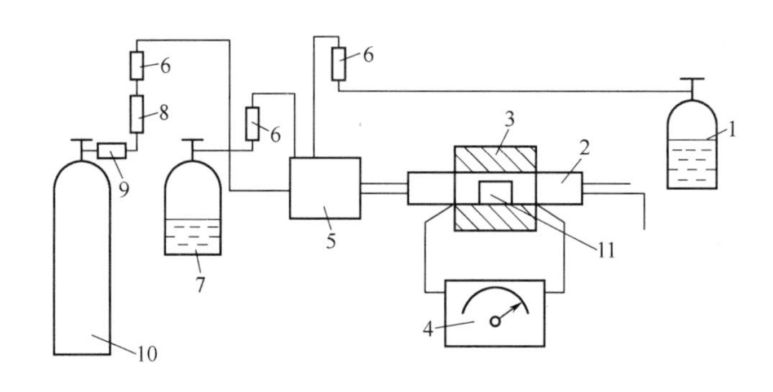

图 8-22　CVD 法制备 TiC 装置示意图

1—甲烷；2—反应室；3—感应炉；4—高频转换器；5—混合室；6—流量计；7—卤化物；8—干燥器；9—催化剂；10—氢气；11—工件

8.6.2　化学气相沉积原理及特点

(1) 常用化学气相沉积反应类型　采用 CVD 法原则上可以制备各种材料的薄膜，如单质、氧化物、硅化物、氮化物等薄膜，其过程是通过一个或多个化学反应得以实现的。运用适宜的反应方式，选择相应的温度、浓度、压力、气体组成等参数就能得到符合要求的薄膜。常用的 CVD 化学反应有以下几种类型。

① 热分解反应　工业上重要的热分解反应例子包括硅烷的热分解制备多晶和非晶硅薄膜，以及羰基镍的热解沉积镍膜。

$$SiH_4(g) \longrightarrow Si(s)+2H_2(g)\ (800 \sim 1000℃)$$

$$Ni(CO)_4(g) \longrightarrow Ni(s)+4CO(g)\ (140 \sim 240℃)$$

后一反应正是所谓的蒙德（Mond）工艺的基础，这一工艺百余年来一直用于镍的冶炼。

② 还原反应　通常采用氢气作为还原剂，其重要应用就是在单晶硅衬底上制备外延膜，或制备 W、Mo 等难熔金属薄膜。例如：

$$SiCl_4(g)+2H_2(g) \longrightarrow Si(s)+4HCl(g)\ (1100 \sim 1200℃)$$

$$MoF_6(g)+3H_2(g) \longrightarrow Mo(s)+6HF(g)\ (300℃)$$

$$WF_6(g)+3H_2(g) \longrightarrow W(s)+6HF(g)\ (300℃)$$

大量研究表明，低温沉积的钨薄膜很有可能是替代半导体集成电路中铝触头和连接件的理想材料。

③ 氧化反应　氧化反应主要使衬底表面生成氧化膜，可制备 SiO_2、Al_2O_3、TiO_2 等薄膜。通常采用硅烷或四氯化硅作原料和氧反应，例如：

$$SiH_4(g)+O_2(g) \longrightarrow SiO_2(s)+2H_2(g)\ (450℃)$$

$$SiCl_4(g)+O_2(g)+2H_2(g) \longrightarrow SiO_2(s)+2HCl(g)\ (1500℃)$$

④ 水解反应　水解反应也可用来制备氧化物薄膜，例如：

$$2AlCl_3(g)+3H_2O(g) \longrightarrow Al_2O_3(s)+6HCl(g)\ (1000 \sim 1500℃)$$

$$AlF_3(g)+3H_2O(g)\longrightarrow Al_2O_3(s)+6HF(g)\ (1400℃)$$

⑤ 合成反应　指两种或两种以上的气体物质在衬底表面发生反应而沉积出固态薄膜，这是 CVD 中使用最普遍的方法，可以很容易地制备氮化物、碳化物等多种薄膜，例如：

$$2TiCl_4(g)+N_2(g)+4H_2(g)\longrightarrow 2TiN(s)+8HCl(g)\ (1000\sim1200℃)$$

$$SiCl_4(g)+CH_4(g)\longrightarrow SiC(s)+4HCl(g)\ (1400℃)$$

此外，还可采用辉光放电、光照射、激光照射等外界物理条件使反应气体活化，促进化学反应过程或降低气相反应的温度。

(2) 化学气相沉积的基本条件

① 在沉积温度下，反应物必须有足够高的蒸气压。

② 除了需要得到的固态沉积物外，化学反应的生成物都必须是气态。

③ 沉积物本身的饱和蒸气压应足够低，以保证它在整个反应、沉积过程中都一直保持在加热的衬底上。

(3) 化学气相沉积的过程　CVD 反应的进行涉及能量、动量及质量的传递。CVD 的基本过程一般包含如下步骤，如图 8-23 所示。

① 气体被传输至反应室的沉积区域。

② 气相之间发生化学反应生成膜先驱物。

③ 膜先驱物运输并吸附于衬底表面，并在衬底表面进行扩散。

④ 膜先驱物接受衬底传来的热或其他能量进行表面反应，生成最终产物以及气态副产物；最终产物进行晶态、非晶态或其他中间态的聚集而形成连续薄膜。

⑤ 气态副产物从衬底表面解吸附，并通过对流和扩散从反应区排出。

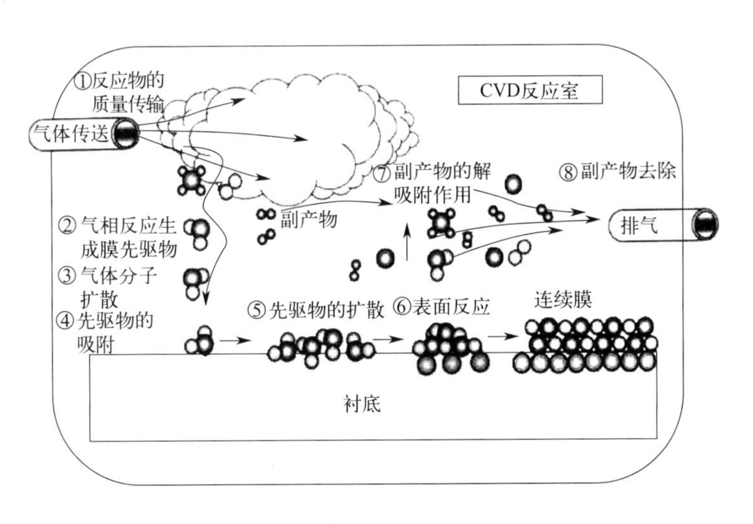

图 8-23　化学气相沉积过程示意图

CVD 的反应条件包括反应温度、反应压力和反应时间等。反应温度是一个关键参数，因为在高温下，反应物的分子容易被分解活化，并在衬底表面上进行扩散和反应。同时，较高的反应温度有助于提高物质的扩散速率，促进薄膜的均匀生长。反应压力也会影响反应物质的扩散速率和反应速率，较高的反应压力有助于增加分子的碰撞频率，从而加快反应速率。然而，过高的压力也可能导致过度的分子碰撞，形成不理想的薄膜。反应时间也是一个重要参数，它决定了反应物质与衬底的反应程度和薄膜的厚度。

(4) 化学气相沉积的特点 与PVD相比，CVD具有以下特点。

① 薄膜成分和性能可灵活控制 通过对多种原料气体的流量调节，能够在相当大的范围内控制产物的组分，可制备出各种高纯膜、非晶态、半导体和化合物薄膜。

② 成膜速度快，可制备厚膜 成膜速度可达到每分钟几微米甚至数百微米，薄膜内应力较小，可制备厚达1mm的金刚石薄膜。

③ 可在常压或低压下沉积 镀膜的绕射性好，形状复杂的表面或工件的深孔、细孔都能获得均匀致密的薄膜，在这方面比PVD优越得多。

④ 沉积温度高，膜层与基体结合好 经过CVD法处理后的工件即使用在十分恶劣的加工条件下，膜层也不会脱落。

CVD的最大缺点也是沉积温度太高，一般在900～1200℃范围内。在这样的高温下，钢铁工件的晶粒长大导致力学性能下降，故沉积后往往需要增加热处理工序，这就限制了CVD法在钢铁材料上的应用，而多用于硬质合金。因此CVD研究的一个重要方向就是设法降低工艺温度。此外气源和反应后的尾气大多有一定的毒性。

8.6.3 特种化学气相沉积方法

(1) 低压化学气相沉积 (LPCVD) LPCVD与常压CVD装置类似，不同点是需要增加真空系统，使反应室的压力低于常压 (10^5Pa)，一般为 $(1\sim4)\times10^4$Pa。LPCVD中的气体分子平均自由程比常压CVD提高了1000倍，气体分子的扩散系数比常压提高约三个数量级，这使得气体分子易于达到工件的各个表面，薄膜均匀性得到了显著的改善。目前LPCVD在微电子集成电路制造中广泛采用，主要沉积多晶硅、SiO_2、Si_3N_4、硅化物及难熔金属钨等薄膜。

(2) 等离子体增强化学气相沉积 (PECVD) PECVD是将低气压气体放电等离子体应用于CVD中的技术。产生等离子体的方法有二极直流辉光放电、射频辉光放电、微波激发等，其装置如图8-24所示。PECVD是在反应室内设置高压电场，除对工件加热外，还借助反应气体在外加电场作用下的放电，使其成为等离子体状态，成为非常活泼的激发态分子、原子、离子和原子团等，降低了反应的激活能，促进了化学反应，从而在工件表面形成薄膜。PECVD可以显著降低反应温度，例如用 $TiCl_4$ 和 CH_4 靠常规加热沉积TiC膜层的温度为1000～1050℃；而采用PECVD法，可将沉积温度降至500～600℃。PECVD具有成膜温度低、致密性好、结合强度高等优点，可用于非晶态膜和有机聚合物薄膜的制备。

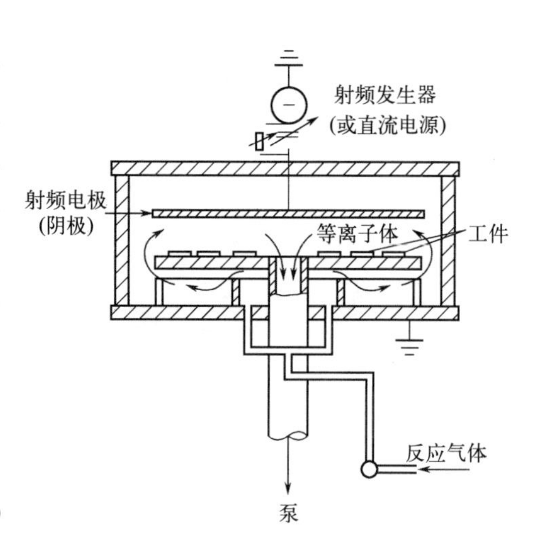

图8-24 PECVD装置示意图

此外，科研人员又发展了多种PECVD技术，如热丝弧PECVD、直流电弧等离子炬PECVD、强电流直流扩展弧PECVD和空心阴极放电PECVD等技术，扩大了PECVD沉积薄膜的应用范围。

(3) 金属有机化合物化学气相沉积 (MOCVD) MOCVD是20世纪80年代发展起来

的新技术。它与常规CVD的区别仅在于使用有机金属化合物和氢化物作为原料气体。金属有机化合物在室温下呈液态并有适当的蒸气压，并且热分解温度较低，目前应用最多的是Ⅱ～Ⅶ族烷基衍生物，如 $(C_2H_5)_2Be$、$(C_2H_5)_3Al$、$(CH_3)_4Ce$、$(CH_3)_3N$、$(C_2H_5)_2AlSe$ 等，这类化合物大多是挥发性的，能自燃，某些情况下接触水可能发生爆炸；所用的氢化物大多是有毒气体，需要严格遵循使用规范。

MOCVD的主要特点是沉积温度低，所以也称中温CVD。采用MOCVD可制备各种各样的材料，包括单晶外延膜、多晶膜和非晶态膜。但最重要的应用是Ⅲ～Ⅴ族及Ⅱ～Ⅵ族半导体化合物材料，如GaAs、InAs、InP、CaAlAs、ZnS、ZnSe、CdS等的气相外延生长。

(4) 激光辅助化学气相沉积 (LCVD)　LCVD是指利用激光光子的能量激发和促进化学反应，来实现薄膜沉积的技术。所用的设备是在常规CVD设备的基础上，添加激光器、光路系统及激光功率测量装置。激光作为一种高能束，在CVD中可以发挥两种作用，即热作用和光作用。前者利用激光能量对衬底的加热作用可以促进衬底表面的化学反应，后者利用高能量光子可以直接促进反应物气体分子的分解。

与常规CVD相比，LCVD可以大大降低衬底的温度，可在不能承受高温的衬底上合成薄膜。例如，使用LCVD法，在380～450℃温度下就可以制取 SiO_2、Si_3N_4 和AlN等薄膜；而用常规CVD法制备同样的材料，要将衬底加热到800～1200℃才行。与PECVD相比，LCVD可以避免高能粒子辐照对薄膜的损伤，更好地控制薄膜结构，提高薄膜的纯度。

迄今为止，LCVD的主要应用是在半导体器件加工中用作薄膜的“直接写入”，使用卤化物一次沉积线宽仅为0.5μm的完整线路花样；也可用于制作空心硼纤维和碳化硅纤维。

8.6.4　化学气相沉积的应用

CVD法主要应用于两大方向：一是沉积薄膜；二是制取新材料，包括金属、难熔材料的粉末和晶须以及金刚石薄膜、类金刚石薄膜、碳纳米管材料等。目前CVD技术在保护膜层、微电子技术、太阳能利用、光纤通信、超导技术、制备新材料等许多方面得到广泛应用。

(1) 沉积薄膜

① 保护膜层　CVD技术可在工件表面制备超硬耐磨、耐蚀和抗氧化等保护膜层。

为进一步提高硬质合金刀具的耐磨性，常在硬质合金刀具表面用CVD法沉积TiN、TiC、α-Al_2O_3 膜层及Ti(CN)、TiC-Al_2O_3 复合膜层。TiC膜层硬度为3000～3200HV，摩擦系数小，切削速度高，耐磨性好，寿命长；TiN膜层硬度为1800～2450HV，由于其膜层的特殊性质，TiN膜层比TiC膜层的刀具更耐磨。在刀具切削面上仅覆盖1～3μm的TiN膜就可将使用寿命提高3倍以上。Al_2O_3 膜层的硬度为3100HV，具有很高的化学稳定性和耐腐蚀能力，可承受1000℃以上高温，特别适于高速切削。α-Al_2O_3 膜层刀具比无膜层刀具寿命提高5倍，比TiC膜层刀具高2倍。

CVD法制备的SiC、Si_3N_4、$MoSi_2$ 等硅系化合物是很重要的抗高温氧化膜层；Mo和W的膜层也具有优异的高温耐腐蚀性能，可以应用于涡轮叶片、火箭发动机喷嘴等设备零件上。

② 微电子技术　半导体器件特别是大规模集成电路的制作过程中，半导体膜的外延、p-n结扩散源的形成、介质隔离、扩散掩膜和金属膜的沉积等是其工艺的核心步骤。CVD在制备这些材料层的过程中逐渐取代了像硅的高温氧化和高温扩散等旧工艺，在现代微电子

技术中占据了主导地位。CVD可用来沉积多晶硅膜、钨膜、铝膜、金属硅化物、氧化硅膜以及氮化硅膜等，这些薄膜材料可以用作栅电极、多层布线的层间绝缘膜、金属布线、电阻以及散热材料等。

③ 光纤通信 光纤通信由于其容量大、抗电磁干扰、体积小、对地形适应性强、保密性高以及制造成本低等优点，因此得到迅速发展。通信用的光导纤维是用CVD技术制得的石英玻璃棒经烧结拉制而成的。利用高纯四氯化硅和氧气可以很方便地沉积出高纯石英玻璃。

④ 太阳能利用 太阳能是取之不尽的能源，利用无机材料的光电转换功能制成太阳能电池是利用太阳能的一个重要途径。现已研制成功了硅、砷化镓同质结电池以及利用Ⅲ～Ⅴ族、Ⅱ～Ⅵ族等半导体制成了多种异质结太阳能电池，如SiO_2/Si、GaAs/GaAlAs、CdTe/CdS等，它们几乎全都制成薄膜形式。化学气相沉积和液相外延是最主要的制备技术。

⑤ 超导技术 采用CVD生产的Nb_3Sn低温超导带材，具有膜层致密、厚度较易控制、力学性能好的特点，是烧制高场强小型磁体的最优良材料。现采用CVD法生产出来的其他金属间化合物超导材料还有Nb_3Ge、V_3Ga、Nb_3Ga等。

（2）制备新材料

① CVD制备难熔材料的粉末和晶须 CVD越来越受到重视的一项应用是制备难熔材料的粉末和晶须。目前晶须正在成为一种重要的工程材料，它在发展复合材料方面起着很大的作用。如在陶瓷中加入微米级的超细晶须可使复合材料的韧性得到明显的改善。CVD法可沉积多种化合物晶须，如Si_3N_4、TiN、ZrN、TiC、Cr_3C_2、SiC、ZrC、Al_2O_3、ZrO_2等晶须，其中Si_3N_4和TiC已实现工业化生产。

② CVD法制备金刚石和类金刚石薄膜 金刚石不仅可以加工成价值连城的珠宝，在工业中也大有可为。它硬度高、耐磨性好，可广泛用于切削、磨削、钻探；由于热导率高、电绝缘性好，可作为半导体装置的散热板；它有优良的透光性和耐腐蚀性，在电子工业中也得到广泛应用。自20世纪80年代初采用CVD法成功地合成金刚石以来，在全球范围内掀起了制备金刚石薄膜和类金刚石薄膜的热潮。

采用CVD制备金刚石薄膜的基本原理是：采用一定的方法使含有碳源的气体（如CH_4）被加热、分解形成活性粒子，并在$(1.01\sim50.7)\times10^3$Pa的低气压下，使碳原子在衬底表面沉积而形成金刚石相。CVD法制备的金刚石薄膜的性能稍逊于金刚石颗粒，在密度和硬度上都要低一些。即便如此，它的耐磨性也是数一数二的，仅5μm厚的金刚石薄膜，其寿命也比硬质合金长10倍以上。目前，在钨硬质合金刀具上沉积金刚石薄膜已实现商业化生产，此外还广泛应用于半导体电子装置、光学声学装置、压力加工等方面。

类金刚石薄膜（DLC）是指含有大量sp^3键的非晶态碳膜，具有一些与金刚石薄膜类似的性能。CVD法制备的DLC膜也达到实用化阶段，并得到广泛的应用。DLC膜与钢铁衬底附着性较好，摩擦系数小，表面光滑、平整，无需抛光即可应用，因此在抗摩擦磨损方面具有显著的优势，其典型应用是计算机硬盘、软盘和光盘的硬质保护层，也用作各种精密机械、仪器仪表、轴承以及各类工具模具的抗摩擦膜层，还可用作人体的植入材料。

③ 制备碳纳米管 1991年，日本的饭岛（S. Iijima）在电弧法制备C_{60}的实验过程中，在阴极石墨上观察到一种新的碳结构——碳纳米管（Carbon Nanotubes，CNTs）。碳纳米管是由单层或多层石墨片围绕中心轴，按一定的螺旋角度卷曲而成的无缝纳米级管，其直径一般在几纳米到几十纳米之间，长度为数微米甚至毫米。碳纳米管很轻，但很结实，其密度是

钢的 1/6，强度却是钢的 100 倍。此外，还具有独特的高强度、高韧性、超导、高比表面积，优异的热稳定性和化学稳定性等特点，并在复合体增强材料、晶体管逻辑电路、场发射电子源、储氢储能材料、饮用水净化等众多领域得到广泛研究与应用。

图 8-25　CVD 法制备的碳纳米管束的微观形貌

目前用于制备碳纳米管的方法很多。CVD 法由于具有工艺条件可控、容易批量生产等优点，自发现以来受到极大关注，成为合成碳纳米管的主要方法之一。其基本原理为：在一定的温度和压力下，碳源气体首先在纳米级的催化剂（如 Fe、Co、Ni）表面裂解形成碳源，碳源通过催化剂扩散，在催化剂表面长出纳米管，同时推动着细小的催化剂颗粒前移。直到催化剂颗粒全部被石墨层包覆，纳米管生长结束。常用的碳源气体有 CH_4、C_2H_2、C_2H_4 和 C_6H_6 等。图 8-25 为 J. Michael 等人以 C_2H_4 为碳源，采用 CVD 法制备的碳纳米管的微观形貌。

8.6.5　CVD 技术的发展

随着工业生产要求的不断提高，CVD 的工艺及设备得到不断改进，不仅启用了各种新型的加热源，还充分运用等离子体、激光、电子束等辅助方法降低了反应温度，使其应用的范围更加广阔。CVD 今后应该朝着减少有害生成物、提高工业化生产规模的方向发展。此外，使 CVD 的沉积温度更加低温化，对 CVD 过程更精确地控制，开发厚膜沉积技术、新型膜层材料以及新材料合成技术，将会成为今后研究的主要方向。

原子层沉积（Atom Layer Deposition，ALD）是建立在连续的表面反应基础上的一门新技术，它本质上是一种特殊的 CVD 技术。与传统 CVD 不同之处是，ALD 技术是将气相前驱体以交替脉冲形式通入反应室并在基体表面吸附、发生反应，使物质以单原子膜形式一层一层地沉积。该技术一般用于在聚乙烯薄膜、聚酯薄膜、聚偏二氯乙烯薄膜等有机薄膜上沉积氧化物、氮化物、硫化物薄膜。例如，柔性太阳能电池、锂电池、有机电子器件、柔性电路板的基体都是有机物薄膜，采用 ALD 技术可在上述柔性基体表面卷绕镀膜连续在线生产高阻隔膜。ALD 技术在微电子器件封装、食品包装、半导体、光学、生物、医学等领域，有广阔的应用前景。

8.6.6　PVD 和 CVD 工艺对比

① 工艺温度高低是 CVD 和 PVD 之间的主要区别。温度对于高速钢镀膜具有重大影响。CVD 法的工艺温度超过了高速钢的回火温度，因此用 CVD 法镀制的高速钢工件，必须进行镀膜后的真空热处理，以恢复硬度。但镀后热处理可能会产生不容许的变形。

② CVD 工艺对进入反应器工件的清洁度要求比 PVD 工艺低一些，因为附着在工件表面的一些污物很容易在高温下烧掉。此外，高温下得到的膜层结合强度要更好些。

③ CVD 膜层往往比各种 PVD 膜层略厚一些。CVD 膜层厚度常在 7.5μm 左右，而 PVD 膜层不到 2.5μm 厚。

④ CVD 膜层的表面比基体的表面略粗糙些，而 PVD 镀膜能如实地反映材料的表面，不用研磨就具有很好的金属光泽，这在装饰镀膜方面十分重要。

⑤ CVD反应发生在低真空的气态环境中，具有很好的绕射性，所以密封在CVD反应室中的所有工件，除去支撑点之外，全部表面都能完全镀好，甚至深孔、内壁也可镀上。相对而论，所有的PVD技术由于气压较低，绕射性较差，因此工件背面和侧面的镀制效果不理想。PVD的真空室必须减少装载密度以避免形成阴影，而且装卡、固定比较复杂；并且工件要不停地转动，有时还需要边转边往复运动。

⑥ 工艺成本的比较。PVD最初的设备投资是CVD的3～4倍，而PVD工艺的生产周期是CVD的1/10。在CVD的一个操作循环中，可以对各式各样的工件进行处理，而PVD就受到很大限制。综合比较可以看出，在两种工艺都可用的范围内，采用PVD要比CVD代价高。

⑦ 操作运行安全性比较。PVD是一种完全没有污染的工艺，有人称之为“绿色工程”。而CVD的反应气体、反应尾气都可能具有一定的腐蚀性、可燃性及毒性，反应尾气中还可能有粉末状以及碎片状的物质，因此对设备、环境、操作人员都必须采取一定的措施加以防范。

参考文献

[1] 戴达煌，刘敏，余志明，等．薄膜与涂层现代表面技术．长沙：中南大学出版社，2008.

[2] 郑伟涛．薄膜材料与薄膜技术．2版．北京：化学工业出版社，2008.

[3] 徐滨士，刘世参．表面工程．北京：化学工业出版社，2000.

[4] 徐滨士，刘世参．中国材料工程大典．第17卷．材料表面工程（下）．北京：化学工业出版社，2006.

[5] 宣天鹏．材料表面功能镀覆层及其应用．北京：机械工业出版社，2008.

[6] 曾晓雁，吴懿平．表面工程学．2版．北京：机械工业出版社，2016.

[7] 蔡珣，石玉龙，周建．现代薄膜材料与技术．上海：华东理工大学出版社，2007.

[8] 赵文轸．材料表面工程导论．西安：西安交通大学出版社，1998.

[9] 胡传炘．表面处理技术手册．修订版．北京：北京工业大学出版社，2009.

[10] 胡传炘，白韶军，安跃生，等．表面处理手册．北京：北京工业大学出版社，2004.

[11] 戴达煌，周克崧，袁镇海．现代材料表面技术科学．北京：冶金工业出版社，2004.

[12] 谭昌瑶，王钧石．实用表面工程技术．北京：新时代出版社，1998.

[13] 李金桂，吴再思．防腐蚀表面工程技术．北京：化学工业出版社，2003.

[14] 姚寿山，李戈扬，胡文彬．表面科学与技术．北京：机械工业出版社，2005.

[15] 曹茂盛，陈笑，杨郦．材料合成与制备方法．哈尔滨：哈尔滨工业大学出版社，2008.

[16] 王学武．金属表面处理技术．北京：机械工业出版社，2008.

[17] 王增福，关秉羽，杨太平．实用镀膜技术．北京：电子工业出版社，2008.

[18] 陈光华，邓金祥．纳米薄膜技术与应用．北京：化学工业出版社，2004.

[19] 李松林．材料化学．北京：化学工业出版社，2008.

[20] Sudarshan T S. 表面改性技术工程师指南．范玉殿，等译．北京：清华大学出版社，1992.

[21] Upadhyayula V K K，Deng S，Mitchell M C，et al. Application of carbon nanotube technology for removal of contaminants in drinking water：A review. Science of the Total Environment，2009，408（1）：1-13.

[22] Baddour C E，Briens C L，Bordere S，et al. An investigation of carbon nanotube jet grinding. Chemical Engineering and Processing，2008，47（12）：2195-2202.

[23] Coleman J N，Khan U，Blau W J，et al. Small but strong：A review of the mechanical properties of carbon nanotube-polymer composites. Carbon，2006，44（9）：1624-1652.

[24] Michael J，Bronikowski. CVD growth of carbon nanotube bundle arrays. Carbon，2006，44（13）：2822-2832.

[25] Mattox D M. Ion plating past，present and future. Surface and Coatings Technology，2000，133-134：517-521.

[26] Xie Xiaolin，Mai Yiuwing，Zhou Xingping. Dispersion and alignment of carbon nanotubes in polymer matrix：A review. Materials Science and Engineering R，2005，49（4）：89-112.

[27] 陈素君，陈月增．真空蒸发镀膜设备性能的改进．真空，2008，45（6）：40-43.

[28] 余东海，王成勇，成晓玲，等．磁控溅射镀膜技术的发展．真空，2009，46（2）：19-25.

[29] 吴忠振，朱宗涛，巩春志，等．高功率脉冲磁控溅射技术的发展与研究．真空，2009，46（3）：18-22.

[30] 刘本锋，赵青南，潘震，等．纳米硅薄膜及磁控溅射法沉积．材料导报，2009，23（12）：30-33.

[31] Kelly P J，Arnel R D. Magnetron sputtering：a review of recent developments and applications. Vacuum，2000，56（3）：159-172.

[32] Musil J，Baroch P，Vlček J，et al. Reactive magnetron sputtering of thin films：present status and trends. Thin Solid Films，2005，475（1-2）：208-218.

[33] Choy K L. Chemical vapour deposition of coatings. Progress in Materials Science，2003，48（2）：57-170.

[34] Bohlmark J，Alami J，Christou C，et al. Ionization of sputtered metals in high power pulsed magnetron sputtering. Journal of Vacuum Science & Technology A，Vacuum Surface Films，2005，23（1）：18-23.

[35] Zhou J，Wu Z，Liu Z H. Influence and determinative factors of ion-to-atom arrival ratio in unbalanced magnetron sputtering systems. Journal of University of Science and Technology Beijing，2008，15（6）：775-781.

[36] 田民波．薄膜技术与薄膜材料．北京：清华大学出版社，2006.

[37] Look D C，Reynolds D C，Litton C W，et al. Characterization of homoepitaxial p-type ZnO grown by molecular beam epitaxy. Applied Physics Letters，2002，81（10）：1830-1832.

[38] Sarakinos K，Alami J，Konstantinidis S. High power pulsed magnetron sputtering：A review on scientific and engineering state of the art. Surface and Coatings Technology，2010（204）：1661-1684.

[39] 王龙权．镁合金磁控溅射沉积 Ta（N）/Ti-Si 多层膜及其性能研究．哈尔滨：哈尔滨工业大学，2015.

[40] Tellekamp M B，Melamed C L，Norman A G，et al. Heteroepitaxial integration of $ZnGeN_2$ on GaN buffers using molecular beam epitaxy. Crystal Growth And Design，2020，20（3）：1868-1875.

[41] Wu X D，Liu YC，Lin X T，et al. Atomic layer deposition coated polymer films with enhanced high-temperature dielectric strength suitable for film capacitors. Surfaces and Interfaces，2022，28：1-8.

[42] 田丽，王蔚，刘红梅，等．微电子工艺原理与技术．哈尔滨：哈尔滨工业大学出版社，2021.

[43] 王福贞，武俊伟．现代离子镀膜技术．北京：机械工业出版社，2021.

[44] 苑伟政，乔大勇，虞益挺．微机电系统．2 版．西安：西北工业大学出版社，2021.

第9章 高能束表面改性技术

高能束通常指激光束、电子束和离子束，即所谓的三束，它们的功率密度高达10^8～10^9 W/cm^2。若将高能束作用于材料表面，在极短的时间就可以使材料表面的特性发生很大的变化，从而达到表面改性或表面处理的目的。高能束还可以作为微细加工技术的能量源，在材料表面形成各种图案和形状，获得各种特殊的功能。近几十年来，高能束以其能量密度高、可控性好、加工精细等独特优点，有力地促进了表面工程技术突飞猛进的发展，并使微电子工业取得了前所未有的进步和突破。

高能束表面改性主要包括两个方面：其一，利用激光束、电子束可获得极高的加热和冷却速度，从而可制成非晶、微晶及其他一些奇特的、热平衡相图上不存在的高度过饱和固溶体和亚稳合金，从而赋予材料表面以特殊的性能；其二，利用离子注入技术可把异类原子直接引入表面层中进行表面合金化，引入的原子种类和数量不受任何常规合金化热力学条件的限制。

9.1 激光表面改性

激光具有高亮度、高单色性和高方向性三大特点。对材料表面改性而言，激光是一种聚焦性好、功率密度高、易于控制、能在大气中远距离传输的新型光源，若作用于金属材料表面，可极大地提高材料表面的硬度、强度、耐磨性、耐蚀性和耐高温性。因此，激光束表面改性技术是当前材料工程学科的重要发展方向之一，被誉为光加工时代的一项标志性技术。

国外自20世纪70年代中期以来，已将激光表面改性技术应用于工程机械、航天航空、汽车、内燃机、模具、刀具等领域，并举行了多次国际会议。我国从20世纪80年代开始进行此方面的研究，近些年来的发展速度相当迅速，经济效益十分显著。

9.1.1 激光表面改性原理

(1) 激光产生原理 激光（Laser）是英文“Light Amplification by Stimulated Emission of Radiation”的缩写，意为“通过受激辐射实现光的放大”。

激光是由激光器产生的，图9-1所示为CO_2气体激光器的组成。结构主体是由石英玻璃制成的放电管，管中充入CO_2、N_2和He作为工作物质。放电管两侧放置的两块平面反射镜，称为光学谐振腔。这两块反射镜严格同轴平行，其中一个是反射率为100%的全反射镜，另一个是反射率为50%～90%的半反射镜。当两电极间加上直流高压电时，通过混合气体的辉光放电，激励 CO_2 分子产生受激辐射光子。由于谐振腔的作用，平行于谐振腔光轴方向的光束在两个镜面间来回反射得到放大，而其他方向上的光经两块反射镜有限次的反射后总会逸向腔外而消失，所以在粒子系统中出现一个平行于光轴的强光。当光达到一定强度时，就会通过半反射镜输出激光束。激光束经过光学系统聚焦后，其光斑直径仅0.1～1mm，功率密度高达 $10^4 \sim 10^{15}$ W/cm^2，可用来进行焊接、切割或表面改性处理。

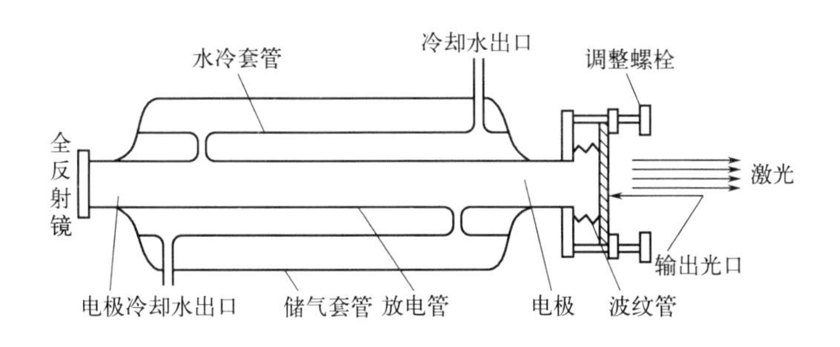

图 9-1 CO_2 气体激光器的组成

(2) 激光器 目前，工业上用于表面改性的激光器主要有钕-钇铝石榴石固体激光器（YAG激光器）和 CO_2 气体激光器。

① YAG固体激光器 工作物质为固体，它是由石榴石（$Y_3Al_5O_{12}$）晶体中掺入质量分数为1.5%左右的Nd制成。其激光波长为1.06μm，为近红外光，输出方式可为脉冲式或连续式。YAG固体激光器输出功率较小，仅有1kW左右；光转换效率低，只有1%～3%，多用于有色金属或小面积零件的改性。

② CO_2 气体激光器 工作物质主要是 CO_2 气体，还掺有 N_2 和He。其激光波长为10.6μm，为中红外光，一般为连续输出。CO_2 激光器输出功率大，100kW的已研制成功，一般金属表面强化大多采用2～5kW的 CO_2 激光器；CO_2 激光器的光电转换效率高达33%，并易于控制和实现自动化。工业用的 CO_2 气体激光器分轴流型和横流型两种。轴流型 CO_2 激光器中的放电方向、气体流动方向及激光光流均为平行设置，其稳定性较好，但功率较小；横流型 CO_2 激光器中上述三者方向互相垂直，设备体积较小，功率较大。

(3) 激光束加热金属的过程 当激光束照射到金属表面时，其能量分解为两部分：一部分被金属反射，一部分进入金属表层并被吸收。金属表层与入射激光进行光-热交换的过程，是通过固体金属对激光光子的吸收来实现的。当一定强度的激光照射金属表面时，入射到金属晶体中的激光光子与金属的自由电子发生非弹性碰撞，吸收了光子能量的电子跃迁到高能级状态，并将吸收的能量转化为晶格的热振荡，使金属表层温度迅速上升。由于光子穿透金属的能力极低，对于多数金属来说，直接吸收光子的深度都小于0.1μm，所以激光对金属的加热可看作是一种表面热源，在表面0.01～0.1μm厚的薄层内光能变为热能，此后热能按一般的热传导规律向金属深处传递。

(4) 金属对激光的吸收率 金属对激光的吸收率与激光波长、材料性质和表面粗糙度等有关。一般规律是，激光的波长越长，吸收率越低。大部分金属对波长10.6μm的 CO_2 激光吸收率很低，反射率高达90%以上。部分金属对波长为10.6μm的 CO_2 激光的反射率如表9-1所示。

表 9-1　部分金属对 CO_2 激光的反射率

金属	Au	Ag	Cu	Fe	Mo	Ni	Al	W	钢(含碳量1%)
反射率/%	97.7	99.0	98.4	93.4	94.5	97.0	96.9	95.5	92.8～96.0

为了提高吸收率，充分利用激光能量，激光加热前必须对工件表面进行金属黑化处理。黑化处理常用的方法有磷化法、涂炭法和胶体石墨法。其中磷酸盐磷化法最好，3～5μm 厚的磷化膜对激光的吸收率可达 80%～90%，并且具有较好的防锈性，处理后不用清除即可用来装配。

9.1.2　激光表面改性技术的特点

激光表面改性技术的种类很多，主要有激光表面淬火、激光合金化、激光熔覆、激光非晶化、激光熔凝、激光冲击硬化等。尽管具体方法应用场合不同，但它们都具有以下特点。

① 激光功率密度高且能量集中，加热速度快，适于选择性局部表面处理；对工件整体热影响小，因此热变形小，这对细长杆件、薄片等十分有利。

② 激光工艺操作灵活，柔性大。激光功率、光斑、扫描速度随时可调，可实现自动化生产；多数激光技术可在大气中进行，无污染、无辐射、低噪声。

③ 改性层有足够厚度，适于工程要求。通常改性层可达 0.10～1.0mm 厚，熔覆处理等的层厚更高。而气相沉积和离子注入的层厚仅为几十纳米至几十微米，应用受到限制。

④ 结合状态良好。改性层内部、改性层和基体之间呈致密的冶金结合，不易剥落。

9.1.3　激光表面改性技术

(1) 激光表面淬火

① 激光表面淬火原理　激光表面淬火（Laser Surface Quenching）又称激光相变硬化，是最先用于金属材料表面强化的激光处理技术。对于钢铁材料而言，激光表面淬火是以 10^4～10^5 W/cm^2 高功率密度的激光束快速扫描工件，以 10^5～10^6℃/s 的加热速度，使材料表面极薄一层的局部小区域的温度急剧上升到相变点以上，并转变成奥氏体，此时工件内部仍保持冷态。在停止加热后，内部金属能迅速传热使表层金属急剧冷却，从而达到自冷淬火而硬化的目的。由于激光表面淬火时的冷却速度高达 10^5℃/s，比常规淬火速度要高约 10^3 倍，所以可以获得极细的马氏体组织。

② 激光表面淬火的特点　激光淬火的优点是：具有极高的加热和冷却速度，获得的淬火层硬度比常规淬火提高 15%～20%，耐磨性提高 1～10 倍。靠自冷却淬火，不需要淬火介质，对环境和工件都无污染。强化后的零件表面光滑且变形小，所以对于某些要求内韧外硬、变形小的机件是很适用的。

③ 激光表面淬火应用　激光表面淬火的零件材料一般以中碳钢、刀具钢、模具钢和铸铁为主，还可以对时效铝合金和奥氏体不锈钢进行固溶处理。自 1978 年美国通用汽车公司首先将激光表面淬火应用于汽车零件的表面处理以来，该强化技术已经基本成熟并成功地应用于工业生产。目前，激光表面淬火大量用于汽车、拖拉机、机车的发动机缸体和缸套内壁处理，以提高其耐磨性和使用寿命，此外，还可用于曲轴、齿轮、模具、刀具、活塞环等表面硬化处理。表 9-2 列出了激光表面淬火的部分应用实例。

表 9-2　零部件激光表面淬火应用效果

工件名称	材料	应用效果
汽车发动机缸体	HT200 铸铁	硬度达 63.5～65 HRC，耐磨性提高 2～2.5 倍
汽缸套齿轮	CrNiMoCu 灰铸铁 30CrMnTi	耐磨性提高 0.5 倍，抗咬合性提高 0.3 倍，变形小，不需研磨，接触疲劳极限达 1323MPa，高于调质态（1024MPa）
动力转向装置外壳	可锻铸铁	激光淬火硬化层深 0.35mm，宽 1.5～2.5mm，寿命比未经激光淬火的提高 3～10 倍
纺织机锭杆	GCR15	与常规淬火件相比，其耐磨性提高 10 倍
曲轴	45 钢	表层组织细化，强度、疲劳寿命显著提高
轧辊	3Cr2W8V	表面硬度 55～63HRC，压应力 50MPa，使用寿命提高 1 倍
刀具	W18Cr4V	提高高温硬度和红硬性，处理刀具变形小，提高使用寿命
工模具	3CrW8V	处理后获得了大量细小弥散的碳化物，均匀分布于隐晶马氏体上，可提高耐磨性和临界断裂韧性
模具（落料冲模）	T10A	冲模刀刃硬度达 1200～1350HV，首次重磨寿命由 0.45 万～0.5 万次增加到 1.0 万～1.4 万次

（2）激光表面合金化

① 激光表面合金化原理　激光表面合金化（Laser Surface Alloying）是利用激光束来改变工件表面的化学组成以提高其表面的耐磨、防腐等性能，即把合金元素、陶瓷等粉末以一定方式添加到基体金属表面上，通过激光加热使其与基体表面共熔而混合，在 0.1～10s 内形成厚 0.01～2mm 的表面合金层的技术。这种快速熔化的非平衡过程可使合金元素在凝固后的组织达到很高的过饱和度，从而形成普通合金化方法不易得到的化合物、介稳相和新相，在合金元素消耗量很低的情况下获得具有特殊性能的表面合金。

向工件表面加入合金粉末的方法有预置涂层法和同步送粉法，如图 9-2 所示。预置涂层法指采用粉末涂刷、热喷涂、电镀、气相沉积、粘接等方法把合金化材料预先涂覆在工件表面，然后用激光加热，我国目前的研究中大都采用此法；同步送粉法是在激光照射的同时送入粉末，需要精度较高的送粉设备。

② 激光表面合金化特点　激光表面合金化的最大特点是：只在熔化区及很小的影响区内发生了成分、组织及性能的变化，对基体的热效应可减至最低限度，引起的变形也极小；既可满足表面的使用要求，同时又不损害结构的整体特性。由于合金元素是完全溶解于表层内，故所获得的薄层成分是很均匀的，对开裂及剥落等倾向也不敏感。此外，由于激光冷却速度高，故元素偏析极小，并且细化晶粒的效果显著。

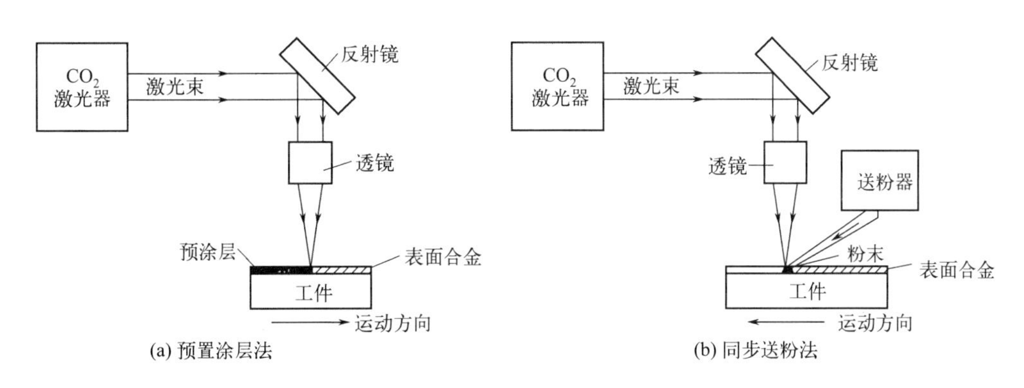

图 9-2　激光表面合金化示意图

③ 激光表面合金化的应用 激光表面合金化已在多个工业领域中获得应用。适合于激光合金化的基材有普通碳钢、合金钢、不锈钢、铸铁、钛合金、铝合金；合金化元素包括Cr、Ni、W、Ti、Mn、B、V、Co、Mo等。

采用激光合金化可使廉价的普通材料表面获得优异的耐磨、耐腐蚀、耐热等性能，以取代昂贵的整体合金。例如，采用镍基合金粉末对发动机铝合金活塞环槽表面进行激光合金化处理，可获得无气孔和裂纹、组织细小均匀的合金层，其表面硬度达到650HV，是铝合金基体的5～6倍，提高了活塞环的使用寿命。在45钢表面进行TiC-Al_2O_3-B_4C-Al复合激光合金化，其耐磨性为CrWMn钢的10倍；用此工艺处理的磨床托板比原用的CrWMn钢制的托板寿命提高了3～4倍。

(3) 激光表面熔覆

① 激光表面熔覆原理 激光表面熔覆（Laser Surface Cladding）过程与普通喷焊或堆焊类似，即在金属基体表面上添加一层金属、合金或陶瓷粉末，在激光加热时，控制能量输入参数，使添加层熔化并使基体表面层微熔，从而得到一外加的熔覆层。显然该法与表面合金化的不同在于：基体微熔而添加层全熔，并要求基体对熔覆层的稀释率为最小。这样一来避免了熔化基体对熔覆层的稀释，使熔覆层保持原有的特性和功能。

② 激光表面熔覆特点 主要优点是：添加层和基体可以形成冶金结合，极大地提高了熔覆层与基体的结合强度。由于加热速度很快，熔覆层的稀释率很低，仅为5%～8%。熔覆层晶粒细小、结构致密，因而硬度一般较高，耐磨、耐蚀等性能更为优异。激光熔覆热影响区小，工件变形小，成品率高。熔覆过程易实现自动化生产，覆层质量稳定。

③ 激光熔覆的应用 激光熔覆适合的基体材料可为碳钢、铸铁、不锈钢、Cu和Al等，涂层材料可以是Co、Ni和Fe基合金，碳化物和氧化铝陶瓷等。送粉方法与激光合金化类似，可采用预置合金粉末法和同步送粉法。

自20世纪70年代以来，激光熔覆技术已在工业中得到越来越广泛的应用。如发动机排气密封面和发动机缸盖锥面采用激光熔覆Co基合金，航空发动机涡轮叶片表面采用激光熔覆耐热涂层，汽轮机末级叶片表面熔覆耐蚀合金等都取得了很好的效果。另外，我国将激光熔覆技术应用于轧钢辊表面强化处理，也取得了显著的经济效益。

(4) 激光表面非晶化

① 激光表面非晶化原理 激光表面非晶化又称激光上釉（Laser Glazing），是获得非晶态合金的一个重要手段。它的原理是基于被激光加热的金属表面熔化后，以大于一临界冷却速度急冷，来抑制晶体的成核和生长，从而在金属表面获得非晶态结构。与急冷法制取的非晶态合金相比，激光法制取非晶态合金的优点是：冷却速度高，达到10^{12}～10^{13}K/s，而急冷法的冷却速度只能达到10^6～10^7K/s；激光非晶态处理还可减少表层成分偏析，消除表层的缺陷和可能存在的裂纹。

② 激光表面非晶化工艺 激光非晶化可采用脉冲激光或连续激光。脉冲激光非晶化常用YAG激光器，这是因为YAG激光比CO_2激光波长小一个数量级，在相同条件下金属对YAG激光的吸收率高于CO_2激光，因此更容易形成非晶态。连续激光非晶化常用CO_2激光器，关键是功率的选择。若功率密度过小，不易形成非晶态的加热条件；功率密度过大，容易使基体气化。

非晶态工艺往往取决于被处理材料的特性。对容易形成非晶的金属材料，其工艺参数为：脉冲激光能量密度为1～10J/cm^2，脉冲宽度即激光作用时间为10^{-6}～10^{-10}s；连续激

光功率密度大于 $10^6 W/cm^2$，扫描速度为 1～10m/s。

③ 激光表面非晶化应用 激光非晶化的研究工作始于20世纪70年代中期，虽然目前不如激光淬火及熔覆或合金化工艺那样成熟，但试验证明，它可以在很多金属和合金表面成功获得非晶态。具体实例如表9-3所示。

表9-3 激光非晶化处理实例

材料	处理工艺参数	效果
纺纱机钢领（20钢）	YAG激光器，能量密度 $5J/cm^2$，脉宽 $10^{-6}s$	跑道表面硬度大于1000HV，纺纱断头率下降75%，使用寿命提高1.3倍
纯金属铝	红宝石激光器，能量密度 $3.5J/cm^2$，波长 $0.694\mu m$，脉宽15ns	获得150nm厚非晶层
莱氏体工具钢	连续 CO_2 激光器，功率3kW，光斑直径0.5mm，扫描速度200mm/s	获得 $40\mu m$ 厚非晶，硬度1700HV
Pd-Cu-Si合金	连续 CO_2 激光器，功率700～500W，扫描速度100～800mm/s，熔池直径0.2mm，搭接移动距离75～$100\mu m$	获得大面积的非晶层
Fe-Ni-P-B	连续 CO_2 激光器，功率7kW，光斑直径0.2mm，扫描速度5m/s	获得 $10\mu m$ 厚非晶层

(5) 激光熔凝 激光熔凝也称为激光熔化淬火。激光熔凝是用激光束将工件表面加热熔化至一定深度，然后自冷使熔层凝固，以改善表层组织，获得要求性能的工艺方法。在熔化、凝固过程中，可以排除表面薄层中的杂质和气体，同时急冷重结晶可以使原来粗大的晶粒、树枝晶和碳化物细化。例如，有些铸锭或铸件的粗大树枝状结晶中常含有氧化物和硫化物夹杂、金属化合物及气孔等缺陷，处于表面部位就会影响疲劳强度、耐腐蚀性和耐磨性。通过激光熔凝形成了高硬度的莱氏体并消除了表层的石墨，细化了显微组织。激光表面熔凝的原理与激光非晶化的原理基本相似，不同之处仅在于激光熔凝时的激光功率密度和扫描速度远小于激光非晶化。

激光表面熔凝的宽度和深度与工艺参数及冷却条件有关。图9-3为20钢在不同冷却条件下的激光表面熔凝处理截面形貌。当扫描速度均为0.6m/s时，空冷情况下获得的表面层宽度为8mm，如图9-3(a)；液氮冷却获得的表面层宽度为6mm，如图9-3(b)。激光处理后分为激光区和过渡区。激光区呈锥三角形，激光处理区的最大深度达到3mm。激光熔凝处理可获得很多非平衡组织，包括过饱和固溶体、新的非平衡相和非晶相，产生类似焊接凝固过程的柱状晶组织。

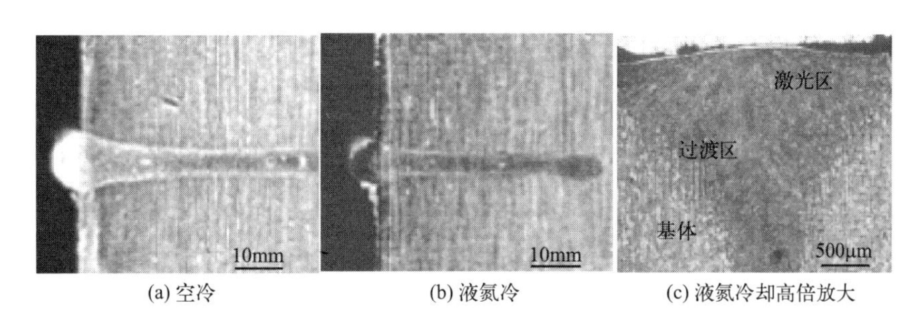

(a) 空冷　(b) 液氮冷　(c) 液氮冷却高倍放大

图9-3 不同条件下激光熔凝处理的截面形貌

激光熔化区存在大量的残余奥氏体，并有大量细薄片状碳化物相析出，最终形成了含有马氏体、碳化物、残余奥氏体的组织，见图 9-4(a)。在激光区和基体之间存在过一个渡区，过渡区的组织不均匀，靠近基体部位可见铁素体和珠光体组织；越靠近激光熔凝区，组织越致密，存在着大量的针状马氏体与黑色碳化物，见图 9-4(b)。

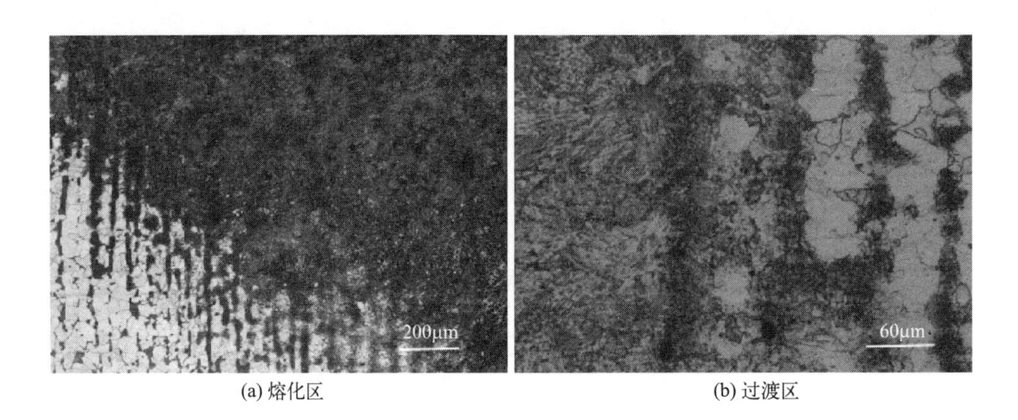

(a) 熔化区　　(b) 过渡区

图 9-4　激光熔化区及过渡区金相组织

(6) 激光冲击硬化　激光冲击硬化（Laser Shock Hardening）是利用高功率密度（10^8～10^{11} W/cm^2）的脉冲激光辐照金属表面，在极短的时间内（10^{-3}～10^{-9}s）使材料表面薄层迅速气化，在表面原子逸出期间形成动量脉冲，产生压力高达 10^4Pa 的冲击波，从而令金属产生强烈的塑性变形，使激光冲击区的显微组织呈现位错的缠结网络，其结构类似于经爆炸冲击及快速平面冲击的材料结构。这种结构能明显提高材料表面硬度、屈服强度及疲劳寿命。

激光冲击硬化广泛应用于各种金属部件的表面强化，特别是在焊缝热影响区的强化方面效果显著；还可以阻止或延缓材料内部裂纹的产生及扩展。例如，奥氏体不锈钢和非热处理强化铝合金等金属不能用热处理方法进行强化，但采用激光冲击硬化来强化，未产生可见的变形。又如，采用 Q 开关钕玻璃激光器对 7075 铝合金进行激光冲击硬化，产生了类似加工硬化的具有紊乱位错亚结构的显微组织，其疲劳寿命大大延长。这一方法还用来强化制造集成电路的离子注入硅片表面。

激光冲击硬化已经在航空航天、汽车制造、能源设备等多个领域得到应用。例如，在航空航天领域，激光冲击硬化被用于提高飞机发动机叶片的耐久性和疲劳强度；在汽车制造中，该技术用于提高关键零部件的耐磨性和抗疲劳性能。

9.2 电子束表面改性

电子束表面改性技术（Electron Beam Surface Modification）是在 20 世纪 70 年代迅速发展起来的一种技术。在表面改性的应用中，电子束与激光束一样都属于高能量密度的热源，所不同的是射束的性质，激光束由光子所组成，而电子束则由高能电子流组成。

9.2.1 电子束表面改性原理

电子束表面改性技术是利用空间高速定向运动的电子束，在撞击工件后将部分动能转化为热能，对工件进行表面处理的技术。

电子束是从电子枪中产生的。将产生电子束并使之加速、汇聚的装置称为电子枪，其结构如图9-5所示。在电子枪中，灯丝为阴极，通电加热后，阴极灯丝产生大量的热电子；在阴极和阳极之间的加速电压作用下，热电子被加速到0.3～0.7倍的光速，具有很高的动能；再经过聚焦线圈的聚焦，使电子束流的能量更加集中，其功率密度高达$10^9W/cm^2$。为了调整电子束射向工件的角度和方向，需要通过偏转线圈使电子束发生偏转。电子枪的工作电压通常在几十到几百千伏之间，为防止高压击穿、束流散射及能量减损，电子枪的真空度须保持在$6.67\times10^{-2}Pa$以上。

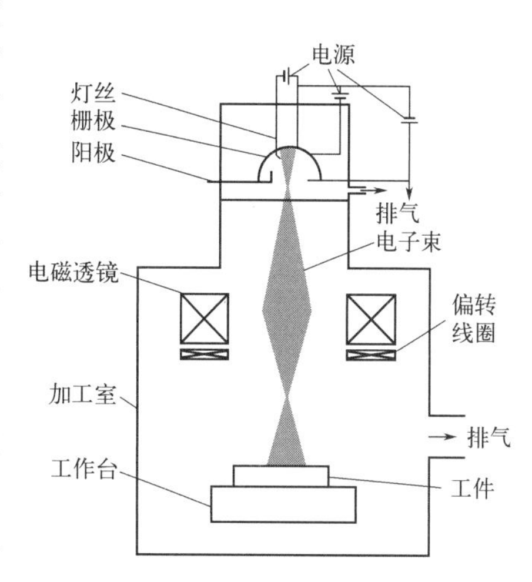

图9-5 电子束的产生及原理示意图

当电子枪发射出的高速电子轰击金属表面时，电子能深入金属表面一定深度，与基体金属的原子核及电子发生相互作用。电子与原子核的碰撞可看作弹性碰撞，所以能量传递主要是通过电子与金属表层电子的非弹性碰撞而完成的。所传递的能量立即以热能形式传给金属表层电子，从而使金属被轰击区域在几分之一微秒内升高到几千摄氏度，在如此短的时间内热量来不及扩散，就可使局部材料瞬时熔化和气化。当电子束远离加热区时，所吸收的热量由于加热材料的热传导而快速向冷态基体扩散，冷却速度也可达到10^6～10^8℃/s。因此电子束表面改性与激光束表面改性一样，具有快速加热和快速冷却的特点。两者不同之处是电子束加热时，其入射电子束的动能大约有75%可以直接转化为热能。而激光束加热时，其入射光子束的能量大约仅有1%～8%可被金属表面直接吸收而转化为热能，其余部分基本上被完全反射掉了。而且电子束比激光更容易被固体金属吸收，电子束功率可比激光大一个数量级。目前，电子束加速电压可达125kV，输出功率达150kW，这是激光器无法比拟的，因此电子束加热的深度和尺寸比激光大。

9.2.2 电子束表面改性方法及应用

电子束表面改性方法与激光束表面改性类似，大致可分为电子束表面淬火、电子束表面非晶化、电子束熔覆、电子束表面合金化等，只是所用的热源不同而已，这里不再赘述。

电子束表面改性处理可以提高材料的耐磨、耐蚀性和高温使用等性能，得到了一定范围的应用，但激光表面改性技术的兴起，迅速地占领了电子束表面改性原来所占据的大部分市场。目前，电子束表面改性技术主要应用于汽车制造业和航空工业。现已应用的实例如表9-4所示。

表9-4 电子束表面改性的应用实例

工件材料	处理工艺	处理效果
STE5060结构钢（汽车离合器凸轮）	功率4kW，6工位电子束，每次处理3个，耗时42s	硬化层深度1.5mm，硬化层硬度为58HRC
模具钢和碳钢	先涂B粉、WC粉、TiC粉，再进行电子束熔覆和合金化处理	表层形成Fe-B和Fe-WC合金层，表层硬度分别为1266～1890HV和1100HV
铸铁和高、中碳钢	功率2kW，冷却速度大于2200℃/s	硬化层深度为0.6mm，表层为细粒状包围的变形马氏体组织
镍金属	能量输入10^{-2}～$1J/cm^2$，熔化层厚度$2.5\times10^{-2}mm$，冷却速度5×10^6℃/s	表层形成非晶结构
碳钢（薄形三爪弹簧片）	能量1.75kW，扫描频率50Hz，加热时间0.5s	薄形三爪弹簧片表层硬度为800HV

9.3 离子注入表面改性

离子注入（Ion Implantation）是将所需的金属或非金属元素的离子（如 N^+、C^+、Ti^+、Cr^+ 等）在电场中加速，获得一定能量后注入到固体材料表面薄层中，以改变材料表面物理、化学或力学性能的一种技术。

离子注入是在核物理、加速器技术和材料科学基础上发展起来的交叉学科。早在20世纪30年代，人们把离子注入作为辐照手段，用以模拟核反应堆材料的辐照损伤的研究。20世纪50年代，开始研究用离子束作为掺杂手段来改变固体表面性质。20世纪60年代，离子注入成功地应用于半导体材料的精细掺杂，并取代了传统的热扩散工艺，推动了集成电路的迅速发展，引发了微电子、计算机和自动化领域的革命。20世纪70年代初，人们开始用离子注入法对金属表面进行强化，使离子注入成为最活跃的研究方向之一。目前，离子注入技术的应用已经进入了相对成熟的阶段，不仅在半导体制造中有广泛应用，还拓展到了航空航天、生物医学、新材料开发等领域。此外，离子注入又与各种沉积技术、扩渗技术结合形成复合表面处理新工艺，如离子辅助镀层（IAC）、离子束增强沉积（IBED）、等离子体浸没离子注入（PIII）、金属蒸发真空弧离子源（MEVVA）等为离子注入开拓了更广阔的空间。

9.3.1 离子注入的原理和特点

（1）离子注入的原理　图9-6是离子注入设备基本原理简图。其主要组成部分有离子源、质量分析器、加速系统、聚焦系统、扫描装置、靶室、真空及排气系统。

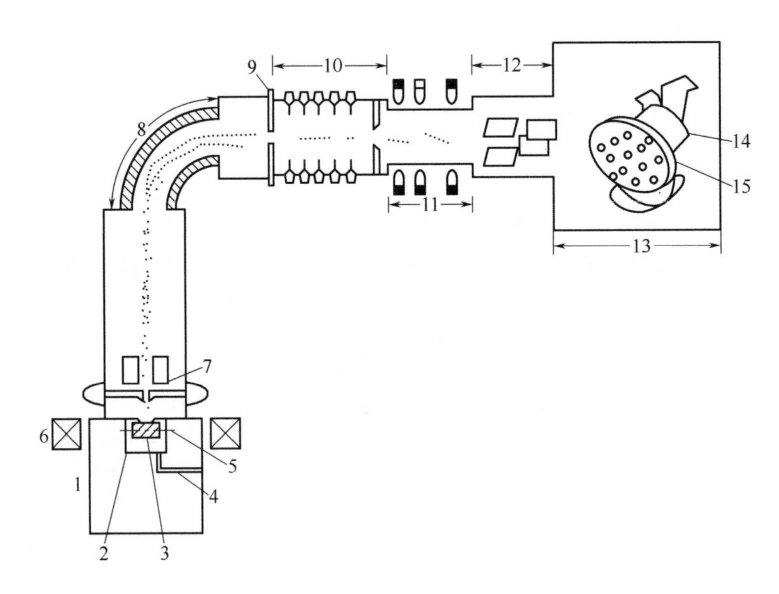

图9-6　离子注入设备原理图

1—离子源；2—放电室（阳极）；3—等离子体；4—工作物质；5—灯丝（阴极）；6—磁铁；7—引出离子预加速；8—质量分析检测磁铁；9—质量分析缝；10—离子加速管；11—磁四极聚焦透镜；12—静电扫描；13—靶室；14—密封转动电机；15—滚珠夹具

离子注入首先要产生离子。将适当的气体或固体工作物质的蒸气通入离子源，使其电离形成正离子。采用几万伏电压将离子源发出的正离子引出，进入质量分析仪，分离出所需要的离子。分离出来的离子经几万至几十万伏电压的加速获得很高的动能，经聚焦透镜使离子束聚于要轰击的靶面上，再经扫描系统扫描轰击工件表面。

高能离子束射入工件表面后，会与工件中的原子和电子发生一系列碰撞作用，产生能量交换，其中入射离子与原子核的弹性碰撞起主要作用。当碰撞所传递给晶格原子的能量大于晶格原子的结合能时，将使原子发生离位，形成空位和间隙原子对。若离位原子获得的能量足够大，它又会撞击其他晶格原子，一系列的级联碰撞过程，使靶材表层中产生大量的空位、间隙原子等晶格缺陷，造成辐照损伤。不同的入射离子在碰撞过程可以产生离子注入、辐照损伤、溅射和原子混合等物理效应，如图 9-7 所示。碰撞使高能离子的能量不断消耗，运动方向不断发生偏折，在走过一段曲折的路程之后，当离子能量几乎损耗殆尽（<20eV）时，就作为一种杂质在固体中的某个位置停留下来。

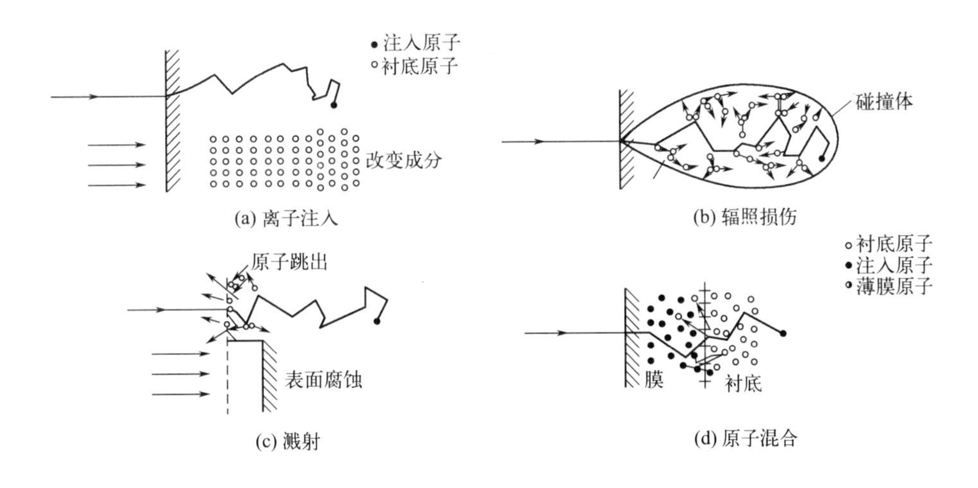

图 9-7　不同入射离子在注入过程中产生的物理效应

（2）注入元素的浓度分布　一个入射离子从固体表面到其停留点的路程称为射程，用 R 表示，即图 9-8 中所示的折线。射程在入射方向的投影长度称为投影射程，用 R_p 表示；射程在垂直于入射方向的平面内的透射长度，称为射程的横向分量，用 $R_\perp$ 表示。实际上关心的是其投影射程 R_p，它可以直接测量。

研究表明，离子注入元素的分布，根据不同的情况有高斯分布、埃奇沃思分布、皮尔逊分布和泊松分布。具有相同初始能量的离子在工件内的投影射程符合高斯函数分布，其分布曲线见图 9-9。注入元素的浓度 $N(x)$ 随深度 x 的分布可表示为：

$$N(x)=N_{max}e^{-\frac{x^2}{2}} \tag{9-1}$$

式中，N_{max} 为峰值浓度；$x=(X-R_p)/\Delta R_p$，R_p 为 N_{max} 的投影射程统计平均值；ΔR_p 为标准偏差，表征入射离子的投影射程的分散特性。R_p 和 ΔR_p 决定了高斯曲线的位置和形状。高斯分布曲线是围绕 R_p 对称分布的，在平均投影射程 R_p 两侧，注入元素对称地减少。$X-R_p$ 越大，下降得越多。

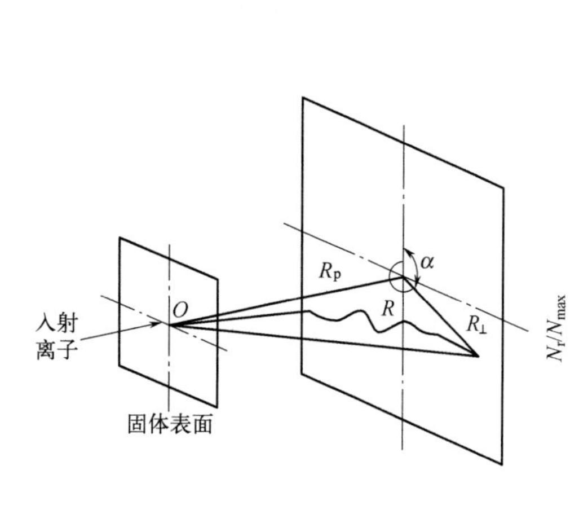

图 9-8　离子在固体中的射程

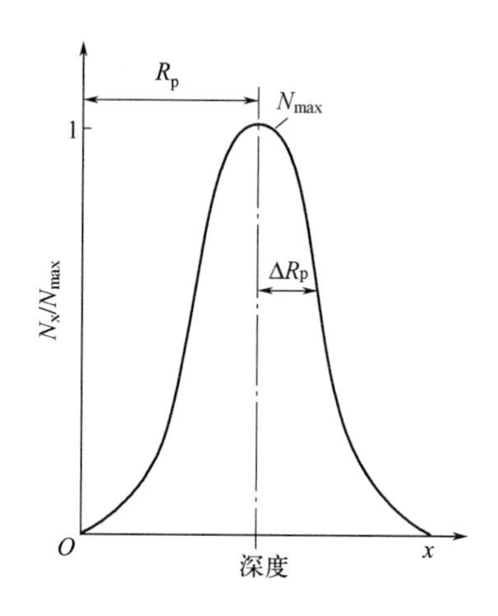

图 9-9　注入元素沿深度分布

平均投影射程的最大峰值浓度 N_{max} 与入射离子的注入剂量 D 成正比，可由式(9-2)求解：

$$N_{max}=\frac{D}{\Delta R_p\sqrt{2\pi}}\approx 0.4\frac{D}{\Delta R_p} \tag{9-2}$$

注入元素沿深度的高斯分布，只在注入剂量较低时比较相符。表面强化所用的注入剂量较高，一般为 10^{17} 离子/cm^2 数量级，比半导体注入的常用剂量约高出两个数量级。高注入剂量会使浓度分布变为不对称，随着注入剂量的增高，浓度的峰值移向表面。

离子注入层的深度一般为 0.01～1μm。离子能量越高，离子注入深度越深。离子注入的能量一般常为 20～400keV。

(3) 离子注入改性机理　离子注入对于金属表面改性的基本机理包括：辐照损伤强化、固溶强化、掺杂强化、喷丸强化等。

① 辐照损伤强化　高能量的离子注入工件表面后，所产生的辐照损伤增加了各种缺陷的密度，改变了正常晶格原子的排列，可使金属表面的原子结构从长程有序变为短程有序，甚至形成非晶态，从而使性能发生大幅度改变。所产生的大量空位在注入热效应的作用下会集结在位错周围，对位错产生钉扎作用而使该区强化。

② 固溶强化　离子注入可以获得过饱和度很大的固溶体。随着注入剂量的增大，过饱和程度也增大，其固溶强化效果也变明显。

③ 掺杂强化　N、B、C 等元素被注入金属后，使基体的过饱和程度增加；达到某一限度后，会与金属形成 γ'-Fe_4N、ε-Fe_3N、CrN、TiN、TiC、Be_2B 等化合物，并呈星点状嵌于基体中构成硬质合金的弥散相，使基体强化。

④ 喷丸强化　高速离子轰击基体表面，也有类似于喷丸强化的冷加工硬化作用。离子注入处理能把 20%～50%的材料加入至近表面区，使表面成为压缩状态。这种压缩应力能填实表面裂纹，阻碍微粒从表面剥落，从而提高抗磨损能力。

⑤ 增强氧化膜　离子注入产生的撞击提高了被注表面的温度，离子束的辐照促进了原子的扩散，使金属表面在空气中形成的氧化膜增厚和改性，从而减小摩擦系数，提高润滑性。通过改变注入离子的种类可改变氧化膜的性质，如氧化膜的致密性、塑性和导电性等。

例如，经离子注入的钢件表面会形成一层较厚的 Fe_3O_4 膜，该氧化膜致密，与钢表面有很强的结合力，不仅是优良的抗腐蚀保护膜，还可显著降低摩擦系数。

(4) 离子注入特点　离子注入技术与其他表面改性技术相比，具有一些显著的特点。

① 注入离子浓度不受平衡相图的限制，可获得过饱和固溶体、化合物和非晶态等非平衡结构的特殊物质。原则上，周期表上的任何元素均可注入任何基体材料。

② 通过控制电参数，可以自由支配注入离子的能量和剂量，能精确地控制注入元素的数量和深度。通过扫描机构不仅可实现大面积均匀化，而且在小范围内可进行材料表面改性。

③ 离子注入是一个无热过程，一般在常温真空中进行。加工后的工件表面无形变、无氧化，可保证尺寸精度和表面粗糙度，特别适于高精密部件的表面强化。

④ 离子注入的直进性（横向扩散小）特别适合集成电路微细加工的技术要求。

⑤ 离子注入层相对于基体材料无明显的界面，可获得两层或两层以上性能不同的复合材料，不存在注入层（或膜层）脱落问题。

离子注入技术的缺点是设备昂贵，成本较高，故目前主要用于重要的精密关键部件。另外，离子注入层较薄，如十万电子伏的 N^+ 注入 GCq5 钢中的平均深度仅为 0.1μm；离子注入一般直线进行，绕射性差，不能用来处理具有复杂凹腔表面的零件。

9.3.2　离子注入机简介

离子注入机按能量大小分为：低能注入机（5～50keV）、中能注入机（50～200keV）、高能注入机（300～5000keV）；按类型可分为：质量分析注入机、不带分析器的气体注入机、等离子体浸没离子注入机。

(1) 质量分析注入机　是将经质量分析器分选出来的细离子束以扫描方式射向基体。这种注入机能产生各种元素的纯离子束，其结构复杂、价格昂贵，结构与图 9-6 类似。

(2) 不带分析器的气体注入机　它只包括一个产生离子的离子源和一个带有抽真空系统的靶室。其结构简单，机型可以做得很大，只能产生氮气为主的气体离子束流，工业上主要用于对工具、刀具、模具等的注入。

(3) 等离子体浸没离子注入机　等离子体浸没离子注入（Plasma Immersion Ion Implantation，PIII）又称全方位离子注入，是在 20 世纪 80 年代后期发展起来的，其工作原理如图 9-10。设备由真空室、进气系统、等离子体源、真空泵系统、电绝缘工件台和脉冲高压电源组成。工作时，它将单一或批量工件置于真空室内，当真空度达到 10^{-4} Pa 左右时，将气态注入元素通入真空室内，采用热阴极灯丝放电（或射频、微波放电）将其电离成等离子体，使被处理工件完全浸没在等离子体中。此时以工件为阴极，以真空室壁为阳极，施加负高电压脉冲（一般为－100kV）。在脉动的强电场下，质量小的电子将迅速冲向真空室壁，在工件周围形成一层较厚的正离子的鞘层；正离子在鞘层与工件之间的强电场下获得巨大的能量，高速全方位地垂直射入工件表面层内。

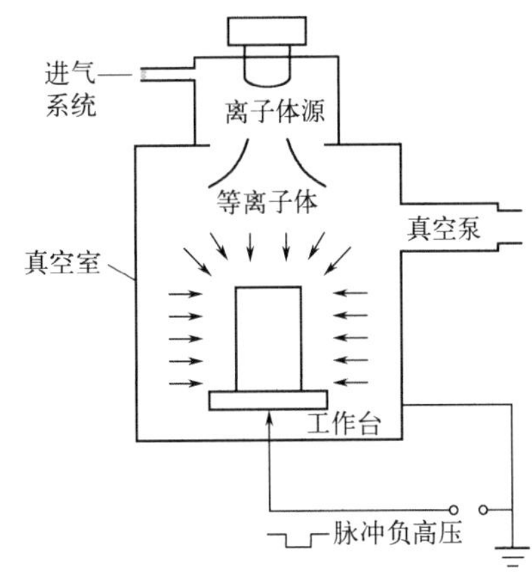

图 9-10　全方位离子注入机原理

全方位离子注入技术克服了传统离子注入直射性的限制，解决了离子注入在复杂形状工件上的应用问题，而且可以进行批量生产，具有生产成本低、效率高、操作控制安全方便等诸多优点，在零件表面强化处理领域具有广泛的应用前景。但 PIII 仍存在一些问题有待解决，例如工件尖角的尖端放电，电流和电场分布的均匀性，离子注入剂量的准确测量等。

离子注入机是半导体制造中的关键设备之一，主要用于在半导体材料中掺杂离子，以改变其电学性质。这一过程对于制造高性能的半导体器件至关重要。近年来，我国在离子注入机的研发方面取得了显著进展，特别是在低能大束流离子注入机领域，例如，上海凯世通半导体有限公司已经成功研发出国内首台低能大束流离子注入机并顺利交付给国内重点晶圆厂产线。中国电子科技集团有限公司自主研制的高能离子注入机，成功实现百万电子伏特的高能离子加速，打破了国外对该项技术长达几十年的封锁。在技术方面，我国已经突破了氢离子注入核心技术，实现了100%的自主技术和装备国产化。该技术对于提升晶体管的性能、增强其耐压能力具有重要意义，在电动或混合动力汽车、可再生能源系统、工业电机控制等多个领域得到应用。例如，国家原子能机构核技术研发中心在江苏无锡建成了国内首条功率芯片高能氢离子注入生产线并投运，成功交付了首批高能氢离子注入芯片产品，产品的各项性能指标均达到国际先进水平，打通了我国功率芯片产业链的关键一环。

9.3.3　离子注入的应用

离子注入表面改性适用的材料非常广泛，不仅包括半导体、金属，还可以是陶瓷、玻璃、聚合物、复合材料甚至是生物体。离子注入的应用主要集中在两方面：一是用于半导体的掺杂，是微电子行业的重要制造技术；二是对金属材料进行表面改性。离子注入表面改性的部分应用实例见表 9-5。

表 9-5　离子注入表面改性的应用举例

改性材料类型	改性内容	基体材料	离子注入种类
半导体	硅电路与器件	Si	As^+、P^+、B^+、BF_2^+
	抗辐射半导体器件 SOI	Si	O^+、N^+
	激光器质子隔离红外探测器	GaAs	H^+
		HgCdTe	Hg^+
		InSb	H^+
金属	耐磨性	钢、Ti、Co-Cr 合金、铬电镀层	$N^+ + C^+$
		钢	C^+、Cr^+、N^+
	耐蚀性	合金钢	Cr^+、Ta^+、Y^+
		Al 合金	Mo^+
	抗氧化	高温合金	Y^+、Ce^+、Al^+
	抗疲劳	钢、钛合金	N^+、C^+
陶瓷	提高断裂韧性	Al_2O_3	N^+
	自润滑表面	ZrO_2	Co^+、Ni^+、Ti^+
	电光晶体	$LiNbO_3$	He^+
聚合物	提高硬度	PE、PC	Si^+、Cr^+、B^+、Ti^+
	导电性	PMMA、PE	N^+
	光学性	PET	Cu^+、N^+

注：SOI 表示绝缘体硅；PE 表示聚乙烯；PC 表示聚碳酸酯；PET 表示聚对苯二甲酸乙二酯；PMMA 表示聚甲基丙烯酸甲酯。

（1）离子注入在微电子工业中的应用　离子注入在微电子工业中，是应用最早、最为成功的先进技术，主要集中在集成电路和微电子加工上。所谓集成电路（Integrated Circuit，IC）

就是采用一定的工艺，把若干个二极管、三极管、电阻和电容等元器件及布线互连在一起，集成到一块半导体单晶（例如 Si 或 GaAs）或陶瓷等基片上，使之成为一个整体并完成某一特定功能的电路元件。关于集成电路的制作过程详见 12.2 节。

微电子工业发展的标志在于集成电路生产的集成度、线宽、晶片直径、生产力等。离子注入可实现对硅半导体的精细掺杂和定量掺杂，从而改变硅半导体的载流子浓度和导电类型，已成为现代大规模、超大规模集成电路制作过程中的一种重要掺杂技术。如前所述，离子注入层是极薄的，同时，离子束的直进性保证了注入离子几乎是垂直地向内掺杂，横向扩散极其微小，这样就使电路的线条更加纤细，线条间距进一步缩短，从而大大地提高了芯片的集成度和存储能力。此外，离子注入技术的高精度和高均匀性，可以大幅度提高集成电路的成品率。

在集成电路中，常用的注入离子为 B^{+}、As^{+}、P^{+} 和 BF_2^{+}，注入剂量为 10^{11}～$10^{16}/cm^2$，所使用的束流强度为 10nA～100mA，离子注入能量为 40keV～1MeV。离子注入三极管是最简单的应用例子，其结构如图 9-11 所示，这里涉及离子注入形成 N^{+} 埋层、基区注入 B^{+}、发射极注入 As^{+} 或 P^{+}、集电极注入 P^{+} 等诸多离子。随着工艺和理论的日益完善，离子注入技术已经成为现代微电子技术的基础工艺。目前在制造半导体器件和集成电路的生产线上，已经广泛地配备了离子注入机。

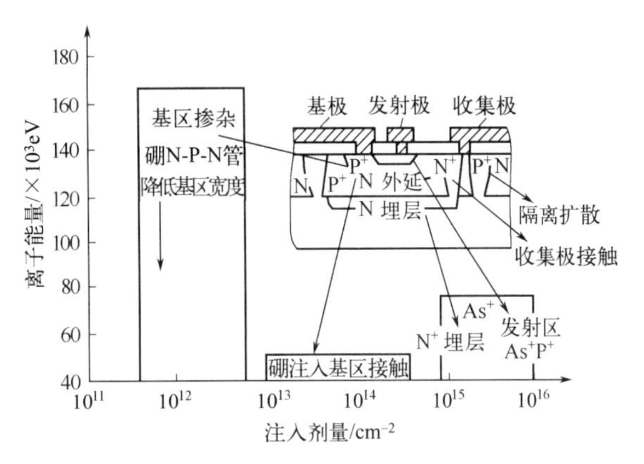

图 9-11　离子注入三极管结构示意图

(2) 离子注入在金属材料表面改性中的应用　离子注入改性应用最多的金属材料是钢铁和钛合金，所注入的离子主要有 N^{+}、C^{+}、Ti^{+}、Cr^{+}、Ta^{+}、Mo^{+}、B^{+}、Y^{+}、Ag^{+} 等。离子注入技术可显著地提高金属材料的表面硬度、耐磨性、耐蚀性、抗疲劳性和抗高温氧化性；同时还可以降低摩擦系数，改善摩擦性能。例如，向 GCr15 轴承钢表面注入 N^{+} 和 Ti^{+} 后，其显微硬度达到 1100HV，耐磨性能提高 3～5 倍。注入 Ta^{+} 的齿轮性能明显优于普通齿轮，并在很多情况下大大减少咬合磨损。离子注入在工具、刀具、模具制造业的应用效果特别突出。我国已有一些离子注入的零件在工业上使用，效果良好，如拉丝模、轧辊、塑料注模、硅钢片冲模、钛合金人造关节、航空用精密轴承等。

(3) 离子注入在生物医学中的应用　离子注入在生物医学中，主要用于人造髋关节、人造膝盖等假体的表面改性。这些人工关节由金属部件和高密度的聚乙烯塑料臼杯构成。金属部件一般是用 Ti6Al4V 和 Co-Cr 合金制成。人工关节在使用期间，由于磨损所产生的金属粒子会嵌入塑料表面，可能使机体产生炎症。研究表明，在 Ti6Al4V 表面注入 N^{+}，可以形成 TiN，明显降低与塑料的摩擦系数，并使 Ti6Al4V 人工关节在血浆环境中的耐磨性提高 40 倍，生物性能也得到改善。在 Co-Cr 表面注入 N^{+} 也会产生类似的效果。

此外，在生物医学领域中应用广泛的高分子材料，由于与人体器官和血液具有良好的相容性，可作为人工血泵膜和人造心脏瓣膜。但高分子材料的缺点是机械强度低、耐磨性差。目前，在硅橡胶和聚氨酯表面注入特定的离子，可以克服上述缺陷。

(4) 离子注入在诱变育种中的应用　离子注入诱变育种就是将低能离子注入到生物体的

种胚，改变其内部基因，实现生物诱变育种。这是我国中科院合肥分院等离子体物理所的科学家在1986年首创的一种新技术。采用离子注入可对种胚体细胞、微生物及植物进行品种改良，促使其产生自然条件下难以出现的变异，再从中选出所期望的优良变异，经过培育就可成为一种新品种。与X射线、电子束、激光诱变育种相比，离子注入诱变育种新技术具有生理损伤轻、突变频率高、突变范围广等优点，这为增加基因库和培养生物新品种提供了一种安全、高效、可控、经济的手段，并为人类所向往的探索基因位点诱变的可能性开辟了新途径。

参考文献

[1] 蔡珣，石玉龙，周建．现代薄膜材料与技术．上海：华东理工大学出版社，2007.

[2] 徐滨士，刘世参．表面工程．北京：化学工业出版社，2000.

[3] 赵文轸．材料表面工程导论．西安：西安交通大学出版社，1998.

[4] 戴达煌，周克崧，袁镇海．现代材料表面技术科学．北京：冶金工业出版社，2004.

[5] 曾晓雁，吴懿平．表面工程学．2版．北京：机械工业出版社，2016.

[6] 刘勇，田保红，刘素芹．先进材料表面处理和测试技术．北京：科学出版社，2008.

[7] 张通和，吴瑜光．离子束表面工程技术与应用．北京：机械工业出版社，2005.

[8] 黄守伦．实用化学热处理与表面强化新技术．北京：机械工业出版社，2002.

[9] 刘江龙，邹至荣，苏宝嫆．高能束热处理．北京：机械工业出版社，1997.

[10] 黄天佑，都东，方刚．材料加工工艺．北京：清华大学出版社，2004.

[11] 李国英．材料及其制品表面加工新技术．长沙：中南大学出版社，2003.

[12] 孙希泰．材料表面强化技术．北京：化学工业出版社，2005.

[13] 蔡珣．表面工程技术工艺方法400种．北京：机械工业出版社，2006.

[14] 李金桂，吴再思．防腐蚀表面工程技术．北京：化学工业出版社，2003.

[15] 王敏杰，宋满仓．模具制造技术．北京：电子工业出版社，2004.

[16] 谭昌瑶，王钧石．实用表面工程技术．北京：新时代出版社，1998.

[17] 周美玲，谢建新，朱宝泉．材料工程基础．北京：北京工业大学出版社，2001.

[18] Sudarshan T S. 表面改性技术工程师指南．范玉殿，等译．北京：清华大学出版社，1992.

[19] 陈辉，强颖怀，欧雪梅．离子注入技术在高分子材料表面改性中的应用．煤矿机械，2004（12）：93-94.

[20] 辛庆国，刘录祥，于元杰，等．离子注入技术及其在小麦育种中的应用．麦类作物学报，2007，27（2）：354-357.

[21] Chu P K，Chen J Y，Wang L P，et al. Plasma-surface modification of biomaterials. Materials Science and Engineering R，2002，36（5-6）：143-206.

[22] 熊伟，王学武．金属离子注入机表面处理技术．3版．北京：机械工业出版社，2021.

[23] 陈娇娇．工程材料．北京：北京航空航天大学出版社，2022.

[24] 屈敏，孙帅，刘帅秀，等．离子注入技术在纳米集成电路工艺中的关键应用．电子世界，2020（21）：187-188.

[25] 王宗申，臧彤，陈磊，等．飞秒激光冲击强化技术的研究现状及展望．材料保护，2023，56（10）：17-24.

[26] 徐倩，刘艳，丁涛．钛合金表面激光熔覆耐磨涂层材料的研究进展．热加工工艺，2023，52（14）：24-29.

[27] 曾壮基，刘海浪，陈健，等．电子束熔覆表面改性层金相组织的研究进展．热加工工艺．2023，52（24）：1-4.

[28] 王力，王海斗，底月兰，等．电子束辐照改善材料表面润湿性能的研究进展．材料导报，2023，37（23）：10-18.

[29] 焦沫涵，龙宏宇，梁啸宇，等．电子束粉末床熔融增材制造装备发展综述．精密成形工程，2023，15（11）：9-20.

[30] 孟令耀，商剑，张孟九，等．GCr15钢表面强化层耐磨性能研究进展．润滑与密封，2023，48（4）：183-191.

[31] 何远湘，龙会跃．材料改性型离子注入机设计及试验研究．装备制造技术，2023（3）：28-31.

[32] 王京成，侯平，王泽，等．研究激光对塑料模具钢表面的处理．模具工业．2024，50（1）：1-10.

[33] 马明亮，梁宇晨，赵静，等．激光熔覆提高耐蚀性表面改性技术的研究进展．热加工工艺，2024，53（3）：1-5.

第10章　热扩渗技术

采用加热扩散的方式使欲渗金属或非金属元素渗入金属工件的表面，形成表面合金层的工艺，叫作热扩渗技术，又称化学热处理技术。所形成的合金层叫作扩渗层。热扩渗技术最突出的特点是扩渗层与基体金属之间是冶金结合，结合强度很高，扩渗层不易脱落。这是电镀、化学镀，甚至物理气相沉积等其他方法无法比拟的。

目前，可进行热扩渗的合金元素包括C、N、B、Si、S、Zn、Al、Cr、V、Ti、Nb等，还可进行二元共渗与多元共渗。通过渗入不同的合金元素，可使工件表面获得具有不同组织和性能的扩渗层，从而大大提高工件的耐磨性、耐蚀性和抗高温氧化性，在机械和化工领域中的应用极其广泛。

10.1 热扩渗的基本原理及分类

10.1.1 热扩渗的基本原理

(1) 扩渗层形成的基本条件　由于扩渗层是渗入元素的原子与基体金属原子相互扩散而形成的表面合金层，因此，形成扩渗层需满足以下几个基本条件。

① 渗入元素必须能够与基体金属形成固溶体或金属间化合物。为满足这一要求，溶质原子与基体金属原子相对直径的大小、晶体结构的差异、电负性的强弱等因素必须符合一定条件。

② 渗入元素与基体金属之间必须直接接触，一般通过创造各种工艺条件来实现。

③ 被渗元素在基体金属中要有一定的渗入速度，以满足实际应用要求。因此，可将工件加热到足够高的温度，使溶质元素具有足够大的扩散系数和扩散速度。

④ 对于依赖化学反应提供活性原子的热扩渗工艺（大多数属此类工艺），该反应必须满足热力学条件。以采用金属氯化物气体作渗剂的热扩渗为例，在扩渗过程中可能生成活性原子的化学反应，不外乎有以下三类：

置换反应　$A+BCl_2(气) \longrightarrow ACl_2\uparrow+[B]$

还原反应　$BCl_2(气)+H_2 \longrightarrow 2HCl\uparrow+[B]$

分解反应　$BCl_2(气) \longrightarrow Cl_2\uparrow+[B]$

式中，A为基体金属，B为渗剂元素，设其化合价均为二价。

所谓满足热力学条件是指在一定的扩渗温度下，通过改变反应物浓度或者添加催化剂，或通过提高扩渗温度能够使上述产生活性原子［B］的反应向右进行。

对于渗碳、渗氮和碳氮共渗等间隙原子的热扩渗工艺而言，提供活性原子的化学反应主要是分解反应。而对于渗金属如渗铬、渗钛、渗钒等热扩渗工艺，则主要通过置换反应或还原反应或者两个反应同时发生来提供活性原子。

（2）扩渗层形成机理 无论何种热扩渗工艺，扩渗层的形成都包括介质分解、吸收和扩散三个阶段。

① 介质分解出活性原子 即从化学介质（渗剂）中分解出含有被渗元素的活性原子的过程。只有这种初生态的活性原子才能被金属吸收。例如渗碳就是从渗剂中的 CO 或 CH_4 等分解出活性原子［C］的过程：

$$2CO \rightleftharpoons CO_2 + [C]$$

$$CH_4 \rightleftharpoons 2H_2 + [C]$$

$$CO + H_2 \rightleftharpoons H_2O + [C]$$

反应产生的活性原子［C］就是钢渗碳时表面碳原子的来源。又如气体渗氮，通入氨气与钢件表面发生如下反应：$2NH_3 \rightleftharpoons 3H_2 + 2[N]$。这个活性原子［N］就是钢渗氮时表面氮原子的来源。

通常，为了增加化学介质的活性，加速反应过程，还需要添加适量的催渗剂。例如，固体渗碳时加入碳酸钠或碳酸钡，渗金属时常用氯化铵作为催渗剂。此外，采用稀土元素也具有很明显的催渗效果。

② 活性原子的吸收 即活性原子吸附在基体金属表面上，随后被基体金属吸收，形成最初的表面固溶体或金属间化合物。例如，渗碳和渗氮时，介质分解生成的［C］、［N］活性原子，首先被钢件表面所吸附，然后溶入基体金属铁的晶格中。由于碳、氮的原子半径较小，它们很容易溶入 γ-Fe 中形成间隙固溶体，碳也可与钢中的强碳化物元素直接形成碳化物；氮可溶于 α-Fe 中形成过饱和固溶体，然后再形成氮化物。

③ 活性原子的扩散 即活性原子在高温下向基体金属内部扩散，基体金属原子也同时向渗层中扩散，使扩渗层增厚，即扩渗层的成长过程。扩散的机理主要有三种：间隙式扩散机理、置换式扩散机理和空位式扩散机理。前一种方式在渗入原子半径小的非金属元素，如渗碳、渗氮、氮碳共渗时发生，后两种方式主要在渗金属时发生。

热扩渗层的形成受多种因素制约。一般情况下，在扩渗的初始阶段，活性原子的扩渗速度受到化学介质分解反应速度的控制；而当扩渗层达到一定厚度时，扩渗速度则主要取决于扩散过程的速度。影响化学反应速度的主要因素有反应物的浓度、反应温度和活化剂等。通常，增加反应物浓度，可以加快反应速度；升高温度将加速活性原子的产生速率；加入适当的活化剂，可使化学反应速度成倍提高。在扩散过程中，升高温度较延长时间对加快扩散速度更为有效。

10.1.2 热扩渗工艺的分类

热扩渗工艺的分类方法有多种。按渗入元素化学成分的特点，可分为非金属元素热扩渗、金属元素热扩渗、金属-非金属元素共扩渗和通过扩散减少或消除某些杂质的扩散退火，即均匀化退火。详细的渗入元素分类见表 10-1。

表 10-1　热扩渗技术按渗入元素成分分类

渗入非金属元素		渗入金属元素		渗入金属-非金属元素	扩散消除某元素
单元	多元	单元	多元		
C	N+C	Al	Al+Cr	Ti+C	H
N	N+S	Cr	Al+Ti	Ti+N	O
S	N+O	Zn	Al+Zn	Cr+C	C
B	N+C+S	Ti		Ti+B	杂质
O	N+C+B	V		Al+Si	
Si	N+C+O	Nb		Al+Cr+Si	

按渗剂在工作温度下的物质状态，热扩渗工艺可分为固体热扩渗、液体热扩渗、气体热扩渗、离子热扩渗和复合热扩渗，如图 10-1 所示。由于篇幅所限，这里仅介绍工业上最常用的热浸镀技术和气体渗碳、渗氮技术，所涉及的其他热扩渗技术请查阅相关资料。

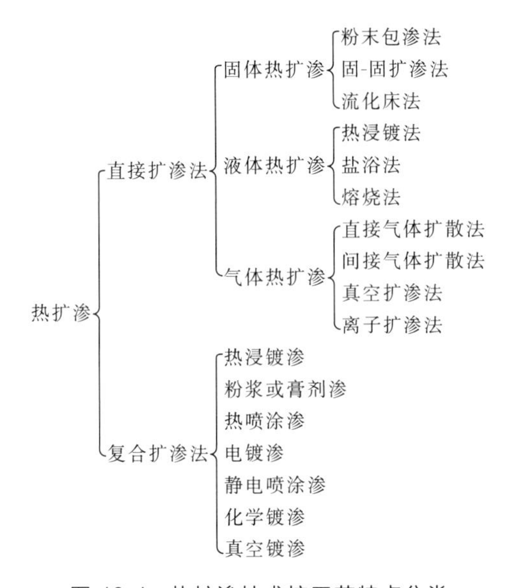

图 10-1　热扩渗技术按工艺特点分类

10.2　热浸镀

热浸镀（Hot Dip）简称热镀，是将工件浸入熔融的低熔点金属液中短时间停留，在工件表面发生一系列物理和化学反应，取出冷却后，熔融金属在零件表面形成金属镀层的表面处理技术。此法工艺简单，比电镀容易获得较厚（超过 1mm）的镀层，使用寿命长。被镀金属材料一般为钢、铸铁及不锈钢等，镀层金属一般为低熔点的 Zn、Al、Sn、Pb 及其合金。热浸镀的主要目的是提高工件的耐蚀性、焊接性等，广泛应用于桥梁、交通、农业、电缆、电子等行业。

10.2.1　热浸镀原理

热浸镀时，被镀的基体材料与熔融金属在接触面上发生界面反应，是一个冶金过程，按相应的相图形成由不同相构成的合金层。所以，热浸镀层是由合金层和浸镀金属构成的复合镀层。

以钢铁的热浸镀铝过程为例，说明热浸镀的一般原理，如图10-2。在镀铝温度下，液态铝对钢表面发生浸润和漫流，而达到两种金属完全接触，发生了铁原子的溶解和铝原子的化学吸附，钢表面被铝所饱和。反应开始时，在相界面首先形成金属间化合物 $FeAl_3$ 相，并向铝液内部生长；当Al和Fe原子相互扩散达到一定程度时，在 $FeAl_3$ 表面出现 Fe_2Al_5 微区；随着Al的进一步扩散，Fe_2Al_5 相不断扩大成柱状晶，$FeAl_3$ 相逐渐减少。最后所得的热浸镀铝渗层基本分为两层：外层为富铝层，成分基本同铝液；内层是Fe-Al合金层，主要成分为 Fe_2Al_5 相和少量 $FeAl_3$ 相。

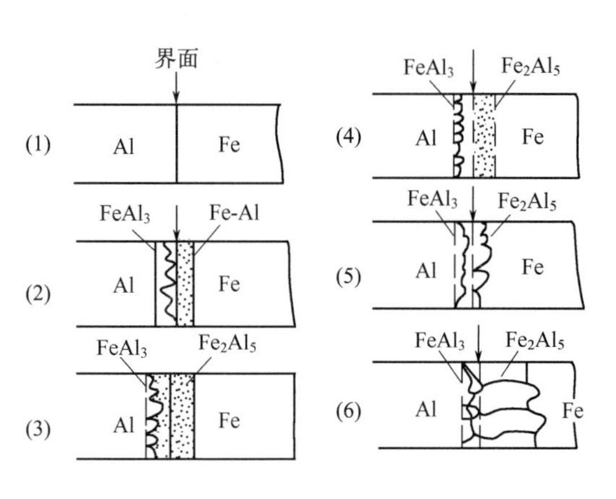

图10-2　热浸镀铝层形成过程示意图

10.2.2　热浸镀工艺方法

热浸镀工艺过程可简单地概括为：预处理→热浸镀→后处理。

预处理除了要将金属表面的油污、铁锈等清理干净外，还需对镀件表面进行活化，以获得利于浸镀的活性表面。后处理包括平整矫直、钝化处理和烘干等工序。热浸镀按预处理方法不同，可分为熔剂法和保护气体还原法。

(1) 熔剂法　熔剂法多用于钢管、钢丝及钢零部件的热浸镀。其工艺流程为：预镀件→碱洗→水洗→酸洗→水洗→熔剂处理→热浸镀→后处理→成品。溶剂法钢丝热浸镀铝生产线如图10-3所示。

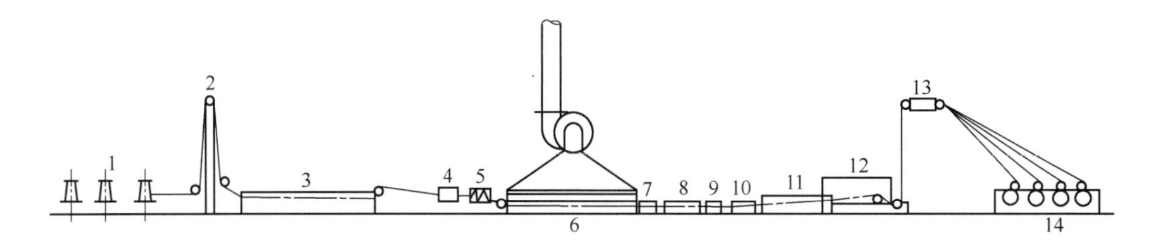

图10-3　熔剂法钢丝热浸镀铝生产线示意图

1—钢丝放线架；2—活套塔；3—铅预热锅；4，7，9，13—水洗槽；5—矫直机；6—酸洗槽；8—电解酸洗槽；10—熔剂槽；11—烘干板；12—镀铝锅；14—卷取机

熔剂处理是保证热浸镀层质量不可缺少的关键工序。熔剂处理的目的是：除去工件酸洗后表面残留的铁盐和氧化物；防止工件浸镀前在空气中再氧化；提高工件表面的活性和润湿能力。熔剂通常由 $ZnCl_2$、NH_4Cl 等氯化盐组成。熔剂处理分为湿法和干法两种。

① 湿法（熔融熔剂法）　工件在热浸镀前先浸入熔融熔剂中进行处理，然后再进行热浸镀。湿法是较早使用的方法，由于工艺复杂已基本被淘汰。

② 干法（烘干熔剂法）　工件在热浸镀前先浸入浓的熔剂水溶液中，然后烘干，工件上即附着一层干熔剂，之后进行热浸镀。由于干法工艺比较简单，镀层质量好，大多数热浸镀生产采用干法。

钢材热浸镀时，镀锌温度一般为 445～465℃，保温几分钟，镀锌层厚度约 50～100μm；镀纯铝的温度一般在 710～730℃，保温几十分钟，镀铝层厚度约 30μm。

(2) 保护气体还原法　保护气体还原法是现代热浸镀生产线普遍采用的方法，又称氢还原法，主要用于钢带和钢板的连续热浸镀。此法采取微氧化或电解法脱脂，取消了熔剂法中的酸碱洗和熔剂处理等预处理工序。典型工艺有森吉米尔法和美钢联法。

① 森吉米尔法　又称氧化脱脂法，由波兰人森吉米尔（Sendzimir）在 1931 年提出并成功用于生产。其典型工艺流程为：未退火钢带开卷（或剪切）→氧化炉→还原炉→冷却→热浸镀→后处理→成品。

此法将钢材退火和热浸镀连接在一条生产线上。钢带先通过煤气或天然气直接加热的微氧化炉，钢材表面的轧制油被火焰烧掉，同时被氧化成氧化铁膜。随后钢带进入通有 H_2 和 N_2 混合气的还原性炉中。在还原炉内，工件表面的氧化膜被还原成适于热浸镀的活性海绵铁，同时达到再结晶退火的目的。工件在保护气氛中冷却到一定温度后，再进入镀锅中进行热浸镀。

此后，森吉米尔法又有很大改进，将氧化炉改为无氧化炉，从而大大提高了钢带的运行速度和钢镀层的质量。图 10-4 所示为一条改进的森吉米尔法钢带热浸镀锌的生产线。

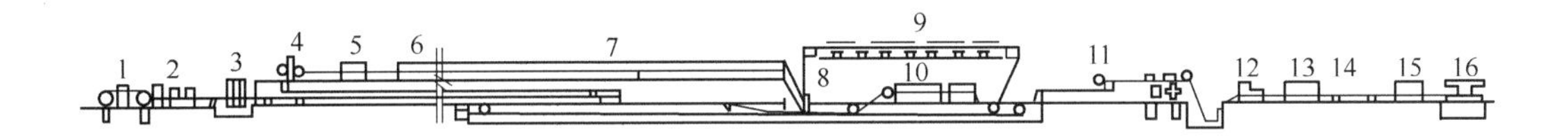

图 10-4　森吉米尔法钢带热浸镀锌生产线

1—开卷机；2，12—剪切机；3—焊机；4—张力调节器；5—氧化炉；6—还原炉；7—冷却段；8—镀锅；9—冷却带；10—化学处理；11—卷取机；13—平整机；14—废料槽；15—涂油机；16—平台

② 美钢联法　又称电解脱脂法，是美国钢铁公司于 1948 年设计投产的新型热浸镀生产线。其典型工艺流程为：未退火钢带开卷（或剪切）→碱性电解脱脂槽→水洗→烘干→还原炉→冷却→热浸镀→后处理→成品。

美钢联法采用高电流密度（70～150A/dm^2）的电解脱脂装置，清除油污彻底，时间短，效果好；采用立式全辐射管加热保护气氛的还原炉，可获得比森吉米尔法更为优良、纯净的海绵铁待镀层，使镀层的附着力极佳，满足了汽车及家电行业对热镀钢板更高表面质量的要求。目前新建的生产线多采用美钢联法。

10.2.3　常用热浸镀镀层

(1) 热镀锌层　热浸镀锌是世界上应用最广泛、最普通的钢材防护方法，全世界生产的锌约有半数以上用于热镀锌。热镀锌层具有优异的耐蚀性能，主要体现在以下两方面。

① 耐蚀性好　锌在大气中能形成一层致密、坚固、耐蚀的 $ZnCO_3 \cdot 3Zn(OH)_3$ 保护膜，在大气、水、土壤中均可有效地保护锌层下的钢材。

② 阴极保护作用　锌的电极电位比铁更负，当镀锌层局部损坏时，锌作为阳极不断溶解，铁为阴极，从而使基体得到保护。

钢铁板带、管、线材、构件等的热浸镀锌层的应用遍及国民经济的各个领域，其主要应用见表 10-2。

表10-2　热浸镀锌的主要用途

种类	领域	主要用途
钢板和钢带热镀锌	车船制造业	汽车车体、火车外皮及内部结构、船舶的顶棚及壁等
	建筑业	屋顶板、各种内外壁材料、百叶窗、下水道、落水槽等
	机电工业	机械构件、电机外壳、配电柜、电缆包皮、电线软管等
	容器制造业	集装箱、粮食仓库、石油贮存容器、工业用各种水槽等
	家电行业	洗衣机、电冰箱、吸尘器、微波炉、烘烤箱、保险柜等
钢管热镀锌	建筑业	煤气、水、暖气、上下水管道等
	机器制造业	油井管、输油管、架设线桥的管桩、油加热器、冷凝冷却器等
	石油化工行业	海洋石油采运管道、各种热交换管道、煤气管道、电线套管等
钢丝热镀锌	低碳钢丝	通信电缆、架空地线、安全网、捆绑用钢丝、一般用途编织物等
	中、高碳钢丝	桥梁用吊桥钢索、高速公路护栏钢丝绳、安装电线与电缆等
钢件热镀锌	日常生活	水暖、电信构件、灯塔、一般日用五金件等

(2) 热镀铝层　目前，热镀铝钢材主要有Al-Si镀层和纯铝镀层两种。前者的耐蚀性好，常用于零件的防护；后者的耐热性更好，适于在高温下工作。与镀锌钢板相比，热镀铝的性能更为优异。热浸镀铝层的应用见表10-3。

① 耐热性（抗高温氧化性）　铝的氧化膜致密，附着力强，可以阻止镀层进一步氧化。在大气中，热镀铝钢材在450℃以下可长期使用而不改变颜色。钢板热镀铝后，其使用温度比未处理时提高200℃。

② 耐蚀性　在海洋、潮湿、工业大气（SO_2、H_2S、NO_2、CO_2）等环境中，热镀铝层均具优异的耐蚀性。在大气条件下，热镀铝板的腐蚀量仅为热镀锌钢板的1/10～1/5。

表10-3　热浸镀铝层的应用

种类	性质	主要用途
钢板热镀铝	耐腐蚀	大型建筑物屋顶板及侧板、通风管道、高速公路护栏、汽车底板及驾驶室、水槽、冷藏设备等
	耐高温	粮食烘干设备、烟筒、烘烤炉及食品烤箱、汽车排气系统等
钢管热镀铝	耐腐蚀	用于含硫气体、硝酸、甘油、甲醛、浓醋酸等化工介质的输送管道等
	耐高温	热交换器管道、食品工业中各种管道、蒸汽锅炉管道等
钢丝热镀铝	低碳钢丝	渔网、篱笆、围栏、安全网等编织网等
	高碳钢丝	架空通信电缆、架空地线、舰船用钢丝绳等

③ 热反射性　镀铝钢板表面致密而光亮的Al_2O_3膜对光和热具有良好的反射性。在450℃时，镀铝钢板的反射率是镀锌钢板的4倍，用它做炉子的内衬可显著提高炉子的热效率。

(3) 热镀锡层　热镀锡是最早应用的耐蚀镀层。早在16世纪，欧洲的一些国家就开始用原始简单的方法生产热镀锡钢板（俗称马口铁），由于其表面光亮，制罐容易，耐蚀性、焊接性良好，对人体无害，因此它成为食品包装与轻便耐蚀容器的主要材料。但由于热镀锡层较厚，锡消耗较大，且锡价格高，资源紧缺，目前热镀锡板已逐渐被电镀锡板所代替，仅在要求良好焊接性的电气部件、线材及要求厚镀层的情况下才应用。

(4) 热镀铅层　Pb是一种非常稳定的金属，具有很好的耐蚀性，熔点又低，适合进行热镀。但熔融状态的Pb不能浸润钢材表面，只有在熔融Pb中加入一定数量的Sn或Sb后才能浸润钢材表面形成热镀层。一般情况下主要是加入Sn，因此所谓热镀铅板实际上是热镀Pb-Sn钢材。

热镀铅层也是较早发展起来的热浸镀层，美国在 1830 年就开始生产热镀铅板。由于铅的化学稳定性好，具有优良的耐化学药品和耐石油腐蚀性，在 5%的硫酸、5%的盐酸和石油中的耐蚀性远优于热镀锌层，成为传统的汽车油箱的制造材料，但近十几年来已逐渐被热镀锌钢板替代。热镀铅层还具有良好的深冲性和焊接性。

目前国内已制定了关于热浸镀锌、铝产品的技术要求及检验标准，具体规定请参见 GB/T 13912—2020《金属覆盖层　钢铁制件热浸镀锌层　技术要求及试验方法》、GB/T 13825—2008《金属覆盖层　黑色金属材料热镀锌层　单位面积质量称量法》和 GB/T 18592—2001《金属覆盖层　钢铁制品热浸镀铝　技术条件》。

10.3 渗碳和渗氮

钢铁的渗碳、渗氮处理是目前机械制造业中应用最广的热扩渗技术，可使钢件表面具有很高的硬度和耐磨性，而心部仍然保持良好的塑性和韧性。

10.3.1 渗碳

(1) 渗碳的应用　为了增加钢件表层的含碳量并获得一定的碳浓度梯度，将钢件置于渗碳介质中加热和保温，使碳原子渗入表面的工艺称渗碳 (Carburizing)。

渗碳使低碳钢件（w_C=0.15%～0.25%）表面获得高碳浓度（w_C≈1.0%），再经过适当的淬火和回火处理，以提高钢表面的硬度、耐磨性及疲劳强度，同时心部仍保持良好的韧性及塑性。渗碳是钢材化学热处理中应用最广泛的一种工艺，主要用于表面受严重磨损并承受较大冲击载荷的零件，例如汽车齿轮、活塞销、套筒、轴等。

(2) 渗碳工艺　根据渗碳介质状态的不同，渗碳分为固体渗碳、液体渗碳和气体渗碳三种。由于固体渗碳生产效率低、质量不易控制，液体渗碳环境污染大、劳动条件差，因此生产中很少采用。美国在 20 世纪 20 年代开始采用转筒炉进行气体渗碳。30 年代，连续式气体渗碳炉开始在工业上应用。60 年代高温（960～1100℃）气体渗碳得到发展。至 70 年代，出现了真空渗碳和离子渗碳。目前使用最广泛的是气体渗碳。

① 气体渗碳　气体渗碳是在密封的可控气氛加热炉中进行，井式渗碳炉中的渗碳原理如图 10-5 所示。由进气管向炉内滴入易分解有机液体（如煤油、甲醇等），或直接通入渗碳气体（如煤气、石油液化气、丙烷等）。在气体渗碳时，通过一系列气相反应，生成活性碳原子［C］。活性碳原子［C］溶入高温奥氏体中，而后向钢的内部扩散实现渗碳，所产生的废气由排气管道排出。

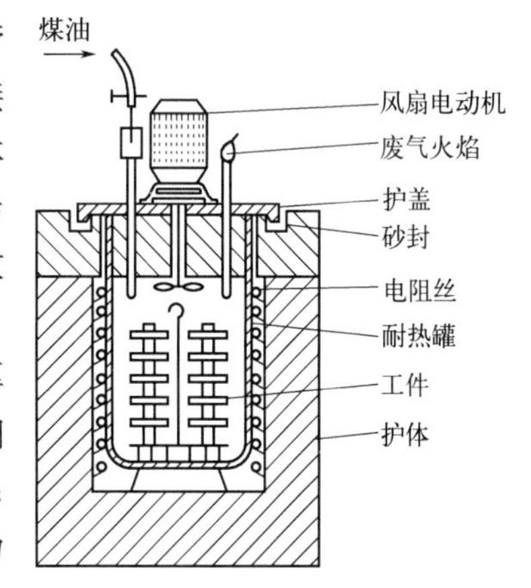

图 10-5　井式气体渗碳法示意图

渗碳温度一般为 900～950℃。渗碳时间根据渗碳层厚度确定，每保温 1h，厚度约增加 0.2～0.3mm。如 20 钢在 950℃进行气体渗碳时，保温 1h，渗层厚度为 0.74mm；保温 2h，渗层厚度为 1.04mm；保温 3h，渗层厚度为 1.30mm。

低碳钢渗碳后缓冷下来的显微组织为：表层为珠光体和二次渗碳体，心部为珠光体和铁素体，中间为过渡组织。一般规定从表面到过渡层一半处的距离作为渗碳层厚度。

② 离子渗碳 离子渗碳是利用辉光放电现象，将含碳气体介质电离进行渗碳的工艺。将工件置于真空炉中，在低压的丙烷或甲烷气氛中加热。以工件为阴极，以炉体为阳极，在两极之间施加直流高压电场，引起辉光放电，产生离子流。由于离阴极很近的区域，电位差最大，因此，高速运动的高能量碳离子轰击工件表面而达到渗碳效果。离子渗碳组织和普通气体渗碳组织一样。

离子渗碳速度快，渗碳时间是气体渗碳的 1/2～2/3。由于在真空低压下进行，晶界氧化倾向低，所以在渗层深度和表面碳浓度相同的条件下，等离子渗碳工件的力学性能特别是疲劳性能优于气体渗碳。离子渗碳可以有效地控制硬化层，减小变形量，尤其对不锈钢渗碳具有非常好的效果，解决了钝化膜难以去除的问题。

(3) 渗碳后热处理工艺 工件渗碳后，仅钢件表层含碳量增加，若使工件表层具有高硬度和耐磨性，必须进行后续热处理。渗碳后的热处理工艺为淬火＋低温回火。

10.3.2 渗氮

(1) 渗氮的应用 渗氮（Nitriding）也称氮化，是指在一定温度下使活性氮原子渗入工件表面的化学热处理工艺。

渗氮层的硬度可高达 950～1200HV，其耐磨性、疲劳强度、红硬性和抗咬合性能均优于渗碳层。渗氮在机械工业中获得了广泛应用，主要用于耐磨性和精度都要求较高的零件，或要求耐热、抗蚀的耐磨件，如发动机气缸、排气阀、磨床主轴、镗床镗杆、精密机床丝杠以及各种精密齿轮和量具等。

(2) 渗氮工艺 氮化包括气体渗氮、辉光离子渗氮、活性屏离子渗氮和氮碳共渗。目前生产中应用较多的是气体渗氮。

① 气体渗氮 气体渗氮渗剂一般为氨气或氨的化合物。气体渗氮常在井式炉或箱式炉渗氮中进行。氨气在密封渗氮炉中加热分解出活性原子［N］，活性原子［N］被 α-Fe 吸收，先形成氮在 α-Fe 中的固溶体；当含氮量超过 α-Fe 的溶解度时，便形成 Fe_4N 和 Fe_2N。氮和许多合金元素如 Cr、Mo、Al 等均能形成细小的氮化物。这些高硬度、高稳定性的合金氮化物呈弥散分布，可使渗氮层具有更高的硬度和耐磨性，故渗氮钢常含 Cr、Mo、Al 等，38CrMoA 是最常用的渗碳钢。

由于氨气分解温度较低，故通常的渗氮温度在 500～580℃之间。在这种较低的处理温度下，氮原子在钢中扩散速度很慢，渗氮所需时间很长，渗氮层也较薄，这正是渗氮工艺的最大缺点。例如 38CrMoAl 钢制压缩机活塞杆为获得 0.4～0.6mm 的渗氮层深度，渗氮保温时间需 60h 以上。

钢件渗氮后一般不进行热处理。为了提高钢件心部的强韧性，渗氮前必须进行调质处理。

② 辉光离子渗氮 又称离子渗氮，其原理与离子渗碳类似。工件接直流高压电源的阴极，炉体接电源的阳极。炉内通入氨气或氮气和氢气的混合气体，在一定的工作气压下，氮、氢原子被电离，在阴阳极之间形成等离子区，工件表面产生辉光放电。在等离子区的强电场作用下，氮和氢的正离子向工件表面高速轰击，离子的动能转变为热能，将工件表面加热至所需温度。由于离子的轰击，工件表面产生原子溅射而得到净化；同时由于吸附和扩散作用，氮渗入工件表面。

离子渗氮最重要的特点之一是可以通过控制渗氮气氛的组成、气压、温度、电参数等因素来控制表面化合物层（俗称白亮层）的结构和扩散层组织，从而满足零件的服役条件和对性能的要求。与一般气体渗氮相比，离子渗氮具有氮化速度快、生产周期短、表面无脆性、耗电量少、无污染等优点，素有“绿色热处理技术”之称。

③ 活性屏离子渗氮　普通离子渗氮过程中存在着工件表面打弧烧损、空心阴极效应、大小工件不能混装、工件温度测量困难等固有技术缺陷。20 世纪 90 年代末发展起来的活性屏离子渗氮技术（Active Screen Plasma Nitriding，ASPN）可以解决上述问题。

活性屏离子渗氮技术是在普通的离子渗氮真空室内增加了一个网状的金属屏，将工件置于金属屏中间。金属屏为阴极，炉体为阳极，工件处于浮动电位或与 100V 左右的直流负偏压相接。当金属屏接通高压电源后，低压反应室内的气体被电离。在电场的作用下，被激活的气体离子轰击金属屏，使金属屏升温。同时，在离子的轰击下，不断有铁或铁的氮化物微粒被溅射出来，以微粒的形式沉积到工件表面；微粒中的氮向工件内部扩散，达到渗氮的目的。活性屏离子渗氮装置示意图见图 10-6。

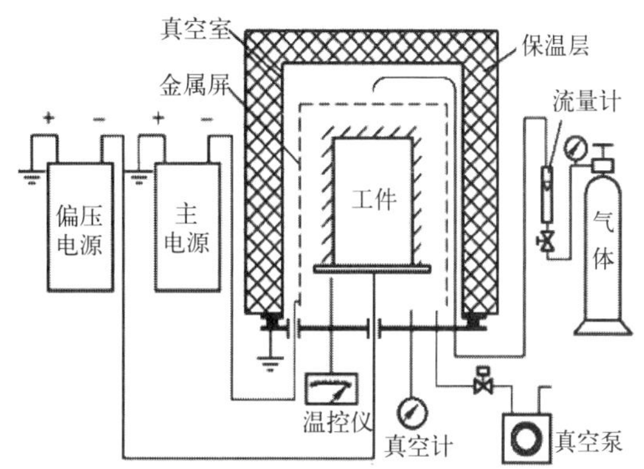

图 10-6　活性屏离子渗氮装置示意图

在活性屏等离子渗氮过程中，金属屏同时起到两个作用：一是在离子的轰击下被加热，通过热辐射将工件加热到渗氮的温度，即起到一个加热源的作用；二是从金属屏上溅射下来的一些纳米尺度的粒子沉积在欲渗工件的表面，释放出来活性氮原子对工件进行渗氮，即溅射粒子起到渗氮载体的作用。

④ 氮碳共渗　氮碳共渗是在 500～580℃下对钢件表面同时渗入氮、碳原子的化学表面热处理工艺。该处理过程以渗氮为主，并渗入少量的碳。与前述一般气体渗氮相比，所得的渗层硬度较低，脆性较小，故又称为软氮化。

软氮化方法分为气体软氮化和液体软氮化两大类。目前国内生产中应用最广泛的是气体软氮化。气体软氮化是在含有碳、氮原子的气氛中进行低温氮、碳共渗，常用的共渗介质有尿素、甲酰胺和三乙醇胺，它们在软氮化温度下发生热分解反应，产生活性碳、氮原子。活性碳、氮原子被工件表面吸收，通过扩散渗入工件表层，从而获得以氮为主的碳氮共渗层。气体软氮化温度常为 560～570℃，氮化时间常为 2～3h，因为超过 2.5h 后，随着时间的延长，氮化层深度增加很慢。钢经软氮化后，表面最外层可获得几微米至几十微米的白亮层，它是由 ε 相、γ′相和含氮的渗碳体 Fe_3（C，N）所组成；次层为 0.3～0.4mm 的扩散层，它主要是由 γ′相和 ε 相组成。

软氮化工艺不受钢种限制，且共渗温度低，时间短，工件变形小，能显著地提高工件的疲劳极限、耐磨性和耐腐蚀性。此外，软氮化层具有一定的韧性，不容易剥落。目前，软氮化已广泛应用于模具、量具、高速钢刀具、曲轴、齿轮、气缸套等耐磨工件的处理。气体软氮化目前存在的问题是表层中铁氮化合物层厚度较薄（0.01～0.02mm），且氮化层硬度梯度较陡，故重载条件下工作的工件不宜采用该工艺。另外，要防止炉气漏出污染环境。

关于钢件渗碳和渗氮技术的标准可参考 GB/T 9450—2005《钢件渗碳淬火硬化层深度的测定和校核》、GB/T 3203—2016《渗碳轴承钢》、GB/T 11354—2005《钢铁零件渗氮层深度测定和金相组织检验》、GB/T 18177—2008《钢件的气体渗氮》等。

参考文献

[1] 曹晓明，温鸣，杜安．现代金属表面合金化技术．北京：化学工业出版社，2007.

[2] 屠振密，韩书梅，杨哲龙，等．防护装饰性镀层．北京：化学工业出版社，2004.

[3] 崔忠圻，覃耀春．金属学与热处理．3 版．北京：机械工业出版社，2020.

[4] 潘邻．化学热处理应用技术．北京：机械工业出版社，2004.

[5] 黄守伦．实用化学热处理与表面强化新技术．北京：机械工业出版社，2002.

[6] 齐宝森，陈路宾，王忠诚，等．化学热处理技术．北京：化学工业出版社，2006.

[7] 曾晓雁，吴懿平．表面工程学．2 版．北京：机械工业出版社，2016.

[8] 李金桂，吴再思．防腐蚀表面工程技术．北京：化学工业出版社，2003.

[9] 孙希泰．材料表面强化技术．北京：化学工业出版社，2005.

[10] 姚寿山，李戈扬，胡文彬．表面科学与技术．北京：机械工业出版社，2005.

[11] 胡传炘．表面处理技术手册．修订版．北京：北京工业大学出版社，2009.

[12] 王敏杰，宋满仓．模具制造技术．北京：电子工业出版社，2004.

[13] 周美玲，谢建新，朱宝泉．材料工程基础．北京：北京工业大学出版社，2001.

[14] 薄鑫涛，郭海祥，袁凤松．实用热处理手册．2 版．上海：上海科学技术出版社，2014.

[15] 刘爱国．低温等离子体表面强化技术．哈尔滨：哈尔滨工业大学出版社，2015.

[16] 徐滨士，朱绍华．表面工程的理论与技术．2 版．北京：国防工业出版社，2010.

[17] 潘国辉．20 钢表面激光熔凝/气体渗氮的研究．佳木斯：佳木斯大学，2009.

[18] Bell T，Kinali M，Munsterman G. Physical metallurgy aspects of the austernitic nitrocarburising process. Treatment of Metals，1987，14（2）：47-51.

[19] Zhao C，Li C X，Dong H，et al. Study on the active screen plasma nitriding and its nitriding mechanism. Surface and Coatings Technology，2006，201（6）：2320-2325.

[20] Gallo S C，Dong H. Study of active screen plasma processing conditions for carburising and nitriding austenitic stainless steel. Surface and Coatings Technology，2009，203（24）：3669-3675.

[21] Belkin P N，Kusmanov S A，Dyakov I G，et al. Anode plasma electrolytic carburiing of commercial pure titanium. Surface and Coatings Technology，2016，307：1303-1309.

[22] 王迎春，程兴旺．热处理工艺学．北京：北京理工大学出版社，2021.

[23] 刘宗昌，冯佃臣，李涛．金属热处理原理及工艺．北京：冶金工业出版社，2022.

第11章 涂装技术

涂装是将有机涂料通过一定的方法涂覆于物体表面并干燥成膜的过程。涂装所用的有机涂料简称为涂料，或俗称油漆。过去的涂料大都由植物油和天然树脂熬炼而成。随着环保意识的增强，人们力求减少涂料的污染和毒性，开发出了粉末涂料、水性涂料和高固体分涂料以及无毒的防锈颜料。涂装技术在世界范围内都有着广泛的应用，几乎每个领域都离不开涂装技术。

11.1 涂料

11.1.1 涂料的基本组成

涂料是一种有机混合物，一般由成膜物质、颜料、溶剂和助剂四部分组成，各组分的主要作用见表 11-1。

表 11-1 涂料的基本组成及主要作用

基本组成	主要作用	典型品种
成膜物质	是组成涂料的基础，粘接涂料中其他组分，牢固附着于被涂件表面，形成连续固体涂膜，决定着涂料及涂膜的基本特征	天然油脂、天然树脂和合成树脂
颜料	具有着色、遮盖、装饰作用，并改善涂膜的防锈、抗渗、耐热、导电、耐磨、耐候等性能，增强膜层强度，降低成本	钛白粉、滑石粉、铁红、铅黄、铝粉、云母等
溶剂	指挥发性的有机溶剂或水等分散剂，用来分散或溶解成膜物质，调节涂料的流动性、干燥性和施工性，本身不能成膜，在成膜过程中挥发掉	松节油、汽油、二甲苯、乙酸乙酯、丙酮等
助剂	是涂料的辅助组分，加入量不超过 5%，本身不能单独成膜，但明显地改善涂料的贮存性、施工性及涂膜的物理性质	催干剂、固化剂、增塑剂、润湿剂、防老化剂

成膜物质是组成涂料的基础组分，是决定涂料性能的主要因素。涂料一般有天然油脂、天然树脂和合成树脂，目前广泛使用合成树脂。涂料的成膜物质主要分为两大类。

（1）非转化型成膜物质 在涂料成膜过程中组成结构不发生变化，即涂膜的组成结构与成膜物质相同。这类涂膜具有热塑性，受热软化，冷却后又变硬，多具有可溶、可熔性，例如：天然树脂，包括来源于植物的松香，来源于动物的虫胶，来源于化石的琥珀，来源于矿物的天然树脂及来源于矿物的天然沥青；天然高聚物的加工产品，如硝基纤维素、氯化橡胶等；合成的高分子线型聚合物，如过氯乙烯树脂、聚乙酸乙烯树脂等。

（2）转化型成膜物质 在成膜过程中组成结构发生变化，形成与原来组成结构完全不相同的涂膜。由于转化型成膜物质具有能起化学反应的官能团，在热氧或其他物质的作用下能够聚合成与原有组成结构不同的不溶、不熔的网状高聚物，即热固性高聚物，因而所形成的涂膜是热固性的，通常具有网状结构。这类成膜物质包括干性油和半干性油、漆酚、多异氰酸酯的加成物和合成聚合物等。

现代涂料很少使用单一品种作为成膜物质，而经常采用几个树脂品种互相补充或互相改性，以适应多方面性能要求。我国通常将涂料的成膜物质分为17类，并以此作为划分涂料种类的一个依据。涂料的种类与主要成膜物质见表11-2。

表11-2　涂料的种类与主要成膜物质

序号	代号	成膜物质类别	主要成膜物质
1	Y	油脂	天然动植物油、清油、合成油等
2	T	天然树脂	松香及其衍生物、虫胶、乳酪素、动物胶、大漆及其衍生物
3	F	酚醛树脂	酚醛树脂、改性酚醛树脂、二甲苯树脂
4	L	沥青	天然沥青、煤焦沥青、石油沥青、硬脂酸沥青
5	C	醇酸树脂	甘油醇酸树脂、改性醇酸树脂、季戊四醇及其他醇类的醇酸树脂
6	A	氨基树脂	脲醛树脂、三聚氰胺甲醛树脂
7	Q	硝基纤维素	硝基纤维素、改性硝基纤维素
8	M	纤维酯、纤维醚	乙基纤维、苄基纤维、羟甲基纤维、醋酸纤维、醋酸丁酸纤维等
9	G	过氯乙烯树脂	过氯乙烯树脂、改性过氯乙烯树脂
10	X	烯类树脂	聚乙烯共聚树脂、聚酯酸乙烯及其共聚物、聚乙烯醇缩醛树脂、聚苯乙烯树脂、氯化聚丙烯树脂、含氟树脂、石油树脂
11	B	丙烯酸树脂	丙烯酸树脂、丙烯酸共聚树脂及其改性树脂
12	Z	聚酯树脂	饱和聚酯树脂、不饱和聚酯树脂
13	H	环氧树脂	环氧树脂、改性环氧树脂
14	S	聚氨基甲酸酯	聚氨基甲酸酯、改性聚氨基甲酸酯
15	W	元素有机聚合物	有机硅、有机钛、有机铝等元素有机聚合物
16	J	橡胶	天然橡胶及其衍生物、合成橡胶及其衍生物
17	E	其他	除上述16类以外的成膜物质，如无机高分子、聚酰亚胺树脂等

11.1.2　涂料的分类和命名

(1) 涂料的分类　涂料的品种超过数千种，用途各异，其分类方法很多，国际上尚未统一。以下介绍几种常用的分类方法。

① 按主要成膜物质分　目前我国是以涂料中的主要成膜物质为基础来分类的。若主要成膜层物质由两种以上的树脂混合组成，则按在成膜物质中起决定作用的一种树脂作为分类的依据。按此分类方法，将成膜物质分为17大类，相应地将涂料品种分为17大类，如表11-2所示。

② 按涂料的形态分　粉末涂料、溶剂型涂料、无溶剂型涂料和水溶性涂料等。

③ 按干燥方法分　烘烤涂料、自干涂料、强制干燥涂料、潮气固化涂料、催化干燥涂料、紫外线固化涂料、电子束固化涂料等。

④ 按施工工序分　底漆、腻子、二道漆（中间漆）、面漆、罩光漆。

⑤ 按涂装方法分　刷漆、浸漆、流漆、喷漆、烘漆、电泳漆、静电漆等。

⑥ 按涂料用途分　汽车漆、飞机蒙皮漆、木器漆、桥梁漆、玻璃漆、皮革漆、纸张漆等。

⑦ 按使用目的分　防锈漆、耐酸漆、耐火漆、耐油漆、绝缘漆等。

(2) 涂料产品的命名

① 涂料的命名原则　GB/T 2705—2003《涂料产品分类和命名》中规定，涂料产品的全名＝颜料或颜色名称＋成膜物质名称＋基本名称。

涂料的颜色或颜料名称位于涂料名称的最前面，例如红醇酸磁漆、锌黄酚醛防锈漆。涂料名称中的成膜物质名称可适当简化，例如聚氨基甲酸酯可简化成聚氨酯。若基料中含多种物质，则往往取起主要作用的一种成膜物质命名。但必要时也可选取两种成膜物质命名，主要物质在前，次要成膜物质在后，例如环氧硝基磁漆。基本名称仍采用我国已有习惯名称，具体代号见表 11-3。

表 11-3　涂料基本名称代号表

代号	基本名称	代号	基本名称	代号	基本名称	代号	基本名称
00	清油	17	皱纹漆	40	防污漆、防蛆漆	64	可剥漆
01	清漆	18	裂纹漆	41	水线漆	66	感光涂料
02	厚漆	19	晶纹漆	42	甲板漆、甲板防滑漆	67	隔热涂料
03	调和漆	20	铅笔漆	43	船壳漆	80	地板漆
04	磁漆(面漆)	22	木器漆	44	船底漆	81	渔网漆
05	粉末涂料	23	罐头漆	50	耐酸漆	82	锅炉漆
06	底漆	30	(浸渍)绝缘漆	51	耐碱漆	83	烟囱漆
07	腻子	31	(覆盖)绝缘漆	52	防腐漆	84	黑板漆
09	大漆	32	(绝缘)磁漆	53	防锈漆	85	调色漆
11	电泳漆	33	(黏合)绝缘漆	54	耐油漆	86	标志漆、马路划线漆
12	乳胶漆	34	漆包线漆	55	耐水漆	98	胶液
13	其他水溶性漆	35	硅钢片漆	60	耐火漆	99	其他
14	透明漆	36	电容器漆	61	耐热漆		
15	斑纹漆	37	电阻漆、电位器漆	62	示温漆		
16	锤纹漆	38	半导体漆	63	涂布漆		

② 涂料的型号　为了统一和简化，涂料产品的名称之前必须有一个型号。涂料型号＝成膜物质＋基本名称＋序号。第一部分为成膜物质，用汉语拼音字母表示，见表 11-2；第二部分为基本名称，用两位数字表示，见表 11-3；第三部分是序号，来表示同类品种间的组成、配比和用途的不同。例如：

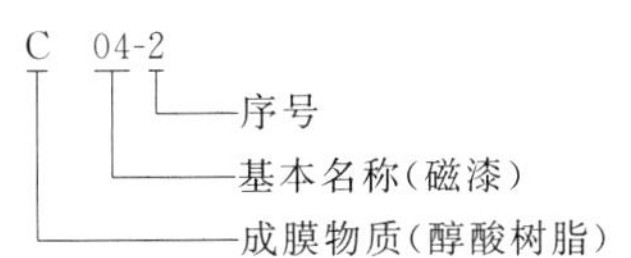

③ 辅助材料的型号　辅助材料的型号由两部分组成：第一部分为辅助材料的种类，用汉语拼音字母表示，如表 11-4；第二部分为序号，用来区别同一类型的不同产品。例如：X-5 为丙烯酸漆稀释剂；H-1 为环氧漆固化剂。

表 11-4　辅助材料的代号与名称

代号	辅助材料名称	代号	辅助材料名称
X	稀释剂	T	脱漆剂
F	防潮剂	H	固化剂
G	催干剂		

11.1.3　涂料成膜机理

涂装就是涂料在物体表面涂覆并成膜的过程。涂料的成膜物质不同，其成膜机理也不同：由非转化型成膜物质组成的涂料以物理方式成膜；由转化型成膜物质组成的涂料以化学方式成膜。

(1) 物理成膜方式　依靠涂料内的溶剂直接挥发或聚合物粒子凝聚获得涂膜的过程，称为物理成膜方式，包括以下两种方式。

① 溶剂挥发成膜方式　即溶剂挥发使涂料干燥成膜的过程，这是液态涂料在成膜过程中必须经过的一种形式。这一过程中，成膜物质没有发生化学变化，通常在大气室温下就能迅速完成，也不需固化剂。这类涂料常常又被称为挥发性漆，如硝酸纤维素漆（俗称蜡克）、热塑性丙烯酸树脂漆、沥青漆、橡胶漆、过氯乙烯漆等。

② 聚合物凝聚成膜方式　指涂料中的高聚物粒子在一定条件下互相凝聚成为连续的固态涂膜的过程，这是分散型涂料的主要成膜方式。含有可挥发性分散剂的涂料，如水乳胶涂料、非水分散型涂料和有机溶胶等，在介质挥发的时候，高聚物粒子相互接近、接触、挤压变形而聚集起来，最后由粒子状态聚集变为分子状态聚集而形成连续的涂膜。固体粉末涂料用静电或加热的方法将其附在基体表面，在受热的条件下通过高聚物热熔、凝聚成膜，在此过程中还常伴随着高聚物的交联反应。

(2) 化学成膜方式　化学成膜过程是通过化学反应而交联固化成膜。这类涂料的成膜物质一般是分子量较低的线性聚合物，可溶解于特定的溶剂中。经过施工涂装后，一旦溶剂挥发，就能通过交联反应生成高聚物，获得坚韧的涂膜。这类涂膜由于已经转化成体型网状结构，故不能再溶解于原来的溶剂中，有些涂膜甚至在任何溶剂中都不溶。这类交联反应大致可分为两种。

① 涂料与空气中的成分发生交联固化反应　指涂料与空气中的氧或水蒸气发生化学反应而交联固化成膜。如油脂漆、天然树脂漆、酚醛树脂漆、环氧树脂漆等，它们在干燥过程中与空气中的氧通过自动氧化机理聚合成膜。又如潮气固化型聚氨酯漆，可以与空气中的水分发生缩聚反应成膜。这类涂料可以在常温下干燥成膜，又称为气干型涂料。若要保持其贮存稳定性，必须要紧闭贮存罐封盖，隔绝空气。

② 涂料中组分之间的交联固化反应　这又分为两种情况，即通常所说的单组分涂料、双组分或多组分涂料。

a. 单组分涂料　涂料中的组分在常温下不发生反应，当被加热或受到辐射等作用时才发生反应。属于这种类型的有：烘干型涂料，如各种烘漆、粉末涂料；辐射固化涂料；环氧酚醛涂料、环氧脲醛涂料等。

b. 双组分或多组分涂料　是将具有相互反应活性的组分分装于不同容器中，施工前才按比例进行混合；施涂过程和施涂后，各组分间发生交联反应成膜。如脲甲醛树脂或三聚氰胺树脂与酸性催化剂溶液分别盛装的双组分涂料；常温固化的环氧树脂与胺固化剂分别盛装的双组分涂料；多羟基树脂与固化剂异氰酸酯溶液分别盛装的双组分涂料等。

11.1.4　涂料涂层的作用

目前涂料涂层在整个表面覆盖层中所占的比例较大。概括地讲，涂料涂层具有防护、装饰、标志和特殊功能四大作用。

(1) 防护作用　涂料涂层能够防止或延缓金属材料的腐蚀、木材的腐朽、混凝土的风化侵蚀等。例如，防腐蚀涂料能保护化工、炼油、冶金、轻工等设施以及管道、建筑物等免受化学腐蚀的侵害。

(2) 装饰作用　在物体表面形成绚丽多彩的外观，起到美化环境、增强视觉效果的作用。火车、轮船、汽车、自行车等交通运输工具，电冰箱等家用电器以及房屋建筑物、宾馆的内外墙等采用装饰涂料则既美观，又耐蚀。

(3) 标志作用　作为前进、停止、危险等信号标志；工厂的各种设备、管道、容器涂以不同的色彩，易于识别；城市道路、机场采用划线漆、夜间反光路标等对保证安全操作和安全行车具有重要作用。

(4) 特殊作用　使材料表面获得耐辐射、杀菌防霉、隔音、绝缘、示温、防震、红外线吸收等功能。如电器的绝缘往往借助于绝缘漆；高温条件下的超温报警可用示温涂料；船舶甲板上涂装防滑涂料；在战场上为了伪装武器设备，则用伪装涂料等。其他诸如导电涂料、防红外线涂料、反雷达涂料等的功能，均属涂料的特殊作用。

11.1.5　涂料基础产品简介

(1) 清油　清油由干性油或半干性油，或者干性油与半干性油加热并加少量催干剂而制成，为浅黄色到棕黄色的透明黏稠液体。清油可单独使用，亦可用来调稀厚漆和红丹粉等。

(2) 清漆　清漆是不含颜料的透明漆，其主要成分是树脂和溶剂或树脂、油和溶剂。清漆分为热固性清漆和热塑性清漆两类，其光泽性好，成膜速度快，广泛用于家具、地板、门窗及汽车等的涂装。

(3) 厚漆　厚漆俗称铅油，它是由干性油、着色颜料、体质颜料混合而成的浆状涂料。使用前应添加适量的清油或清漆调稀。这种漆干燥慢，漆膜软，在炎热和潮湿天气里有反黏现象。

(4) 调和漆　调和漆一般指不需调配即能使用的色漆，一般分为油性调和漆和磁性调和漆两种，两种漆的区别在于涂料组成中有无树脂。油性调和漆中不含树脂，由干性油和颜料等制成；若加入树脂则成为磁性调和漆。两种涂膜性能各有特点，油性调和漆膜的附着力及耐候性好，但硬度、光泽和平滑性比磁性漆差；磁性调和漆膜的干性、硬度、光泽比油性调和漆好，但不及油性调和漆耐久，易退光、粉化和龟裂。

(5) 磁漆　磁漆又称瓷漆，是由清漆与着色颜料调配而成的色漆。施涂后所形成的漆膜坚硬、平整光滑，外观通常类似于搪瓷的色漆。常用的有酚醛磁漆和醇酸磁漆两类。

(6) 烘漆　烘漆也称烤漆，即涂于基体后需经烘烤才能干燥成膜的漆。

(7) 底漆　多层涂装时，直接涂于基体表面作为面漆基础的涂料。根据树脂不同，底漆可分为环氧底漆、酚醛底漆等多种；根据基体材料不同，底漆又可分为金属用底漆和木材用底漆。

(8) 腻子　腻子也称填腻，是由各种填料加入少量漆料配制而成的糊状物，主要用于上底漆前涂于物体表面的缺陷处而使之平整。

(9) 水溶漆、乳胶漆　水溶漆、乳胶漆均是可用水稀释的涂料。水溶漆是以水溶性树脂为主要成分的漆，乳胶漆是以乳胶（合成树脂）为主要成分的漆。

(10) 大漆　大漆又称天然漆、国漆，为一种天然树脂涂料，它是将漆树树皮内流出的白色黏性乳液经过加工而制成的。这种漆的特点是：漆膜耐久性、耐酸性、耐油性、耐水性、耐土壤腐蚀性均较好，漆膜坚硬而富有光泽。

11.2 涂装工艺

具体涂装工艺应根据工件的材质、形状、大小、使用要求以及涂料的性能、施工要求和固化条件等合理选用。涂装工艺一般工序为：涂前表面预处理→涂料涂覆→涂膜干燥固化。

(1) 涂前表面预处理　凡是进行涂装的材料，无论是金属或非金属（塑料、木材、水泥等）都要进行表面预处理，目的是清除被涂件表面的油脂、腐蚀产物、残留杂质物等，并赋予表面一定的化学、物理特性，以增加涂漆层的附着力、保护性和装饰性。

涂装前处理的一般步骤为表面整平→除油→除锈→化学处理。前三个工序的处理方法和处理液与电镀的前处理基本相同。金属工件表面清洗后，一般还要进行磷化和钝化等化学处理，既能提高涂膜与金属的结合力，又能提高涂膜的防腐蚀能力，此外在冷加工工艺中还起到减摩润滑的作用。

(2) 涂料涂覆　涂料涂覆时，要根据被涂件对膜层的质量要求来选择膜层组合和涂漆方式。一般来说，普通装饰性涂装一般仅涂双层面漆；普通防护、装饰性涂装应选择底漆加双层面漆；中级涂装应选择底漆、中涂及双层面漆或高质量的底漆加双层面漆；高级涂装则选择底漆、中涂双层面漆及罩光。根据所选用的涂料性能与质量情况，可简化膜层体系，但减少膜层数后不应影响质量。

涂装方法很多，一般涂装方法有刷涂法、浸涂法、淋涂法、空气喷涂法等，而静电涂装、电泳涂装、粉末喷涂等新型喷涂方法的应用也越来越广。

(3) 涂膜干燥固化　涂膜干燥固化的方法主要有自然干燥和人工干燥两种。自然干燥节约能源，但干燥时间长，质量不稳定，应用受到一定限制，因此有时就得采用人工干燥。人工干燥分为加热干燥和照射固化两种。工业中应用的涂料大多采用加热干燥，干燥方式主要有热风对流加热、辐射加热和对流辐射加热。

11.3 涂装方法

(1) 一般涂装方法

① 刷涂法　这是一种最古老的手工涂覆方法，至今仍在广泛使用。其特点是操作简单，灵活性大。但劳动强度大，生产效率低，而且不易采用挥发性涂料。此外，涂膜的均匀性较差，易出现刷痕等缺陷。

② 浸涂法　是将被涂物件全部浸入涂料槽中，经一定时间后取出，干燥后在物体表面上布满一层均匀涂膜的方法。浸涂法生产效率高，材料消耗少，多用于小型零件的大批量生产。但涂膜质量不高，容易形成流挂，溶剂的挥发量大，工作场所必须有严格的防火和通风措施。

③ 淋涂法　工件在输送带上移动，送入涂料的喷淋区；涂料经过喷头喷淋到工件上，然后送入烘干设备中进行烘干。喷淋法要求涂料在较长时间内与空气接触而不易氧化结皮干燥，要求加入一定量的湿润剂、抗氧化剂和消泡剂等。该法获得的涂膜均匀，并且节约涂料。

④ 空气喷涂法　是利用压缩空气喷出的气流，造成贮漆罐内外的压力差；将涂料从罐

内压出来后，被喷枪喷出的气流雾化，并均匀地喷涂到被涂部件的表面。空气喷涂使用的工具是喷枪，喷枪主要有吸上式和重力式两种，其结构如图 11-1 所示。

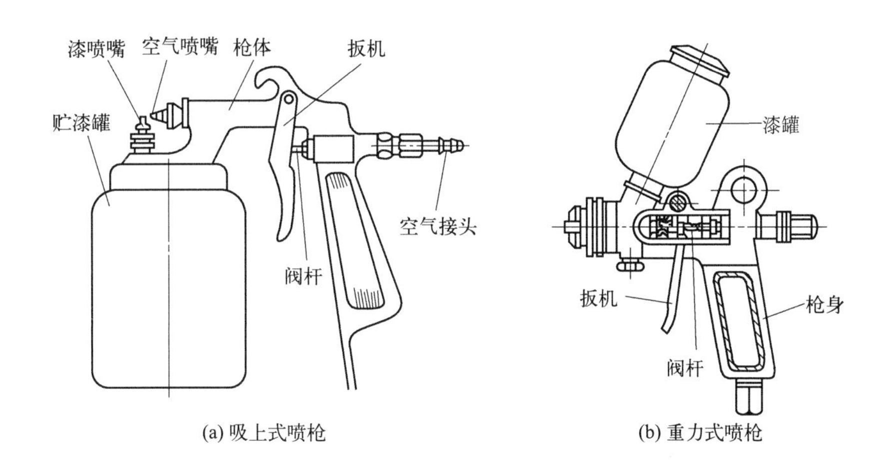

图 11-1 空气喷涂枪结构

空气喷涂的特点是操作方法简单，形成的涂膜均匀性好，适合于不同材质、不同形状产品的涂装，可用于生产线上的机械手喷涂，是车身维修涂装中常用的一种涂装方法。但空气喷涂的缺点是一次成膜太薄，需多次喷涂才能达到预定的涂膜厚度；涂料的利用率低，仅为 30%～40%；涂料微粒及溶剂飞散严重，污染环境，损害操作者的健康。

⑤ 高压无气喷涂　也就是高压无空气喷涂法或厚浆涂料喷涂法。图 11-2 所示为高压无气喷涂设备的组成，以压缩空气或电力为动力，将涂料加压后通过高压无气喷枪特殊的喷嘴喷出，使涂料高度雾化成极细的微粒涂布在物体表面。

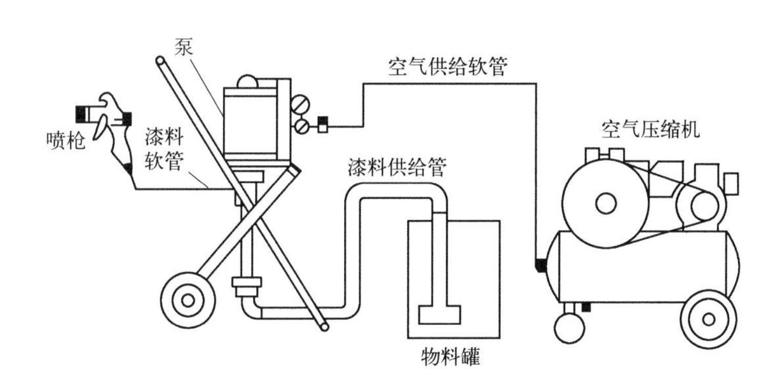

图 11-2 高压无气喷涂设备组成

高压无气喷涂法多用于喷涂高黏度的涂料，一次成膜厚度大，涂装效率高，最适于大面积涂装，如船舶、飞机、大型钢桥梁、机车车厢、化工设备和建筑物等。但是，此法对技术的要求较高，清洗较麻烦。

(2) 静电喷涂　静电喷涂是 20 世纪 60 年代发展起来的新型涂装方法。该法是以接地工件作为阳极，以涂料雾化器作为阴极接负高压（60～100kV），此时在两极间形成高压静电场，在阴极上产生电晕放电。当涂料以一定的方式雾化喷出后，立即进入强电场中使涂料粒子带负电，带负电的涂料粒子迅速“奔向”被涂物体并吸附在物体表面，干燥后便形成一层牢固的涂膜。静电喷涂原理如图11-3所示。

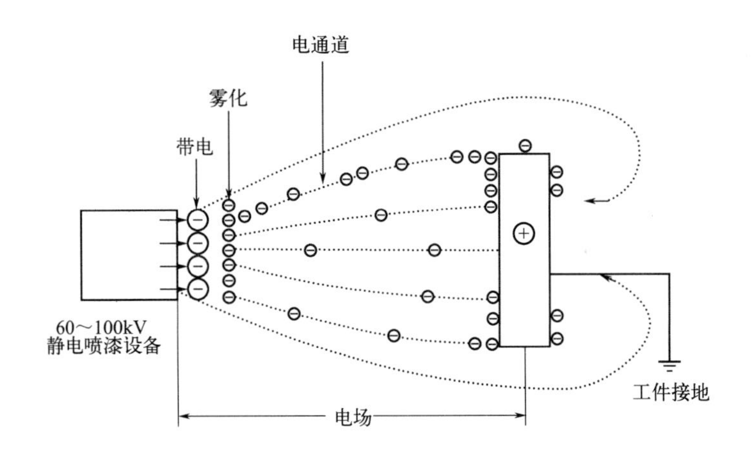

图11-3　静电喷涂原理示意图

静电喷涂法的涂料利用率高，一般可达80%～90%，并且容易实现自动化。各种合成树脂涂料均可采用静电喷涂施工，用于各种金属结构和机械、车辆、自行车、热水瓶以及各种五金制品的涂装。现在木制品只要含水率在8%以上就可进行静电涂装，如球棒、网球拍等运动器具以及椅子、小木头工件等。静电喷涂逐渐成为应用最普遍的涂装技术之一。

(3) 电泳涂装　电泳涂装实际上就是在水中进行的静电涂装，即利用直流电使带电的树脂粒子在电场的作用下，电沉积在被涂件表面。电泳涂装有阳极电泳和阴极电泳之分，被涂件作为阳极的属阳极电泳，反之为阴极电泳。阳极电泳涂料价格较低，但其耐腐蚀性能不及阴极电泳涂料。目前各厂家基本上都采用阴极电泳涂装。

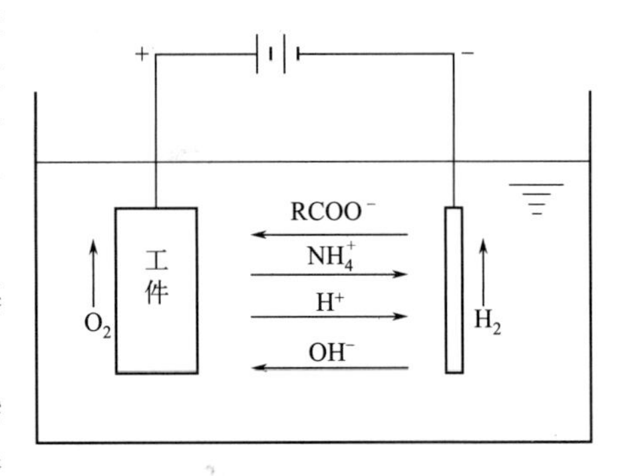

图11-4　阳极电泳涂装原理示意图

无论是阳极电泳或阴极电泳涂装，都涉及复杂的电化学过程，主要由电解、电泳、电沉积和电渗四个过程配合而进行。下面以阳极电泳涂装为例来说明，其原理如图11-4所示。

① 电解　阳极电泳涂料多用高分子羧酸的胺盐 $RCOONH_4$ 作为成膜物质，当溶于水时发生如下的解离：

$$RCOONH_4 \rightleftharpoons RCOO^- + NH_4^+$$

在电流的作用下，水被电解：

$$H_2O \rightleftharpoons H^+ + OH^-$$

阳极：$$4OH^- - 2e \longrightarrow 2H_2O + O_2\uparrow$$

阴极：$$2H^+ + 2e \longrightarrow H_2\uparrow$$

在阳极上放出氧气会被漆膜吸收，影响漆膜质量，并降低涂料的泳透力。

② 电泳　电泳是指分散在极性介质中的带电涂料胶体粒子向带电荷相反的电极方向移动。水溶性涂料是组成复杂的胶体，在直流电场作用下，带负电 $RCOO^-$ 夹带着树脂和颜料一起泳动移向阳极工件；与此同时，带正电的 NH_4^+ 则向阴极移动。

③ 电沉积　$RCOO^-$ 夹带树脂和颜料通过电泳到达阳极后，在阳极失去电子并沉积在被涂件表面，生成带有 5%～15%水的涂膜，这就是电沉积过程。

④ 电渗　在电场的作用下，树脂胶体粒子向阳极移动并沉积时，水和助溶剂从阳极附近穿过沉积的涂膜进入溶液中，使涂膜脱水并致密化。这种相对移动称为电渗。由于电渗，沉积漆膜中的固体含量增加，含水量降低，可以直接高温烘干而不起泡和流挂。

1961 年，美国汽车公司开发出阳极电泳涂料并建成世界上第一条电泳汽车轮生产线，1963 年成功地用于汽车车身涂装。由于电泳涂装可以提供高耐蚀性底漆或底面合一的面漆，在实际生产中显示出高效、优质、安全、经济等优点，因此受到各国汽车制造业的重视。现在全世界汽车车身的涂装中已有 90%以上采用阴极电泳涂装。电泳涂装可实现自动化连续生产，劳动强度低，效率高；电泳涂料以水作稀释剂，不使用有机溶剂，无中毒和火灾危险，对大气污染小，涂料利用率高达 95%以上；电泳涂膜表面均匀，附着力好，适合复杂形状的工件涂装，内腔表面也可沉积膜层。但其设备复杂，投资大，涂料品种受限。目前仅限于水溶性涂料和水乳化漆，且在涂装过程中不能改变颜色；涂料在储存过程中发生分层、沉淀等现象，稳定性变差。

(4) 粉末涂装　粉末涂装是 20 世纪 50 年代首先在美国开始应用的技术。随着各国对环境保护的日益重视和石油资源的紧缺，粉末涂装以其节省能源、无大气污染、生产效率高等特点而得到迅速发展。

粉末涂装是把粉末涂料涂布在工件表面形成均匀涂膜的一种涂装方法。粉末涂料属于完全不挥发的无溶剂涂料，品种有聚乙烯、聚氯乙烯、尼龙、氟树脂、氯化聚醚、环氧、聚酯、丙烯酸酯等。粉末涂装时，必须靠一定的温度使固体粉末涂料熔融成液态流平后固化成膜。粉末涂装一次形成的涂膜厚度一般达 60～100μm，涂膜均匀且附着力强；涂料可回收，利用率可达 95%。粉末涂装多用于一次成膜较厚的金属类零件。

粉末涂装的方法很多，目前最普遍使用的是静电粉末喷涂法，其次是流化床浸涂法；还有空气喷涂法、真空吸引法、火焰喷涂法等。

① 静电喷涂法　一般是工件接地，喷枪带负高压电，粉末粒子在静电场的作用下飞向接地的待涂工件上。工件附上粉末涂料后就送到烘烤炉内，粉末涂料受热熔融流平成膜或熔融流平后再交联固化成膜。喷涂过程中剩余的粉末通过回收装置重复利用。静电喷涂法所得的涂膜均匀程度较好，粉末损失较少；在冷态下涂敷，一般喷涂可达 100μm 左右。

② 流化床法　是将粉末涂料放在开口的容器中，容器的下部装有用石英砂与环氧树脂按一定配比制成的多孔板。在容器的下部通入净化过的压缩空气，达到一定压强后，粉末在容器内构成均匀悬浮状态的流态层，称为流态床，如图 11-5 所示。

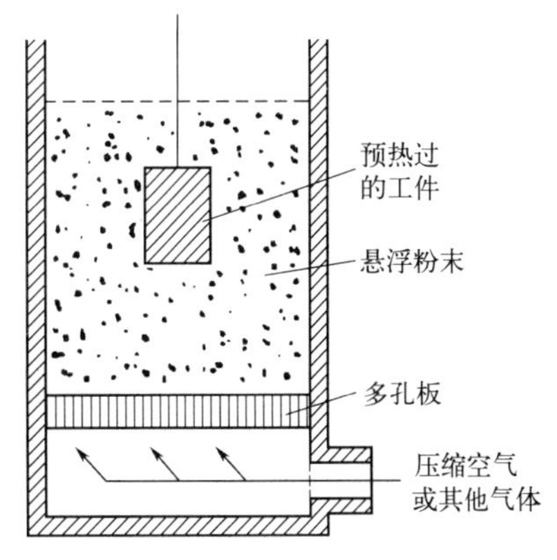

图 11-5　流化床法示意图

流态床涂装法的涂膜一般较厚，可达50～1300μm厚，防腐性能好；粉末损失量少，热塑性和热固性粉末涂料均可使用；设备造价较低，易于实现自动化生产，特别适合结构复杂的小型零件。但要求预热温度严格，涂膜均匀度较差。该方法除通常应用于小型被涂物，如阀门、管件、电容器、电感线圈、电动机及仪器仪表外壳等外，近年来也应用到中型管道的防腐涂装和高速公路隔离栅栏金属网的保护涂装。

11.4 涂装技术的发展趋势

涂装作为工业生产制造中的一道重要工序，不仅赋予产品外观美化、防护等功能，而且提升了产品的整体质量和市场竞争力，但涂装也成为挥发性有机物（VOCs）排放的主要来源。在环保政策越来越严苛以及“碳中和”大战略的背景下，涂装技术应从开发新材料、新工艺、新设备、新技术等四方面入手，向绿色环保、高效节能、智能化制造和多元化应用等方向发展。

（1）绿色环保　相关数据显示，我国每年溶剂型涂料产品的VOCs排放总量高达400万吨，相当于燃烧2.7亿吨煤的排放量。2021年中国国际涂料大会发布了《中国涂料行业“十四五”规划》，提出“十四五”期间涂料行业将朝着绿色环保方向持续发展，其中环保型涂料按照每年增加2%进行计算，到2025年环保型涂料占比从目前的60%提高至70%。因此，涂装技术研究的重点在于环保涂料的研发。环保型涂料包括水性涂料、粉末涂料、无溶剂涂料、紫外光固化涂料和高固体分涂料等。水性涂料以水作为分散剂，有时需要10%左右的有机溶剂辅助溶解和分散，粉末涂料则几乎是100%固体含量。整体看来，涂料产品将朝着水性化、粉末化和高固体分化方向发展。

目前，我国汽车行业中已经普遍使用水性涂料和高固体分涂料，水性中涂漆和底色漆使用比例由“十三五”初期的50%提高到末期的84%，更重要的是引进了与紧凑型涂装工艺相配套的水性涂装体系和高固体分涂装体系，为中国汽车涂装行业采用既节能降耗又可实现VOCs减排的涂装工艺提供了新的选择途径。目前，水性免中涂色漆体系、水性3-Wet色漆体系和与之相配套的高固体分双组分清漆产品都已经在中国本地化生产。中国已经成为这些节能、环境友好、新型涂料体系在全球应用最多、最成功的国家。

（2）高效节能　传统的涂装工艺能源消耗巨大，采取高效、节能措施有助于降低生产成本，提高企业竞争力。传统的手动空气喷涂技术易造成大量涂料过喷，涂料利用率低。涂装企业应革新涂装工艺或设备，优先选用现阶段发展和应用比较成熟的高压无气喷涂、高流量低压力喷涂、辊涂/淋涂、静电喷涂、机器人自动喷涂等高效涂装技术，以提高涂料利用效率，实现节能降耗目标。节能技术在涂装技术发展中也非常重要。涂料固化温度每降低10℃，可节省能源20%～30%，因此，涂料低温固化与超低温固化是当前涂料原材料厂商研发的主要目标，其优势不仅满足客户现场应用需求，更是响应国家节能减排政策。

（3）智能化制造　随着人工智能、物联网等技术的广泛应用，涂装工艺也在逐步实现智能化制造，自动涂装设备在各行各业中的应用日益广泛。自动涂装设备的核心技术包括高精度控制系统、智能化喷涂技术、环境友好型涂料技术等。其中，高精度控制系统能够精确地控制喷涂速度、流量和路径，在确保涂装质量的同时提高效率。智能化喷涂技术通过先进的传感器和数据处理系统，可实现对复杂工件的形状和表面的自动识别、涂料喷射模式的实时调整以及对涂装环境的监控。环境友好型涂料技术则减少了有害物质的排放，符合当前的环保要求。

在汽车行业，建设智能化的绿色涂装车间成为新的发展方向。智能化绿色涂装车间的设备和技术不断涌现，如底漆线的智能翻转输送系统、立体库、自动检测及标记技术等；个别工序也实现了手工向自动化的提升，如隔音阻尼材料自动喷涂技术。涂装车间中央控制室也逐步实现了数字化，并在多个模块实现了智能化。未来的涂装车间应能够适应个性化定制、柔性化生产需求，并可借助虚拟仿真软件实现虚拟生产，利用互联网、云计算、大数据实现质量预测、设备预测性维修及与设备供应商之间的协同生产、远程维护等智能服务。

（4）多元化应用　涂料作为国民经济配套的重要工程材料，其应用范围越来越广泛，涉及的领域也越来越多元化，不仅应用于传统的汽车、桥梁、建筑、船舶、电子、航空等领域，还拓展至新能源、新材料等领域。除了推动传统的建筑涂料、汽车涂料、重防腐涂料、海洋涂料、航空涂料、卷材涂料、包装涂料向环保和高性能方向发展，还要用新材料、新技术改进涂料的性能和开发新产品，如采用石墨烯材料及技术对涂料和颜料的各种性能进行改进；研发具有优异综合性能的纳米涂料，具备自适应、自修复、抗菌防霉等功能的智能涂料，以及能实现个性化定制和复杂结构涂装的 3D 打印涂料等。

参考文献

[1]　叶杨祥，潘肇基．涂装实用技术手册．2 版．北京：机械工业出版社，2003.
[2]　彭义军，赵杜敏，白长城．汽车涂装技术．北京：电子工业出版社，2005.
[3]　李丽．涂料生产与涂装工艺．北京：化学工业出版社，2007.
[4]　曹京宜．涂装表面预处理技术与应用．北京：化学工业出版社，2004.
[5]　仓理．涂料工艺．2 版．北京：化学工业出版社，2009.
[6]　兰伯恩，斯特里维．涂料与表面涂层技术．北京：中国纺织出版社，2009.
[7]　张安富，周宇帆．袖珍涂装工手册．北京：机械工业出版社，2000.
[8]　钱苗根，姚寿山，张少宗．现代表面技术．北京：机械工业出版社，2003.
[9]　曾晓雁，吴懿平．表面工程学．北京：机械工业出版社，2016.
[10]　姚寿山，李戈扬，胡文彬．表面科学与技术．北京：机械工业出版社，2005.
[11]　孙希泰．材料表面强化技术．北京：化学工业出版社，2005.
[12]　刘道新．材料的腐蚀与防护．西安：西北工业大学出版社，2006.
[13]　赵文轸．材料表面工程导论．西安：西安交通大学出版社，1998.
[14]　胡传炘，白韶军，安跃生，等．表面处理手册．北京：北京工业大学出版社，2004.
[15]　于泽淼，李文刚，郭鑫，等．涂装车间自动化、数字化、智能化新技术．汽车工艺与材料，2020（12）：25-28.
[16]　中国涂料工业协会．中国涂料行业“十四五”规划（一）．中国涂料，2021，36（3）：9-23.
[17]　中国涂料工业协会．中国涂料行业“十四五”规划（三）．中国涂料，2021，36（5）：1-10.
[18]　李蓬烈，范星，李欣．“双碳”政策下国内涂料的发展现状与趋势．合成材料老化与应用，2022，51（6）：20-122.
[19]　刘超，林宣乐．智能化绿色涂装车间发展方向探讨．现代涂料与涂装，2023，26（6）：60-63.
[20]　江丽，李连成．工程机械绿色涂装工艺研究．涂层与防护，2023，44（1）：28-31.

第12章 表面微细加工技术

12.1 常用微细加工技术简介

表面微细加工技术（Surface Micromachining Technology）是表面工程技术的一个重要组成部分。随着高新技术的不断涌现，大量先进产品对微细加工技术的要求越来越高，在精细化上已从微米级、亚微米级发展到纳米级。所谓微细加工是一种加工尺寸从微米到纳米量级的制造微小尺寸元器件或薄膜图形的先进制造技术。根据加工机理不同，可以将微细加工技术分为以下三类。

(1) 分离加工 将材料的某一部分分离出去的加工方式，如切削、分解、刻蚀、蒸发、溅射、破碎等。它包括光刻、化学刻蚀、电子束加工、激光加工等方法。

(2) 结合加工 指同种或不同种材料的附加或相互结合的加工方式，如蒸镀、沉积、掺入、生长、粘接等。它包括前面所介绍的气相沉积、离子注入、化学镀、电镀等方法。

(3) 变形加工 使材料形状发生变化的加工方式，如塑性变形加工、流体变形加工等。它包括热流表面加工、液流抛光、电磁成型等方法。

需要指出的是，上述三种加工方式在普通的加工（非微细加工）中都存在，区别仅在于微细加工的对象和每次加工的单元尺寸更小，加工的方法更精细。实际上，许多的微细加工都是通过前两种方式的组合来完成，如先沉积导电薄膜，然后利用光刻技术选择性腐蚀，将其制成微细图形。

表面微细加工技术是微电子工业工艺技术的主要基础。在集成电路的每一道制造工序中，它都起到关键性作用。微细加工技术不仅是大规模和超大规模、特大规模集成电路的发展基础，也是半导体、微波、声表面波、光电集成、微型机电系统等许多先进技术的发展基础。在其他许多制造部门中，涉及加工尺度从微米至纳米量级的精密、超精密加工技术也将越来越多。例如，用于汽车、飞机、精密机械的微米级精密加工。

微细加工技术涉及多个学科的多种技术，其中主要包括光刻加工、LIGA 加工、激光微细加工以及其他如机械微细加工、微细电火花加工、电解微细加工等，分别应用于不同的材料、结构及针对不同的精度要求。本章将简要介绍一些常用的微细加工技术，以及微细加工技术的典型应用实例。

12.1.1 光刻加工

(1) 光刻加工原理 光刻是集成电路制作工艺中的关键技术，它是将图像复印与化学腐蚀相结合的表面微细加工技术。其原理和印刷的照相制版相似，即在硅等基体材料上涂覆光刻胶，接着利用分辨率极高的能量束来通过掩模对光刻胶层进行曝光。经显影后，在光刻胶层上获得了和掩模图像相同的极微细的几何图形，再利用刻蚀等方法在工件材料上制造出微型结构。光刻胶又称光致抗蚀剂或感光胶，是一类经光照后能发生交联、分解或聚合等光化学反应的高分子溶液。掩模是一块印有所需加工图形的透光玻璃底版，可通过电子束曝光法将计算机设计的图形转换到掩模上。当光束照射在掩模上时，图形区和非图形区对光有不同的吸收和透过能力。图形区可以使光线完全透过，非图形区使光线完全吸收；或者相反。因此根据掩模的这种特性，在基体上涂覆的光刻胶也有正负的区别。

（2）光刻加工工艺 集成电路是将互相连接的电路元件按规定的位置制作在半导体基底上。集成电路芯片的制作过程精细而复杂，需要经过外延、沉积、氧化、扩散、离子注入等工艺制造出十分精细复杂的多层立体结构。其中每层介质材料的几何图形及层与层之间的相互关系，通常是借助一整套掩模版采用多次光刻工艺来实现的。

光刻工艺按技术要求不同而有所差异，但基本过程包括涂胶→前烘→曝光→显影→坚膜→腐蚀和去胶等七个步骤。图 12-1 所示为半导体晶片 SiO_2 薄膜的光刻过程示意图。

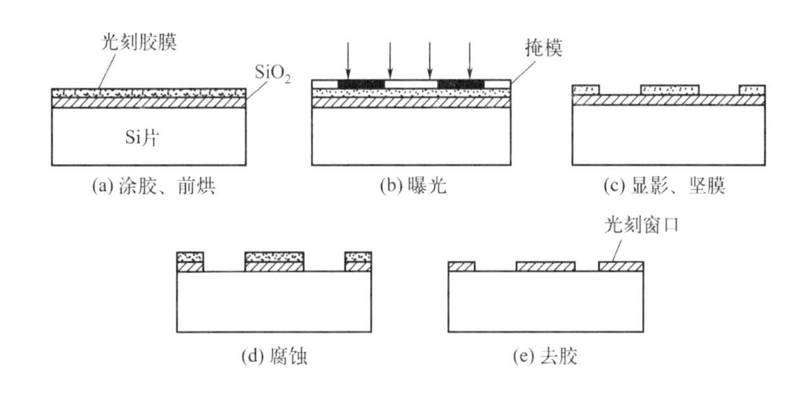

图 12-1 光刻加工的基本工艺流程

① 涂胶 将清洁处理过的 Si 片放在一个高速旋转的平台上，在 Si 片中心滴一滴光刻胶。由于离心力和胶表面张力的同时作用，在 SiO_2 膜表面形成一层厚度均匀的胶层。

光刻胶是一种对光敏感的高分子有机化合物，由光敏化合物、树脂和有机溶剂组成。当受到特定波长的光照射后，它能吸收光的能量而发生光化学反应，使光刻胶改变性质。按光化学反应的性质不同，光刻胶又有正性和负性之分。负性胶是一种在专用溶剂中的可溶性物质，但用特定波长的光照射后变为难溶物质；正性胶则相反，它本身是难溶的大分子结构，用特定波长的光照射后就分裂为小分子结构，很容易溶解在溶剂里。目前使用较广的是负性胶，正性胶主要应用于高档器件的生产。图 12-1 表示的是采用负性胶时的情况。

② 前烘 将涂好胶的 Si 片在 70℃左右的温度下烘烤 10min，使光刻胶中的溶剂缓慢而充分地挥发掉，保持光刻胶干燥。常用红外线加热或热板前烘烤方法。

③ 曝光 将掩模覆盖在光刻胶层上，或将掩模置于光源与光刻胶之间，用紫外光等透过掩模对光刻胶进行选择性照射。光刻胶受到照射的部分就发生了光化学反应，从而改变了这部分光刻胶的性质。曝光时，准确的定位和严格控制曝光强度与时间是影响光刻精度的关键因素。

④ 显影 将曝光后的 Si 片在显影液中浸泡数十秒钟时间，则负性光刻胶的未感光部分

(或正性光刻胶的感光部分) 将被溶解，从而使掩模上的图形被完整地复制到光刻胶上。显影后一般应检测图形是否套准，是否符合质量要求。

⑤ 坚膜 显影完并经清洗后，对有光刻胶膜图像的 Si 片再次烘烤，称为坚膜。此过程是为了排除光刻胶膜中残留的显影液和水分，使胶膜硬化并使其与 SiO_2 膜有更好的黏附性，并提高胶膜的耐刻蚀能力。坚膜一般是在 180～200℃的温度下烘烤大约 30min 左右。

⑥ 腐蚀 对坚膜后的薄膜进行腐蚀处理。由于在 SiO_2 层上方留下的胶膜具有抗腐蚀性能，所以腐蚀时只是将没有光刻胶膜保护的 SiO_2 薄膜部分腐蚀掉，而光刻胶及其覆盖的 SiO_2 薄膜部分则被完好地保存下来。目前常采用腐蚀液腐蚀和等离子体腐蚀两种腐蚀方法。

⑦ 去胶 腐蚀完成后，将留在 SiO_2 薄膜上的胶膜去掉。去胶方法主要有溶剂去胶、氧化去胶和等离子去胶等。

(3) 超细线条曝光技术 光刻质量的好坏对集成电路的性能影响很大，所能刻出的最细线条已成为影响集成电路所能达到的规模的关键工艺之一。光刻的精度很高，可达微米数量级。为得到蚀刻线条清晰、边缘陡直、分辨率小于 1μm 的超微细线条，近年来已开发出远紫外曝光、X 射线曝光、电子束扫描曝光以及等离子束曝光等新技术。

① 远紫外光曝光技术 远紫外光的波长为 200～300nm，与常规光刻曝光工艺中采用的 400nm 左右的紫外光相比，光的波长缩短一半左右，因此，可以获得更高分辨率的光刻线条。目前已经采用波长为 248nm 的远紫外光刻出 0.18μm 的微细线条；如果采用波长为 13nm 的极远紫外光，预计可以光刻出 0.1μm 的超细线条。但极远紫外光在材料中被强烈地吸收，其光学系统必须采用反射形式。

② 电子束曝光技术 电子束曝光是利用电子束在涂有光刻胶的晶片上直接描画或投影复印图形的技术。电子束曝光系统的加速电压通常在 10～50kV 之间，其相应的电子束波长范围为 0.005～0.01nm。如此短的波长就克服了衍射效应的限制，从而使电子束曝光具有极高的分辨率，其极限分辨率可达 3～8nm。但电子束曝光技术存在着生产效率低和设备昂贵的缺点。电子束曝光是目前亚微米高分辨率图形加工的主要手段，在研制微电子器件，特别是大规模、超大规模集成电路方面发挥着关键作用。

③ 离子束曝光技术 除采用离子源外，离子束曝光与电子束曝光的原理相似。由于离子的质量比电子大，在光刻胶和基底中的散射小，所以离子束曝光的分辨率比电子束曝光高。此外，它对光刻胶的曝光灵敏度也比电子束曝光高 1～2 个数量级。采用离子束曝光，图形最小尺寸可小于 0.1μm。但由于该技术难以得到稳定的离子源，离子能穿过的深度小，生产效率低，限制了它在工业上的大规模推广应用。

④ X 射线曝光 X 射线曝光光源的波长为 0.1～1.4nm，比紫外光短 2～3 个数量级，用作曝光源时可提高光刻图形的分辨率，可以刻出 0.02μm 的细微线条。但 X 射线曝光对所用掩模要求高，制造和修正都较困难，设备既庞大又昂贵。目前有学者正在研究点光源 X 射线曝光技术。

12.1.2 LIGA 微细加工技术

为解决光刻法制备的零件厚度过薄问题，20 世纪 80 年代初，德国卡尔斯鲁厄原子核研究所开发出一种全新的三维微细加工技术——LIGA 技术。LIGA 的最大特点是能制造平面尺寸在微米级，高度达 1000μm，高宽比大于 200 的三维微型立体结构件；而且加工的材料比较广泛，可以是金属、陶瓷和塑料等材料，尤其适合进行高重复精度的大批量生产。

LIGA 技术被认为是微机械加工的一个极为重要的发展方向，广泛应用于微型机械、微光学器件制作、装配和内连技术、光纤技术、微传感技术、医学和生物工程方面。目前，美、德等国已销售运用 LIGA 技术批量生产的微构件商品。

(1) LIGA 的工艺过程　LIGA 是德文的光刻照相（Lithographie）、电铸（Galvanoformung）、模铸（Abformung）三个词语的缩写，依次表示了该工艺的三个加工过程：深度同步辐射 X 射线光刻、电铸成型和注塑成型。LIGA 技术的工艺流程如图 12-2 所示。

① 深度同步辐射 X 射线光刻　先将厚度约 10～1000μm 的聚合物光刻胶（PMMA）涂在基底上，其上方放置一片由吸收 X 射线物质制成的掩模。利用同步加速器产生的透射力极强的深度同步辐射 X 射线，透过掩模对基底上的 PMMA 胶层进行曝光，如图 12-2(a) 所示。然后经过显影将其制成初级模版，如图 12-2(b) 所示。由于被曝光的光刻胶层被显影除去，所以该模版即为掩模覆盖下的未曝光部分的光刻胶层，它具有与掩模图形相同的平面几何图形。

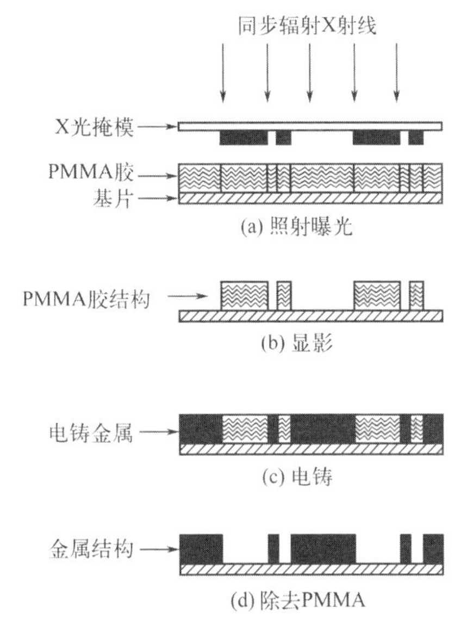

图 12-2　LIGA 工艺流程

② 电铸成型　电铸成型是根据电镀原理，在胎模上沉积相当厚度的金属以形成零件的方法。胎模作为阴极，要电铸的金属作阳极。

在 LIGA 技术中，在初级模版（光刻胶结构）模腔底面上利用电镀法形成一层 Ni 或其他金属层，将此金属基底作为阴极，所要成型的微结构金属的供应材料（如 Ni、Cu、Ag 等）作为阳极。然后进行电铸，直到电铸形成的结构刚好把光刻胶模版的型腔填满，如图 12-2(c) 所示。而后将它们整个浸入腐蚀剂中，通过腐蚀去除光刻胶形成的初级模版，剩下的金属结构即为所需要求的微结构件，如图 12-2(d) 所示。该结构即为注塑成型的二级模版。在有些情况下，也可以把这种金属结构作为最后的金属构件。

③ 注塑成型　注塑则是利用电铸得到的金属微结构作为二级模版，在模版中注入塑性材料，得到塑性微结构件。反复进行电铸和注塑，即可加工出形状一致的多种多样的微结构件，并可进行批量生产。

(2) LIGA 的发展　LIGA 技术具有优越的制造微结构的特点，缺点也同样突出：它不能够根据图形的变化随时进行相应的变动，必须更换不同的掩模版，加工工艺不够灵活；而且同步辐射 X 射线源价格昂贵。鉴于 LIGA 技术的局限性，探索低成本、高深度比的准 LIGA 技术成为微细加工研究领域的新热点，于是相继产生了紫外光 LIGA、激光 LIGA 等准 LIGA 技术，但其深宽比、侧壁垂直性等均不如 LIGA 好。

12.1.3　高能束微细加工

高能束微细加工是利用能量密度很高的激光束、电子束或离子束等去除工件材料的加工方法的总称。

(1) 激光束微细加工

① 激光束加工类型　根据光与物质相互作用的机理，激光加工大致可以分为热效应加

工和光化学反应加工两大类。

激光热效应加工是指用高功率密度的激光束照射到金属或非金属材料上，使其产生基于快速热效应的各种加工过程，如切割、打孔、焊接、去重、表面处理等；光化学反应加工主要指高功率密度的激光与物质发生作用时，可诱发或控制物质的化学反应来完成各种加工过程，由于热效应处于次要地位，故又称激光冷加工，如半导体工业中的激光刻蚀、激光辅助化学气相沉积、氧化和掺杂等。

微细加工技术发展的标志之一就是加工线宽不断缩小，激光微细加工也朝着亚微米、纳米的目标迈进。目前，准分子激光微加工、飞秒激光微加工、激光微成型、双光子激光加工等手段都在蓬勃发展。

② 准分子激光微加工　20世纪70年代，准分子激光技术研发成功。所谓准分子激光是指由惰性气体原子与化学性质活泼的卤素原子混合后放电激发出高功率的紫外光，其波长范围在157～351nm，约为YAG激光波长的1/5和CO_2激光波长的1/50，其单光子的能量高达7.9eV，比大部分分子的化学键能都要高，故能直接深入材料分子内部进行加工，其加工机理不同于普通的激光。

准分子激光是一种冷光源，加工时的热效应远远小于可见光和红外光。此外，许多材料如金属、高分子材料等对紫外光的吸收率远高于其他光，因此准分子激光加工的能量利用率高。准分子激光对聚合物有极佳的刻蚀性能，它可以在聚合物上直接刻蚀而不需显影，所制作的微结构具有深宽比大、精度高及边缘整齐等优点。美、日、德等国家十分重视该技术的开发与应用，认为聚合物微结构在微技术领域存在着相当大的潜在市场。

③ 飞秒激光微加工　20世纪80年代，飞秒激光器在美国问世，飞秒激光加工技术得到迅速发展。飞秒激光是一种以脉冲形式运转的激光，具有超快、超强和高聚焦能力三大特点。其持续时间可短至4fs（飞秒，$1fs=10^{-15}s$）以内，峰值功率高达拍瓦量级（$1PW=10^{15}W$），聚焦功率密度达到$10^{20}\sim10^{22}W/cm^2$。因此，飞秒激光可以将其能量全部、快速、准确地集中在限定的作用区域，实现对几乎所有材料的非热熔性冷处理，获得传统激光加工无法比拟的高精度、高质量、低损伤等独特优势。

飞秒激光微加工是当今世界激光、光电行业中极为引人注目的前沿研究方向。世界各国学者在飞秒激光与材料相互作用的机理研究方面已取得了重大进展，开发出以钛宝石激光器为主的飞秒激光微加工系统，开展了飞秒激光微纳加工的工艺研究，不断推动着飞秒激光微纳加工技术向着低成本、高可靠性、多用途、产业化的方向发展。该技术将在超高速光通信、强场科学、纳米科学、生物医学等领域具有广泛的应用前景。

（2）电子束微细加工　电子束微细加工有热型和非热型两种。热型加工是利用电子束将材料的局部加热至熔化或气化点进行加工的，适合打孔、切割槽缝、焊接及其他深结构的微细加工；非热型加工是利用电子束的化学效应进行刻蚀、大面积剥层等微细加工。电子束蚀刻是目前最好的高分辨率图形制作技术。

（3）离子束微细加工　离子束微细加工是利用离子源中产生的离子，引出并进行加速和聚焦，形成高能量的聚焦离子束，向真空室中的工件表面轰击来实现微细加工。

离子束轰击材料表面，会产生各种物理化学现象，如注入现象和溅射现象等。利用这些现象可以对表面进行离子注入和溅射镀膜等处理。与激光束和电子束加工时利用能量传递使材料达到局部熔化和蒸发不同，离子束加工主要利用离子束轰击材料时的动量传递实现对材料的溅射刻蚀。因而离子束加工对材料的被加工局部不产生热影响区，损伤较小。此外，高聚焦的离子束直径小于 10nm，从而可对材料进行极精密的微细加工。

形成离子束的物质可以是固体和气体，如仅用于刻蚀加工，最常用的是 Ar^+；若需同时进行注入和改性，则可以采用 N^+ 和其他固体物质的离子。

12.1.4　微细电火花加工

微细电火花加工技术的研究起步于 20 世纪 60 年代末，其原理与普通电火花加工并无区别。它是将工具电极和工件浸泡在绝缘的工作液中，利用工具电极和工件间脉冲火花放电产生的瞬时、局部高温使金属局部蒸发而被蚀除的一种加工技术。

实现微细电火花加工的关键在于微小工具电极的制作、微小能量的放电电源、工具电极的微量伺服进给、加工状态检测、系统控制及加工工艺方法等。由于微小工具电极本身就极难制作，因而用传统电火花成型加工方法进行微细三维轮廓加工是不现实的。1984 年日本东京大学的增泽隆久等人发明了线电极电火花磨削（WEDG）技术，成功地解决了微细电极的制作问题，使微细电火花加工进入了实用化阶段。图 12-3 为 WEDG 的工作原理示意图。在工件制作过程中，线电极在导向器上连续移动，导向器垂直于工件轴向作微进给，工件轴向旋转的同时作轴向进给。通过控制工件的旋转与弧度，就可以加工出各种复杂的形状。

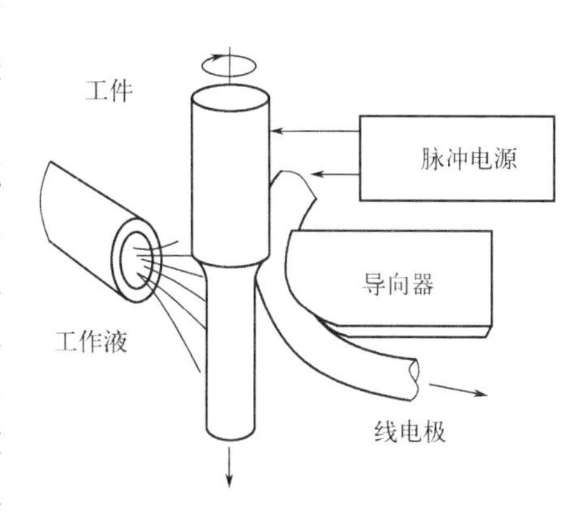

图 12-3　线电极电火花磨削示意图

12.1.5　电解微细加工

电解微细加工是指在电解液中，利用阳极金属的电化学溶解原理来去除材料的制造技术。电解液通常为 NaCl、$NaNO_3$、NaF、NaOH 等溶液，需根据加工的材料等情况来选择。电解加工时，阳极金属材料是以离子状态被溶解掉，通过控制电流的大小和电流通过的时间，来控制工件的去除速度和去除量，从而得到高精度、微小尺寸的零件。

加工间隙的大小直接影响微细电解加工的成型精度与加工效果，通过降低加工电压、提高脉冲频率和降低电解液浓度，可将电解微细加工的间隙控制在 10μm 以下。此外，电解加工也应用在直径数十微米的轴类零件的光整加工中。图 12-4 所示为采用 33MHz 频率脉冲，在 2.0V 电压的条件下在镍基体上加工出 5μm 深的三维螺旋结构。

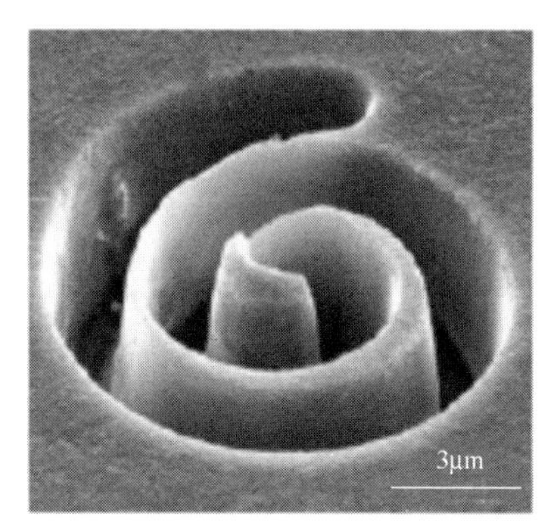

图 12-4　在镍基体上加工出的螺旋槽

12.1.6　超声波微细加工

超声波微细加工是通过工具端面作超声频率的振动，利用磨料悬浮液加工硬脆材料的一种方法。超声波加工的原理如图 12-5 所示。由超声波发生器产生的 16kHz 以上的高频电流作用于超声波换能器上，产生机械振动，经变幅杆放大后可在工具端面产生纵向振幅达

0.01～0.1mm的超声波振动。工具的形状和尺寸取决于被加工面的形状和尺寸，常由韧性材料制成，如未淬火的碳素钢。工具与工件之间充满工作液，工作液通常是在水或煤油中混有碳化硼、氧化铝等磨料的悬浮液。加工时，由超声波换能器引起的工具端部的振动传送给工作液，使磨料获得巨大的加速度，猛烈冲击工件表面，再加上超声波在工作液中的空化作用，来实现磨料对工件的冲击破碎，完成切削功能。通过选择不同工具的端部形状和不同的运动方法，可进行不同的微细加工。

与电火花加工、激光加工相比，超声波加工既不依赖于材料的导电性，又没有热物理作用；与光刻加工相比，又可加工出高深宽比的三维结构。超声波加工尺寸的精度可达±0.01mm，表面粗糙度可达0.08～0.60μm，主要用于晶体硅、光学玻璃、工程陶瓷等硬脆材料的加工。随着压电材料及电力、电子技术的发展，微细超声加工、旋转超声加工、超声辅助特种加工及超声辅助机械加工等技术已成为目前超声加工领域的研究热点，其中超声磨削、超声电解加工、超声电火花加工等已逐渐在制造业中得到应用。

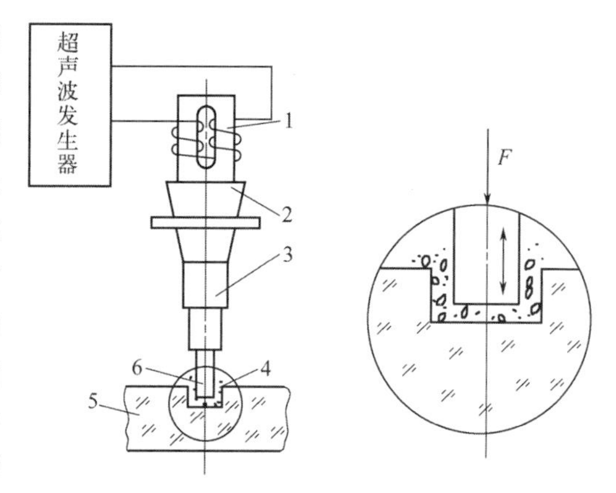

图12-5　超声波加工原理示意图

1—换能器；2，3—变幅杆；4—工作液；5—工件；6—工具

12.1.7　纳米压印技术

纳米压印技术（Nano-Imprint Lithography，NIL）是周郁教授于1995年率先提出的一种新型精密图形转移技术。与传统光刻技术全然不同，它不是应用掩模成像，而是应用三维压印模版，通过机械压力使光刻胶膜产生形变，在硅片或其他平坦基底上印制成高分辨率的凹凸胶膜图形；随后应用各向异性刻蚀工艺，在基底上形成器件的图形结构。该技术将传统的模版复型原理应用到微观制造领域，克服了传统光学光刻受到曝光波长衍射极限的限制、分辨率难以提升的缺点，并以其低成本、高分辨率、高效率、环保性和工艺简单等特点引起了各国研究人员的关注，为纳米加工技术发展开辟了一条新途径。

传统的纳米压印技术主要包括三种：热塑纳米压印技术、紫外固化纳米压印技术和微接触纳米压印技术。

（1）热塑纳米压印　热塑纳米压印是最早提出的纳米压印技术，如图12-6所示，其工艺过程分为模版制备、压印过程、图形转移三步。首先，通过电子束刻蚀或者反应离子束刻蚀技术来制作高精度的模版。一般使用SiC、Si_3N_4、SiO_2等力学性能好、热胀系数低的材料制作模版。随后利用旋涂的方式在基底上涂覆光刻胶（常用PMMA和PS），并将光刻胶加热至其玻璃化温度T_g之上。然后对模版施加机械压力，使具有微纳米结构的模版与压印胶紧密贴合；在一定压力下保温一段时间，使液态压印胶逐渐填充模版图形的空隙，再降低温度至T_g以下使光刻胶固化。接着将模版与压印胶分离，就等比例地将图形从模版转移到基底的压印胶上。最后采用各向异性反应离子束刻蚀去除残留在基底表面的光刻胶，就将图形转移到了基底上。为了减少空气气泡对转移图形质量的影响，整个工艺过程都要在小于1Pa的真空环境中进行。

利用热塑纳米压印可以制备出最小特征尺寸为5～30nm的图形，但缺点是需要在高温、高压环境下进行，工艺时间长，对实验条件要求较为苛刻。此外，高温使模版的表面结构或其他热塑性材料产生热膨胀，导致转移图形的尺寸出现误差且增加了脱模的难度。

(2) 紫外固化纳米压印　首先需要制备能让紫外光透过的高精度模版，可采用石英硬质材料或聚二甲基硅氧烷（PDMS）柔性材料制造模版。然后在基底上旋涂一层低黏度、对紫外光敏感的液态光刻胶。使用较小的压力将模版压在光刻胶之上，待光刻胶填满模版空隙，在模版背面使用紫外光进行照射，使光刻胶固化。脱模后再进行刻蚀去除基底上面残留的光刻胶，就将图形从模版转移到了基底上。紫外固化纳米压印原理如图 12-7 所示。

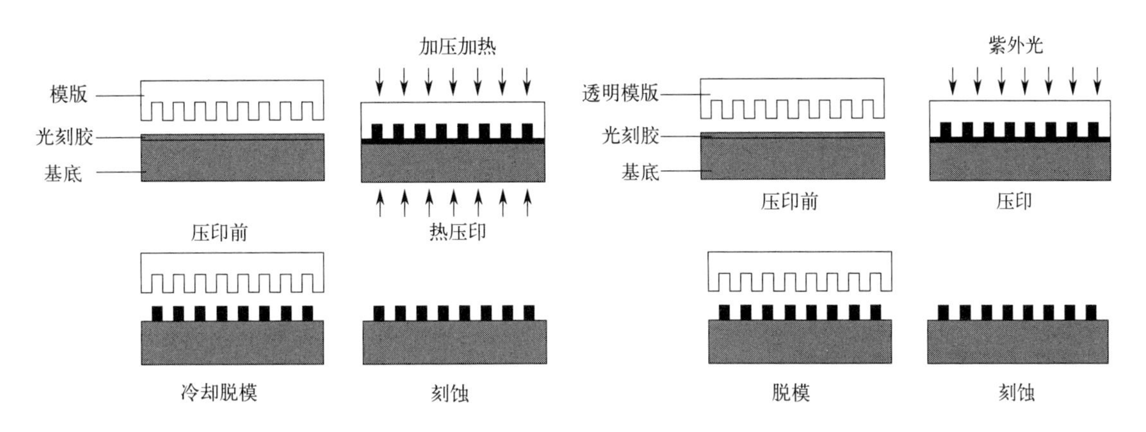

图 12-6　热塑纳米压印工艺流程　　图 12-7　紫外固化纳米压印工艺流程

与热塑压印技术相比，紫外固化纳米压印的整个工艺流程可在常温、常压下进行，无需经升温、降温等步骤，避免了热膨胀因素，也缩短了压印时间。由于使用的模版对紫外光是透明的，可利用光学方法来完成层与层之间的对准，其对准精度可以达到 50nm，容易实现多层压印和批量生产。但紫外固化无加热步骤，光刻胶中的气泡难以排出，会对细微结构造成缺陷，对工艺和环境的要求也非常高。

(3) 微接触纳米压印　微接触纳米压印又称软光刻，类似于传统意义上的盖章。其基本思想是将刻有图形的“印章”通过某种特殊“墨水”转移到基底材料上，其原理见图 12-8。首先将带有微结构图形的软模版（PDMS）浸没到硫醇溶液中，使之与其完全接触，即蘸墨过程。然后将沾有硫醇溶液的模版压在镀有 Au、Ag、Cu 等金属薄膜的基底上。之后移去模版，硫醇溶液在与金属接触的表面与其他有机分子发生反应，形成自组装单分子层（SAM）。后续处理工艺有两种：一种是湿法蚀刻，将基底浸没在氰化物溶液中，氰化物使未被自组装单分子层覆盖的金属膜溶解，这样就实现了图形的转移；另一种是通过金属膜上的硫醇单分子层来链接某些有机分子，实现自组装。目前利用该工艺制备出的微观结构的分辨率可达 35nm。

与热塑压印和紫外压印技术相比，微接触压印不需要苛刻的实验环境，也不要求表面完全平整，具有工艺简单、生产效率高以及价格低廉等优点。此法不会破坏生物表面组织，因此更适合应用于生物医学领域。

在纳米压印技术的发展历程中，通过对传统技术的改进，出现了一些新技术，如金属薄膜直接压印、滚轴式纳米压印、超声波辅助熔融纳米压印、弹性模版压印、激光辅助纳米压印、静电辅助纳米压印、气压辅助纳米压印等技术。纳米压印技术具有生产效率高、成本低、工艺过程简单等优点，不需要极紫外光刻机（Extreme Ultra-Violet，EUV）就可以生

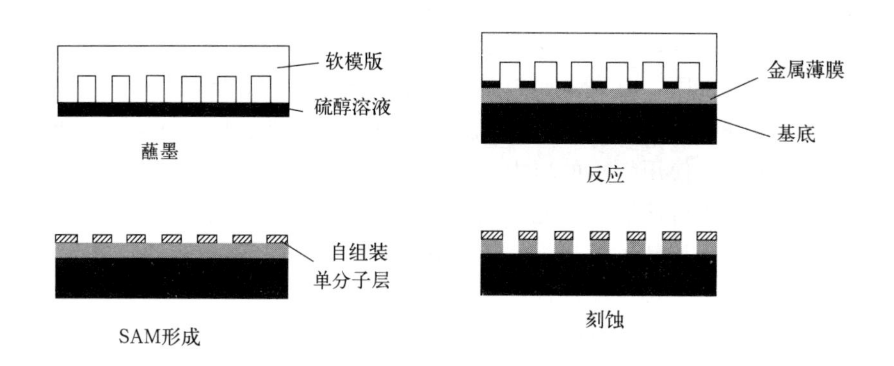

图 12-8　微接触压印工艺流程

产线宽为 5nm 甚至更小的芯片，被誉为是最具发展前途的下一代光刻技术之一。目前，纳米压印技术已经应用于光学、集成电路、纳米电子学、聚合物电子学、数据存储、生物化学、生命科学和微流体学等领域，逐渐成为一种重要的微纳米加工技术。

然而，纳米压印技术也存在着一定的技术难题。首先，由于压印模版通常需要电子束光刻等方法制备，对其他的纳米光刻技术有着很强的依赖性。其次，模版的制作非常复杂，制作高精度的模版需解决模版表面的平整度、图形的一致性等问题。此外，压印过程涉及模版与晶圆的接触，模版的使用寿命短，需要定期更换；还需要解决压印胶的稳定性、压印过程中的气泡等问题。尽管纳米压印技术在成本和生产效率方面具有优势，但要完全取代极紫外光刻机还存在一定的挑战。

12.2　微细加工技术典型应用实例

微电子技术是制造和使用微小型电子器件、元件和电路而能实现电子系统功能的技术，它是在超大规模集成电路制作工艺和硅微细加工技术的基础上发展起来的。半个世纪以来，微电子技术的巨大成功引发了一场微小型化的科技革命，使计算机技术、信息技术、自动控制技术产生了根本性的变化。微电子技术的发展将以更小、更快、更低能耗为目标，这些都与表面微细加工技术的飞速发展密切相关。

20 世纪 80 年代末期，在微电子技术的基础上将微电子和微型机械技术相结合而发展起来的微型机电系统被称为是微电子技术的又一次革命。微型机电系统技术由于其巨大的经济潜力和重要战略地位，已经得到世界各国政府的高度重视，成为当今国际极具前景的高科技竞争的热点。以下简要介绍表面微细加工技术在集成电路的制造、微型机电系统以及生物芯片技术中的应用。

12.2.1　集成电路的制造过程

集成电路的制造过程如图 12-9 所示。可以看出，集成电路的制造过程十分精细和复杂，需要经过多道工序和使用多种不同的精细加工技术，因此表面微细加工技术在其中起着核心作用，是微电子技术的工艺基础。

与集成电路有关的微细加工技术主要有外延生长、氧化、光刻、掺杂扩散、真空镀膜等，这几种精微加工技术的示意图如图 12-10。以下简要地介绍这些方法。

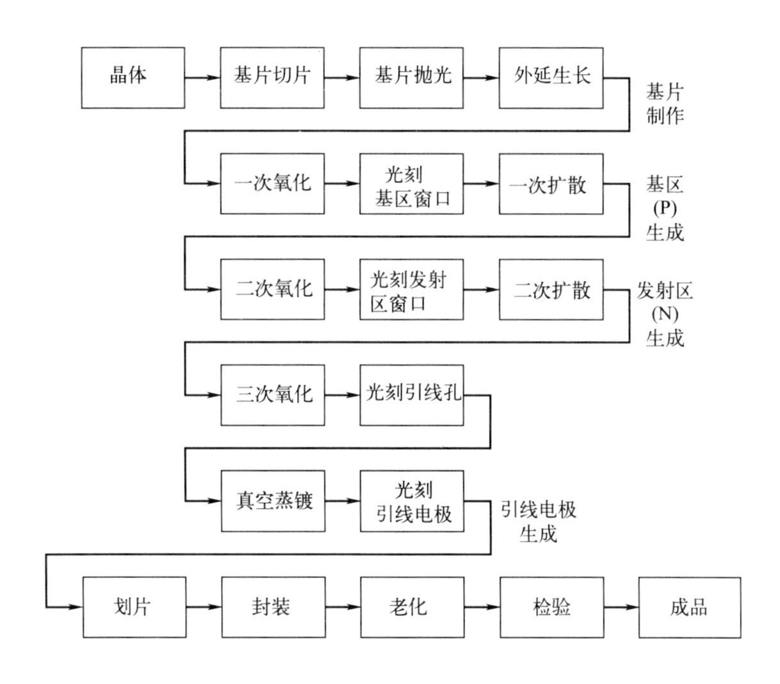

图 12-9　集成电路制造过程

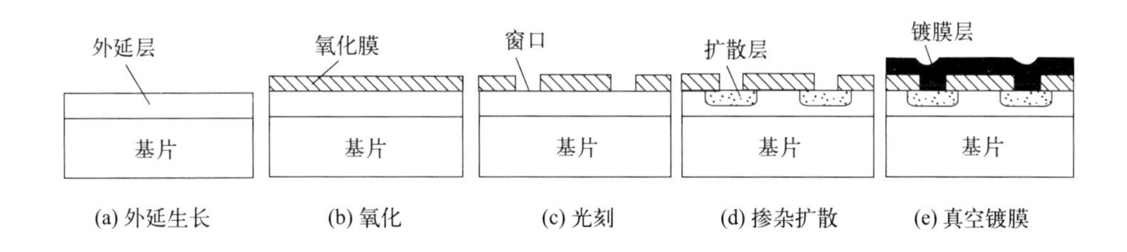

图 12-10　集成电路制造中所用的微细加工方法

(1) 外延生长工艺　外延生长是集成电路制造的重要工艺之一，也是微型机械和微型机电系统制造中常用的重要加工方法，如图 12-10(a)。外延生长是一种特殊的薄膜生长工艺，其特点是生长的外延层能保持与基底相同的晶向。例如，在单晶硅基底表面外延生长的也是同晶向的单晶硅，而在多晶硅表面或 SiO_2 表面生成的则是多晶硅。在外延层上可以进行各种横向与纵向的掺杂扩散工艺和化学刻蚀加工。

集成电路制造是在半导体晶片表面，沿原来的晶体结构轴向生长一薄层单晶层，以提高晶体管的性能。外延层厚度一般在 $10\mu m$ 以内，其电阻率与厚度由所制作的晶体管性能决定。外延生长的常用方法是 CVD 技术。

(2) 氧化工艺　氧化工艺是在半导体硅晶片表面生成 SiO_2 氧化膜，这种 SiO_2 氧化膜与半导体硅晶片附着紧密，是良好的绝缘体，可作为绝缘层防止短路及电容的绝缘介质，如图 12-10(b)。常用的是热氧化工艺，即将硅片置于高温炉内，在氧化气氛中使硅片表面与氧化物质作用生长成 SiO_2 膜。氧化气氛可以是水汽、湿氧或干氧。不同氧化气氛和条件下生长得到的 SiO_2 膜的质量是不同的。

(3) 光刻工艺　光刻工艺是在基底表面上涂覆一层光刻胶，经过前烘、曝光、显影、刻蚀等处理后，在基底上形成所需的精细图形，如图12-10(c)。光刻是集成电路制造过程中加工次数最多的工艺，其具体步骤见本章12.1。

(4) 掺杂扩散工艺　基底经氧化、光刻处理后，为在半导体中形成p型和n型区，可采用离子注入或扩散法，使某些合适的杂质（如B、P等）在未被氧化膜覆盖的区域上扩散，形成扩散层，如图12-10(d)。扩散层的性质和深度取决于杂质种类、气体流量、扩散时间、扩散温度等因素，扩散层的深度一般为1～3μm。

(5) 镀膜工艺　镀膜工艺是指在基底上形成一层薄膜的过程，主要用来制造导电的电极、元器件之间的互连线以及绝缘膜、钝化膜等。镀膜方法很多，如PVD、CVD、电镀、化学镀、离子镀、等离子喷涂、激光辅助物理气相沉积（LPVD）、激光辅助化学气相沉积（LCVD）等。

制造集成电路最常用的方法是PVD技术，采用真空蒸发或溅射的方法，将导电性能良好的金属（如Au、Ag、Pt等）沉积在基底表面，从而解决集成电路中的布线和引线制作，如图12-10(e)所示。

12.2.2　微型机电系统

(1) 微型机电系统特点　微型机电系统（Micro Electro-Mechanical System，MEMS）是将微型机构、微型传感器、微型执行器以及信号处理和控制电路，直至接口、通信和电源等集于一体的微型器件或系统。它不仅可对声、光、热、磁、运动等自然信息进行感知，而且可以根据感知到的信号去执行相关的操作与任务，因此具有许多传统传感器无法比拟的优点。构成MEMS的各元器件的尺寸在微米至纳米量级（10^{-6}～10^{-9}m），所使用的材料有硅、压电材料、磁性材料、超导材料、感光材料、形状记忆合金等。MEMS是正在飞速发展的微米和纳米技术的一项十分重要的成果，它的出现开辟了一个全新的领域和产业，在航空、航天、汽车、生物医学、环境监控和军事等领域都有着十分广阔的应用前景。

(2) 微型机电系统的典型器件与系统

① 微型传感器　微型传感器是MEMS的重要功能部件，能测出压力、力、力矩、加速度、位移、流量、磁场、温度、浓度等物理量和化学量。

② 微型执行器　微型执行器的任务是对接收到的微型传感器输出的信号做出响应，完成由微型传感器控制的预先设定的各种操作。最常用的是微电机，此外还有微开关、微阀、微泵、微打印头、微扬声器、微谐振器等。

③ 微型构件　通过微细加工技术加工出的三维微型构件有微膜、微梁、微探针、微连杆、微齿轮、微轴承、微弹簧等，它们都是微型系统的基础机械部件。

④ 微型光机电系统（MOEMS）　微型光机电系统指用于光学领域或采用光学原理工作的微型机电系统。它是MEMS发展的一个重要趋势。MOEMS在许多方面将得到广泛应用，如光通信系统、微小卫星、工控系统、家电以及大型投影设备等消费类产品。

⑤ 微型机器人　发展微型机器人主要是利用其体积小，灵活机动，能通过狭窄通道进入狭小或恶劣环境的空间等优势；其次是利用其具有很好的隐蔽性，能进行侦察工作而不被敌方发现。微型机器人近年来发展迅速，具有军民两用性质，目前已取得很多成果。

⑥ 微型飞行器　微型飞行器是20世纪90年代发展起来的高技术产品，其翼展为15cm或更小，飞行速度为30～60km/h。微型飞行器实际上是一套复杂的、可在空中飞行的高水平多功能微型机电系统。它可在山区、城市或室内等复杂环境下进行侦察、作战、跟踪尾

随，还可在化学或辐射等有害环境下执行特殊任务。微型飞行器的研制涉及材料、能源、传感和控制等多个领域，而 MEMS 技术可以为微型飞行器提供微马达、微推进器等动力模块，提供微型加速度计、微型陀螺、微型磁强计和微型压力传感器等控制模块，提供微型射频器件等通信模块和微红外探测器等侦察模块。

图 12-11 所示为澳大利亚 Defend-Tex 公司推出的 Drone-40 微型无人机。机身直径 4cm，长 12cm，拥有小型四旋翼，时速 72km/h，有效载荷 110g，最长飞行时间 12min。Drone-40 通过 40mm 的榴弹发射器发射或用手动释放，可在 1～2min 内迅速到达目标地点附近，通过内置的导航定位芯片自主飞行到预定位置。该微型无人机配备了内置合成孔径雷达，可以在空中识别和跟踪目标，尤其对坦克、装甲车等地面装备具有很高的识别率。使用者可以根据战场情况更换不同载荷，通过手持式平板电脑，借助卫星导航系统，来操控无人机执行干扰防护、战场侦察、打击目标等任务。

图 12-11 Drone-40 微型无人机

12.2.3 生物芯片技术

生物芯片技术是伴随着“人类基因组计划”的完成而发展起来的一项重大技术。在人类基因组计划实施初期，随着越来越多的基因序列被测定，需要确定不同基因组的具体功能，迫切需要建立一种高效、快速、准确、自动化的基因分析系统，以解决后基因组研究中的难题。20 世纪 80 年代初，有人提出将寡核苷酸分子作为探针并集成在硅芯片上的设想，直到 20 世纪 90 年代 Affymetrix 公司的 S. Fodor 博士才提出并研制出基因芯片。自此以后，生物芯片技术迅速发展，成为生命科学研究中继基因克隆技术、基因自动测序技术、聚合酶链式反应技术后的又一次革命性技术突破。

（1）基本原理和分类 生物芯片（Biochip）原名为核酸微阵列，是指通过微电子、微加工技术在平方厘米大小的固相载体表面构建密集排列的生物分子微阵列，从而实现对基因、细胞、蛋白质、组织、糖类及其他生物组分准确、快速、高通量的检测。例如用于骨髓分型的生物芯片，$1cm^2$ 的面积上可以存放 1 万多人的白细胞抗原基因。在微阵列中，每个生物分子的序列及位置都是已知和预先设定的。生物芯片的模样五花八门，有的和计算机芯片一样规矩、方正，有的则是一排排微米级圆点或一条条蛇形细槽，还有的是一些不同形状、头发丝粗细的管道和针孔大小的腔体。图 12-12 所示为某种生物芯片的外观形貌。

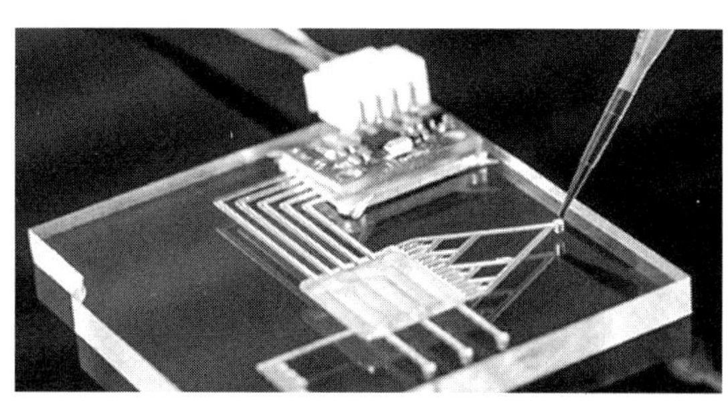

图 12-12 某种生物芯片的外观形貌

生物芯片的工作原理是以硅片、玻璃载片或高分子材料为固相载体，将许多特定的探针（基因片段或抗体）有规律地排列、固定于载体上；然后通过与标记的样品按碱基配对、抗原抗体作用原理进行反应和杂交；再通过检测系统对其进行扫描，并用相应软件对信号进行检测和比较，最后获得被测物质分子的数量、结构、序列等大量生物信息。

生物芯片可分为信息芯片和功能芯片两大类。

① 信息芯片　将与生命相关的信息分子高度集成，来实现对基因、蛋白质等生物活性物质进行高通量的检测与分析。信息芯片以基因芯片为代表，还包括蛋白质芯片、组织芯片、细胞芯片等。基因芯片又称 DNA 芯片或 DNA 微阵列，是将 cDNA 或寡核苷酸以微阵列方式固定在微型载体上制成。蛋白质芯片通过微阵列将蛋白质或抗原等一些非核酸活性物质固定在微载体上而获得。组织芯片是将组织切片按特定的方式固定在载体上，用来研究免疫组织化学等组织中成分的差异。

② 功能芯片　是在芯片上完成生命科学研究中样品的分离、扩增、生化反应等功能，包括生物样品制备芯片、核酸扩增芯片、毛细管电泳芯片等单功能芯片，以及生物传感器芯片和多功能集成的芯片实验室（Lab-on-a-Chip）等新型生物芯片。

(2) 生物芯片特点　与传统的研究方法相比，生物芯片技术具有以下优点。

① 信息的获取量大、效率高　目前生物芯片的制作方法有接触点加法、分子印章 DNA 合成法、喷墨法和原位合成法等，能够实现在很小的面积内集成大量的分子，形成高密度的探针微阵列。这样制作而成的芯片能并行分析成千上万组杂交反应，实现快速、高效的信息处理。

② 生产成本低　由于采用了平面微细加工技术，可实现芯片的大批量生产。集成度的提高降低了单个芯片的成本，可以引入柔性制造技术，在同一生产线上实现多种不同功能芯片的同时生产。

③ 所需样本和试剂少　因为整个反应体系缩小，相应样品及化学试剂的用量减少，且作用时间短。

④ 容易实现自动化分析　生物芯片发展的最终目标是将生命科学研究中样品的制备、生物化学反应、检测和分析的全过程，通过微细加工技术整合到一块芯片上去，构成所谓的微型全分析系统即芯片实验室，可实现分析过程的全自动化。

(3) 生物芯片的应用　生物芯片技术由微电子学、生物学、物理学、化学、计算机等多个学科高度交叉融合而成，是 20 世纪 90 年代中期以来影响最深远的重大科技进展之一。生物芯片在基因组研究、疾病诊断、药物筛选等领域具有广泛的应用前景，对促进人类健康和生命科学研究具有重要意义。

① 基因表达谱分析　生物芯片可以同时检测数千至数万个基因的表达水平，为研究基因功能、调控网络和疾病机制提供了有力工具。通过对正常组织和病变组织进行基因表达谱比较，可以发现疾病的特异性标志物，为疾病诊断和治疗提供依据。例如，2021 年捷克研究人员开发出一种生物芯片，可以特异性地捕获新型冠状病毒（COVID-19），通过与病毒 RNA 中的 N 蛋白结合形成复合物，从而释放出信号，检测出导致 COVID-19 传播的 SARS-CoV-2 病毒的基因序列。

② 基因多态性研究　生物芯片可以高效地检测基因序列变异、单核苷酸多态性等遗传信息，为研究遗传病、复杂性疾病和药物反应个体差异提供重要信息。

③ 疾病诊断　生物芯片技术可以同时检测多个与疾病相关的基因或蛋白质，提高疾病

诊断的准确性和敏感性。例如，通过检测肿瘤标志物，可以实现早期癌症的筛查和诊断；通过检测病原体特异性基因或抗原，可以实现病原体的快速鉴定和分型。

④ 药物筛选　生物芯片技术可以实现高通量的药物筛选，加速新药研发过程。通过构建药物靶点蛋白阵列，可以快速评估候选化合物的活性和毒性，为药物优化提供依据。

⑤ 环境监测　生物芯片技术可用于检测环境中的微生物、毒素和其他有害物质，为环境保护和公共卫生提供技术支持。

目前，世界范围内参与研制生物芯片的公司已超过 100 家，其中有 7 家上市公司在中国。新型冠状病毒感染的大流行使生物芯片技术在医学研究以及快速诊断中的重要性被再次强调，而生物芯片的量产与大规模应用会使其将来在生物医学领域中发挥越来越大的价值。随着微细加工技术和芯片实验室技术在生命科学领域中的发展，以及微流体与组织工程的无缝融合，研究人员已开发出器官芯片（Organ-on-a-Chip）平台，即在生物芯片上模拟器官的生理活动及功能，这对疾病机制研究、药物研发和个体化用药方案制订均具有重大意义，同时也减少了实验动物的使用量。现在临床研究人员已经构建了几乎所有器官的单器官芯片模型，后续的开发方向之一是将传感器集成到芯片中，从而更容易检测关键性生理参数。但受到技术设备、操作、费用等因素的限制，目前生物芯片尚难以走出实验室，故开发操作简单、价格低廉的生物芯片是其广泛应用的前提，也是未来该领域重要的发展目标。

12.3 纳米技术

随着微电子技术的发展，要求微型电器件的尺寸越来越小，集成度越来越高。以典型的集成电路产品微处理器为例：1972 年生产的 Intel 8008 八位微处理器的集成度为 2000 个晶体管/片，最小线宽为 10μm；1990 年 Intel 公司推出的 Pentium IV 微处理器，在 106mm 的芯片上集成的 2800 万个晶体管，最小线宽为 0.18μm。2022 年，NVIDIA 公司发布的 H100 单芯片内的晶体管达 800 亿个，最小线宽为 4nm。台湾积体电路制造有限公司计划将在 2030 年量产集成超过 2000 亿个晶体管、线宽仅为 1nm 的单颗芯片。在过去的几十年里，半导体行业的发展始终遵循着“摩尔定律”，即集成电路上可容纳的晶体管数量每隔 18～24 个月就会翻一倍，而芯片的成本也会随之下降。但进入 21 世纪以来，“摩尔定律”越来越接近物理极限。这是由于随着晶体管尺寸的不断减小，尺寸效应、量子效应、短沟道效应以及热效应等使晶体管性能下降甚至失效，导致了微电子器件的研发成本急剧攀升，研发周期越来越长，摩尔定律所描述的翻倍速度已经开始放缓。为超越物理极限，表面微细加工必然要进入纳米尺度下的各种研究领域。

纳米（nm）是一个长度单位，$1nm=10^{-9}m$，即等于 10Å。1nm 的长度约相当于 3～5 个原子紧密排在一起所具有的长度。通常将尺度在 0.1～100nm 范围的空间定义为纳米空间。纳米空间电子的波动性质将以明显的特征显示出来，视电子为粒子的微电子技术将失去赖以工作的基础，于是纳米电子学应运而生。以下将对纳米加工技术作简要介绍。

12.3.1 纳米电子技术

迄今为止，各种传统的电子器件只利用了电子波粒二象性的粒子性，都是通过控制电子数量来实现信号处理的。当电子器件的尺寸小到纳米尺度，即达到原子级别时，宏观的物理量发生显著变化，电子的波动性、量子效应等将在此类器件中起重要作用。根据量子力学的关系式，即：

$$\Delta x \times \Delta p = h \tag{12-1}$$

式中，Δx 为空间尺寸；Δp 为动量范围；h 为普朗克常数，$h=6.63\times10^{-34}\mathrm{J\cdot s}$。

由式(12-1) 可知，当尺寸趋向0时（$\Delta x\rightarrow0$），因两者的乘积等于常数，动量 Δp 要趋向无穷大（$\Delta p\rightarrow\infty$），这就是量子力学中的测不准原理。因此，当微米器件缩小到纳米尺度时，特性将显著不同，将产生明显的量子效应。集成器件不再遵循传统微电子学的基本运行规律，传统的理论和技术已不再适用。纳米电子技术是按照一种崭新的理念来构造电子系统，可以超越集成电路的物理和工艺限制，研制出体积更小、速度更快、功耗更低的新一代量子功能器件。

利用电子的量子效应原理制作的器件称为量子器件或纳米器件，也叫单电子晶体管。在量子器件中，只要控制一个电子的行为即可完成特定的功能，即量子器件不是单纯通过控制电子数量的多少，而主要通过控制电子波动的相位来实现某种功能。量子器件工作时，工作电流仅为1～10个电子，功耗极小，具有更高的响应速度和更低的功耗，这可以从根本上解决日益严重的功耗问题。由于器件尺度为纳米级，集成度大幅度提高，同时器件还具有结构简单、可靠性高、成本低等诸多优点。因此，纳米电子技术和纳米电子器件的发展必将引发微电子技术电子器件及集成电路的又一次重大变革。

为实现量子效应，在工艺上要实施制作厚度和宽度都只有几到几十纳米的微小导电区域(称为势阱)，因为只有当电子被关闭在此纳米导电区域中时，才有可能产生量子效应，这也是制作量子器件的关键所在。如果制作若干纳米级导电区域而导电区域之间形成薄薄的势垒区，由于电子的波动性质，可以从某势阱穿越势垒进入另一势阱，这就是量子隧道效应。势阱中形成电子能级，当电子受激励时，将从低能级跃迁到高能级，而当电子从高能级向低能级弛豫时，会发射一定颜色的光。这样一些量子效应在纳米技术中将得到有效的应用。制作量子势阱的方法有分子束外延、原子层外延、等离子体增强化学气相沉积、金属有机化学气相沉积等方法，基本上都属于表面工程技术的范畴。

12.3.2 原子操纵加工技术

扫描隧道显微镜（STM）和原子力显微镜（ATM）最初是用来检测试样表面的纳米级形貌，其原理见第14章14.1节中相关内容。在实际应用中发现，这些扫描探针显微镜不仅可以观察物质表面的原子级结构，还可以在纳米尺度上对材料表面进行各种加工处理，构造纳米级的微图形和结构，甚至可以操纵单个原子和分子。

目前，利用STM已经实现了操纵试样表面的单个原子和分子、移动搬迁原子（分子）、从试件表面提取去除原子（分子）、将原子（分子）增添放置到试件表面。其操纵原理是：当显微镜的探针对准试样表面的某个原子并非常接近时，针尖顶部的原子和表面原子的“电子云”重叠，有的电子为双方共享，就会产生一种与化学键相似的力，在一些场合下这种力足以操纵表面上的原子。为更加有效地操纵表面上的原子，通常在STM针尖和试样表面之间加上一定的能量，如电场蒸发或电流激励等能量。由于针尖和表面之间的距离非常接近，仅为0.3～1.0nm，因此在电压脉冲的作用下将会在针尖和试样之间产生一个强度在 10^9～10^{10} V/m 数量级的强大电场。这样表面上的吸附原子将会在强电场的蒸发下被移动或提取，并在表面上留下原子空穴，实现单原子的移动和提取操纵。同样，吸附在针尖上的原子也有可能在强电场的蒸发下沉积到样品的表面上实现单原子的放置操纵。

1990 年，美国硅谷 IBM 公司的 D. Eigler 等人首次成功地实现了单原子操纵。他们在超高真空和液氦温度（4.2K）的条件下，采用 STM 将吸附在 Ni(110) 表面上的惰性气体氙(Xe) 原子逐个地搬迁移动，并用 35 个 Xe 原子排列成“IBM”三个字样。每个字母高 5nm，Xe 原子间距离为 1nm，这一研究立刻引起了世界上科学家们的浓厚兴趣。图 12-13 所示为采用 STM 搬移原子所形成的图形。

(a) 搬迁Xe原子写成IBM字样

(b) 搬迁吸附在Cu表面的Fe原子形成量子围栅

图 12-13　STM 搬移原子所形成的图形（D. Eigler）

众所周知，Si 是微电子工业的基础。若能够在 Si 表面进行单原子操纵，制备出各种需要的原子尺度的器件和人工结构具有重要意义。由于 Si 是三配位的共价键结构，要操纵 Si 原子需要同时切断三个较强的共价键，有较大的难度。此外，Si 晶体是半导体，隧道电流的产生比导体难。但与金属相比，Si 表面相当稳定，因此可以在室温条件下进行原子操纵，同时在室温下操纵后的 Si 原子结构比较稳定，一般不再自行变化。而金属表面的原子操纵和加工所形成的微细结构在室温下总是不稳定的，这些结构最多在几小时内就会模糊以至消失。因此发展 Si 表面的原子操纵技术，具有更好的应用前景。

利用 STM 进行原子表面修饰和单原子操纵，使人类从现在微米尺度的加工技术跨入到超精密加工的极限领域，实现纳米尺度和原子尺度的加工，成为未来加工纳米器件（如纳米电子器件等）和切割分子（生物分子、DNA 基因等）的重要加工手段。

参考文献

[1] 贾宝贤，李文卓．微纳米科学技术导论．北京：化学工业出版社，2007.

[2] 王振龙．微细加工技术．北京：国防工业出版社，2005.

[3] 谢君堂，曲秀杰，陈禾，等．微电子技术应用基础．北京：北京理工大学出版社，2006.

[4] 郝跃，贾新章，吴玉广．微电子概论．北京：高等教育出版社，2003.

[5] 刘玉岭，檀柏梅，张楷亮．微电子技术工程——材料、工艺与测试．北京：电子工业出版社，2004.

[6] 孙肖子，张健康，张犁，等．CMOS 集成电路设计基础．2 版．北京：高等教育出版社，2008.

[7] 杜磊，庄奕琪．纳米电子学．北京：电子工业出版社，2004.

[8] 戴达煌，周克崧，袁镇海．现代材料表面技术科学．北京：冶金工业出版社，2004.

[9] 曾晓雁，吴懿平．表面工程学．北京：机械工业出版社，2016.

[10] 张国顺．现代激光制造技术．北京：化学工业出版社，2006.

[11] 胡传炘，夏志东．特种加工手册．北京：北京工业大学出版社，2005.

[12] 姚寿山，李戈扬，胡文彬．表面科学与技术．北京：机械工业出版社，2005.

[13] 王军．微细加工技术在国内外发展趋势的研究．制造技术与机床，2009 (7)：33-36.
[14] 黄佑香，张庆茂，廖健宏，等．飞秒激光微加工技术的评述与展望．金属热处理，2008，33 (6)：8-13.
[15] 袁寿财，朱长纯．纳米电子技术．半导体技术，1999，24 (1)：6-9.
[16] 潘开林，陈子辰，傅建中．激光微细加工技术及其在MEMS微制造中的应用．制造技术与机床，2002 (3)：5-7.
[17] 李志永，季画．电解加工在微细制造技术中的应用研究．机械设计与制造，2006 (6)：77-79.
[18] 袁义坤，赵增辉，王育平，等．微机械制造技术发展及其应用现状．煤矿机械，2006，27 (9)：9-11.
[19] 戴业春，周建忠，王匀，等．MEMS的微细加工技术．机床与液压，2006 (5)：15-19.
[20] 黄德欢．纳米电子技术和纳米电子器件的展望．Internet信息世界，2001 (1)：11-14.
[21] 冯亚林，郝一龙．MEMS技术及其在军事中的应用．微电子学，2006，36 (1)：66-69.
[22] 陆晓东．光子晶体材料在集成光学和光伏中的应用．北京：冶金工业出版社，2014.
[23] 袁哲俊，杨立军．纳米科学技术及应用．哈尔滨：哈尔滨工业大学出版社，2019.
[24] 薛社普．医学细胞生物学．北京：中国协和医科大学出版社，2019.
[25] 邢飞，廖进昆，杨晓军，等．纳米压印技术的研究进展．激光杂志，2013 (3)：1-3.
[26] 赖宇明，孟海凤，陈春英．纳米材料概论及其标准化．北京：冶金工业出版社，2020.
[27] 秦洪浪，郭俊杰．传感器与智能检测技术．北京：机械工业出版社，2020.
[28] 肖渊作．织物基柔性器件喷射打印成形技术．北京：中国纺织出版社，2021.
[29] 邹小波，赵杰文，陈颖，等．现代食品检测技术．3版．北京：中国轻工业出版社，2021.
[30] 方维明．食品生物技术．北京：中国纺织出版社，2021.
[31] 苑伟政，乔大勇，虞益挺，等．微机电系统．2版．西安：西北工业大学出版社，2021.
[32] 李炳宗，茹国平，屈新萍，等．硅基集成芯片制造工艺原理．上海：复旦大学出版社，2021.
[33] 齐洁敏，董志恒．病理学．2版．北京：中国医药科学技术出版社，2022.
[34] 徐霁雪，张博文，魏鸾葶，等．生物芯片技术在生物医学研究中的应用进展．实用临床医药杂志，2023，27 (1)：126-130.

第13章 其他表面工程技术

除前面所述的表面工程技术外，喷丸强化、电火花表面强化、溶胶-凝胶法成膜、搪瓷涂敷、自组装膜技术以及复合表面工程技术也是非常重要的表面工程技术。本章将分别对这些技术做简要介绍。

13.1 表面喷丸强化技术

现代动力机械、运输机械和航空机械的许多零部件，都是在交变载荷的作用下运转的，其使用寿命及可靠性在很大程度上取决于它们的疲劳强度。喷丸强化是提高零部件疲劳寿命的一个重要方法，即利用高速弹丸强烈冲击零件表面，使之产生形变硬化层及残余压应力的过程。与滚压强化、内孔挤压强化等形变强化工艺相比，喷丸强化工艺不受零件几何形状的限制，对表面粗糙度几乎没有要求，具有强化效果好、成本低廉、生产效率高等优点，已成为国内外最具代表性的表面形变强化方法之一，在机械、航空工业生产领域得到了推广应用。

13.1.1 喷丸强化原理

喷丸强化（Shot Peening）就是将大量高速运动的弹丸连续喷射到零件表面上，如同无数的小锤连续不断地锤击金属表面，使金属表面产生极为强烈的塑性变形，形成一定厚度的形变硬化层，通常称为表面强化层，如图 13-1 所示。在硬化层内产生两种变化：一是在组织结构上，硬化层内形成了密度很高的位错，这些位错在随后的交变应力及温度或二者的共同作用下逐渐排列规则，呈多边形状，在硬化层内逐渐形成了更小的亚晶粒；二是形成了高的宏观残余压应力。零件的疲劳破坏通常是其承受了反复或循环作用的拉应力引起的，而且在任何给定的应力范围内，拉应力越大，破坏的可能性越大。因此，喷丸在表面产生的残余

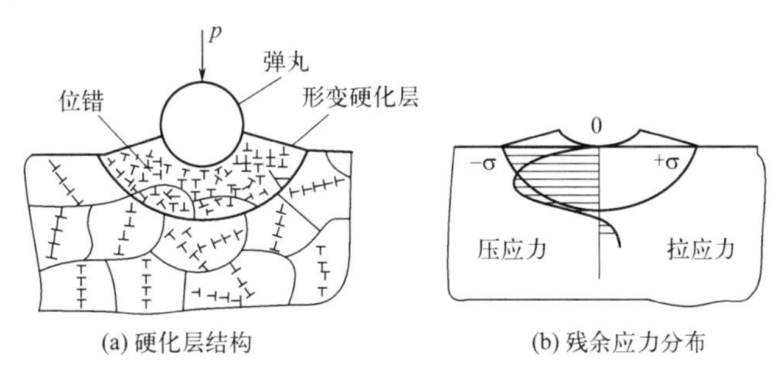

(a) 硬化层结构　　(b) 残余应力分布

图 13-1 喷丸形变硬化层结构和残余应力分布

压应力，能够大大推迟其疲劳破坏。此外，弹丸的冲击使表面粗糙度略有增大，但却使切削加工的尖锐刀痕圆滑。上述这些变化能明显地提高材料的抗疲劳性能和应力腐蚀性能。

需要指出的是，喷丸强化技术是以强化工件表面为目的，不同于第3章中所述的清理喷丸或喷砂技术。根据工况要求，喷丸强化形变硬化层的深度一般控制在0.1～0.8mm之间。

13.1.2　喷丸强化设备及弹丸材料

(1) 喷丸强化设备　喷丸强化设备一般称为喷丸机。根据弹丸获得动能的方式，可将喷丸机分为两种类型：气动式喷丸机和机械离心式喷丸机。与表面清理设备不同，两种喷丸机都必须具备以下主要机构：弹丸加速与速度控制机构；弹丸提升机构；弹丸筛选机构；零件驱动机构；通风排尘机构；强化时间控制装置。此外，对于不同类型的强化设备，还需具备其他一些辅助机构。

① 气动式喷丸机　气动式喷丸机是依靠压缩空气将弹丸从喷嘴高速喷出，并冲击工件表面的设备。吸入气动式喷丸机的结构如图13-2。将零件放置在工作台上，打开压缩空气阀门，空气经过滤器进入喷嘴。空气从喷嘴射出时，在喷嘴内腔的导丸管口处形成负压，将下部贮丸箱里的弹丸吸入喷嘴内腔，并随压缩空气由喷嘴射出，喷向被强化零件表面。与零件表面碰撞后，失速的弹丸落入贮丸箱，弹丸完成了一次运动循环。零件在不断的重复冲击下获得强化。喷丸室内产生的金属和非金属粉尘，通过排尘管道由除尘器排出室外。

气动式喷丸机可以通过调节压缩空气的压力来控制喷丸强度，操作比较灵活，适用于要求喷丸强度较低、品种多、批量小、形状复杂、尺寸较小的零件。缺点是功耗大，生产效率低。

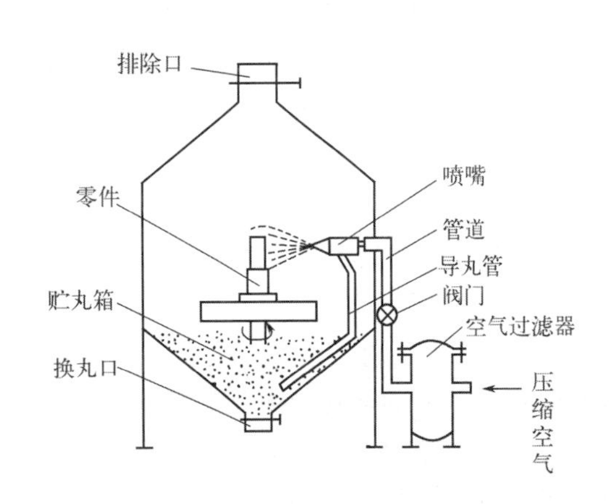

图13-2　吸入气动式喷丸机结构示意图

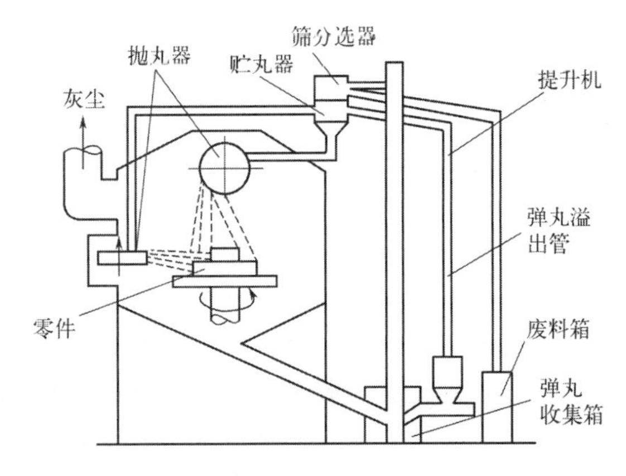

图13-3　机械离心式喷丸机结构示意图

② 机械离心式喷丸机　弹丸依靠高速旋转的叶轮抛出而获得动能的设备称为机械离心式喷丸机，其结构如图13-3所示。通过调节离心叶轮的转速而控制弹丸的运动速度。通常弹丸的运动速度应在35～75m/s范围。与气动式喷丸机相比，这种喷丸机功率小，生产效率高，喷丸质量稳定，适用于要求喷丸强度高、品种少、批量大、形状简单、尺寸较大的零件。缺点是设备的制造成本较高。

③ 旋片喷丸器　旋片喷丸技术是喷丸工艺的一个分支和新发展。旋片喷丸器主要由旋片和旋转动力设备两部分组成，其结构如图13-4所示。旋片主要由弹丸、胶黏剂和骨架材料三部分组成，其作用是把弹丸用特种胶黏剂粘在尼龙平纹网上。旋转动力设备一般采用风

动工具作为旋片喷丸的动力源，并要求压缩空气的流量可调，从而达到控制转速的目的。当旋片高速旋转时，粘有大量弹丸的旋片反复撞击工件的表面，使之产生形变强化。旋片喷丸技术适用于大型构件、不可拆卸零部件和内孔的现场原位施工，由于具有成本低、设备简单、易操作及效率高的突出特点，它在机械维修中将有更广阔的发展前景。

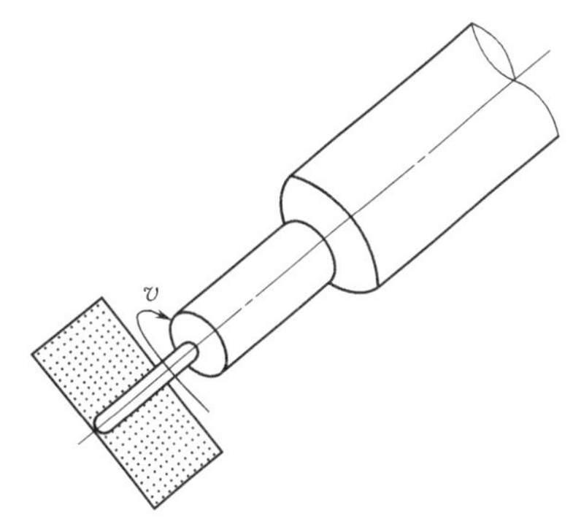

图 13-4 旋片喷丸器结构示意图

(2) 喷丸强化用弹丸 喷丸强化用的弹丸，首先要求它应具备圆球形状；其次弹丸在具有一定冲击韧性的情况下，其硬度越高越好。经常使用的弹丸直径一般为 0.05～1.5mm。根据材质不同，弹丸主要有铸铁丸、铸钢丸、不锈钢丸、弹簧钢丸、玻璃丸、陶瓷丸等。其中不锈钢丸和弹簧钢丸多由钢丝切割制成，所以又称为钢丝切割丸。黑色金属零件可选用铸钢丸、铸铁丸或玻璃丸，有色金属和不锈钢零件选用玻璃或不锈钢丸。

13.1.3 喷丸强化应用

喷丸强化工艺适合于一切金属材料，可显著地提高金属在室温和高温工作时的疲劳强度，此外，还可提高抗应力腐蚀开裂能力。喷丸强化广泛应用于弹簧类、齿轮类、叶片类、轴类、链条类等零件的表面强化。

现举例说明喷丸对各种机械零件的强化效果。南汽生产的 NJD433 内燃机用 55CrSiA 气门弹簧，其疲劳寿命一直在 6×10^6 次上下徘徊，采用最佳工艺喷丸后，寿命达到 2.3×10^7 次，第一次达到国际规定的寿命；喷丸强化 2Cr13 制造的叶片，其疲劳强度极限可提高 53%；20CrMnTi 渗碳齿轮，在台架上进行试验，喷丸齿轮比不喷丸齿轮延长寿命约 8 倍；铝合金 LD2 经喷丸处理后，寿命从 1.1×10^6 次提高到 1×10^8 次以上。

利用喷丸强化技术可细化晶粒，进而提高材料的耐蚀性。例如，某洗衣机主轴采用铸造 Al-Si 合金，长时间在洗衣粉作用下发生腐蚀断裂。为了提高耐蚀性，对该材料试样进行喷丸处理，其金相组织如图 13-5 所示。喷丸处理后，表面有明显的塑性流变，流变层有一定的厚度，流变层的晶粒取向趋于一致，晶粒细小狭长，称为流变区；过渡区介于流变区与未发生变形的基体之间，有部分发生变形；基体处的晶粒趋于圆形，粗大且晶粒取向不明显，如图 13-5(a) 所示。进一步高倍观察流变区，能明显地看到塑性流变及其方向，晶粒细化，如图 13-5(b) 所示。在过渡区可见晶粒尺寸逐渐增大，如图 13-5(c) 所示。

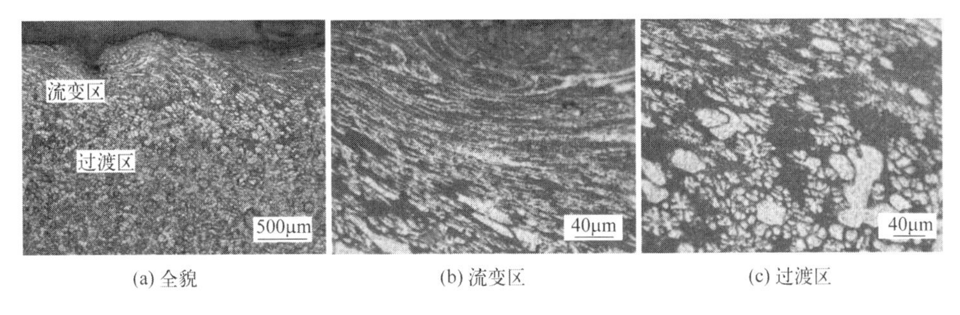

(a) 全貌　(b) 流变区　(c) 过渡区

图 13-5 Al-Si 合金喷丸处理的截面金相组织

Al-Si合金喷丸处理断面的表面最高显微硬度为275HV，由表及里逐渐降低，基体显微硬度为110HV，这说明经喷丸强化后的Al-Si合金表面的硬度有所提高。Al-Si合金喷丸处理试样在碱性溶液中的耐蚀性是未喷丸处理试样的2倍，这也说明喷丸强化可以提高Al-Si合金的耐腐蚀性能。

13.2 电火花表面强化

电火花表面强化（Electric Spark Surface Strengthening）是一种简便易行的金属材料表面处理的特殊工艺。它是利用电极材料与金属工件表面间的脉冲火花放电，将作为电极的导电材料熔渗到金属工件的表层，形成高硬度、耐磨且具有物理化学特性的强化层。电火花表面强化由于其独特的技术优势和节能环保特点，于20世纪70年代就开始在生产上得到应用，并逐步推广。目前，电火花表面强化已在机械制造、电机、电器、轻工、化工、农业机械、交通和钢铁工业等许多部门得到了应用。

13.2.1 电火花表面强化原理

电火花表面强化的原理是：储能电源通过电极以10～2000Hz的频率在电极与工件之间产生火花放电，在10^{-5}～10^{-6}s内电极与工件接触的部位即达到8000～25000℃的高温，使该区域的局部材料熔化、气化或等离子体化，将电极材料高速过渡并扩散到工作表面，形成冶金结合型的牢固强化层。

电火花表面强化设备的最基本组成部分是脉冲电源和振动器，前者供给瞬间放电的能量，后者使电极振动并周期地接触工件。其设备结构如图13-6所示。

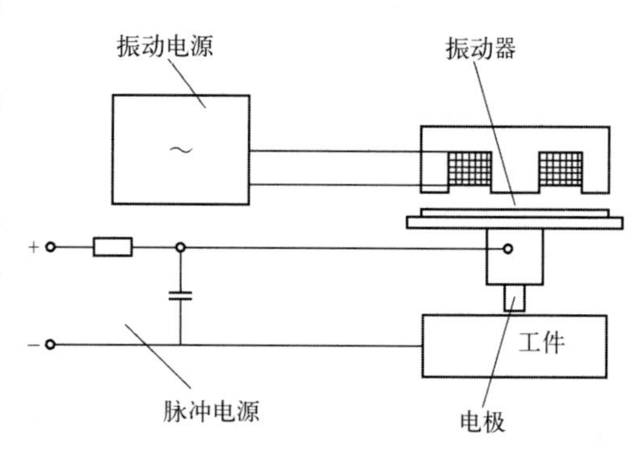

图13-6　电火花表面强化设备结构简图

工作时，电极随振动器作上下振动。当电极与工件分开并有较大的距离时，电源通过电阻对电容充电，此时的状态如图13-7(a)所示，图中的箭头表示该时刻电极振动的方向。此后，电极随着振动器的振动向工件移动，当两者间的间隙小到某一值时，间隙中的空气在电场强度的作用下被击穿，产生火花放电，使电极端部和工件材料表面局部熔化，甚至气化，如图13-7(b)。当电极继续下移至接触工件后，火花放电结束，在接触点处流过短路电流，使该处继续加热熔化；当电极进一步下降时，对熔化微区施加一定的压力，使电极与工件材料的熔液压合互渗，各种元素急剧扩散形成新的合金熔渗层。这一过程如图13-7(c)所示。随后，电极在振动器的作用下反向移动，脱离工件。由于工件的热容量比电极大，工件熔化微区急剧冷却，产生淬火效应，并在工件表面形成强化层，如图13-7(d)所示。依此重复充、放电，并相应地移动电极，就可在工件需要强化的表面区域形成强化层。

研究结果表明，强化层是由电极材料与工件材料组成的新合金层。合金层组织较细，具有较高的硬度、较好的耐高温性能和耐磨性。其厚度可达5～150μm，显微硬度可达到1200HV以上。

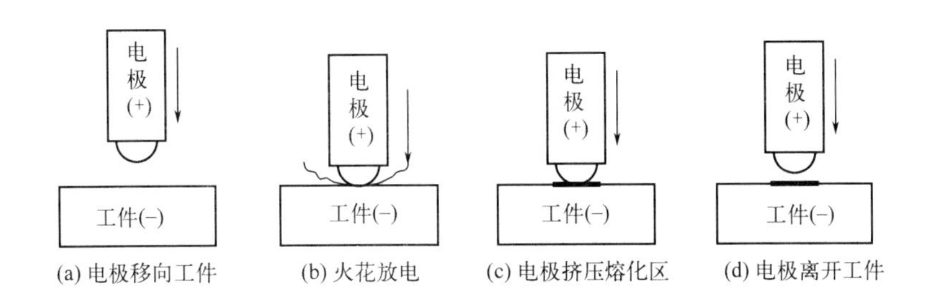

图 13-7 电火花表面强化过程中的电极状态

13.2.2 电火花表面强化工艺

电火花表面强化工艺包括表面准备、强化及后处理。

(1) 强化条件和要求 首先根据工件的材料、硬度、工作表面或刀口情况、服役条件，确定强化部位和强化层的技术要求。电火花强化适合于合金钢、碳钢和铸铁等黑色金属，只是强化层厚度有所差异；而 Al、Cu 等有色金属则难以采用此法强化。此外，强化层虽具有较高硬度，但很薄，不能代替原有的淬火工艺。因此，对于刀具、模具等具有高硬度要求的工件，要在淬火后再进行电火花强化。对于修复件，磨损量超过 0.06mm 的零件就难以用电火花强化进行修复了。

(2) 电极材料及设备 电火花强化采用的电极材料必须是导电的，根据使用要求可选择不同的材料。最常用的电极材料是 YG8、YG6、YT15 等硬质合金，主要用于模具、刀具和耐磨零件的表面强化；对需要修补或有防腐蚀要求的工件，可选择高速钢、铬钢、合金工具钢以及 Al、Cu、石墨等电极材料。选择电火花强化设备时要考虑以下因素：必要的放电能量和适当的短路电流；电气参数调整方便；有较高的放电频率、较高的电能利用率；运行可靠和便于维修。

(3) 工艺操作要点 为获得满意的电火花强化效果，进行电火花工艺操作时，首先要对被强化工件表面彻底清洗，一般用汽油或者丙酮清洗工件表面，去除油垢后晾干即可。

操作时，电极与工件表面要垂直或稍倾斜，但不宜正对着棱边，以免被烧熔。电极要匀速移动，移动速度为 1～3mm/s，按小圆环形轨迹运动前移，并施加均匀的压力，可较易获得均匀的强化层。选择电参数时，一般先选择大电容作粗电火花强化，强规范用大直径电极，以获得较厚的强化层；再改用小电容作细电火花强化，弱规范用小直径电极，以提高涂敷层的均匀性，并获得较小的表面粗糙度值。

强化结束后，对工件表面进行清理和修整，必要时应进行强化层厚度测试、小负荷硬度试验和金相试验，有些工件还要进行研磨和回火处理才可使用。

13.2.3 电火花强化的应用

电火花强化可提高工件的硬度、耐磨性、耐蚀性、抗高温氧化性和红硬性。目前，该工艺广泛应用于模具、刀具和大型机械零件的局部强化与修补。

(1) 表面强化 应用于冷冲模、压弯模、拉深模、挤压模、压铸模和轧辊等模具；车刀、刨刀、铣刀、钻头、梳刀、拉刀、推挤刀、丝锥等刀具；机床导轨、导向件、滚轮、凸轮等易摩擦磨损零件。刀具和模具强化的部分应用实例及效果见表 13-1。

表 13-1 机械零件电火花表面强化应用实例

工模具和机械零部件	电火花强化处理后的效果
高速钢刀具	寿命一般提高 1～3 倍
冲不锈钢的模具	刃口刃磨寿命一般提高 6 倍
ϕ260mm 铸铁轧辊	轧制寿命提高 2 倍，成本、能耗下降
45 钢锻模	使用寿命一般提高 0.5～2 倍
机床导轨	两班制开动，导轨大修周期延长 2～3 年

(2) 表面修补 主要用于游标卡尺、千分尺、塞规、卡板等量具；主轴轴颈、各种套筒、机床导轨、离合器和摩擦片等机械零件及模具的微量修补。在磨损超差之后，利用电火花强化能使工件表面微量增厚，达到原件的尺寸公差要求，使这些要报废的零件重新使用。

(3) 其他功能 对医疗器械和某些工件表面涂敷金或银，可以增强其防腐蚀能力。此外，选用硬质合金、铜等导电材料作电极，能方便迅速地在模具和有色金属零件表面上刻字、打标记；利用附加的穿孔器，可在淬火的工件上加工不通孔或用来粉碎折断在孔中的丝锥或钻头。

13.3 溶胶-凝胶法成膜

溶胶-凝胶法（Sol-Gel Process）是根据胶体化学原理，以适当的无机盐或有机盐为初始原料制成溶胶，涂覆于基体表面上，经水解和缩聚反应等在基体表面凝胶成薄膜，再经干燥、煅烧与烧结获得表面膜的方法。溶胶-凝胶法是 20 世纪 70 年代发展起来的制备材料的新方法。此法的突出优点是：制备的材料化学纯度高，均匀性好，工艺简便，烧结温度低。现已用于制备玻璃、陶瓷、纤维、纳米超细粉体、多孔固体、涂层和功能薄膜等新材料。

13.3.1 溶胶-凝胶法成膜工艺

(1) 溶胶-凝胶法成膜原理 溶胶是指尺寸为 1～100nm 的固体颗粒在适当的液体中形成的分散体系。当在一定条件下，溶胶失去液体介质，导致体系黏度增大到一定程度时，形成具有一定强度的固体胶块，叫作凝胶。

制备溶胶的原始材料有无机盐和有机盐两类。无机盐溶胶常用卤化物和氢氧化物，适于工业上使用，纯度不高；有机盐溶胶常用金属醇盐，适合精细材料的制造。溶胶-凝胶法使用最多的原料是烷氧基金属醇盐 $M(OR)_n$，其中 M 代表金属，R 代表烷基 C_mH_{2m+1}。采用金属醇盐制备溶胶-凝胶薄膜的主要流程如图 13-8 所示。

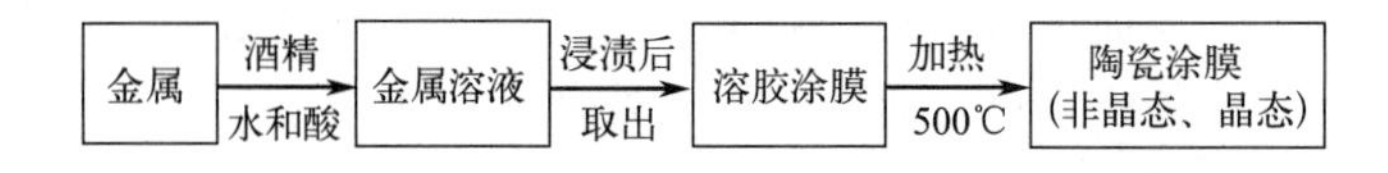

图 13-8 金属醇盐制备溶胶-凝胶薄膜的流程图

将金属醇盐 $M(OR)_n$ 中添加酒精制成混合溶液，之后再添入水和作为催化剂的酸制成初始溶液。将初始溶液在室温至 80℃ 下循环搅拌，使之发生醇盐的加水分解和聚合反应，生成 M—O—M 结合键的胶体粒子。反应继续进行就变成整体固化的凝胶。以四乙氧基硅烷的反应为例，其水解反应式如下：

$$nSi(OC_2H_5)_4 + 4nH_2O \longrightarrow nSi(OH)_4 + 4nC_2H_5OH \quad (13\text{-}1)$$

式(13-1) 中生成的 $Si(OH)_4$ 富有反应性，发生如式(13-2) 中的聚合反应，形成以 —Si—O—Si 键接的 SiO_2 固体。

$$nSi(OH)_4 \longrightarrow nSiO_2 + 2nH_2O \quad (13\text{-}2)$$

上述两式可综合为：

$$nSi(OC_2H_5)_4 + 2nH_2O \longrightarrow nSiO_2 + 4nC_2H_5OH \quad (13\text{-}3)$$

式(13-3) 表示反应物全部参加反应的情况。实际上，水解和聚合的方式随反应条件不同而变化，是很复杂的。为了获得最佳的膜层性能，烷氧基金属的水解速度和聚合反应速度的控制是非常重要的。对于以上反应，由于四乙氧基硅烷非常稳定，因此只加水时其分解反应较慢，一般还需加入盐酸或氨作为催化剂来促进加水分解反应。而对于不稳定的烷氧基锆、烷氧基钛等，则需抑制加水分解反应，如在 N_2 或 Ar 干燥气氛中利用空气中的水产生水解，也可以添加稳定剂，如乙酰丙酮、β-二酮类等。

(2) 溶胶-凝胶膜的制备方法　溶胶-凝胶薄膜的制备方法有很多，最简单的方法是刷涂法，但最常用的方法是浸渍提拉法和旋转法。

① 浸渍提拉法　是将整个洗净的基板浸入预先制备好的溶胶中，然后以一定速度将基板平稳地从溶胶中提拉出来，此时在基板表面形成一层均匀的液膜；随着溶剂的不断蒸发，附着在基板表面的溶胶迅速凝胶化而形成一层凝胶膜。膜层厚度随提升速度和黏度的增大而增加，故常用提升速度来控制膜厚。浸渍法的优点是设备简单，操作方便，可在玻璃两面同时镀膜。缺点是提拉时出现流挂现象，造成膜层不均匀。

② 旋转法　旋转法又称离心法和甩胶法，是将基板固定在旋转盘上，滴管垂直于基板并固定在基板的正上方。当滴管中的溶胶液滴落到旋转的基板表面时，在离心力的作用下，溶胶迅速而均匀地铺展在基板表面，然后经干燥、烧结成膜。旋转法可制成厚度均匀的高质量膜层，但不经济。此法适于玻璃小圆盘和透镜的镀膜，常用于光学器件。

13.3.2　溶胶-凝胶法的应用

采用溶胶-凝胶法可在玻璃、陶瓷及金属等许多基体表面获得氧化物薄膜。目前采用此法已经制备出保护膜、光学膜、着色膜、分离膜、铁电膜和催化膜等各种薄膜，具有广阔的应用前景。

(1) 保护膜　SiO_2、ZrO_2、Al_2O_3、TiO_2 和 CeO_2 等氧化物具有良好的化学稳定性，采用溶胶-凝胶法可在金属基体上制备上述氧化膜，可大大提高器件的使用寿命和性能。

(2) 光学薄膜　在光学领域，往往需要获得能满足特殊要求的光学膜，如高反射膜、低反射膜、波导膜等。在玻璃表面制得的 SiO_2 薄膜具有良好的低反射作用，通过控制工艺因素可以有效地控制薄膜厚度，以便制得对不同波长光的最佳透光膜。此外，已制备出 Ta_2O_5、SiO_2-TiO_2、SiO_2-B_2O_3-Al_2O_3 等组成的反射膜。采用溶胶-凝胶工艺还可制得高反射膜，如 Al_2O_3/SiO_2 多层膜对波长为 1.06μm 光的反射率可达 99%以上。

In_2O_3-SnO_2 薄膜（ITO 薄膜）是一种性能良好的透明导电材料，它对可见光的透射率达 85%以上，对红外光有较强的反射率，并具有低的电阻率，与玻璃有较强的附着力、良好的耐磨性和化学稳定性。因此，已被广泛地应用于液晶平面显示器件、汽车挡风玻璃、太阳能收集器、微波屏蔽和防护镜及电致变色灵巧窗等。溶胶-凝胶工艺不但可以方便地制备大面积ITO薄膜，而且还能同时在透明玻璃的两个表面成膜。

(3) 分离膜 分离膜已在化学工业上得到广泛的应用。采用溶胶-凝胶法制备的无机分离膜具有孔径可控、化学性和热稳定性良好的特点。目前，已制备出SiO_2、ZrO_2、Al_2O_3、SiO_2-TiO_2、Al_2O_3-SiO_2和TiO_2等系的分离膜，采用这些无机膜可以从含有CO_2、N_2和O_2的混合气体中分离出CO_2气体。

(4) 铁电薄膜 铁电薄膜是指具有铁电性且厚度尺寸为数十纳米到数微米的薄膜材料。它具有极好的铁电、压电、介电和热释电性能，在制作动态随机存取存储器（DRAM）、非制冷红外探测器、集成光学器件、压电微传感器、微驱动器、热释电红外传感器等方面，具有非常广阔的应用前景。目前，溶胶-凝胶法已被广泛用于制备$BaTiO_3$、$PbTiO_3$、Pb（Zr，Ti）TiO_3、（Pb，La）TiO_3、（Ba，Sr）TiO_3、Ba（Zr，Ti）O_3等铁电薄膜材料。

(5) 着色膜 通过溶胶-凝胶法已在玻璃基体上制备出各种颜色的膜层，如在SiO_2基或SiO_2-TiO_2基中掺入Ce、Fe、Co、Ni、Mn、Cr、Cu等后可使膜层产生各种颜色。

(6) 其他膜 用溶胶-凝胶法还可制得荧光膜、非线性光学膜、折射率可调膜、热致变色膜、催化膜等。

13.4 搪瓷涂敷技术

搪瓷（Enamel）是将玻璃质瓷釉涂敷在金属基体表面，经过高温烧结，使瓷釉与金属基体之间发生物理化学反应，形成与基体结合牢固的涂层的工艺。搪瓷的基体金属可以是钢、铸铁、铝、铜以及贵金属等。金、银等贵金属的搪瓷主要作为艺术品和装饰品，通常称为珐琅。搪瓷工艺综合了基体金属和非金属涂层的优点，整体上具有金属的力学强度，表面又具有玻璃的耐蚀、耐热、耐磨、易洁和装饰等特性。搪瓷涂层的玻璃特性使它与一般陶瓷涂层不同，而其无机物熔结在金属表面又区别于一般的油漆层。

搪瓷具有悠久的历史，几乎与玻璃同期出现。古埃及、希腊和中国都是早期生产搪瓷制品的国家。唐初，人们就掌握了铜上搪瓷的技术，明代就生产出著名的景泰蓝高级工艺品。最初的搪瓷主要是将透明着色的含铅易熔釉涂烧在金、银、铜等金属表面，作为首饰和陈列品。1800～1835年间，世界上第一批搪瓷工厂在欧洲出现。19世纪后期开始发展钢板搪瓷。1860年将精制硼砂和其他原料引入瓷釉成分中，将搪瓷瓷釉的物理化学性能提高到一个新阶段。19世纪70年代，发现添加氧化砷有利于瓷釉与金属的结合之后，找出一些优良的密着剂，如氧化钴、氧化镍、氧化铜等，推动了搪瓷工业的进一步发展。现在，搪瓷早已不只是简单的装饰品，而是作为一种性能优良的复合材料广泛用于化工、农业、科研、国防和日常生活的各个领域。

13.4.1 瓷釉

瓷釉是将一定组成的玻璃料熔块与添加物一起进行粉碎混合制成釉浆，然后涂烧在金属表面上形成涂层。因为搪瓷都是根据具体应用而设计的，故玻璃料的差别往往较大。一般瓷釉主要由四类氧化物组成：RO_2型，如SiO_2、TiO_2、ZrO_2等；R_2O_3型，如B_2O_3、Al_2O_3等；RO型，如BaO、CaO、ZnO等；R_2O型，如Na_2O、K_2O、Li_2O等。此外还有R_3O_4等类型。

根据瓷釉的化学成分，将各种化工原料（硼砂、纯碱、碳酸盐、氧化物）和矿物原料

（硅砂、锂长石、氟石等）按比例配料混合后，均需先熔融成玻璃液并淬冷成碎块或薄片，称为玻璃熔块。用量较大的熔块由玻璃池炉连续生产，其玻璃熔滴由轧片机淬冷成小薄片；用量不大的熔块用电炉、回转炉间歇式生产，然后将熔融的玻璃液投入水中淬冷成碎块。将上述玻璃熔块加入到球磨机后，再加入球磨添加物如膨润土、陶土、电解质和着色氧化物，最后加水，经充分球磨后就制得釉浆。但是，干粉静电涂搪用的玻璃料是直接球磨而成的。

按瓷釉功能不同，可将瓷釉分为底釉、面釉、色釉和特种釉四大类。其中底釉与基体结合良好，常作为面釉与金属相互结合的过渡层；面釉是涂在过渡层上面的表面瓷釉，它赋予制品光滑美观的表面和相应的物理化学性能；色釉指装饰品的彩色釉，也作为彩色搪瓷的面釉和彩花釉；特种釉是为了满足耐高温、耐高压、发光、吸收和发射红外线、绝缘等特种用途的瓷釉。

13.4.2 搪瓷涂敷工艺

搪瓷涂敷工艺的基本过程为：金属坯体成型→表面预处理→涂敷→烧成。

(1) 金属坯体成型 搪瓷的金属基材有低碳钢、铸铁、铝合金、金、银、铜等。根据搪瓷制品的用途，采用剪切、冲压、铸造、焊接等加工方法将金属基材制成坯体。

(2) 表面预处理 包括碱洗、酸洗、喷砂等。

(3) 釉浆涂敷 釉浆的涂敷方法与涂装方法类似，有手工涂搪、喷雾涂搪、自动浸搪、电泳涂搪、湿法或干粉静电涂搪等多种。对于一种特定的制件来说，要根据制品数量、质量要求、原材料来源、生产效率和经济成本等来合理地选择涂敷方法。

上述方法中，仅干粉静电涂搪属于干法涂敷，适合大批量搪瓷制品的生产。其过程是：将带电的专用瓷釉干粉输送到绝缘式喷枪内，喷涂到放在传送器上的带正电的基体上完成涂搪作业，没有涂到制品上的瓷釉干粉由空气输送循环使用。此法釉粉利用率高，涂搪后制品不用干燥即可烧成。

(4) 搪瓷烧成 搪瓷烧成是在燃油、天然气、丙烷或电加热炉内进行的。炉子有连续式、间歇式和周期式，其中马弗炉或半马弗炉用得较多。烧成包括黏性液体的流动、凝固以及涂层形成过程中气体的逸出，对于不同制品要选择合适的温度和时间。

13.4.3 搪瓷的应用

(1) 日用搪瓷 用于面盆、洗衣机、电冰箱、烧锅、洗澡盆、家具等日常生活用品。

(2) 艺术搪瓷 包括首饰搪瓷和装饰搪瓷。前者为在金、银等贵金属上涂烧的珐琅，如耳饰、项饰串珠、带扣以及花瓶等；后者用于制作人物像、艺术装饰板以及纪念碑等。

(3) 建筑搪瓷 用于制造墙面砖、搪瓷钢屋架、桥梁钢、搪瓷瓦等。

(4) 医用搪瓷 用于制作人造牙齿、人造牙根、人造骨和手术盘、手术台等医疗器械。

(5) 耐蚀搪瓷 用于化学反应锅、反应管、反应塔和防护罩等。

(6) 耐磨搪瓷 用于防水冲刷、抗气蚀及耐磨的水轮机叶片、船舶推进器等。

(7) 耐热搪瓷 用于汽车、拖拉机、火车的排气管，反应炉以及飞机、火箭的高温防护涂层。

(8) 电子搪瓷 用于制作厚膜基板。

(9) 绝缘搪瓷 用于高温电机、变压器、电感应加热器、电子元件等的绝缘涂层。

(10) 防护搪瓷 用于原子能技术中对某些放射源的阻隔保护装置。

(11) 发光搪瓷　用于高速公路、铁路、电影院以及汽车等指示或危险标记。

(12) 红外搪瓷　用于制造利用太阳能的阳光红外吸收罩、远红外发射元件等。

13.5 自组装膜

自组装（Self-Assembly）是指分子、纳米颗粒等基本结构单元在无外界干扰的情况下，通过非共价键的相互作用，自发地在基底上形成热力学稳定的、结构确定的、组织规则的聚集体的过程。分子自组装现象普遍存在于生命体系中，大量复杂的、具有生物学功能的超分子系统，如蛋白质、核酸、生物膜、脂质体等正是通过分子自组装形成的。自组装技术在纳米材料、表面修饰、微电子学、生物学、金属防护等领域有重要的应用价值。利用自组装技术获得单层和多层超薄有序分子膜是目前自组装领域研究的主要方向。

13.5.1 自组装形成的条件

自组装按照作用的尺度，可分为分子自组装、介观自组装和宏观自组装。按工作原理角度，可分为热力学自组装和编码自组装。热力学自组装是指由热力学定律支配的超分子组装过程，而编码自组装目前只存在于生物体系中。分子自组装是编码自组装的一种。

自组装或超分子体系的形成需要满足两个重要条件：即存在着足够量的非共价键或氢键；同时自组装体系的能量较低。实现自组装的关键是将各种非共价键作用通过分子识别协同起来，而并非对各种作用的简单叠加。分子识别主要包括两方面的内容：一是分子（或模块）之间的尺寸、几何形状的相互识别；二是分子对氢键、正负电荷、π-π 相互作用等非共价键相互作用的识别。

自组装能否实现取决于外在和内部驱动力，使最后的组装体具有最低的自由能。外在驱动力指基本结构单元的特性，如几何形状、表面形貌、表面官能团和表面电势等。内部驱动力是实现自组装的关键，包括范德华力、氢键、静电力、亲水/疏水作用、配位键等只能作用于分子水平的非共价键力，以及表面张力、毛细管力等这些能作用于较大尺寸范围的力等。自组装体系各部分的相互作用通常呈现加和性和协同性，并具有一定的方向性和选择性，其总的结合力不亚于化学键。

13.5.2 分子自组装膜的类型

分子自组装超薄膜主要包括自组装单层膜（Self-Assembly Monolayer Membranes，SAMs）和层层自组装多层膜（Self-Assembly Multiplayer Membranes，SAMMs）。

(1) 自组装单层膜　前面所述的自组装技术定义是针对超分子领域来说的，而在薄膜制备领域，一般把通过共价键结合的组装技术也称为自组装。自组装单层膜利用固体表面在稀溶液中吸附表面活性物质而形成的有序分子组织，其基本原理是通过固-液界面间的化学吸附或化学反应，在基底上形成化学键连接的、取向紧密排列的二维有序单层单分子层，即纳米级的超薄膜。表面活性物质的结构包括3个部分：能与基底产生化学吸附的头部基团、能通过范德华力与相邻分子发生链间作用的空间链以及尾部基团。

一个简单的自组装膜的形成，只需要一种含有表面活性分子的溶液和一个基底，自组装单层膜的形成过程如图13-9所示。将预先清洗或预处理活化过的基底浸泡在溶液中。经过一段时间后，表面活性分子的头基与基底之间发生化学反应，使活性分子占据基底表面上每个可以键接的位置，并通过范德华力使吸附分子在基底表面有序且紧密地排列形成自组装单层膜。如果活性分子的尾基也具有某种反应活性或吸附能力，则又可继续与别的物质反应或吸附，形成自组装多层膜。

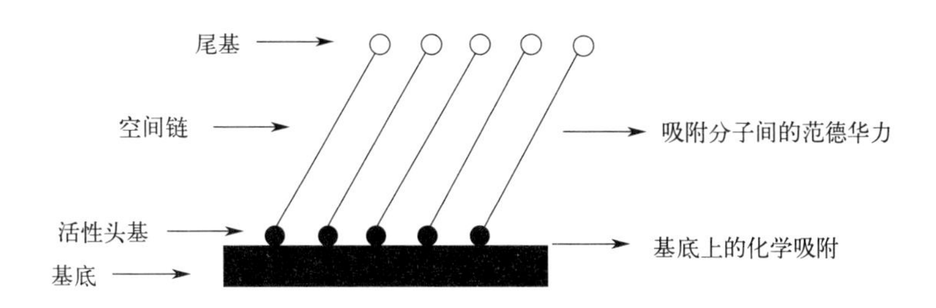

图 13-9　自组装单层膜的形成示意图

表面活性物质一般含有一个活性基团，通过它与基底相连接，常用的活性基团有—COOH、—PO_3、—SO_3、—OH 和—NH_2 等。基底可以是金属（如 Si、Au、Ag），也可以是金属氧化物（AgO、CuO 或 Al_2O_3）或非金属氧化物（如石英、玻璃等）。自组装膜的主要体系（有机物-基底）包括：①有机硅烷-SiO_2、AI_2O_3、GeO_2 或 ZnSe、玻璃、石英、硅、云母；②烷基硫醇-金、银或铜；③二羟基硫化物（RSR）、二羟基二硫化物（RS_2SR）-金；④醇、胺-铂；⑤羧酸-AI_2O_3、CuO 或 AgO 等。

SAMs 所形成的化学键可以是共价键或配位键，也可以是正负离子之间相互吸引的离子键。由于 SAMs 制备方法简单，成膜效果好，稳定性强，膜层厚度及性质可通过改变成膜分子链长和尾部基团来灵活控制，因此该法成为组装超分子体系和分子器件的有效手段。

(2) 层层自组装多层膜　层层自组装（Layer-by-Layer Self-Assembly，LBL）是 20 世纪 90 年代快速发展起来的一种简易、多功能的表面修饰方法。该技术利用逐层交替沉积的原理，通过溶液中目标化合物与基底表面功能基团的强相互作用力（如化学键等）或弱相互作用力（如静电引力、氢键、配位键等），驱使目标化合物自发地在基底表面上形成完整、性能稳定、具有某种特定功能的薄膜。层层自组装技术能够在分子水平上实现对膜的组成、结构和厚度的控制，是制备纳米功能材料有效、便捷的方法，尤其在制备超薄多层膜方面具有很大的优势。

目前，层层自组装在基础研究方面获得巨大进展，适用的原料已由最初的聚电解质扩展到聚合物刷、无机带电纳米粒子如蒙脱土、碳纳米管、胶体等。适用介质由水扩展到有机溶剂以及离子液体。层层自组装的驱动力由静电力扩展到氢键、卤原子、配位键、电荷转移，甚至化学键。以下介绍最常见的静电和氢键层层自组装技术。

① 静电层层自组装　静电作用是自然界中普遍存在的一种作用力，也是构筑多层复合薄膜最常用的驱动力。1991 年，G. Decher 等首先利用带相反电荷的聚电解质静电相互作用在基底上交替沉积形成超薄膜，这种通过静电作用制备超薄膜的方法称为静电层层自组装。

聚电解质静电层层自组装膜的制备过程如图 13-10 所示。1、3 分别为阴离子和阳离子聚电解质，2、4 分别为纯水或缓冲液。先将表面离子化后带正电荷的基底浸入到带有相反电荷的聚阴离子电解质溶液 1 中，静置一段时间。由于静电作用，基底表面会吸附一层聚阴离子。取出基底并用纯水 2 冲洗干净，干燥后再浸入到阳离子聚电解质溶液 3 中，静置一段时间，基底表面又吸附了一层聚阳离子，然后再用纯水 4 清洗。循环以上过程就可以得到多层自组装膜，基底表面状态的改变如图 13-10(b)。整个过程使用普通烧杯就可以实现循环交替吸附，既可以人工操作，也可以用自动化设备。

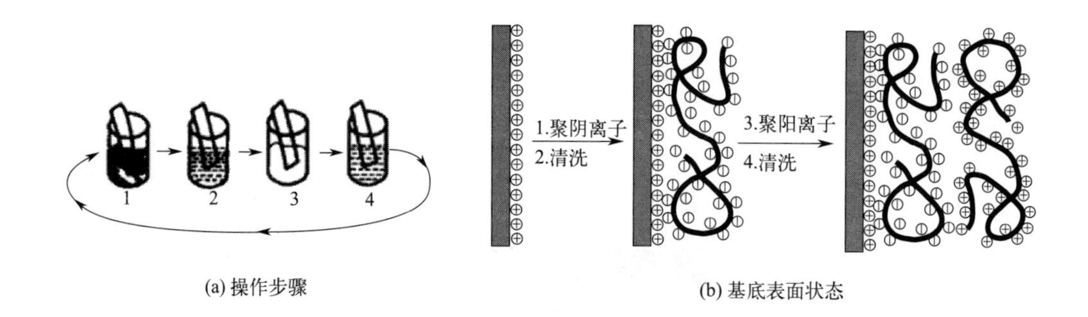

(a) 操作步骤　(b) 基底表面状态

图 13-10　聚电解质静电层层自组装膜的制备过程示意图

影响自组装静电吸附的因素主要有成膜材料、溶液浓度、清洗和吸附时间等。成膜材料的选择十分关键，一般选择水溶性的聚电解质，这是因为每层膜对基底或另一层膜的吸附需要足够数量的离子键。在典型的静电吸附自组装过程中，聚合物溶液的浓度一般要达到 1×10^{-3}g/mL 以上。改变聚合物浓度及离子浓度，就可在纳米尺度上微调膜厚。吸附时间和吸附后的清洗对于顺利实现多次组装尤为重要。吸附时间取决于聚合物的分子量、溶液的浓度以及搅拌是否良好等；清洗可以避免上一次吸附中沾染在基质上的液体对下一次吸附造成污染，还有助于已吸附聚合物层的稳定。

利用这种方法可以在分子水平上控制自组装膜的成分、结构和厚度，并且由于静电相互作用的非特异性，可以轻易地将导电、感光聚合物以及生物功能大分子组装到薄膜中，形成具有导电、光活性生物功能的复合薄膜。

② 氢键层层自组装　基于静电相互作用的自组装要求成膜材料必须带有电荷，因此这些材料只能溶于极性溶剂（通常是水）中，限制了成膜材料的种类。1995 年，J. Sagiv 报道了以氢键构筑的自组装硅烷多层膜，从而把这种方法推广到非水溶剂中，它是对静电自组装方法的有利补充。

图 13-11 所示为以氢键为驱动力制备的疏水性药物载体共聚物胶囊的层层自组装过程。在酸性条件下，以聚丙烯酸（PAA）作为氢键给予体，生理条件所能分解的嵌段共聚物聚乙二醇-聚己内酯（PEG-b-PCL）胶囊作为氢键接受体。利用氢键薄膜在疏水基底的弱相互作用，形成自由的 $(\text{PEG-b-PCL/PAA})_{60}$ 薄膜。由于氢键对酸性敏感，在生理学条件下，薄膜能迅速分解，从而释放出胶囊。由于胶囊包裹疏水药物不需要特别的化学作用力，一些活性小、无电荷、疏水性治疗物质可与层层自组装技术相结合，用于生物治疗。

基于氢键的自组装体系由于不存在链段间的静电排斥作用，得到的多层膜厚度明显增大。氢键强度适中，具有选择性、方向性、饱和性和协同性等特点，并且使得许多不溶于水的高分子在有机溶剂中形成超薄膜，因而拓宽了层层自组装技术的应用范围，提供了制备新型结构和功能有机超薄膜的途径。

③ 其他层层自组装技术　除了依靠静电和氢键作用构筑多层膜，其他的弱相互作用，如配位作用、电荷转移、特异性分子识别等也可用来作为成膜驱动力。这些都丰富了基于交替沉积的自组装技术，也为构筑功能性器件提供了更广泛的选择性。

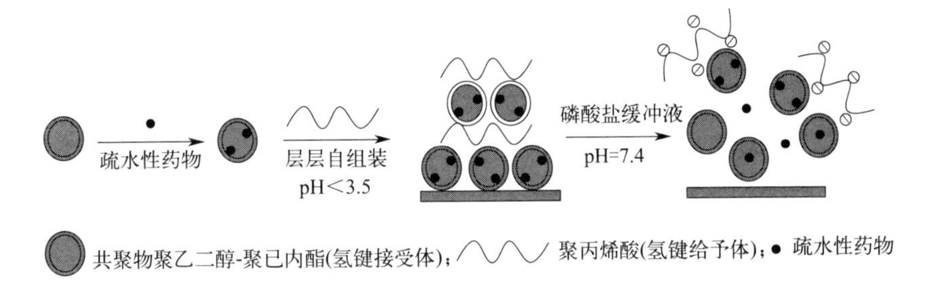

图 13-11　以氢键为驱动力的层层组装制备疏水药物载体共聚物胶囊图

13.5.3　自组装膜的应用

自组装技术操作简单，不需要专门设备，所制备的薄膜热稳定性好，力学性能好，具有无机-有机杂化和纳米特征，在制备纳米超级薄膜、传感器件和分子器件，以及表面修饰、金属防护、生物医学、微电子学等领域有着潜在的应用前景。

（1）纳米级超薄膜　薄膜厚度为 1～100nm 的纳米级超薄膜被广泛地应用于制备耐磨层、耐蚀膜、装饰膜、薄膜光路元件、薄膜电阻、光存储器件、太阳能电池及薄膜传感器等。自组装技术是制备纳米超薄膜最常用、最具有发展前途的方法。例如，A. David 把钌基敏化染料和带荷电的聚离子化合物在溶液中混合，使染料分子键合到聚合物上。然后通过静电自组装的方法把聚合物及染料分子一层层组装到带有相反电荷的基底上。这种固定有染料分子的聚合物膜可用作微观生物、化学环境中的氧气传感器，显示出很好的灵敏度；与光学氧传感器相比，具有更高的分辨率。X. Q. Li 利用自组装法制备了硒化镉（CdSe）-卟啉铜（CuTAPPI）有机-无机杂化超薄膜，其光物理性能检测结果表明，此杂化超薄膜可以提高光电转换效率而应用于太阳能电池。

（2）表面修饰　分子自组装膜层可以有效改善基材的表面特性。纳米 TiO_2 薄膜是良好的紫外屏蔽及防老化材料，并且具有光催化降解作用，在涂料添加剂、抗菌涂层及气敏传感器等方面已有广泛研究。杨宏等采用巯丙基三甲氧基硅烷自组装膜层修饰基材表面，继而通过氟钛酸铵的配位交换平衡反应，在低温下以液相沉积法制备出与基材结合紧密的纳米 TiO_2 晶态薄膜。实验表明，磺酸基修饰的基材能够对 TiO_2 膜的沉积产生明显的诱导作用，沉积的膜层与表面结合牢固，且沉积的 TiO_2 晶态薄膜具有良好的透光性。谈国强等采用分子自组装技术在玻璃基片表面制备了十八烷基三氯硅烷自组装单层膜，并在功能化的基板表面诱导生成铁酸铋薄膜，薄膜表面平整光滑，结构致密均一。

（3）金属防护　SAMs 技术应用于金属防护具有许多独特的优点。首先，SAMs 制备工艺简单，只需基体与活性分子接触，通过化学吸附即可自发形成自组装膜。SAMs 膜结构致密、均匀性好，且具有一定的疏水性，不受基体表面形状的影响，是一种最有潜力的可替代磷化及铬酸盐钝化的金属表面处理方法，此外它也可以作为缓蚀剂对金属起保护作用。由于 SAMs 的厚度约为 1～3nm，金属表面成膜后并不影响其外观和其他性能。这对于 Au、Ag、Cu 等制成的文物、工艺品和纪念品的防护更具有特别重要的意义。目前，SAMs 技术在 Au、Ag、Cu 等金属防护上的应用已趋于成熟，尤其在 Ag、Cu 制品抗变色方面成为一种重要的手段。

对于工业上应用广泛的钢铁来说，其表面容易产生氧化膜，形成的单层自组装膜存在大量的针孔和塌陷等缺陷，故采用自组装多层膜对减少缺陷、提高防护性能更为有效。例如，K. Miecznikowski 等通过多层顺序吸附金属阳离子和铁氰酸根阴离子，在不锈钢表面沉积得到稳定的双层自组装膜。对于钢铁表面缓蚀剂方面的研究，如果能够从分子设计和自组装过程优化等角度解决膜与基体结合力差的问题，自组装膜技术将逐步取代目前在金属防护领域中广泛应用的液相和气相缓蚀剂，从而为金属的防护技术带来巨大变革。

（4）生物大分子自组装膜　生物大分子自组装膜按成膜物质主要分为酶、蛋白质、DNA、多肽四大类。生物物质的自组装主要通过静电作用的分子沉积法、共价键合、生物分子的分子识别功能等方式进行。例如，H. Ai 等利用静电层层自组装技术，通过聚亚乙基亚胺、聚苯乙烯磺酸盐、三甲基赖氨酸钠盐及聚赖氨酸的交替组装，在硅橡胶基底上制备了亲水性蛋白质纳米超薄膜，对活性小脑神经元细胞具有良好的生物相容性，可望用于中枢神经系统长期植入体的表面处理。

生物分子具有复杂的分子结构和特殊的生物功能，生物大分子自组装膜的构筑在分子水平上实现了具有识别信息、储存信息、转移信息和催化功能的新型功能材料。在生物传感器、分子器件、医用生物材料、高效多功能催化材料、微反应器等方面具有诱人的应用前景。

（5）微胶囊型药物载体　层层自组装膜的一个重要用途是作为药物控释载体用于药物控释。许多医学装置，如心脏支架等，需从其表面小范围释放生物活性成分，以获得相应的治疗效果。目前应用于药物控制释放的层层组装膜分为两类：一类是药物被包埋在空心的层层组装微胶囊，这里层层组装膜起到扩散隔膜的作用，可通过改变层数、离子强度、pH 值或温度等来调节膜的可渗透性，进而控制药物的释放速度；在另一类研究中，药物被附载在二维的组装膜中，药物释放一般通过被动扩散而实现，也可通过膜组分的降解来进行释放。例如，李峻柏等利用聚 N-异丙基丙烯酰胺（PNIPAAm）和海藻酸（ALG）之间的氢键作用制备了层层自组装微胶囊。当温度高于 PNIPAAm 的低临界溶解温度时，PNIPAAm 由亲水物质转变成疏水性物质，导致了分子链键的收缩，继而改变囊壁的通透性。通过改变温度就能有效地控制药物的包裹和释放。

目前，自组装膜技术由于其特殊的结构导致界面奇异的组装行为及功能已经在各个领域显示出强大的应用潜力，特别是在各种表面改性工程中得到越来越多的应用。但仍然有许多问题有待于研究解决，如混合体系以及复杂表面活性剂在界面中的相行为与分子间或分子内作用力的相互关系还不是很明确；某些复合膜的结构以及组装形式与已有的理论和模型能否适用还有待于实验的验证。今后，自组装膜技术的发展趋势是尽快实现功能化、实用化，同时实现与生物体系的联合。通过对合成-结构-性能之间关系的研究，深入认识自组装膜的成膜机理、自组装体系中缺陷的产生及控制方法，设计和制备新的高度有序的自组装单层膜或多层膜体系。

13.6 复合表面工程技术

现代机械设备的发展对零部件的使用性能提出了越来越高的要求，但单一的表面工程技术往往具有一定的局限性，难以满足这些要求。在这种背景之下，复合表面工程技术应运而生。复合表面工程技术是在基体材料表面同时使用两种或两种以上表面工程技术，发挥多种表面技术间的协同效应，从而使表面性能、质量、经济性达到优化。本节主要介绍一些典型的复合表面工程技术。

13.6.1　物理气相沉积与其他表面技术复合

(1) 等离子喷涂-物理气相沉积　20 世纪末，瑞士苏尔寿美科公司基于低压等离子喷涂技术开发了等离子喷涂-物理气相沉积（PS-PVD）技术，该技术融合了等离子与物理气相沉积技术优势，以喷涂的形式进行气相沉积。PS-PVD 以 Ar/H_2、Ar/He、$Ar/He/H_2$ 等混合气体作为等离子体介质形成高温等离子射流。由于 PS-PVD 采用大功率（180kW）等离子喷枪，并且在超低压环境下（150Pa）进行工作，等离子射流发生急剧膨胀，其射流长度可达 2000mm，射流直径达 400mm，这种独特的等离子体射流特征使其具有制备多种不同结构涂层的能力。当在喷枪入口处射入粉末原料，粉末可在喷枪内部和外部形成熔融、半熔融粒子和气相粒子，经过等离子射流的一段距离传输后，最终以气相、液相和气-液-固多相沉积在基体上，形成横截面为片层状、羽柱状，以及表层为菜花状的功能结构涂层。

PS-PVD 是一种新型多功能涂层与薄膜制备技术，具有射流速度快、喷涂面积大、沉积效率高的优点，且可实现非视线沉积。通过在等离子蒸发过程中的气相、液相和固相的共沉积，可获得不同结构的涂层或薄膜，如层状、柱状及混合结构。该技术可用的喷涂材料广泛，包括陶瓷粉末、金属粉末、塑料粉末、溶液等，在热障涂层、环境障涂层、透氧膜、硬质膜、固体氧化物燃料电池等方面具有广泛的应用前景。

(2) 热扩渗与物理气相沉积复合　热扩渗处理主要是对钢材进行气体或离子氮化处理，再与物理气相沉积镀膜结合起来对钢材进行表面处理，可进一步改善钢材的摩擦学性能，从而提高其承载能力。由于氮化后的钢表面有较深的硬化层（>0.3mm），具有一定的硬度、耐磨性和残余压应力，构成了后续物理气相沉积 TiN、CrN 等超硬薄膜的理想支撑体，其承载能力远远超过单一超硬薄膜或氮化物层。同时，由于硬化层的总厚度增加，超硬薄膜表面到钢基体之间的硬度梯度减小，提高了钢材表面的耐腐蚀性、耐磨性、滚动接触疲劳强度。

(3) 物理气相沉积与涂装复合　为提高涂装层与基体间结合力、耐腐蚀等性能，涂装处理前可采用物理气相沉积技术处理。例如磁控溅射/油漆复合工艺，先利用 Ar 离子轰击的清洁作用，除去金属表面上的污物和游离碳，再采用磁控溅射沉积厚 0.3μm 的 Ti 膜，最后用阴极电泳沉积 16μm 厚的油漆膜，从而提高漆膜的黏附性和持久性。其原因是 Ti 本身具有极好的耐蚀性，油漆中的高分子聚合物与磁控溅射沉积的 Ti 膜界面处存在化学键，改善了二者间的耦合性，从而大幅度提高了漆膜的附着性和耐腐蚀性。

13.6.2　高能束与其他表面技术复合

(1) 激光预处理与镀铬复合　该技术利用激光对基体材料的表面改性优势，通过基体/镀铬层界面及镀铬层间接发挥作用。激光先对基体进行预处理，使基体表面具有较高的硬度，可缓解后续镀铬层与基体间的硬度梯度，同时提高了镀铬层的承载力，减缓镀铬层过早开裂或剥落的问题。由于镀铬层的制备温度较低，一般在 40～80℃范围，该温度不会对激光预处理材料的表面结构及性能产生影响。

该技术由中国科学院力学研究所和德国莱茵公司于 1999 年先后提出，并且成功地解决了我国某型号武器的镀铬身管的寿命长期不达标的技术难题，使其寿命提高了 50%以上，在高温、强腐蚀及复杂的机械载荷作用下，该复合技术制备的镀铬层的抗剥落能力大幅度提高。

（2）激光辅助冷喷涂　又名超音速激光沉积（Supersonic Laser Deposition，SLD），它是将冷喷涂与激光加热相结合的一种新型材料沉积方法。在冷喷涂过程中，利用激光束同步加热喷涂粉末和基体表面，且加热温度低于颗粒和基体材料的熔点，颗粒并没有熔化，但是发生软化和剧烈塑性变形，沉积到基体上形成组织致密的涂层，提高了涂层与基体的结合强度以及涂层的内聚强度。此法将单一的冷喷涂颗粒的临界沉积速度降至原来的一半，可在以N_2为载气的情况下实现高硬度材料涂层的制备，大大拓展了冷喷涂可沉积材料的范围，降低了冷喷涂的成本和能耗。国内外学者已利用激光辅助冷喷涂成功制备了Ti、W、Ni60、Stellite-6等单一高强度材料的涂层及WC/Stellite-6、WC/SS316L、Ni60/金刚石、Ti/HA等复合材料涂层。

（3）超声振动辅助激光熔覆　这是目前研究较多的一种激光复合表面改性技术。超声振动作为激光熔覆过程中的辅助技术，具有工艺简单、无污染的特点，其应用范围广。一般认为，超声振动对激光熔覆过程的影响主要归因于声空化效应、声流效应和机械效应。这三种效应在激光熔覆过程中起到除气、细化晶粒和均匀组织的作用，还能减小熔池各部分的温度梯度，从而抑制裂纹，显著提高基体材料的耐磨、耐高温、耐腐蚀、抗氧化等性能。

由于超声振动受到超声阈值、粉末与基体材料种类、实际加工环境等因素的影响，可根据不同的需求，合理选配超声参数和超声振动施加方式，最大限度地发挥超声波在激光熔覆过程中的作用。在实际生产中，若能自主开发温度闭环控制系统，合理调整超声功率与施加区间，能更精确发挥超声波的作用。可尝试结合多种外部辅助手段，如电磁搅拌、感应预热等，更好地改善熔覆层性能，使其得到更加广泛的应用。

13.6.3　喷丸强化与其他表面技术复合

喷丸强化是一种应用较为普遍的低成本表面处理技术，可以与离子渗氮、离子注入、激光定向能量沉积等技术复合。

（1）喷丸强化与表面离子渗氮复合处理　工件经过喷丸处理后再进行离子渗氮。喷丸强化不仅可改善材料表面的几何形貌和清洁度，还能去除化学覆盖层。试验表明，将喷丸处理后的4Cr5MoSiV1钢在520℃时进行离子渗氮1h，催渗效果十分显著，喷丸渗氮层深度由31.6μm增至52.5μm，表层显微硬度也由986HV增加至1084HV。

喷丸强化过程可引起材料的塑性变形，使位错密度不断增加，因此位错在运动时的相互交割加剧，产生固定割阶、位错缠结等缺陷。正是这些缺陷对其后的离子渗氮起到重要作用。

（2）喷丸强化与离子注入复合处理　离子注入可显著提高材料的表面性能，但依然存在注入层较浅的问题。为进一步提高离子注入强化层性能，中国航发哈尔滨轴承有限公司与哈尔滨工业大学联合开展了8Cr4Mo4V钢喷丸强化与N元素升温注入复合技术研究。单一离子注入处理后8Cr4Mo4V钢的改性层深度仅约5μm，而复合处理后8Cr4Mo4V钢表面的氮浓度远高于仅离子注入试样，且在30μm处的氮原子数分数仍超过10%。尽管单一离子注入处理对应力几乎无影响，但其与喷丸处理复合时却能明显增加压应力的幅值和深度。这是由于喷丸产生的缺陷为氮原子向试样内部快速扩散提供了通道，而氮原子以过饱和固溶体存在于晶格和缺陷中，使点阵膨胀形成附加压应力，提高了喷丸强化效果。

(3) 激光定向能量沉积与喷丸强化复合　激光定向能量沉积是一种利用高功率激光提供能量将材料加热至熔融状态并固化成所需零件的增材制造技术。但由于激光定向能量沉积是一种基于热成型的加工工艺，不可避免地存在微观缺陷以及残余应力高等问题，制约其自身的大规模应用。激光定向能量沉积与喷丸强化复合法是通过喷丸这种柔性强化工艺，向工件引入压应力与冷气流，使工件在成型过程中产生塑性变形的同时降低热积累，改变表面应力状态，减少内部缺陷，提高成型工件的力学性能。

激光定向能量沉积与喷丸强化复合原理见图 13-12。在激光定向能量沉积成型过程中，易形成氧化皮从而造成层间氧化；且随着沉积层数的增加，热应力逐渐累积，沉积层内部难免产生孔洞。而喷丸强化向工件引入压应力，转变了材料表面应力状态，使材料产生塑性变形，减少了部分微观孔洞；同时利用喷丸的磨蚀作用去除材料表面氧化皮，从而降低表面粗糙度。通过逐层喷丸的方式，复合工艺将表面强化通过逐层制造扩展为材料的整体强化，拓宽了激光定向能量沉积成型工艺的潜在应用价值。

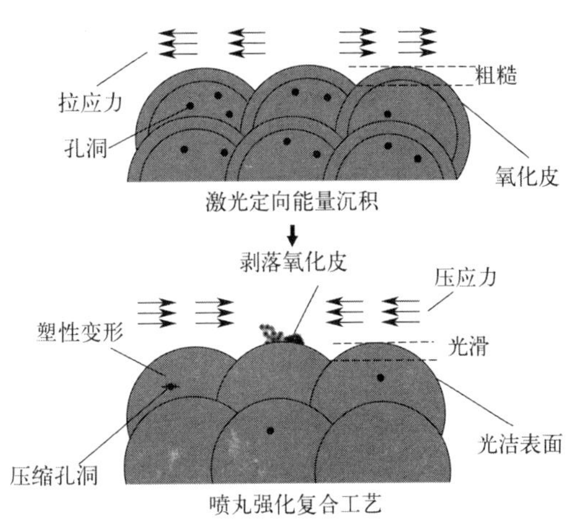

图 13-12　激光定向能量沉积与喷丸强化复合原理

13.6.4　化学热处理与其他复合表面技术

(1) 复合表面热处理　化学热处理通过向工件表面渗入所需原子，并通过一定的热处理方法来改变材料表面的化学成分及性能。复合表面化学热处理可显著提高工件表面性能。如渗钛与等离子渗氮复合热处理获得的性能明显高于单一渗钛层和单一的渗氮层。渗碳、渗氮、碳氮共渗处理可明显提高材料表面的强度和硬度，如果同时进行渗硫处理，则工件表面抗黏着能力显著提高。

此外，化学热处理还可与其他表面热处理复合，这类强化处理在工业上的应用较多。如液体碳氮共渗与高频感应加热表面淬火的复合、渗碳与高频感应加热表面淬火复合、渗氮与氧化处理复合、离子渗氮与激光淬火复合处理等。

(2) 化学热处理与电化学技术复合　这种处理的主要目的是形成新的化合物结构，提高工艺效果，改善摩擦学性能及耐蚀性能。目前，对这类复合工艺的研究多集中在镀铬层的化学热处理方面。镀铬层硬度高、用量大、涉及面广，早期的研究方法主要是对镀铬层进行液体氮化处理，继而对镀层进行辉光离子氮化处理，最后再进行离子碳氮共渗处理。采用弥散镀铬方法制备出含有活性炭的弥散镀铬层后，再进行离子碳氮共渗复合处理，可以生成具有特殊界面及硬度高、耐磨性好的表面，是一种有发展前景的新型表面强化技术。

化学热处理/电镀复合层的性能比较表见表 13-2。研究表明，复合处理获得的表层硬度均高于单一的镀铬、离子氮化、离子碳氮共渗。弥散镀铬与离子碳氮共渗复合所生成的表层还具有较高的红硬性，此外，复合处理的表层耐磨性和边界润滑条件下的抗擦伤负荷也有明显提高。

表 13-2 化学热处理/电镀复合层的性能比较

基体材料	复合处理工艺	硬度/HV
42CrMo4	硬 Cr30	1000
42CrMo4	硬 Cr+560℃辉光离子氮化	1200
42CrMo4	硬 Cr+950℃离子碳氮共渗	2000
Cr12	弥散镀铬	1000
Cr12	弥散镀铬+900℃离子碳氮共渗	1650

参考文献

[1] 孙希泰．材料表面强化技术．北京：化学工业出版社，2005.

[2] 徐滨士，刘世参．表面工程．北京：化学工业出版社，2000.

[3] 胡传炘，白韶军，安跃生，等．表面处理手册．北京：北京工业大学出版社，2004.

[4] 姚寿山，李戈扬，胡文彬．表面科学与技术．北京：机械工业出版社，2005.

[5] 李国英．材料及其制品表面加工新技术．长沙：中南大学出版社，2003.

[6] 钱苗根，姚寿山，张少宗．现代表面技术．2 版．北京：机械工业出版社，2019.

[7] 徐滨士，朱绍华．表面工程的理论与技术．2 版．北京：国防工业出版社，2010.

[8] 王亮．新型材料及表面技术．北京：化学工业出版社，1995.

[9] 夏卿坤，汪大鹏，李国锋，等．电火花表面强化工艺及其应用．新技术新工艺，2004（5）：32-33.

[10] 王钊，陈荐，何建军，等．电火花表面强化技术研究与发展概况．热处理技术与装备，2008，29（6）：46-50.

[11] Wang D H，Bierwagen G P. Sol-gel coatings on metals for corrosion protection. Progress in Organic Coatings，2009，64（4）：327-338.

[12] Jimenez R，Calzada M L. Behavior of the ferroelectric polarization as a function of temperature in sol-gel derived strontium bismuth tantalate thin films. Journal of Sol-Gel Science and Technology，2007，42（3）：277-286.

[13] Reisfeld R，Saraidarov T. Innovative materials based on sol-gel technology. Optical Materials，2006，28（1-2）：64-70.

[14] 潘建平，彭开萍，陈文哲．溶胶-凝胶法制备薄膜涂层的技术与应用．腐蚀与防护，2001，22（8）：339-342.

[15] 张学骜，吴文健，满亚辉，等．溶胶-凝胶法制备 ITO 薄膜研究进展．材料科学与工艺，2007，15（2）：264-267.

[16] 廖家轩，夏立芳，孙跃．氮和碳等离子体基离子注入铝合金表面氮化铝类金刚石碳膜改性层的摩擦学特性．摩擦学学报，2001，21（5）：324-327.

[17] Silva W M，Carneiro J R，Trava-Airoldi VJ. Effect of carbonitriding temperature process on the adhesion properties of diamond like-carbon coatings deposited by PECVD on austenitic stainless steel. Diamond and Related Materials，2014（42）：58-63.

[18] 胡树兵，崔崑．离子氮化与离子镀 TiN 复合涂层的结合强度及强化机理．汽车技术，2001（8）：26-29.

[19] 胡树兵，李志章，梅志．物理气相沉积 TiN 复合涂层研究进展．材料科学与工程，2000（2）：110-115.

[20] 周静，曹兴进，张隆平，等．激光重熔等离子喷涂复合润滑涂层的组织与性能研究．现代制造工程，2002，（9）：11-13.

[21] 李怀学，张坤，陈光南，等．镀铬/高能束复合表面处理研究进展．材料保护，2007（4）：39-41.

[22] 李健，韦习成．物理气相沉积技术的新进展．材料保护，2000，33（1）：91-96.

[23] 徐滨士，朱绍华，刘世参．材料表面工程技术．哈尔滨：哈尔滨工业大学出版社，2014.

[24] 强颖怀．材料表面工程技术．北京：中国矿业大学出版社，2016.

[25] 张国祥，程宏辉．激光离散预处理镀铬身管的基体烧蚀行为研究．激光技术，2013，37（2）：165-168.

[26] 刘瑞良，闫牧夫．表面热扩渗技术与应用．哈尔滨：哈尔滨工业大学出版社，2019.

[27] 薛雯娟，刘林森，王开阳，等．喷丸处理技术的应用及其发展．材料保护，2014，5：46-49.

[28] 张希平，王美由．氮碳共渗+后氧化复合处理的应用研究．金属热处理，2017，42（7）：107-111.

[29] 姚建华．激光复合制造技术研究现状及展望．电加工与模具，2017（1）：4-11.

[30] 酉琪，章德铭，于月光，等．激光辅助冷喷涂技术应用进展．热喷涂技术，2018，10（2）：15-21.

[31] 李文亚，曹聪聪，杨夏炜，等．冷喷涂复合加工制造技术及其应用．2019，11（47）：53-63.

[32] 秦真波，吴忠，胡文彬．表面工程技术的应用及其研究现状．中国有色金属学报，2019，29（9）：2192-2216.

[33] Teng Y，Guo Y Y，Zhang M，et al. Effect of Cr/CrNx transition layer on mechanical properties of CrN coatings deposited on plasma nitrided austenitic stainless steel. Surface and Coatings Technology，2019，367：100-107.

[34] 钟厉，门昕皓，周富佳，等．38CrMoAl钢喷丸预处理与稀土催渗等离子多元共渗复合工艺研究．表面技术，2020，49（3）：162-170.

[35] 张济忠．现代薄膜技术．北京：冶金工业出版社，2009.

[36] 周静．近代材料科学研究技术进展．武汉：武汉理工大学出版社，2012.

[37] 王国建．高分子现代合成方法与技术．上海：同济大学出版社，2013.

[38] 冯丽萍，刘正堂．薄膜技术与应用．西安：西北工业大学出版社，2016.

[39] 奚运涛．不锈钢叶片耐冲蚀抗疲劳表面强化技术．北京：中国石化出版社，2021.

[40] 张雯，郭丽娜，解云川．化学综合实验．2版．西安：西安交通大学出版社，2021.

[41] 冯林，白雪，张超楠，等．微纳米机器人概论．北京：北京航空航天大学出版社，2022.

[42] 惠文杰，杨荣，张玉琦．自组装成膜技术及其研究进展．延安大学学报（自然科学版），2004，23（2）：70-74.

[43] 颜录科，寇开昌，哈恩华．分子自组装膜的研究与进展．材料导报，2004，18（4）：204-209.

[44] 颜鲁婷，司文捷，刘莲云，等．自组装纳米超薄膜研究进展及其应用．材料科学与工程学报，2007，25（1）：139-142.

[45] 邢媛媛，焦体峰，周靖欣，等．自组装膜技术及应用研究进展．电镀与精饰，2011，33（3）：12-16.

[46] 关英，张拥军，张文静，等．层层自组装膜的研究：从基础到生物医学领域中的应用．高分子通报，2013（1）：40-52.

[47] 江兵兵，宋琼芳，陈明，等．层层自组装功能化涂层及其生物应用研究进展．湖北大学学报（自然科学版），2017，39（6）：639-645.

[48] 张仲达，杨文芳．层层自组装技术的研究进展及应用情况．材料导报，2017，31（3）：40-44.

[49] 王冉，王玉玲，姜芙林，等．超声辅助激光熔覆技术研究现状．2020，54（8）：3-8.

[50] 潘虹吉，罗德福．氮碳氧复合处理（QPQ）对MPS700A钢组织与性能的影响．金属热处理，2021，46（4）：83-87.

[51] 周丽娜，杨晓峰，刘明，等．8Cr4Mo4V高温轴承钢热处理及表面改性技术的研究进展．轴承，2021（8）：1-10.

[52] 张晓宇，李涤尘，黄胜，等．激光定向能量沉积与喷丸复合工艺成形性能研究．电加工与模具，2022（5）：45-47.

[53] 董浩，梁兴华，王玉，等．等离子喷涂-物理气相沉积防护涂层及其失效机理研究进展．材料研究与应用，2023，17（2）：234-250.

第14章 表面分析与性能检测

表面工程技术通过在材料表面制备覆盖层（包括涂层、镀层、膜层等）来装饰或强化表面。在一定工况条件下，材料的表面结构和性能对材料的使用寿命产生很大影响，对材料表面工程技术的应用和发展起重要作用。随着材料的制备和分析方法的不断进步，各种表面分析仪器和检测技术不断发展，不仅为揭示材料本性和发展新的表面工程技术提供了坚实的基础，而且为生产中分析和防止材料表面失效，合理地选择表面工程技术，改进工艺和设备提供了有力的手段。本章主要对表面分析技术和覆层的性能检测技术进行介绍。

14.1 表面分析技术

材料表面分析包括分析表面的微观结构、形貌、成分、元素组成及化学态、原子排列和取向等，是获取材料表面状态的重要手段。

14.1.1 表面分析技术概述

（1）表面分析技术的内容 通常所说的表面分析属于表面物理和表面化学的范畴，是指对材料表面进行原子数量级的信息探测的一种实验技术。无论是哪种表面分析技术，其基本原理都是利用电子束、离子束、光子束或中性粒子束作为激发源作用于被分析试样，再以被试样所反射、散射或辐射释放出来的电子、离子、光子作为信号源，然后用各种检测传感器（探头）并配合一系列精密的电子仪器来收集、处理和分析这些信号源，就可以获得有关试样表面特性的信息。

表面分析仪器可分为两类：一类是通过放大成像以观察表面形貌为主要用途的仪器，统称为显微镜；另一类是通过表面不同的发射谱以分析表面成分、结构、原子价态为主要用途的仪器，统称为分析谱仪。在这些仪器中，显微镜是一种多功能的仪器，它可以配备适当的谱仪，从而能同时进行形貌分析、成分分析和结晶学分析。近些年来，随着超真空技术、电子技术和计算机技术的迅速发展，新型显微镜和分析谱仪不断推出和完善。目前，表面分析方法已达100多种。

（2）表面分析技术的应用 根据表面性能的特征和所要获取的表面信息的类别，表面分析可分为表面形貌分析、表面成分分析、表面结构分析、表面电子态分析和表面原子态分析等几方面，在工程上应用最多的是前三种分析。由于同一分析目的可能采用几种方法，而各种分析方法又具有自己的特点，所以，必须根据被测样品的要求来正确地选择分析方法。

① 表面形貌分析 表面形貌分析包括表面宏观形貌和显微组织形貌的分析，主要由各

种能将微细物相放大成像的显微镜来完成。各类显微镜具有不同的分辨率，以适应各种不同的使用要求。随着显微技术的发展，目前有些显微镜，如扫描隧道显微镜、原子力显微镜、场离子显微镜和高分辨率电子显微镜等，已达到原子分辨能力，可直接在显微镜下观察到表面原子的排列。这样不但能获得表面形貌的信息，而且可进行真实晶格的分析。

实际上，显微镜的功能不只是显微放大这一种。许多现代显微镜中还附加了一些其他信号的探测和分析装置，这使得显微镜不但能进行高分辨率的形貌观察，还可用作微区成分和结构分析。这样，就可以在一次实验中同时获得同一区域的高分辨率图像、化学成分和晶体学参数等数据。各种显微镜的特点及应用见表 14-1。

表 14-1　各种显微镜的特点和应用

名称	检测信号	分辨率/nm	样　品	基本应用
扫描电子显微镜（SEM）	二次电子 背散射电子 吸收电子	6～10	固体	①形貌分析（显微组织、断口形貌） ②结构分析（配附件） ③成分分析（配附件） ④断裂过程动态研究
透射电子显微（TEM）	透射电子 衍射电子	0.2～0.3	薄膜和复型膜	①形貌分析（显微组织、晶体缺陷） ②晶体结构分析 ③成分分析（配附件）
扫描隧道显微镜（STM）	隧道电流	原子级 垂直 0.01 横向 0.1	固体（具有一定的导电性）	①表面形貌与结构分析（表面原子三维轮廓） ②表面力学行为、表面物理与化学研究
原子力显微镜（AFM）	隧道电流	原子级	固体（导体、半导体、绝缘体）	①表面形貌与结构分析 ②表面原子间力与表面力学性质测定
场发射显微镜（FEM）	场发射电子	2	针尖状电极	①晶面结构分析 ②晶面吸附、脱附和扩散等分析
场离子显微镜（FIM）	正离子	0.3	针尖状电极	①形貌分析（直接观察原子组态） ②表面重构、扩散等分析

② 表面成分分析　表面成分分析内容包括测定表面的元素组成、表面元素的化学态及元素沿表面横向分布和纵向深度分布等。

选择表面成分分析方法时应考虑该方法能测定元素的范围，能否判断元素的化学态，能否进行横向分布与深度剖析，以及检测的灵敏度、谱峰分辨率和对表面有无破坏性等问题。用于表面成分分析的方法主要有电子探针显微分析、俄歇电子能谱分析、X 射线光电子谱分析、二次离子质谱分析等。常用的表面成分分析方法的比较如表 14-2 所示。

表 14-2　常用的表面成分分析方法

名称	激发源	信号源	基本应用
电子探针显微分析（EPMA）	电子	光子	用 X 射线信息分析约 1μm 深的元素
X 射线波谱分析（WDX）	电子	光子	用 X 射线波长确定约 1μm 深的元素
X 射线能谱分析（EDX）	电子	光子	用 X 射线光量子的能量分析约 1μm 深的元素
俄歇电子能谱分析（AES）	电子	电子	用特征俄歇电子能量分析 0.5～1μm 深的元素
二次离子质谱分析（AIMS）	离子	离子	用二次离子质谱分析 1mm 深的元素
离子散射离子谱分析（ISS）	离子	离子	用散射离子谱分析表层元素
卢瑟福背散射能谱分析（RBS）	离子	离子	用背散射的能谱分析轻质中重质元素
质子激发 X 射线荧光分析（PIXE）	质子	光子	用特征 X 射线能谱分析表层密度

③ 表面结构分析　固体表面结构分析主要用来探知表面晶体的诸如原子排列、晶胞大小、晶体取向、结晶对称性以及原子在晶胞中的位置等晶体结构信息。此外，外来原子在表面的吸附、表面化学反应、偏析和扩散等也会引起表面结构的变化，诸如吸附原子的位置、吸附模式等也是表面结构分析的内容。

表面结构分析目前仍以衍射方法为主，主要有X射线衍射、电子衍射、中子衍射、穆斯堡谱、γ射线衍射等。其中的电子衍射特别是低能电子衍射（LEED）和反射式高能电子衍射（RHEED），可用来探测单晶表面的二维排列规律。

14.1.2　常用表面分析仪器简介

(1) 电子显微镜　电子显微镜的成像原理与光学显微镜类似，其主要差别是，电子显微镜不是用可见光而是用电子束作照明光源。

人们把能分辨开来的面上的两点间的最小距离称为显微镜的分辨本领（d），它由下式表示：

$$d=0.61\lambda/(n\sin\alpha) \tag{14-1}$$

式中，λ 为光波长；n 为透镜与周围介质间的折射率；$n\sin\alpha$ 称数值孔径。

由式(14-1) 可知，显微镜可分辨的距离与光波波长成正比，光波波长越短，可分辨的距离越小。

电子具有微粒性的同时又具有波动性，这就使得电子束具有成为新光源的可能。而且电子波长取决于它的速度，因而与加速电压有关，只要使电子的加速电压提高到一定值，便可获得波长很短的电子波。显然采用电子波作为显微镜的光源可以获得很高的分辨率。

① 透射电子显微镜（TEM）　透射电子显微镜简称透射电镜，它是以较短波长的电子束作为照明源，用电磁透镜聚焦成像的一种电子光学仪器，其光路原理见图14-1。由电子枪发出的电子在阳极加速电压的加速下，经聚光镜（2～3个磁透镜）后平行射到试样上。穿过试样而被散射的电子束，经物镜、中间镜和投影镜三级放大，最终投影在荧光屏上形成图像。目前，一般透射电子显微镜的分辨率为0.2～0.3nm。而加速电压达1000kV的高压电子显微镜的分辨率可达到0.1nm，比光学显微镜提高近2000倍，可用于分析晶体结构的组成。透射电镜还可附加能谱分析仪来分析元素的组成。

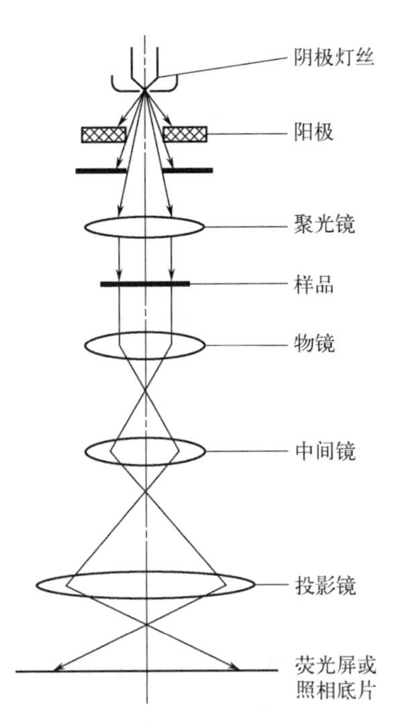

图14-1　透射电镜光路原理图

透射电子显微镜分为普通透射电子显微镜、扫描透射电子显微镜、高分辨透射电子显微镜、高压透射电子显微镜、低温透射电子显微镜。用透射电镜分析样品时，可获得高倍电子图像和电子衍射花样。2024年1月20日，广州慧炬科技有限公司推出了我国首台国产120kV场发射透射电镜新品TH-F120，取名“太行”，实现了0.2nm分辨率的成像能力，达到了产品化水平。

高分辨透射电子显微镜可以看到小于0.2nm的细微结构，其分辨率主要取决于电磁透镜的质量和电压大小。获得高分辨率的图像要求样品越薄越好，电子束能量尽量提高，在获取电子信号后可通过计算机系统记录。高分辨透射电子显微镜图像为相位衬度像，是所有参与成像的衍射光束和透射光束由于相位差所形成的干涉图像，可观察晶体结构、原子排列等。通常在高于 200kV 电压下，以明场像获取材料的微观组织图像，以相位衬度获取晶体的晶格结构排列。

由于透射电镜是利用穿透试样的电子束成像，这就要求检测试样对入射电子束是“透明”的，所以试样必须很薄，因此制备透射电镜的试样十分困难，尤其对于如薄膜类的表面层试样。检测试样包括粉末状、块状、薄膜等类型。透射电子显微镜的粉末样品可放到微栅网上。块状样品需进行切割、减薄，减薄可采用电解或者离子减薄方法。薄膜样品可通过磨制和减薄方法制备。对于加速电压为 50～100kV 的电子束，样品厚度控制在 100～200nm 为宜；当加速电压提高到 500～3000kV 时，可观察样品的厚度能提高到微米级。

② 扫描电子显微镜（SEM） 扫描电子显微镜简称扫描电镜，是利用聚焦非常细的电子束（直径约 7～10nm）在试样表面扫描时激发的某些物理信号，来调制同步扫描的显像管中相应位置的亮度而成像的一种显微镜，其原理图见图 14-2。由热阴极电子枪发射出来的电子，在电场作用下加速并经 2～3 个电磁透镜聚焦成极细的电子束。置于末级透镜上方的扫描线圈控制电子束在试样表面作光栅状扫描。在电子束的轰击下，试样表面被激发而产生各种信号：反射电子、二次电子、阴极发光光子、电导试样电流、吸收试样电流、X 射线光子、俄歇电子、透射电子。这些信号是分析研究试样表面状态及其性能的重要依据。利用适当的探测器收集信号，并经放大处理后调制同步扫描的阴极射线管的光束亮度，于是在阴极射线管的荧光屏上获得一幅经放大的试样表面特征图像，以此来研究试样的形貌、成分及其他电子效应。

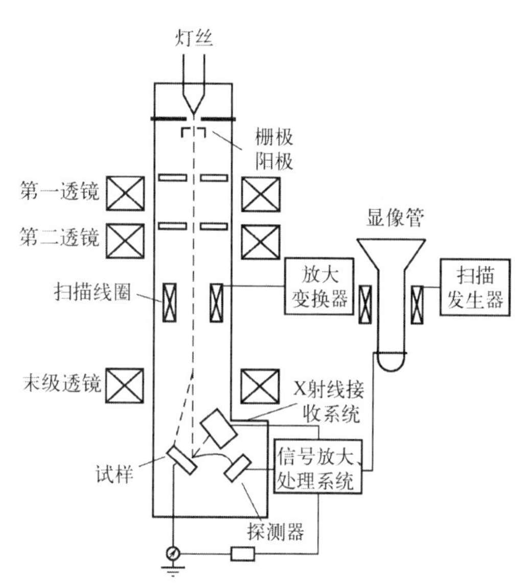

图 14-2 扫描电镜的结构原理图

目前，大多数扫描电镜的放大倍数可以从 20 倍到 20 万倍连续可调，分辨本领可达 6～10nm，具有很大的景深，成像富有立体感。扫描电镜对各种信息检测的适应性强，是一种很实用的分析工具。扫描电镜的样品制备非常简便。对于导体材料，除要求尺寸不得超过仪器的规定范围外，只要用导电胶把它粘贴在铜或铝制的样品座上，放入样品室即可进行分析。对于导电性差或绝缘的样品，则需喷镀导电层。

场发射扫描电子显微镜（FESEM）是一种配备场发射电子枪的电子显微镜，具有很高的分辨率，可在处理好的固态试样表面形成二次电子像和反射电子像。通过二次电子成像，获得清晰立体的表面超微形貌。若配合高性能 X 射线能谱仪，可进行试样表面的微区元素分析；配合电子背散射衍射（Electron Back Scatter Diffraction，EBSD）技术可获得材料晶体结构和晶体取向，从而获得物相组成，确定晶体生长过程。

（2）扫描探针显微镜 1982 年，苏黎世实验室的 G. Binning 博士和 H. Rohrer 博士等人，研制出了世界第一台新型表面分析仪器——扫描隧道显微镜（STM），这项成果被科学界公认为是20世纪80年代世界十大科技成就之一，他们二人还因此荣获了1986年诺贝尔物理学奖。1986年，G. Binning等人以扫描隧道显微镜为基础，又发明了可用于绝缘体的原子力显微镜（AFM）。相对于其他类型的显微镜而言，扫描隧道显微镜和原子力显微镜在高分辨率和三维分析方面有着无与伦比的优越性。此后在STM/AFM的基础上，又派生出若干种探测表面光学、热学、电学性质的技术和仪器。这类方法的共同特点是采用尺寸极小的显微探针逼近试样，通过反馈回路控制探针在距样品表面纳米量级的位置扫描成像，因而称为扫描探针显微镜。以下介绍扫描隧道显微镜和原子力显微镜的基本原理。

① 扫描隧道显微镜（STM）　扫描隧道显微镜测量的是穿越样品表面与显微探针之间的隧道电流的大小，其工作原理如图14-3所示。原子线度的极细探针固定在压电陶瓷制成的微驱动器上，微驱动器可以在x、y和z三个方向上控制探针的位置。当直径为0.1～10μm的探针与样品表面相距1nm左右时，样品与探针间的隧道电流将随着两者间距离的减小而迅速增加。因此，利用隧道电流作为反馈信号，就可以获得样品表面形貌特征的信息。

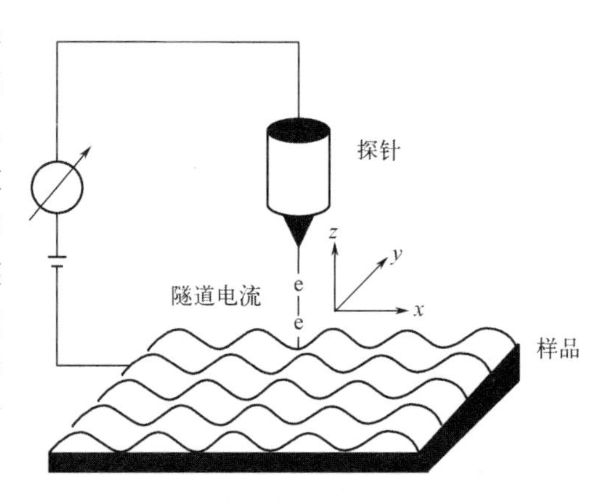

图14-3　扫描隧道显微镜原理示意图

STM技术的分辨本领极高，高度及水平方向上的分辨率可分别达到0.01nm和0.1nm。此外，样品在真空、大气、低温及液体覆盖下均可进行分析，因此，STM得到了广泛的应用。但由于STM在操作中需要施加偏电压，故只能用于导体和半导体。

② 原子力显微镜（AFM）　原子力显微镜测量的是物质原子间的作用力。当原子间的距离减小到一定程度以后，原子间的作用力将迅速上升。因此，根据显微探针受力的大小就可以直接换算出样品表面的高度，从而获得样品表面形貌的信息。

AFM的核心部件仍然是直径只有10nm左右的显微探针及压电驱动装置。AFM分为接触模式、非接触模式和点击模式三种工作模式。在接触模式下，显微探针与样品表面相接触，探针直接感受到表面原子与探针间的排斥力。由于此时探针与样品的表面极为接近，探针感受到的斥力较强（10^{-6}～10^{-7}N），因而这时仪器的分辨能力较强。

在非接触模式下，原子力显微镜的探针以一定的频率在距表面5～10nm的距离上振动。这时，它感受到的力是表面与探针间的引力，其大小只有10^{-12}N左右。因而与接触模式相比，其分辨能力较弱。非接触模式的优点在于探针不直接接触样品，对硬度较低的样品表面不会造成损坏，且不会引起样品表面的污染。

将上述两种模式相结合，就构成了AFM的第三种工作模式，即点击模式。此时，探针也处于上下振动状态，振幅约100nm左右。在每次振动中，探针与样品表面接触一次。这种模式可以达到与接触模式相近的分辨能力。但由于探针处于不断地振动之中，因而可以避免接触模式时样品表面原子对探针所产生的拖拽力的影响。

图14-4为通过超声辅助微弧氧化技术制备出的镁基Ca-P生物涂层截面的AFM形貌。镁基超声辅助微弧氧化生物涂层由尺寸小于80nm的大小不等的纳米级的球形颗粒和不规则颗粒组成。三维形貌可见涂层中的晶粒均为纳米级的三维岛状颗粒，涂层以三维岛状生长模式进行生长。

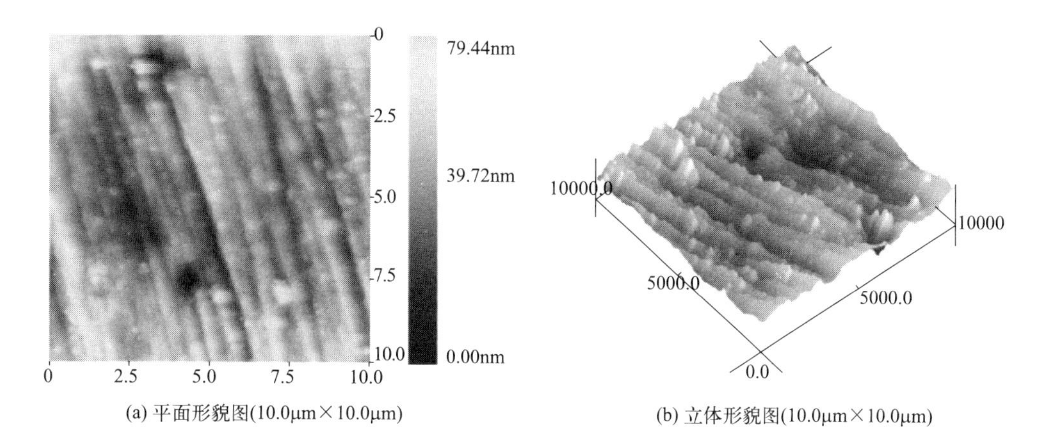

图 14-4　镁基微弧氧化生物涂层 AFM 形貌图

由于 AFM 不需要加偏压，故适用于所有材料。同时，AFM 具有原子级的高分辨本领，可实时地得到表面三维立体图像，还能够探测任何类型的力，目前已派生出各种扫描力的显微镜，如磁力显微镜（MFM）、电力显微镜（EFM）、摩擦力显微镜（FFM）等。

(3) X 射线衍射（XRD）分析仪　X 射线衍射分析是研究材料晶体结构的基本手段，常用于材料的物相分析、晶体生长结构分析和应力测定等。XRD 分析的设备和技术成熟，试样准备简单，对试样不损伤，分析结果可靠，是最常用和最方便的材料微结构分析方法之一。

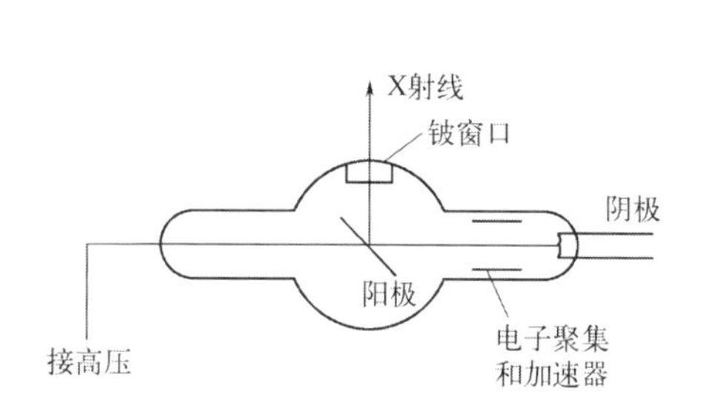

图 14-5　X 射线管的结构

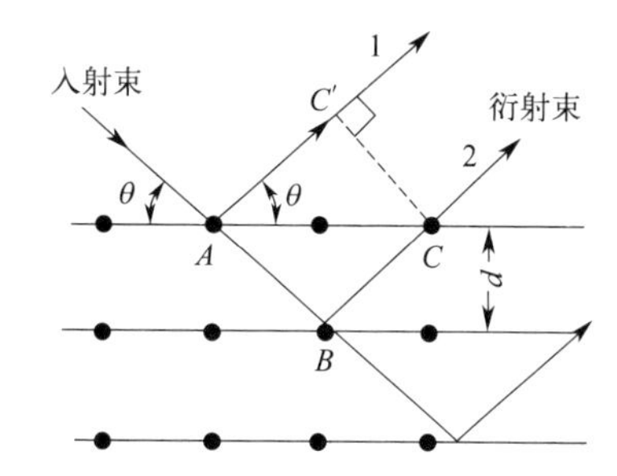

图 14-6　X 射线在晶体学平面上的衍射

X 射线管的结构如图 14-5 所示。在抽真空的玻璃管的一端是阴极，通电加热后产生的电子经聚焦和加速，打到阳极上，把阳极材料的内层电子轰击出来；当较高能态的电子去填补这些电子空位时，就形成了 X 射线。X 射线从铍窗口射出，射到晶体试样上，晶体的每个原子或离子就成为一个小散射波的中心。由于结构分析用的 X 射线波长与晶体中原子间距是同一数量级以及晶体内点阵排列的周期性，因此这些小散射波互相干涉而产生衍射现象。发生 X 射线衍射的条件是满足布拉格公式：

$$2d\sin\theta = n\lambda \tag{14-2}$$

式中，λ 为入射的 X 射线的波长；d 为晶体的点阵平面间的距离；θ 为入射 X 射线与相应的晶面的夹角，如图 14-6 所示。

式(14-2) 表明，当晶面与 X 射线之间满足上述几何关系时，X 射线的衍射强度将相互加强。因此，采取收集入射和衍射 X 射线的角度信息及强度分布的方法，可以获得晶体点阵类型、点阵常数、晶体取向、缺陷和应力等一系列有关的材料结构信息。

为达到发生衍射的目的，常采用以下三种方式。

① 劳埃法 即用一束连续X射线以一定方向射入一个固定不动的单晶体。此时X射线的λ值是连续变化的，许多具有不同入射角θ的X射线和不同d值的点阵平面都可能有一个相应的λ使之满足布拉格条件。

② 转晶法 即用单一波长的X射线射入一个单晶体，射线与某晶轴垂直，并使晶体绕此轴旋转或回摆。

③ 粉末法 它用一束单色X射线射向块状或粉末状的多晶试样，因其中的小晶粒取向各不相同，故有许多小晶粒的晶面满足布拉格条件而产生衍射。记录衍射线的方法主要有照相法和衍射仪法。

(4) 电子探针X射线显微分析仪（EPMA） 电子探针X射线显微分析仪简称电子探针仪，它是利用细聚焦的高能电子束轰击待分析试样，通过试样小区域内所激发的特征X射线谱进行微区化学成分分析的仪器。若试样中含有多种元素，将会激发出含有不同波长的特征X射线。特征X射线的产生与物质的原子结构有关，其波长λ与原子序数Z有如下关系：

$$\sqrt{1/\lambda}=C(Z-\sigma) \tag{14-3}$$

式中，λ是从某元素中激发出来的特征X射线的波长；Z为发射λ波长射线的元素的原子序数；C为光速；σ为常数。

由式(14-3)可见，鉴定出所激发出的X射线的波长，即可根据原子序数确定该激发体中所含的元素种类。利用电子探针仪可以方便地分析从$_4$Be到$_{92}$U之间的所有元素。

电子探针仪的构造与扫描电子显微镜大体相似，只是增加了接收记录X射线的谱仪。目前电子探针分析包括波谱分析法和能谱分析法两种方法。

① 波谱分析法（WDX） 波谱法是利用特征X射线的波长λ来确定晶体中所含的元素，其衍射关系符合式(14-2)表示的布拉格公式。

全部X射线谱依顺序发生衍射，由于d是已知晶体的晶面间距，入射角θ可由X射线的位置来确定，因此可计算出特征X射线的波长λ值。根据λ值就可鉴定出元素的种类。一般来说，波谱分析方法的分辨率高，适于做定量分析，但分析速度较慢。

② 能谱分析法（EDX） 特征X射线的波长和相应光子能量E之间存在如下关系：

$$E = hC/\lambda = 12400/\lambda \tag{14-4}$$

式中，h为普朗克常数；C为光速；λ为特征X射线波长。因此，通过测量X射线的能量同样可鉴定元素的种类。能谱分析法的特点是分析速度快，由于采用多道分析器，可同时检测多种元素，一般在2～3min内就可获得钠以上元素的定性全分析结果。但其分辨能力远不如波谱分析法高，能谱分析法适宜做快速定性和定点分析。

能谱仪作为一种常规的成分分析仪器，它广泛地安装于扫描和透射电子显微镜上，成为材料结构研究中主要的成分分析手段。在此种情况下，电子显微镜产生的高能电子既要完成揭示材料结构特征的任务，又要起到激发材料中的电子使其发射特征X射线的作用。

(5) 电子能谱分析法 对表面成分的分析，最有效的方法之一是20世纪70年代以来发展起来的电子能谱分析。电子能谱分析法是采用电子束或单色光源（如X射线、紫外光）去照射样品，对产生的电子能谱进行分析的方法。其中以俄歇电子能谱法（AES）、X射线光电子能谱法（XPS）及紫外光电子能谱法（UPS）应用最广泛。它们对样品表面浅层元素的组成一般能给出精确的分析。同时它们还能在动态条件下测量，例如对薄膜形成过程中成分的分布和变化给出较好的探测，使监测制备高质量的薄膜器件成为可能。

① 俄歇电子能谱法（AES）　俄歇电子能谱法是以法国科学家俄歇（Auger）发现的俄歇效应为基础而得名。1925 年，俄歇在研究 X 射线电离稀有气体时，发现除光电子轨迹外，还有 1～3 条轨迹，根据轨迹的性质，断定它们是由原子内部发射的电子造成的，以后将这种电子发射现象称为俄歇效应。

俄歇电子能谱仪是以电子束激发样品中元素的内层电子，使得该元素发射出俄歇电子，通过接收、分析这些电子的能量分布，对微小区域做成分分析的仪器。图 14-7 是俄歇电子谱仪的原理图。电子枪用来发射电子束，以激发试样使之产生包含俄歇电子的二次电子；电子倍增器用来接收俄歇电子，并将其送到能量分析器中进行分析；溅射离子枪用来对分析试样进行逐层剥离。俄歇电子是一种可以表征元素种类及其化学价态的二次电子。由于俄歇电子的穿透能力很差，故可用来分析表面几个原子层的成分。现在，扫描电镜上也可附加这种俄歇谱仪，以便有目的地对微小区域做成分分析。

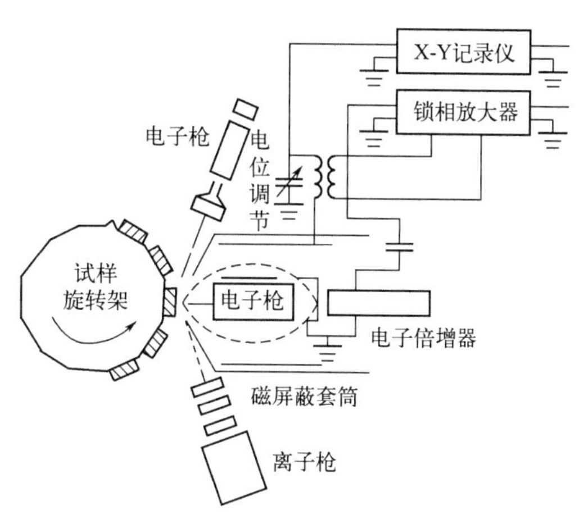

图 14-7　俄歇电子谱仪原理示意图

AES 法的主要优点是：在靠近表面 0.5～2nm 范围内的化学分析灵敏度高，数据收集速度快，能探测周期表上氦（He）以后的所有元素，尤其对轻元素更为有效。因此，AES 法成为材料表面成分分析的有力工具。

② X 射线光电子能谱法（XPS）　不仅电子可以用来激发原子的内层电子，能量足够高的光子也可以作为激发源，通过光电效应产生出具有一定能量的光电子。X 射线光电子能谱仪就是利用能量较低的 X 射线源作为激发源，通过分析样品发射出来的具有特征能量的电子，实现对样品化学成分分析的仪器。

在使用 X 射线光电子能谱仪的情况下，被激发出来的光电子应该具有能量：

$$E_k = h\nu - E_b \tag{14-5}$$

式中，ν 为入射 X 射线的频率；E_b 是被激发出来的电子原来的能级能量。

在入射 X 射线波长固定的情况下，由谱仪测得激发出来的光电子的能量 E_k，便可以求得被激发电子原来的能级能量 E_b，由于每种元素的电子层结构都是独特的，因此根据能级能量便可以鉴别出元素的种类。此外，此法还可以探测化合物中原子的成键情况以及化学价态的变化等。

图 14-8 为光电子能谱仪的一般结构。采用减速场透镜作输入透镜以改善半球形能量分析器传输率与能量分辨间的矛盾，提高能量分辨率和传输率。减速场用以慢化光电子和使适合于截面电压的光电子尽可能到达探测器上。能量分析采用半球形能量分析器，其工作距离大，光电子检测域宽，按能量展开的光电子有效接收的立体角大，而使光电子接收的灵敏度高。电子探测器采用位置灵敏检测器，使在不同位置产生的光电子变为在不同能量通道产生的电流，同时收集、放大、经数据处理后，在记录仪上显示出光电子能谱。由于光电子能量范围和俄歇电子差不多，用同一能量分析器既可以分析光电子的动能，又可分析俄歇电子的

动能，因此常将 XPS-AES 组合成一台仪器成为多功能表面分析谱仪。XPS 法是一种超微量分析（样品量少）和痕量分析（绝对灵敏度高）方法，但其分析相对灵敏度不高，只能检测样品中含量在 0.1%以上的组分。

吴明忠等采用附加偏压调控的笼形空心阴极放电沉积系统，以 C_2H_2、Ar 和四甲基硅烷混合气体为工作气体，在单晶 Si 片表面制备了硅掺杂的类金刚石膜（Si-DLC）。采用光电子能谱仪对 Si-DLC 膜的成分和化学组态进行分析。XPS 分析中的 C1s 谱线主要用于识别非晶碳的化学状态，也可以分析 DLC 薄膜中 sp^3 键的含量。附加偏压为－100V 所制备的 Si-DLC 膜的 C1s 高分辨 XPS 分峰拟合图见图 14-9，可以看出，C1s 光谱在 284.8eV、285.6eV、287.2eV 和 284.0eV 处出现了 4 个特征峰，分别对应 sp^2 杂化键、sp^3 杂化键、C—O 键和 Si—C 键。通过计算，可获得 sp^3 与 sp^2 的比值为 0.36。

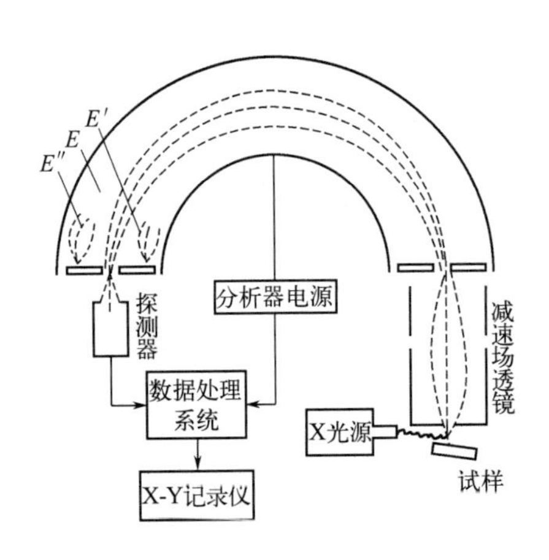

图 14-8 光电子能谱仪的原理图

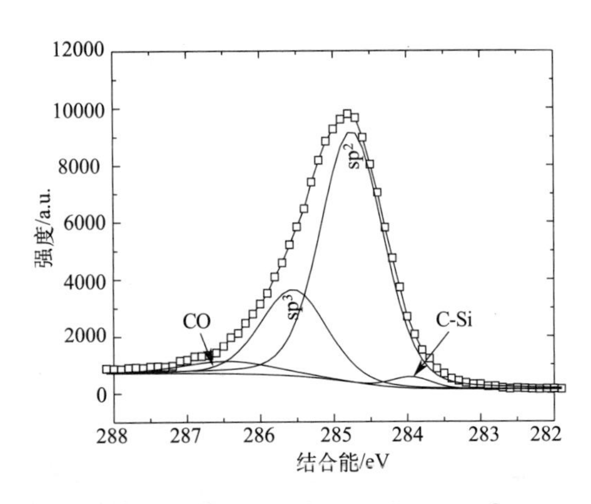

图 14-9 Si-DLC 膜的 C1s 高分辨 XPS 分峰拟合图谱

（6）激光共聚焦显微镜（Confocal Laser Scanning Microscope，CLSM） 这是一种高灵敏度、高分辨率、高放大倍数的仪器，主要由共聚焦扫描成像系统、电子光学系统和计算机分析成像系统组成。除了具有普通光学显微镜的基本结构外，还包括激光光源、共聚焦系统、扫描控制装置、检测传感装置、计算机系统、图像成型设备和光学变换装置等部分，激光共聚焦显微镜原理如图 14-10 所示。

激光共聚焦显微镜采用共轭聚焦原理，利用放置在光源后的照明针孔和放置在检测器前的探测针孔实现点照明和点探测。以激光为光源，光源经过照明针孔形成点光源并照射在分光镜上，发生偏转后透过物镜并聚焦在样品焦平面的某个点上，激发样品中的荧光物质发射出荧光。荧光经过物镜和分光镜后通过探测针孔，经滤波器滤掉发射荧光外的杂光，再由光电倍增管（PMT）将信号放大，该点以外的任何发射光均被探测针孔阻挡。照明针孔与探测针孔对被照射点或被探测点来说是共轭的，因此被探测点即共焦点，被探测点所在的平面即共焦平面。光路中的扫描系统在样品的焦平面上扫描，获得对应光点的共聚焦图像并传输至计算机，最终在屏幕上聚合成清晰的整个焦平

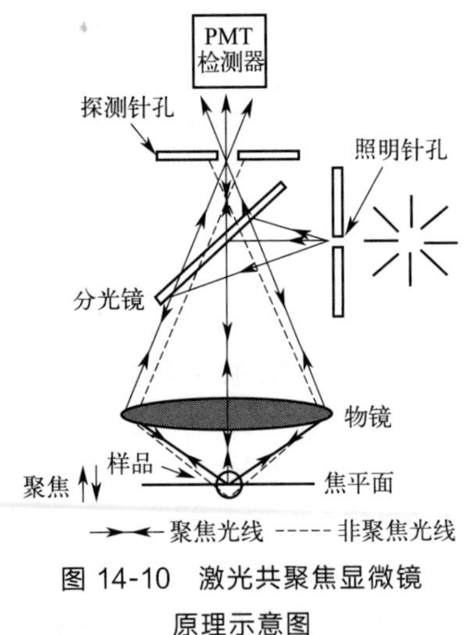

图 14-10 激光共聚焦显微镜原理示意图

面的共聚焦图像。

(7) 红外光谱技术　红外光又称红外辐射，指介于可见光和微波之间、波长范围为 0.76～1000μm 的红外波段的电磁波。红外光谱仪是利用物质对不同发射波长的红外辐射光的吸收特性，进行分子结构和化学组成分析的仪器。红外光谱仪通常由光源、单色器、探测传感器和计算机系统组成，其原理如图 14-11 所示。红外光谱仪发送红外辐射光束通过样品时，样品中的分子组成物会吸收特定的红外光，产生吸收特性的红外光谱图。常用的是傅里叶变换红外光谱仪，利用迈克尔逊干涉仪将两束光程差按一定速度变化的复色红外光相互干涉，形成干涉光，再与样品作用。探测器将得到的干涉信号送入到计算机进行傅里叶变换的数学处理，把干涉图还原成光谱图。红外光谱图通常以波长或波数为横坐标，表示吸收峰的位置；以透光率或者吸光度为纵坐标，表示吸收强度。

红外光谱可以表征化学键，进而表征分子结构，也可以用来识别化合物和结构中的官能团。通常采用溴化钾压片法或矿物油涂膜法制备样品。该检测技术具有样品用量少、样品处理简单、测量速度快、操作方便等优点。

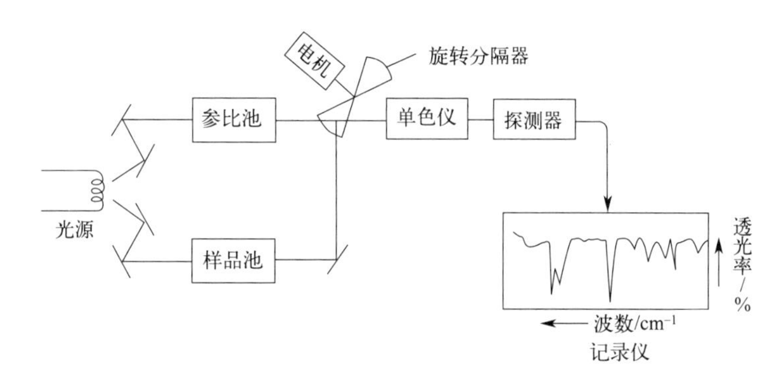

图 14-11　红外光谱仪原理图

(8) 拉曼光谱仪　光照射到物质上会发生弹性和非弹性散射。弹性散射光与入射光的波长相同；非弹性散射光的波长将发生变化，部分比入射光波长长，部分比入射光波长短，即拉曼效应。拉曼光谱分析是基于拉曼效应对散射光进行分析得到分子振动、转动信息的分析方法，通常用于研究物质的结构和性质。

拉曼光谱仪采用共焦显微拉曼光学系统，能获得更高的分辨率，既可以对试样表面进行微米级的微区扫描，也可以显微成像。拉曼光谱仪的结构如图 14-12 所示。拉曼光谱仪由激光源、收集系统、分光系统和检测系统构成。激光源一般采用能量集中、功率密度高的激光，收集系统由透镜组构成，分光系统采用光栅或陷波滤光片结合光栅以滤除瑞利散射和杂散光，检测系统采用电倍增管检测器或多通道的电荷耦合器件。当一束单色激光束照射到试样表面，部分光子会发生能级变化并散射出去。大部分光只是改变光的传播方向，从而发生散射。由分子振动引起的光子能量的微小改变，形成一部分拉曼散射。散射光与入射光之间的频率差形成拉曼位移，拉曼位移是分子结构的特征参数，它不随激发光频率的改变而改变。这是拉曼光谱可以作为分子结构定性分析的理论依据。拉曼位移取决于分子振动能级的变化，不同化学键或基团具有独特的分子振动模式。拉曼光谱仪通过分析散射光的位移和强度，获得拉曼散射光谱，其峰位对应于试样中的分子振动频率，可以获得样品的振动模式和分子结构。

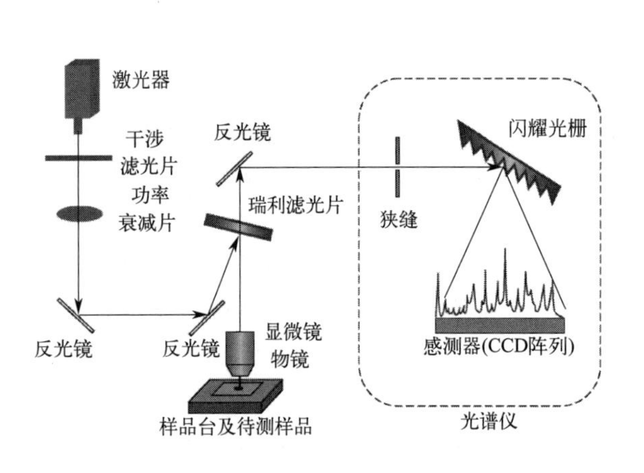

图 14-12　拉曼光谱仪原理示意图

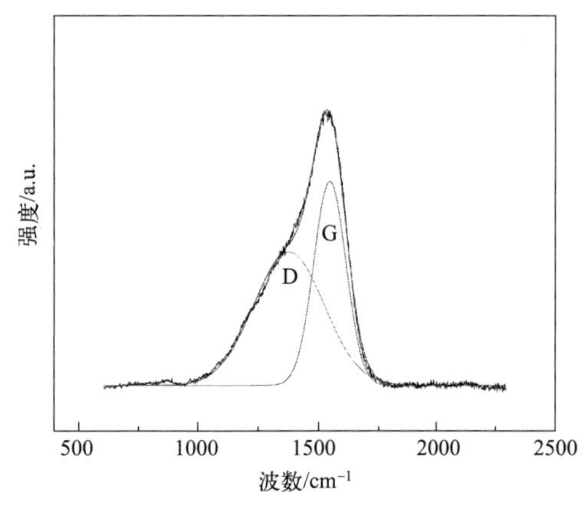

图 14-13　Si-DLC 膜拉曼光谱图

拉曼光谱分析是一种纯粹的光学检测方法，样品无需制备，检测过程对试样无接触、无破坏，可实现快速、重现性好的定性定量分析，已经广泛地应用于化学、生物科学、材料科学、药物研发、环境监测等领域。拉曼光谱分析也是石墨烯、碳纳米管、金刚石等碳材料研究中常用的表征手段之一，在碳材料的发展历程中起到了至关重要的作用。图 14-13 是采用笼形空心阴极放电技术在 LA91 镁锂合金基体表面制备的 Si-DLC 薄膜的拉曼光谱图。该光谱是利用 532 nm 的可见光激发所得到的结果，其扫描波长范围为 (600～2300)cm^{-1}。所制备的薄膜在 (1000～1800)cm^{-1} 之间有一个宽化峰，通过高斯函数拟合分析，在 1355cm^{-1} 和 1580cm^{-1} 左右出现两个峰，分别为 D 峰和 G 峰。D 峰对应无序结构，反映了 sp^2 杂化碳的呼吸振动模式，而 G 峰体现出石墨结构中 C—C 的伸缩振动，其波数位置反映了 sp^3 键的杂化程度。由此可知，LA91 表面所制备的薄膜表现出明显的非对称宽峰，具有典型的类金刚石薄膜的特征，即微观结构是由 sp^3 和 sp^2 碳键混合组成的非晶碳膜。

14.2　表面覆盖层性能检测技术

随着表面工程技术的发展，表面覆盖层的种类日益增多，其应用几乎遍及各行各业。为了确保产品质量的提高，表面覆盖层的性能检测技术日益受到表面处理企业的重视，已成为企业评价产品质量和全面质量管理的一项重要内容。目前，对一些成熟技术已有相应的国际标准、国家标准或部颁标准；对于尚未列入上述标准的产品，要按产品加工要求或实样对照予以评定，作为评判产品质量等级以及合格与否的依据。

由于表面工程技术的种类繁多，各种覆盖层的特性不同，因此表面覆盖层性能检测的内容是很广泛的。其常规性能检测大致包括外观、厚度、密度及孔隙率、硬度、结合强度或附着力等；功能性能检测包括耐蚀性、耐磨性、热性能、润湿性能、抗高温氧化性、亲水性、绝缘性、导电性、电磁屏蔽性、抗海洋生物吸附性、生物相容性、钎焊性等。本节仅对一些常规的产品质量检测方法作简单介绍。

14.2.1　覆盖层常规性能检测

(1) 外观质量检测　外观质量是最基本的检测指标，外观不合格就没有必要进行其他项目的测试。外观检测包括表面缺陷、表面粗糙度、表面光泽度、色泽等内容。

① 表面缺陷　表面缺陷主要指表面的裂纹、针孔、麻点、气泡、毛刺、起瘤、污点、脱皮、漏涂及色差等。表面缺陷的检测一般采用目测法，有时也采用低倍放大镜进行检测。

② 粗糙度　表面粗糙度是评价表面质量的重要指标，方法是测量工件表面微观几何形状。根据不同评定参数和不同粗糙度范围，可采用比较法、针描法、光切法、光干涉法、激光光斑法等进行测量。外观检测时，其粗糙度应达到或低于规定的粗糙度指标。

a. 比较法　将被测试样表面对照粗糙度标准板，用视觉判断或借助于放大装置；也可借助检测人员的手感，判断试样表面的粗糙度。此法一般用于粗糙度数值较大的情况。

b. 针描法　利用触针直接在被测表面上轻轻划过，从而测出表面粗糙度的 Ra 值，可采用轮廓仪进行测定。

c. 光切法　控制光线形成狭窄的片状光束，以一定的角度射到试样表面上，与试样表面相交形成轮廓曲线，用光切显微镜测得该曲线的数据结果，获得表面粗糙度。

d. 光干涉法　根据光波干涉原理，用干涉显微镜测出干涉条纹，得到数据结果来确定粗糙度。

e. 激光光斑法　利用激光束在材料表面反射后的光强来反推表面的粗糙度。通过测量试样表面反射的激光光束获得散斑图像，对图像进行分析获得试样的粗糙度。

③ 光泽度　光泽度指覆盖层表面反射光的比率或强度。反射光的比率或强度越大，表面的光泽度越高。光泽度虽有专门仪器进行检测，但由于受到工件形状、覆盖层色泽的影响而尚未普遍应用，目前仍以目测法为主。外观检验时，其光泽度应符合或高于规定的光泽度指标。

(2) 覆盖层厚度的测定　覆盖层厚度在很大程度上影响产品的可靠性和使用寿命，它是覆盖层性能中经常测量的定量参数之一。关于覆盖层厚度测量方法的评定请参见国家标准 GB/T 12334—2021《金属和其他非有机覆盖层关于厚度测量的定义和一般规则》、GB/T 6463—2005《金属和其他无机覆盖层厚度测量方法评述》、GB/T 31563—2015《金属覆盖层厚度测量　扫描电镜法》。

由于表面工程技术所涉及的表面覆盖层厚度的范围很大，涵盖了纳米尺度的气相沉积薄膜、离子注入层以及毫米量级的热喷涂层、堆焊层等，因此覆盖层厚度的测量方法很多，习惯上分为无损法和破坏性法两大类。无损测厚法有磁性法、涡流法、X 射线光谱法、β 射线反散射法等。破坏性测厚法有化学溶解法、库仑法、金相显微镜法、干涉显微镜法、轮廓仪法等。无损测厚法适用于某些贵重或精密的涂件产品，破坏性测厚法一般适用于非贵重涂件或大批涂件加工的产品。各种测量仪器可测量的厚度范围如表 14-3。

表 14-3　覆盖层厚度测量仪器所测得的厚度范围

仪器类型	厚度范围/μm (测量误差应<10%)	仪器类型	厚度范围/μm (测量误差应<10%)
磁性仪(用于钢上非磁性覆盖层)	5～7500	干涉显微镜	0.002～1
磁性仪(用于镍覆盖层)	1～125	库仑仪	0.25～100
涡流仪	5～2000	金相显微镜	8～数百
X 射线光谱仪	0.25～65	轮廓仪	0.01～1000
β射线反散射仪	0.1～100		

① 磁性法　磁性法是利用电磁原理对磁性基体的非磁性覆盖层厚度进行无损测量，主要测量工具为磁性测厚仪。夹在测厚仪的永久磁铁和磁性基体之间的非磁性覆盖层，会引起磁铁与基体间的磁引力或磁路磁阻的变化，这些变化与夹在其间的覆盖层厚度存在一定的函数关系，因此在仪器上可直接显示出覆盖层的厚度。

此法适用于测量钢铁基体上的锌、镉、铜、锡和铬等镀层，以及油漆、搪瓷、塑料等覆盖层厚度。关于测量的详细规定可参见 GB/T 4956—2003《磁性基体上非磁性覆盖层　覆盖层厚度测量　磁性法》。

② 涡流法　涡流法实质上属电磁法。但能否采用该方法测厚，与被测金属基体和覆盖层材料的导电性有关，而与其是否为磁性材料无关。其基本原理是利用一个载有高频电流线圈的探头，在被测覆盖层表面产生高频磁场，并使金属内部产生涡流，此涡流产生的磁场又反作用于探头的线圈，使其阻抗变化。若基体表面覆盖层厚度发生变化，则探头与金属基体表面的间距会有所改变，反作用于探头线圈的阻抗亦发生相应改变。由此，测出探头线圈的阻抗值，就可间接地反映出覆盖层厚度。

涡流法主要用来测量非磁性导电基体上的非导电覆盖层的厚度，普遍用来测量铝、镁、钛等阳极氧化膜的厚度，以及铝或铜上的有机涂层或其他非导电覆盖层的厚度。关于测量的具体规定可参考 GB/T 4957 —2003《非磁性基体金属上非导电覆盖层　覆盖层厚度测量　涡流法》。

③ X射线光谱法　利用X射线照射覆盖层表面会产生特征X射线，由此引起入射X射线强度的衰减，通过测定衰减之后的X射线的强度，就可测量覆盖层厚度。但必须以标准厚度的样品进行校准。此法可以快速而精确地测量大多数覆盖层厚度，试样的面积可小到 $0.05mm^2$，一般用于印制电路板、接插件等电子产品镀金膜的厚度测量。该法也可同时测量基体多层涂覆的复合层厚度，还可以在测量二元合金厚度的同时，测出合金涂层的成分，所以这是一种比较先进且应用范围广的测量方法。关于测量的详细规定可参考 GB/T 16921—2021《金属覆盖层　覆盖层厚度测量　X射线光谱法》。

④ β射线反散射法　当放射性同位素释放出的β射线照射覆盖层时，一部分进入金属的β射线被反射回探测器，被反射的β粒子的强度是覆盖层种类和厚度的函数，由此可测得覆盖层厚度。β射线反散射法特别适宜对各种贵金属覆盖层厚度进行测量，也可测量金属或非金属基体上的非金属薄膜。该法的另一个特点是测量面积内，可实现表面微区或逐点的测量。详细的操作及检测方法可参考 GB/T 20018—2005《金属与非金属覆盖层　覆盖层厚度测量　β射线背散射法》。

⑤ 金相显微镜法　金相显微镜法是应用较早的覆盖层厚度检测方法之一，属于覆盖层的破坏性检测。其检测原理与普通的光学金相检测相似，即将表面覆盖层试样的横断面通过镶嵌、磨光、抛光和化学浸蚀的步骤，制成具有镜面光泽的试样，然后采用金相显微镜观察横截面的放大图像，就可以直接测量覆盖层的局部厚度。此外，还可采用高分辨率的扫描电子显微镜或透射电子显微镜进行横截面测量。这种方法适用于一般覆盖层的测厚，其特点是可直接测量截面厚度，判断直观，依据充分，但此法的制样过程比较复杂。关于测量的详细规定可参考 GB/T 6462—2005《金属和氧化物覆盖层厚度测量显微镜法》。

⑥ 化学溶解法　化学溶解法指选择合适的腐蚀液，让其只腐蚀覆盖层而不腐蚀基体，根据腐蚀所消耗的腐蚀液用量，或腐蚀所经历的时间来测定覆盖层厚度的方法。此类方法有点滴法、液流法、称重法、分析法等。此法测厚只需要少量化学试剂和简单的器具即可进

行，操作简便。但测量准确度较低，对于厚度在 2μm 以上的覆盖层，准确度为±10%；对于厚度小于 1μm 的薄层，误差可达 300%。

⑦ 阳极溶解库仑法　此法属于电化学溶解，是利用电解装置将作为阳极的覆盖层从基体上溶解出来，测量溶解过程中所消耗的电量，再根据法拉第定律计算出覆盖层的局部平均厚度。此法适用于测定金属基体上的单金属覆盖层或多层单金属覆盖层的局部厚度，例如装饰性薄铬镀层、镀金层等。对多层单金属覆盖层测厚时，还可更换电解液后连续测厚，故应用范围较广。覆盖层厚度在 1～50mm 范围内，精确度可达±10%以内。关于测量的详细规定可参考 GB/T 4955—2005《金属覆盖层　覆盖层厚度测量　阳极溶解库仑法》。

⑧ 轮廓仪法　轮廓仪一直是用来测量表面粗糙度的仪器。其测量原理是把仪器上的细小触针接触样品表面并进行扫描。在扫描过程中，随着扫描的横向运动，触针也随表面高低不平的轮廓做上下运动，从而可测定表面峰谷的高度。因此可以用这种仪器测定从基体表面到覆盖层表面的高度，即进行覆盖层厚度的测量。但先要在被测覆盖层表面与基体表面间制出一个台阶，露出基体表面，然后通过触针对台阶的扫描来测定覆盖层厚度。此法通常测定的厚度范围是 0.01～1000μm，其优点是测量直观，精确度较高，操作简便、迅速，在硬质或超硬薄膜厚度测量中的应用日益广泛。关于测量的详细规定可参考 GB/T 11378—2005《金属覆盖层　覆盖层厚度测量轮廓仪法》。

⑨ 干涉显微镜法　干涉显微镜法是利用光波的干涉原理，以光的波长来测量表面的微观不平度。其试样的制作与轮廓仪测厚法相同，即制造出基体和覆盖层间的台阶，再利用多光束干涉显微镜对该台阶的高度进行测量，从而获得覆盖层厚度值。该方法测量的精度最高可达 2～3nm，广泛应用于小于 1μm 的薄膜或超薄膜的厚度测量。

⑩ 薄膜厚度的动态测量　采用气相沉积方法在基体表面制备薄膜时，在薄膜生长过程中需要连续监测薄膜厚度的动态变化，可采用光干涉仪、微量天平测定仪、石英晶体振荡仪等精密仪器实现对膜厚的动态测量。

(3) 覆盖层硬度的测定　覆盖层硬度是指覆盖层抵抗外加压入体引起变形的能力。硬度是评价覆盖层力学性能的重要指标，它关系到覆盖层的耐磨性、强度及寿命等多种功能。覆盖层硬度试验包括宏观硬度与显微硬度试验。宏观硬度是用一般的布氏或洛氏硬度计，以覆盖层整体大范围的压痕为测定对象，测得的是覆盖层的平均硬度值；覆盖层的显微硬度是用显微硬度计，以覆盖层中的微粒为测定对象，测得的是颗粒的硬度值。

① 宏观硬度　对于厚度大于 10μm 的覆盖层，如热喷涂层、堆焊层、渗碳层、渗氮层等，一般选用宏观硬度测量方法。

a. 布氏硬度试验法　布氏硬度测定的原理见图 14-14 所示，它是用一定大小的载荷 P(kgf)，将直径为 D(mm) 的淬火钢球或硬质合金球压入样品表面，见图 14-14(a)；保持规定的时间后卸除载荷，于是在试样表面留下压痕，见图 14-14(b)。测量样品表面的残余压痕直径 d(mm)，以求出压痕的表面积 S(mm^2)。将单位压痕面积承受的平均压力定义为布氏硬度值，用符号 HB 表示：

$$\mathrm{HB}=\frac{P}{S}=\frac{P}{\pi Dh}=\frac{2P}{\pi D\left(D-\sqrt{D^2-d^2}\right)} \tag{14-6}$$

实际测量时，并不需要用式(14-6) 进行硬度值的计算，而是可以直接从硬度计表盘上读数，或在显示器上直接显示硬度数值。

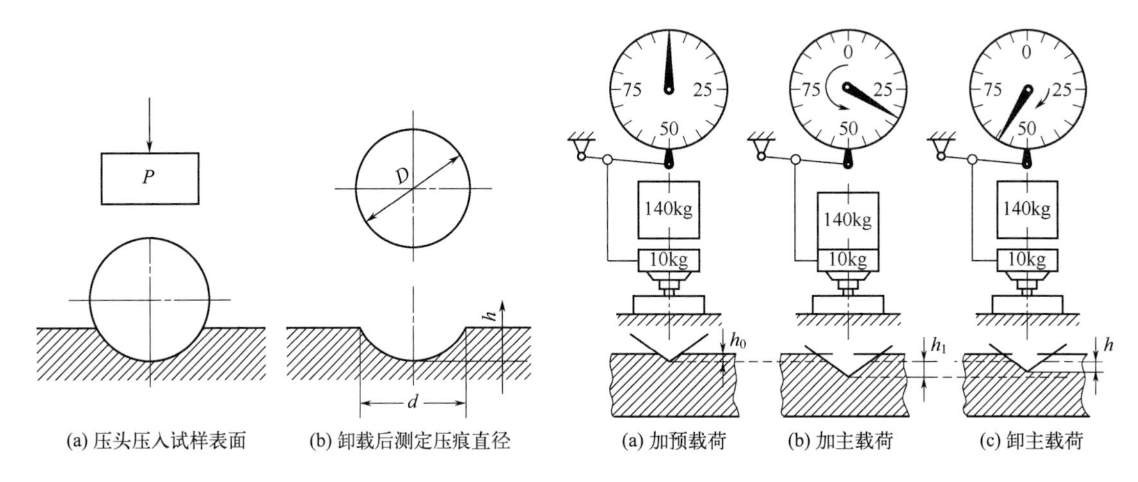

(a) 压头压入试样表面　(b) 卸载后测定压痕直径

图 14-14　布氏硬度试验的原理图

(a) 加预载荷　(b) 加主载荷　(c) 卸主载荷

图 14-15　洛氏硬度试验的原理图

b. 洛氏硬度　洛氏硬度是通过测定压痕深度来表示材料的硬度。图 14-15 表示用金刚石圆锥体压头测定硬度的过程。为保证压头与样品表面接触良好，试验时首先加 100N 的预载荷，压头压入表面的深度为 h_0，此时指针在表盘上的位置指零，见图 14-15(a)；然后再加上 1400N 的主载荷，压头压入表面的深度为 h_1，表盘上的指针逆时针方向转到相应的刻度位置，见图 14-15(b)；当主载荷卸去后，表面变形中的弹性变形恢复，使压头回升一段距离（h_1-h），表盘上的指针将相应地回转，如图 14-15(c) 所示；最后，在试样表面留下的残余压痕深度为 h。

洛氏硬度值就是以压痕深度 h 来计算的。h 值越大，硬度值越低；反之，则越高。为了照顾习惯上数值越大硬度越高的概念，一般用常数 k 减去 h 来计算硬度值，并规定每 0.002mm 为一个洛氏硬度单位，并用符号 HR 表示，则洛氏硬度值的计算式为：

$$\mathrm{HR}=\frac{k-h}{0.002} \tag{14-7}$$

试验时，应根据被测试样的硬度范围和厚度，选择不同的压头和载荷所组成的洛氏硬度标尺。生产上常用的有 A、B 和 C 三种标尺，所测得的硬度分别记作 HRA、HRB 和 HRC。

关于覆盖层宏观硬度测量的详细规定可参见：GB/T 231.1—2018《金属材料布氏硬度试验　第 1 部分：试验方法》、GB/T 230.1—2018《金属材料　洛氏硬度试验　第 1 部分：试验方法》。

② 显微硬度　对于诸如电镀、化学镀及气相沉积等方法制备的厚度在 10μm 以下的覆盖层，其硬度的测量必须采用显微硬度测量法。

a. 显微硬度试验法　显微硬度检测是一种在显微镜下进行的低载荷（＜200gf）的硬度试验方法。根据所使用压头的不同，显微硬度有维氏显微硬度和努氏显微硬度等。

显微硬度测试时，以规定的试验力，将正四棱锥形金刚石压头以适当的速度压入被测试表面（或截面平面），保持规定的时间后卸除载荷，测量所压印痕的对角线长度，并将对角线长度代入相应的硬度计算公式，求得维氏或努氏显微硬度值。实际上，一般硬度值无需计算，可以通过查阅对角线长度与硬度值的对照表获得，或在显示屏上直接显示。

在显微硬度测定试验时，要依据被测试样的硬度范围合理选择试验力。当在覆盖层表面进行硬度试验时，所采用的试验力应当使压痕的深度小于覆盖层厚度的 1/10，即在做维氏硬度试验时，覆盖层的厚度至少为对角线平均长度的 1.4 倍；在做努氏硬度试验时，覆盖层的厚度至少应为长对角线长度的 0.35 倍。

关于覆盖层显微硬度测量的详细规定可参考：GB/T 4340.1—2024《金属材料　维氏硬度试验　第 1 部分：试验方法》、GB/T 18449.1—2024《金属材料　努氏硬度试验　第 1 部分：试验方法》、GB/T 9790—2021《金属材料　金属及其他无机覆盖层的维氏和努氏显微硬度试验》等。

b. 纳米压痕技术　随着微电子、半导体、磁记录介质和光学器件等科技领域的发展，为满足对极薄的薄膜硬度测量时，施加更小载荷和获得更浅压痕的要求，近年来开发出了纳米压痕技术。该技术采用具有高分辨率的仪器，通过对压入深度和压入载荷的连续测量和记录取代了传统压痕试验中对残余压痕尺寸和最大压入载荷的测量，通过计算机进行数据处理就可方便地获得被测薄膜的硬度和弹性模量。目前，纳米压痕系统的压入载荷一般小于 0.1mN，压入深度小于 100nm，而且载荷和位移的分辨率分别小于 0.01mN 和 1nm。纳米压痕系统的装置简图和纳米压痕实验的载荷-位移（压入深度）曲线分别见图 14-16 和图 14-17。

纳米压痕技术大大地减小了传统压痕试验中的人为测量误差，非常适合检测较浅的压痕深度；对不会导致压痕周围凸起的材料，如大多数陶瓷、硬金属和加工硬化的软金属，其硬度和弹性模量的测量精度通常优于 10%。

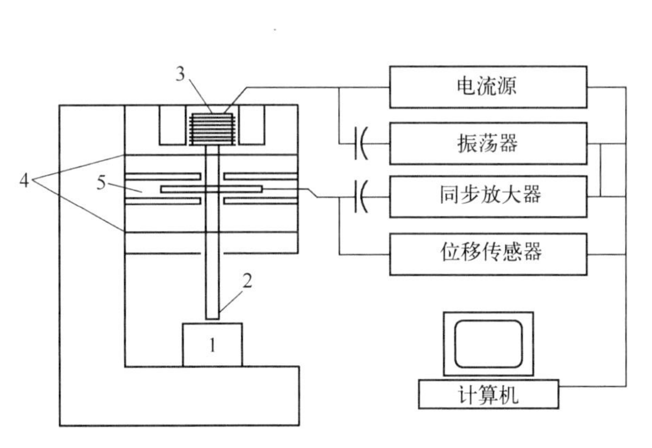

图 14-16　纳米压痕系统装置简图

1—试样；2—压头；3—加载线圈；4—压头阻尼；5—电容位移传感器

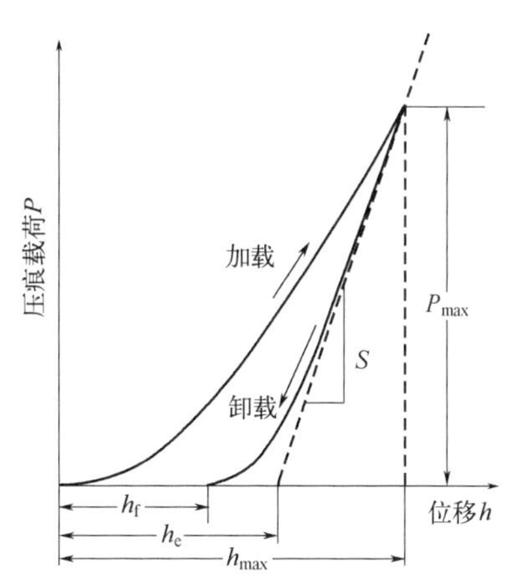

图 14-17　纳米压痕载荷-位移曲线

(4) 覆盖层结合强度的检测　覆盖层与基体的良好结合，是任何覆盖层发挥其防腐、装饰及其他功能的最基本条件，因此对覆盖层与基体之间的结合强度的检测是至关重要的。

覆盖层与基体之间的结合强度也称为结合力、附着力或黏附力等，一般可以理解为单位表面积的覆盖层从基体上剥离下来所需要的力。覆盖层结合强度的检测分为定性和定量两种方法。定性方法是以覆盖层受力后是否起泡或从基体表面剥离来判定其质量，可选择弯曲、锉磨、冲击、热震、刻痕、杯突等多种方法；定量方法则可测得覆盖层从基体表面剥离所需的力，主要有拉伸法、剪切法、压缩法等。

但由于覆盖层类别不同，其结合机理、制备工艺及厚度等差异很大，因此对结合强度的检测是比较困难的。实际生产中很难找到一种普遍适用的、可量化、可比较的结合强度检测方法。一般生产现场中大多数采用定性或半定量的检验方法。以下介绍几种常用的覆盖层结合强度检测方法。

① 拉伸试验法　拉伸试验测量结合强度一般有以下两种方法。

a. 使用黏结剂的拉伸试验　这是热喷涂涂层结合强度测定的常用方法。图 14-18 所示为采用黏结剂的结合强度拉伸试验测定原理。在圆柱形试样 A 的端面上制备涂层，然后在涂层表面和相同尺寸的对偶试样 B 的端面都涂上一层薄而均匀的黏结剂。将 B 置于 A 上，使轴心重合，并施加适当的压力使其充分黏合。待黏结剂固化后，将试样装在试验机上进行拉伸，直至涂层从基体界面处全部剥离，记录破坏时的载荷，采用下式计算涂层的结合强度：

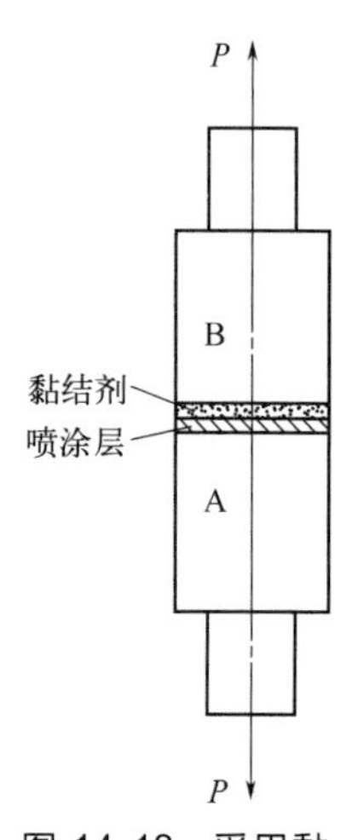

图 14-18　采用黏结剂的拉伸试验

$$P_L = F_L / S \tag{14-8}$$

式中，P_L 为涂层结合强度；F_L 为试样拉伸极限载荷；S 为试样的涂层面积。

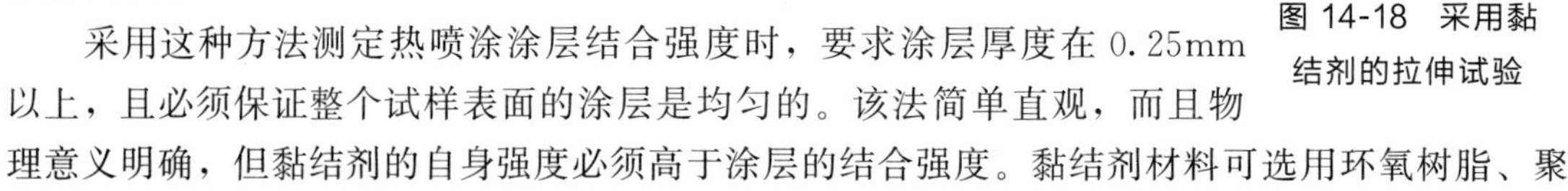

采用这种方法测定热喷涂涂层结合强度时，要求涂层厚度在 0.25mm 以上，且必须保证整个试样表面的涂层是均匀的。该法简单直观，而且物理意义明确，但黏结剂的自身强度必须高于涂层的结合强度。黏结剂材料可选用环氧树脂、聚酯树脂等。此外，这种测量方法的精确度不高。

关于涂层结合强度测定的具体规定请参见标准 GB/T 8642—2002《热喷涂　抗拉结合强度的测定》和 GB 23101.4—2023《外科植入物　羟基磷灰石　第 4 部分：涂层粘结强度的测定》。

b. 无黏结剂的拉伸试验　对于电镀层等一些表面层，由于结合强度较高，普通的黏结剂一般难于把镀层拔下，因此可采用图 14-19 所示的无黏结剂的方法来测量结合强度。在试样 A 的中心部位开孔，使活塞 B 与中心孔滑配合，并使试样 A 的顶面与活塞上端面处于同一平面后施镀；然后从下面支撑住试样，垂直向下拉拔活塞，直至活塞与试样顶面的镀层破坏。此法适用于平面镀件的结合强度试验，但试样加工比较麻烦，并且在活塞和试样的平面间会引起应力集中，使得测定值偏低。

② 刻痕法　对于气相沉积方法获得的硬质薄膜，结合强度很高，通常采用压痕法和划痕法来测定结合强度。

a. 压痕法　压痕法是对带有薄膜的试样在不同的载荷下进行表面压入试验（即硬度试验），通过压痕周围薄膜的开裂情况判断其结合强度。图 14-20 为压痕法结合强度测试的示意图。当压入载荷不大时，硬质薄膜与基体一起变形；但在载荷足够大的情况下，薄膜与基体界面上产生横向裂纹，裂纹扩展到一定阶段后就会使薄膜脱落。能够测得薄膜破坏的最小载荷称为临界载荷，用来表征硬质薄膜与基体的结合强度。

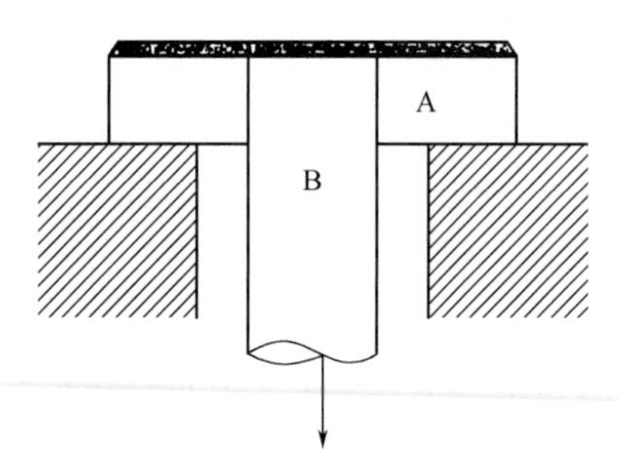

图 14-19　无黏结剂的拉伸试验

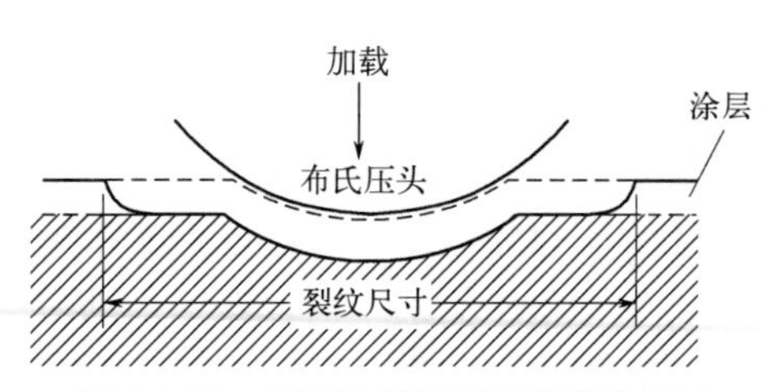

图 14-20　压痕法测量硬质薄膜示意图

b. 划痕法　划痕法是用具有小曲率半径端头的金刚石圆锥压头，以一定的速度划过硬质薄膜表面，并在压头上自动连续地施加垂直载荷，直到压头把薄膜划下来。将硬质薄膜划下来的最小压力称为临界载荷，用来表征薄膜的结合强度。划痕法临界载荷的确定，可以根据硬质薄膜划下来时的声发射和摩擦力进行判断。图 14-21 为气相沉积薄膜划痕法测定结合强度的示意图。

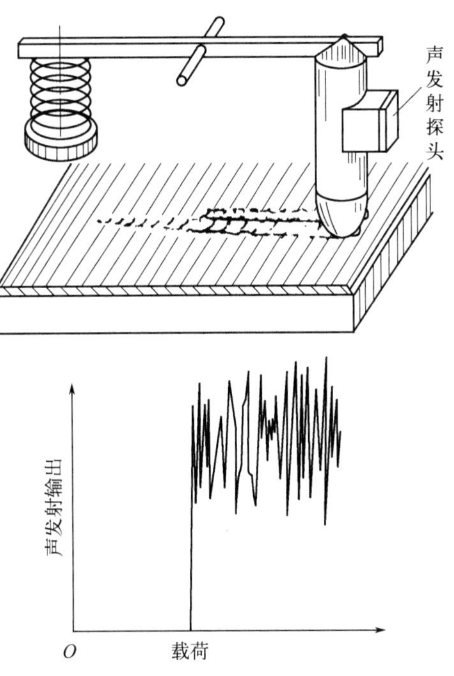

图 14-21　划痕法测量硬质薄膜结合力和声发射测量结果示意图

压痕法和划痕法是目前硬质薄膜结合强度测量的主要方法，并得到广泛应用。但在实际检测中，由于影响因素很多，如薄膜的种类、硬度、厚度和表面粗糙度以及基体硬度等都会影响到测量结果，所以这两种方法只能在上述许多参数固定的情况下才能给出比较有价值的半定量结果。

③ 热震试验　又称加热骤冷试验法，是将试样在一定的温度下加热，然后骤冷，利用覆盖层与基体线膨胀系数不同而发生的变形差异，来评定覆盖层的结合力是否合格。当覆盖层与基体间因温度变形产生的作用力大于其结合强度时，涂层剥落。本法适用于覆盖层与基体两者的线膨胀系数有明显差别的情况。

具体试验方法为：将试样用恒温箱式电阻炉加热至预定温度，保温时间一般为 0.5～1h，视具体情况掌握。试样经加热及保温后，将试样在空气中自然冷却，或直接投入冷水中骤冷。观察试样的表面覆盖层，以不起皮、不脱落表示结合强度合格。

试样加热的温度要求如表 14-4 所示，规定其温度误差为±10℃。某些易氧化的金属应在惰性气体中加热或在适当的液体中加热。

表 14-4　热震试验温度　　单位：℃

基体金属	覆盖层金属	
	Cr、Ni、Ni-Cr、Sn-Ni	Sn
钢	300	150
锌合金	150	150
铜及铜合金	250	150
铝及铝合金	220	150

④ 冲击试验法　用锤击或落球对试样表面的覆盖层反复冲击，覆盖层在冲击力作用下局部变形、发热、振动、疲劳以至最终剥落。此法适合在使用过程中遭受冲击、振动的零件覆盖层结合强度的定性评价。冲击试验法分为下述两种。

a. 锤击试验　将试样装在专用振动器中，使振动器上的扁平冲击锤以 500～1000 次/min 的频率对试样表面覆盖层进行连续锤击。经一定时间后，若试样覆盖层被锤击部位不分层或不剥落，认为其结合强度合格。

b. 落球试验　将试样放在专门的冲击试验机上，用一直径为 5～50mm 的钢球，从一定高度以一定的倾斜角向试样表面冲击。反复冲击一定次数后，以试样被冲击部位的覆盖层不分层或不剥落为合格。

(5) 覆盖层孔隙率检测 孔隙率是指覆盖层中气孔体积所占的比率，可以用覆盖层密度与覆盖层材料的真实密度之比来表示，它是描述覆盖层致密程度的一个定量指标。覆盖层的工作条件不同，对孔隙率的要求也不完全一致。例如，对于防腐覆层，腐蚀性气体、液体通过孔隙侵入到基体表面，会损害基体，要求孔隙率越低越好；用于摩擦件的耐磨覆层，则要求具有一定的孔隙率以便存储润滑油；对于绝热覆层，孔隙率能提高隔热性能；而对于一些具有催化功能的表面，则应在满足其强度要求的基础上，孔隙率越高越好。

检测覆盖层孔隙率的方法很多，可以根据覆盖层孔隙率的物理定义直接测量，例如浮力法、直接称重法，后来又发明了贴滤纸法、涂膏法和浸渍法等化学腐蚀方法以及电解显像法和显微镜法等，每种方法各有其特点和用途。

14.2.2 覆盖层功能性能检测

覆盖层的功能很广，其使用工况条件多种多样。不同功能的覆盖层，应按相关标准或规范进行有关覆盖层功能性能的检测。下面仅介绍有关覆盖层的耐蚀性、耐磨性、润湿性能和热性能的通用检测方法。

(1) 耐蚀性检测 覆盖层的耐蚀性反映了覆盖层保护基体金属和抵抗环境侵蚀能力的好坏，是影响基体使用寿命的重要指标。特别是对于防护性覆层及防护-装饰性覆层，必须进行严格的耐蚀性检验。目前，覆盖层耐蚀性的检测方法有使用环境试验、大气暴露腐蚀试验、人工模拟和加速腐蚀试验、电化学腐蚀试验。这里简单介绍几种普遍使用的腐蚀试验方法。

① 大气暴露腐蚀试验 即将涂覆层试样放在大气暴露场（室内或室外）的试样架上，进行各种自然大气条件下的腐蚀试验，定期观察腐蚀过程的特征，从而评定覆盖层抗大气侵蚀性能。

定性评定的内容主要有五个方面：a. 覆盖层和基体金属腐蚀产物的颜色和状态特征。b. 单位面积的腐蚀点的个数或腐蚀面积百分数。c. 覆盖层光泽的变化程度。d. 覆盖层的开裂或鼓泡情况。e. 按腐蚀情况进行分级。从无变化到腐蚀破坏面积达 30%至可分为 5 级，达到 5 级可认为覆盖层完全破坏。

定量评定主要采用称重法，即在试验前按要求称出准确重量，经一段暴露试验后取出试样，用相应的腐蚀剂溶解腐蚀产物后，再干燥称重，根据两次称重结果求出腐蚀速率。

关于大气暴露腐蚀试验的具体方法可参考 GB/T 14165—2008《金属和合金 大气腐蚀试验 现场试验的一般要求》。

② 浸泡腐蚀试验 将涂覆层试样浸泡在腐蚀溶液中，经过一定时间后，测量其质量变化，观察其外观的改变，以评定其耐蚀性能的一种试验方法。浸泡方式有全浸、半浸和间浸。试验温度可分为室温（25℃）和加热恒温。具体试验方法可参照 JB/T 7901—2023《金属材料实验室均匀腐蚀全浸试验方法》。

③ 盐雾腐蚀试验 盐雾试验是检验覆盖层耐蚀性的人工加速腐蚀试验的主要方法之一。将涂覆层试样以一定角度放入专用的盐雾箱中，定时向箱体内喷射中性盐水的盐雾，使其充满箱体。盐雾箱内温度为 (35±2)℃，盐水 NaCl 的浓度为 (50±10)g/L，盐水溶液的 pH 值为 6.5～7.2。经过一定试验时间后，测量试样的失重量，观察试样表面的形貌，或确定开始显示腐蚀所需的时间，可综合评价覆盖层的耐蚀性能。具体试验方法可按 GB/T

14293—1998《人造气氛腐蚀试验一般要求》和 GB/T 10125—2008《人造气氛腐蚀试验 盐雾试验》的规定进行。

④ SO_2 腐蚀试验　在工业区或石油、天然气开采矿区，由于燃煤等产生的废气中含有 SO_2 等腐蚀性气体，在凝露条件下会生成硫酸，或产生酸雨，加速金属结构、制品和覆盖层的腐蚀。因此，在工业区大气等环境下使用的覆盖层多采用 SO_2 腐蚀试验方法。

试验是在特制的试验箱中进行。将试样均匀地放入箱中，通入 0.2L SO_2 气体，保持温度为（40±3）℃，试验一周期为 24h。取出试样后，根据其质量变化、外观及腐蚀缺陷等的数量和分布、第一个腐蚀点出现以前的试验时间等，综合评价腐蚀结果。具体试验操作和要求可按 GB/T 9789—2008《金属和其他无机覆盖层　通常凝露条件下的二氧化硫腐蚀试验》的有关规范进行。

⑤ 高温腐蚀试验　主要是模拟在含 S^+、Na^+、Cl^- 的高温环境中的腐蚀条件，来进行试验。即在 550℃高温下，用 95% Na_2SO_4 + 5% NaCl 的熔盐介质对涂覆层试样进行不同时间的腐蚀，然后用能谱仪测定 S、Na、Cl 各元素在覆盖层横断面上的分布，以判定该元素通过覆盖层的渗透能力，即覆盖层的耐高温腐蚀能力。

⑥ 电化学腐蚀试验　采用电化学工作站可测定极化曲线和电化学交流阻抗（EIS），来研究材料的耐腐蚀性能。通常采用三电极体系，即工作电极为试样，辅助电极为铂片，参比电极一般选用饱和甘汞电极（SCE）。电解质溶液为一定浓度的 NaCl 溶液或某特定酸性溶液。试样应取大于 $1cm^2$ 的平面块状试样。

a. 极化曲线测定　测定极化曲线的方法通常有恒电流法和恒电位法。恒电流法是通过控制电极的电流密度，测出相应不同电流密度下的电压值，把测得的一系列不同电流密度下的电压值画出极化曲线。该法所用仪器简单，容易实现，所以应用较早，但控制电流法只适用于测量单值函数的极化曲线，即一个电流密度只对应一个电极电位值。如果极化曲线中出现电流极大值，如测定阳极钝化曲线时，一个电流密度可能对应几个电极电位值，此时，通过恒电流法就难以准确体现出对应关系。

恒电位法也叫控制电位法，将电极的电位依次恒定在不同数值，测量相应的电流值，将所测得的一系列电压和电流密度的对应值画出极化曲线。恒电位法尤其适合测定电极表面状态发生某种特殊变化的极化曲线，如镀铬过程的阴极极化曲线和具有钝化行为的阳极极化曲线等。

b. 电化学交流阻抗（EIS）测定　当电极系统受到一个小振幅正弦波形电压（电流）的交流信号的干扰时，会产生一个相应的电流（电压）响应信号，由这些信号可以得到电极的阻抗。一系列频率变化的正弦波信号产生的阻抗频谱，称为电化学阻抗谱。常见的电化学阻抗谱有奈奎斯特图（Nyquist plot）和波特图（Bode plot）两种。通过使用 Zview 或 ZSim-Demo 两款软件对交流阻抗数据进行拟合，可得到拟合数据和等效电路图，进而可以分析电极系统所包含的动力学过程及其机理；由等效电路中有关元件的参数值估算电极系统的动力学参数，如电极双电层电容，电荷转移过程的反应电阻，扩散传质过程参数等。

（2）耐磨性检测　耐磨性是覆盖层在实际使用过程当中，应用较多且最能发挥作用的性能之一。耐磨性实质上是覆盖层的硬度、附着力以及内聚力综合效应的体现，与基体材料、表面处理、覆盖层类型和制备工艺有关。

实际应用中，磨损的类型很多，如粘着磨损、疲劳磨损、微动磨损、磨料磨损、腐蚀磨损和高温磨损等。由于摩擦磨损的工况条件千差万别，影响因素多种多样，因此，还没有能够适用于各种磨损条件的试验设备和检测方法。覆盖层的耐磨性检验，一般是模拟磨损的工况条件，进行对比性的摩擦磨损试验。常用的几种典型的摩擦磨损试验方法分述如下。

① 磨料磨损试验　磨料磨损试验一般有两种，一种是橡胶轮磨料磨损试验，另一种是销盘式磨料磨损试验。

a. 橡胶轮磨料磨损试验　其试验原理如图14-22所示。磨料通过下料管以固定的速率落到旋转着的磨轮与方块形试样之间，磨轮的轮缘为规定硬度的橡胶。试样借助杠杆系统，以一定的压力压在转动的磨轮上，试样的覆盖层表面与橡胶轮面相接触。橡胶轮的转动方向应使接触面的运动方向与磨料的流动方向一致。在磨料旋转过程中，磨料对试样产生低应力磨料磨损。经一定摩擦行程后，测定试样的失重量，即覆盖层的减少量，并以此来评定覆盖层的耐磨性。

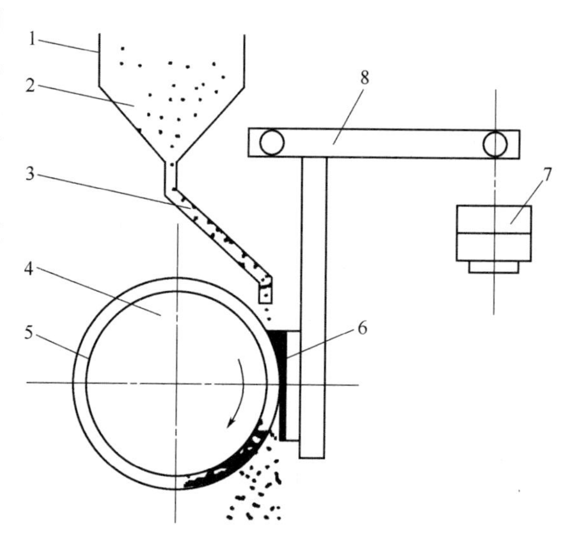

图14-22　橡胶轮磨料磨损试验原理

1—漏头；2—席料；3—下料管；4—磨轮；5—橡胶轮缘；6—试样；7—砝码；8—杠杆

典型的试样为50mm×75mm的长方形试片，厚度为10mm，在其平面上制备覆盖层，并用平面磨床将覆盖层磨平，磨削方向应平行于试样长度方向，使覆盖层表面无任何附着物或缺陷。一般采用的试验条件见表14-5。

表14-5　橡胶轮磨料磨损试验条件

序号	试验条件	材料或参数	序号	试验条件	材料或参数
1	橡胶轮材料	氯丁橡胶	4	摩擦行程	1000转，即550～560m
2	磨料	50～70目天然石英砂	5	载荷(压力)	130N
3	轮缘线速度	140m/min			

b. 销盘式磨料磨损试验　其试验工作原理如图14-23所示。将砂纸或砂布装在圆盘上，作为试验机的磨料。试样做成销钉式，在一定的载荷下压在圆盘砂纸上，试样的覆盖层表面与圆盘砂纸相接触。圆盘转动时，试样沿圆盘的径向做直线移动。经一定的摩擦行程后，测定试样的失重量，即覆盖层质量的减少量，以此来评定覆盖层的耐磨性。

试验设备推荐采用国产销盘式ML-10型磨料磨损试验机。试样采用直径为4mm的圆柱形，在试验的一平面端制备覆盖层，并将覆盖层磨平洗净，使其表面无任何缺陷和附着物，试样的端面应与其轴线垂直。一般采用的试验条件见表14-6。

表14-6　销盘式磨料磨损试验条件

序号	试验条件	材料或参数	序号	试验条件	材料或参数
1	圆盘转速	60r/min	3	试样进给量	4mm/r
2	磨料	150目碳化硅或140～180目人造石英砂纸	4	摩擦行程	9m
			5	载荷(压力)	24N

② 摩擦磨损试验　不含磨料的摩擦副相对运动即产生磨损，评价这一类覆盖层的耐磨

性比较困难，一般应尽可能地通过模拟实际工况条件来检验覆盖层的耐磨性。

试验通常在磨擦磨损试验机上进行。将试样做成 ϕ40mm×10mm 的环形，环面上预加工宽 9mm、深 0.5mm 的环槽，然后在环槽上制备涂覆层，并在磨床上将环面磨圆到试样尺寸，清洗干净后进行试验。形成摩擦副的配副件有图 14-24 所示的四种，分别与试样覆盖层组成四种接触和运动形式。配副件材料可选择 GCr15 或铸铁，或者符合实际工况的配副材料。试验过程中可以分别采取干摩擦或润滑摩擦方式，还可采取不同的摩擦速度。通过测量试样的摩擦系数、摩擦功及磨损失重，以评定覆盖层的耐磨性。一般可采用如下的试验条件：干摩擦或 20 号机油，5～6 滴/min；摩擦速度为 200r/min 或 400r/min。

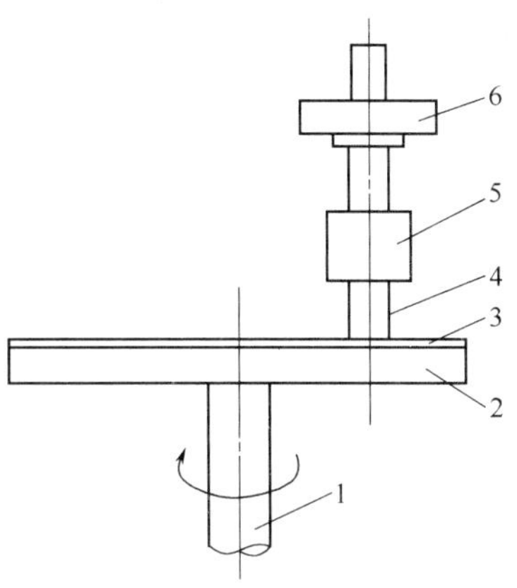

图 14-23　销盘式磨料磨损试验

1—垂直轴；2—金属圆盘；3—砂纸；4—试样；5—夹具；6—加载砝码

③ 喷砂试验　经受冲蚀磨损的覆盖层的耐磨性可用喷砂试验来评定。试验原理如图 14-25 所示。将试样置于喷砂室内，周围用橡胶板保护并固定在电磁盘上。然后采用射吸式喷砂枪喷砂。喷砂枪用夹具固定，以保持喷砂角度和距离不变，并保持一定的喷砂空气压力和供砂速率。磨料一般采用刚玉砂。喷砂过程中，磨料对覆盖层产生冲蚀磨损，喷砂时间一般定为 1min。

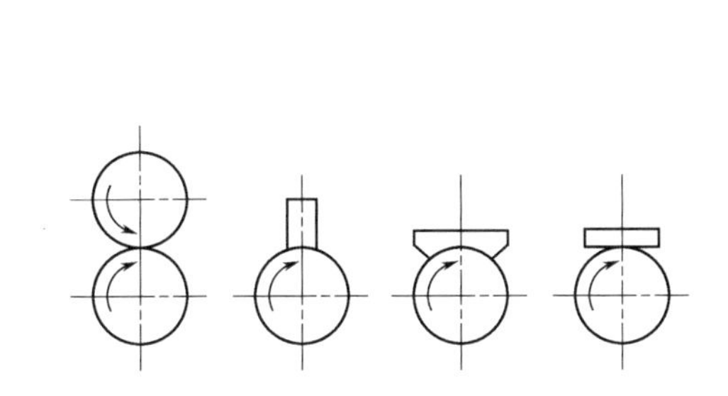

图 14-24　摩擦磨损试验的几种接触和运动形式

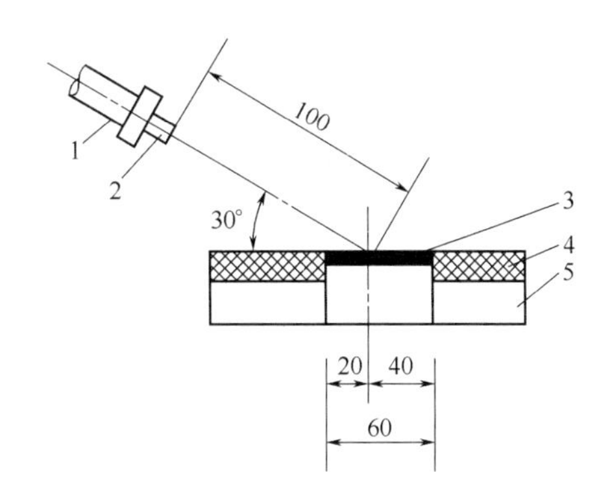

图 14-25　喷砂试验原理

1—喷砂枪；2—喷嘴；3—试样；4—橡胶保护板；5—电磁盘

试验前后测定试样失重量，即覆盖层质量的减少量，用以评定覆盖层的耐冲蚀磨损性能。试样尺寸一般为 60mm×50mm，厚度为 10mm；覆盖层厚度需超过 0.6mm。一般采用的试验参数见表 14-7。

表 14-7　喷砂试验条件

喷砂枪	喷嘴孔径	喷砂空气压力	喷砂角度	喷砂距离	喷砂时间
射吸式	ϕ10mm	0.54MPa	30°	100mm	1min

(3) 表面润湿性能检测　材料表面的润湿性采用液滴法在接触角测量仪上测试。先在试样表面滴一滴蒸馏水，然后用摄像机快速照相，获得液滴与试样表面润湿角图片，再

利用CAD软件拟合测出润湿角度数。图14-26所示为镁合金基体和复合涂层的润湿角图片，测得AZ31镁合金基体的润湿角为19.28°，微弧氧化/类金刚石复合涂层的润湿角为76.72°。

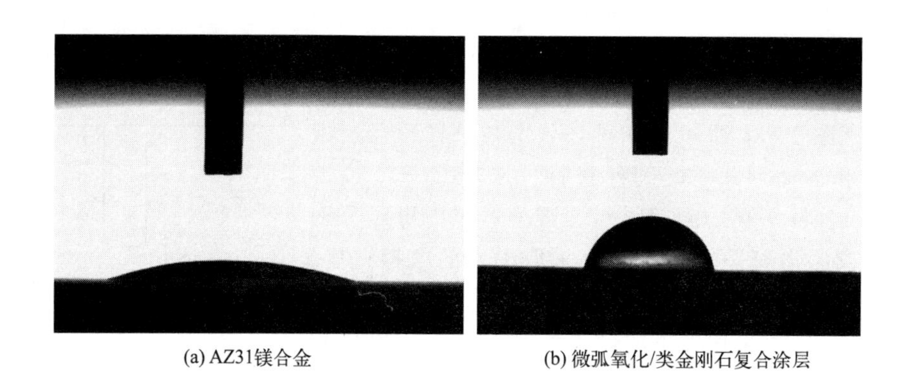

(a) AZ31镁合金 (b) 微弧氧化/类金刚石复合涂层

图14-26 AZ31镁合金基体和涂层的润湿角

(4) 热性能检测 覆盖层的热性能包括耐热性、绝热性、热寿命以及抗热震等性能。最主要的是耐热性与绝热性，这是两个不同的性能，其机理和检验方法既有联系又不相同。

① 覆盖层耐热性的检验 覆盖层的耐热性主要取决于覆盖层材料的熔点和覆盖层的孔隙率。耐热覆盖层材料包括金属、合金及陶瓷等。通常以各种耐热合金为主，其次如钨、钼等高熔点金属，以及镍基或钴基的超合金、各种搪瓷、氧化铝、氧化锆等。此外，许多高熔点金属的碳化物、硼化物及金属陶瓷等也可作为耐热材料。覆盖层耐热性的检验方法有以下两种。

一种方法是在厚度为1mm的钢板上制备所需要检验的覆盖层。覆盖层厚度为0.2～0.4mm，然后用氧-乙炔火焰对带有覆盖层的钢板加热，测定烧穿覆盖层和钢板所需的时间，并以此来评定和比较覆盖层的耐热性。这种试验实际上是以覆盖层材料的熔点以及热寿命来衡量覆盖层的耐热性。

另一种方法是通过覆盖层的抗高温空气氧化试验来评定其耐热性。首先可测定覆盖层本身的抗氧化性能。将从基体材料上剥离下来的覆盖层作为试样，清理干净并称重后，放入加热炉内保温1～2h，将试样从炉内取出，在室温下冷却并称重。重复试验得出试样质量随试验时间的变化曲线，并目视检查覆盖层的氧化情况。其次可测定覆盖层对基体高温氧化的保护性能。将带有一定厚度覆盖层的基体作为试样，称重后放入1000～1300℃的空气炉内，定期观察炉内试样的状态，如果覆盖层损坏，记录时间并结束试验；如果在24h后覆盖层未损坏，将试样从炉内取出，在室温下自然冷却；如冷却后覆盖层仍完好，将试样称重后，再放入炉内并重复上述试验，直至覆盖层破坏。试验后将试样切开检查基体材料的氧化情况，并根据时间和试样失重量等来比较、评定覆盖层对基体高温氧化的保护性能。

② 覆盖层绝热性的检验 决定覆盖层绝热性能的主要因素是覆盖层材料本身的导热性，导热性越低，则绝热性能越好。作为绝热材料，最有效的是陶瓷和金属陶瓷。通过测定覆盖层及覆盖层与基体边界的导热性，可以评定和检验覆盖层的绝热性。测定覆盖层的热导率需要一套专门的试验装置，包括以下几部分：对试样加热的热源装置；对加热试样的热流量进行测定的装置；试样的移动机构以及试样的温度测定和自动记录装置。

参考文献

[1] 徐滨士，刘世参．中国材料工程大典．第 17 卷．材料表面工程（下）．北京：化学工业出版社，2006.

[2] 刘勇，田保红，刘素芹．先进材料表面处理和测试技术．北京：科学出版社，2008.

[3] 鄢国强．材料质量检测与分析技术．北京：中国计量出版社，2005.

[4] 戴达煌，周克崧，袁镇海．现代材料表面技术科学．北京：冶金工业出版社，2004.

[5] 唐伟忠．薄膜材料制备原理、技术及应用．2 版．北京：冶金工业出版社，2003.

[6] 胡传炘，白韶军，安跃生，等．表面处理手册．北京：北京工业大学出版社，2004.

[7] 钱苗根，姚寿山，张少宗．现代表面技术．北京：机械工业出版社，2003.

[8] 蔡珣，石玉龙，周建．现代薄膜材料与技术．上海：华东理工大学出版社，2007.

[9] 左演声，陈文哲，梁伟．材料现代分析方法．北京：北京工业大学出版社，2000.

[10] 王富耻．材料现代分析测试方法．北京：北京理工大学出版社，2006.

[11] 孙希泰．材料表面强化技术．北京：化学工业出版社，2005.

[12] 姜银方，朱元有，戈晓岚．现代表面工程技术．北京：化学工业出版社，2006.

[13] 姚寿山，李戈扬，胡文彬．表面科学与技术．北京：机械工业出版社，2005.

[14] 李国英．材料及其制品表面加工新技术．长沙：中南大学出版社，2003.

[15] 邓世均．高性能陶瓷涂层．北京：化学工业出版社，2004.

[16] 吴刚．材料结构表征及应用．北京：化学工业出版社，2002.

[17] 贾贤．材料表面现代分析方法．北京：化学工业出版社，2010.

[18] 王振廷，孟君晟．摩擦磨损与耐磨材料．哈尔滨：哈尔滨工业大学出版社，2013.

[19] 孙齐磊，王志刚，蔡元兴．材料腐蚀与防护．北京：化学工业出版社，2014.

[20] Wu M Z，Tian X B，Li M Q，et al. Effect of additional sample bias in Meshed Plasma Immersion Ion Deposition (MPIID) on microstructural，surface and mechanical properties of Si-DLC films. Applied Surface Science，2016，376：26-33.

[21] 李彤．LA91 镁锂合金 Si-DLC 薄膜制备与性能研究．佳木斯：佳木斯大学，2022.

[22] 彭述明，王和义．氚化学与工艺学．北京：国防工业出版社，2015.

[23] 王凤平，敬和民，辛春梅．腐蚀电化学．2 版．北京：化学工业出版社，2017.

[24] 樊姗．石墨烯材料的基础及其在能源领域的应用．哈尔滨：黑龙江大学出版社，2019.

[25] 约翰 C 维克曼，伊恩 S 吉尔摩．表面分析技术．广州：中山大学出版社，2020.

[26] 赖宇明，孟海凤，陈春英．纳米材料概论及其标准化．北京：冶金工业出版社，2020.

[27] 罗清威，唐玲，艾桃桃，等．现代材料分析方法．重庆：重庆大学出版社，2020.

[28] 周玉．材料分析方法．4 版．北京：机械工业出版社，2020.

[29] 刘学成．氧化锰基材料的制备及其在柴油机尾气深度脱硫中的应用．成都：四川大学出版社，2021.

[30] 余杨，王彩妹，余建星，等．海洋结构金属腐蚀机理及防护．天津：天津大学出版社，2021.

[31] 胡会利，李宁．电化学测量．北京：化学工业出版社，2021.

[32] 李晓刚，杜翠薇．腐蚀试验方法及监测技术．北京：中国石化出版社，2021.

[33] 王磊．材料力学性能．4 版．北京：化学工业出版社，2022.

[34] 朱和国，曾海波，兰司．材料现代分析技术．北京：化学工业出版社，2022.